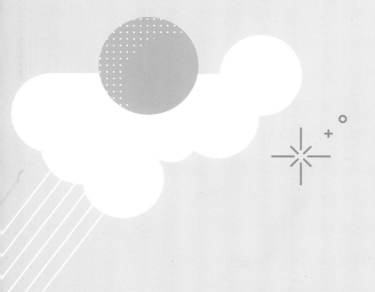

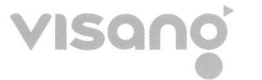

세상이 변해도
배움의 즐거움은
변함없도록

시대는 빠르게 변해도
배움의 즐거움은
변함없어야 하기에

어제의 비상은
남다른 교재부터
결이 다른 콘텐츠
전에 없던 교육 플랫폼까지

변함없는 혁신으로
교육 문화 환경의 새로운 전형을
실현해왔습니다.

비상은 오늘, 다시 한번
새로운 교육 문화 환경을 실현하기 위한
또 하나의 혁신을 시작합니다.

오늘의 내가 어제의 나를 초월하고
오늘의 교육이 어제의 교육을 초월하여
배움의 즐거움을 지속하는 혁신,

바로, 메타인지 기반 완전 학습을.

상상을 실현하는 교육 문화 기업 비상

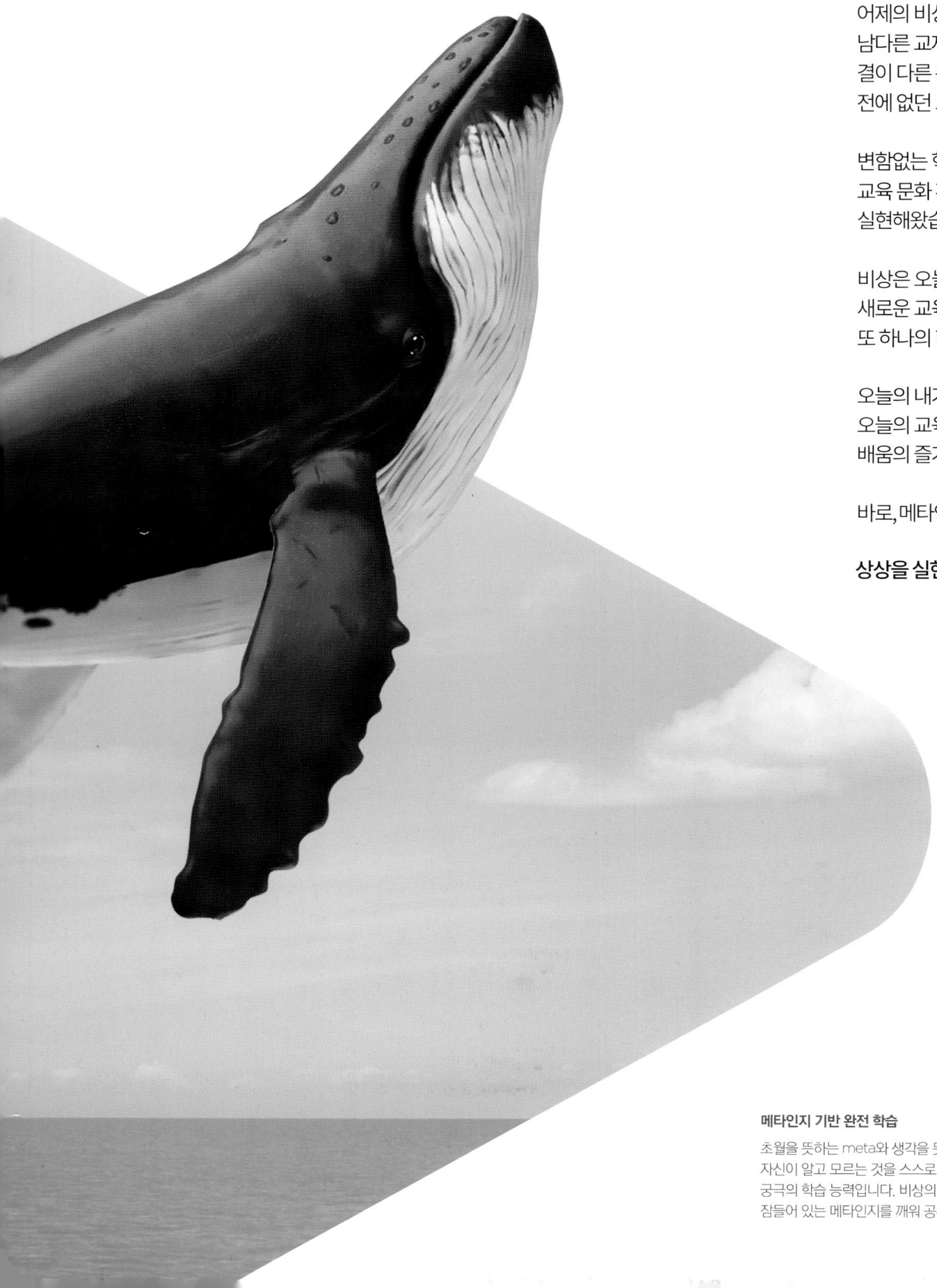

메타인지 기반 완전 학습

초월을 뜻하는 meta와 생각을 뜻하는 인지가 결합한 메타인지는
자신이 알고 모르는 것을 스스로 구분하고 학습계획을 세우도록 하는
궁극의 학습 능력입니다. 비상의 메타인지 기반 완전 학습 시스템은
잠들어 있는 메타인지를 깨워 공부를 100% 내 것으로 만들도록 합니다.

개념 + 유형

공부 계획표

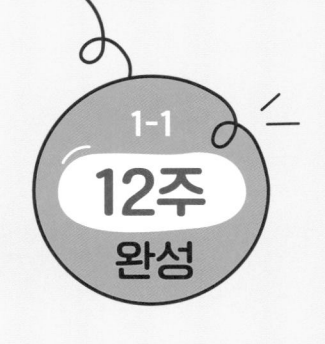

1-1
12주
완성

1주   **1. 9까지의 수**

개념책 6~11쪽	개념책 12~15쪽	개념책 16~17쪽	개념책 18~23쪽	개념책 24~25쪽
월 일	월 일	월 일	월 일	월 일

2주   **1. 9까지의 수**

개념책 26~27쪽	개념책 28~31쪽	복습책 3~7쪽	복습책 8~11쪽	복습책 12~16쪽
월 일	월 일	월 일	월 일	월 일

3주   **1. 9까지의 수**   **2. 여러 가지 모양**

평가책 2~4쪽	평가책 5~9쪽	개념책 32~39쪽	개념책 40~41쪽	개념책 42~43쪽
월 일	월 일	월 일	월 일	월 일

4주   **2. 여러 가지 모양**

개념책 44~47쪽	복습책 17~21쪽	복습책 22~24쪽	평가책 10~12쪽	평가책 13~17쪽
월 일	월 일	월 일	월 일	월 일

5주   **3. 덧셈과 뺄셈**

개념책 48~53쪽	개념책 54~55쪽	개념책 56~57쪽	개념책 58~59쪽	개념책 60~63쪽
월 일	월 일	월 일	월 일	월 일

6주   **3. 덧셈과 뺄셈**

개념책 64~67쪽	개념책 68~69쪽	개념책 70~71쪽	개념책 72~73쪽	개념책 74~75쪽
월 일	월 일	월 일	월 일	월 일

공부 계획표 8주 완성에 맞추어 공부하면
개념책으로 공부한 후 복습책과 평가책으로 복습하며
기본 실력을 완성할 수 있어요!

복습책, 평가책으로 공부

5주

1. 9까지의 수				2. 여러 가지 모양
복습책 3~7쪽	복습책 8~11쪽	복습책 12~16쪽	평가책 2~9쪽	복습책 17~21쪽
월 일	월 일	월 일	월 일	월 일

6주

2. 여러 가지 모양		3. 덧셈과 뺄셈		
복습책 22~24쪽	평가책 10~17쪽	복습책 25~30쪽	복습책 31~32쪽	복습책 33~34쪽
월 일	월 일	월 일	월 일	월 일

7주

3. 덧셈과 뺄셈			4. 비교하기	
복습책 35~37쪽	복습책 38~40쪽	평가책 18~25쪽	복습책 41~45쪽	복습책 46~48쪽
월 일	월 일	월 일	월 일	월 일

8주

4. 비교하기	5. 50까지의 수			
평가책 26~33쪽	복습책 49~53쪽	복습책 54~57쪽	복습책 58~62쪽	평가책 34~41쪽
월 일	월 일	월 일	월 일	월 일

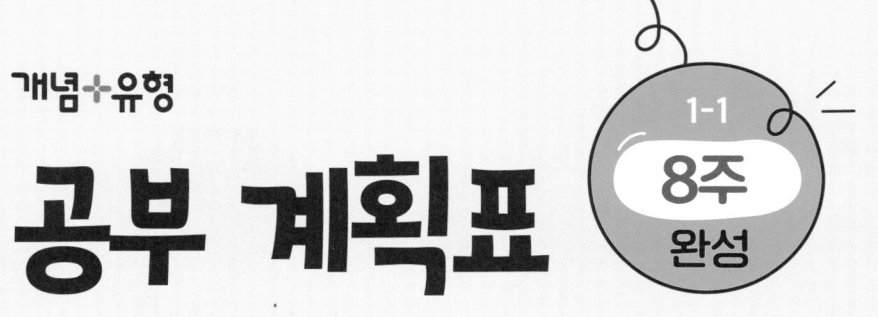

공부 계획표

1-1
8주 완성

개념책으로 공부

1주 | 1. 9까지의 수 | | | | 2. 여러 가지 모양

개념책 6~13쪽	개념책 14~17쪽	개념책 18~25쪽	개념책 26~31쪽	개념책 32~37쪽
월 일	월 일	월 일	월 일	월 일

2주 | 2. 여러 가지 모양 | | 3. 덧셈과 뺄셈

개념책 38~41쪽	개념책 42~47쪽	개념책 48~55쪽	개념책 56~59쪽	개념책 60~63쪽
월 일	월 일	월 일	월 일	월 일

3주 | 3. 덧셈과 뺄셈 | | | 4. 비교하기

개념책 64~69쪽	개념책 70~73쪽	개념책 74~79쪽	개념책 80~87쪽	개념책 88~91쪽
월 일	월 일	월 일	월 일	월 일

4주 | 4. 비교하기 | 5. 50까지의 수

개념책 92~97쪽	개념책 98~105쪽	개념책 106~111쪽	개념책 112~117쪽	개념책 118~123쪽
월 일	월 일	월 일	월 일	월 일

공부 계획표 12주 완성에 맞추어 공부하면
단원별로 개념책, 복습책, 평가책을 번갈아 공부하며
기본 실력을 완성할 수 있어요!

7주 — 3. 덧셈과 뺄셈

개념책 76~79쪽	복습책 25~28쪽	복습책 29~30쪽	복습책 31~32쪽	복습책 33~34쪽
월 일	월 일	월 일	월 일	월 일

8주 — 3. 덧셈과 뺄셈 / 4. 비교하기

복습책 35~37쪽	복습책 38~40쪽	평가책 18~20쪽	평가책 21~25쪽	개념책 80~85쪽
월 일	월 일	월 일	월 일	월 일

9주 — 4. 비교하기

개념책 86~89쪽	개념책 90~91쪽	개념책 92~93쪽	개념책 94~97쪽	복습책 41~45쪽
월 일	월 일	월 일	월 일	월 일

10주 — 4. 비교하기 / 5. 50까지의 수

복습책 46~48쪽	평가책 26~28쪽	평가책 29~33쪽	개념책 98~105쪽	개념책 106~107쪽
월 일	월 일	월 일	월 일	월 일

11주 — 5. 50까지의 수

개념책 108~111쪽	개념책 112~115쪽	개념책 116~117쪽	개념책 118~119쪽	개념책 120~123쪽
월 일	월 일	월 일	월 일	월 일

12주 — 5. 50까지의 수

복습책 49~53쪽	복습책 54~57쪽	복습책 58~62쪽	평가책 34~36쪽	평가책 37~41쪽
월 일	월 일	월 일	월 일	월 일

개념┼유형

개념책

초등 수학

1·1

구성과 특징

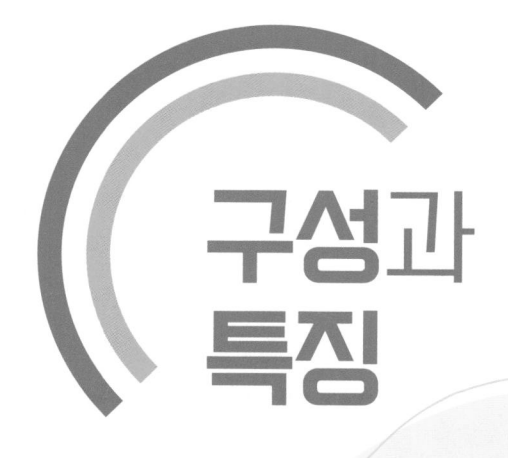

개념 학습
개념 정리

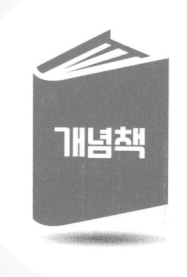

개념 1 여러 가지 모양 찾기

● ☐, ⬡, ⬤ 모양 찾기

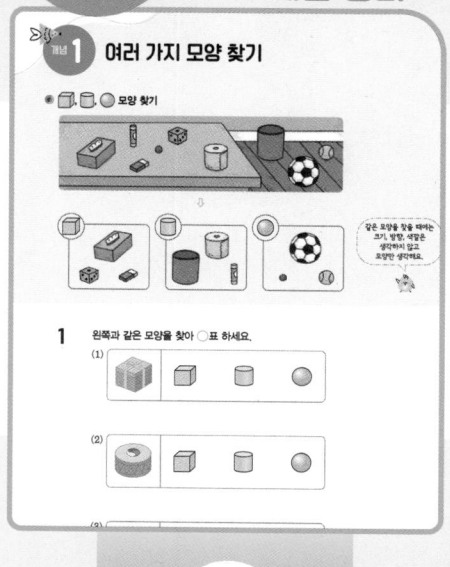

1 왼쪽과 같은 모양을 찾아 ○표 하세요.

수준별 유형 학습
STEP1 기본유형

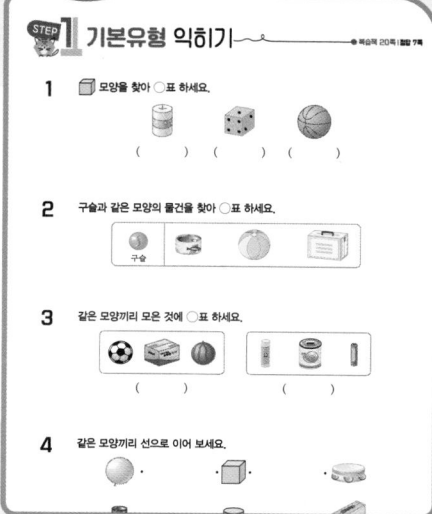

STEP 1 기본유형 익히기

1 ☐ 모양을 찾아 ○표 하세요.

2 구슬과 같은 모양의 물건을 찾아 ○표 하세요.

3 같은 모양끼리 모은 것에 ○표 하세요.

4 같은 모양끼리 선으로 이어 보세요.

↓ 개념 복습

↓ 기본 유형 복습

복습책

개념 기초력 기르기

❶ 여러 가지 모양 찾기

〈1~6〉 왼쪽과 같은 모양을 찾아 ○표 하세요.

❷ 여러 가지 모양 알아보기

〈1~6〉 설명하는 모양을 찾아 ○표 하세요.

1 평평한 부분이 없습니다.
(☐ . ⬡ . ⬤)

2 둥근 부분과 평평한 부분이 다 있습니다.
(☐ . ⬡ . ⬤)

3 모든 부분이 평평합니다.
(☐ . ⬡ . ⬤)

4 둥근 부분만 있습니다.
(☐ . ⬡ . ⬤)

5 뾰족한 부분이 있습니다.
(☐ . ⬡ . ⬤)

6 ● 세우면 쌓을 수 있습니다.

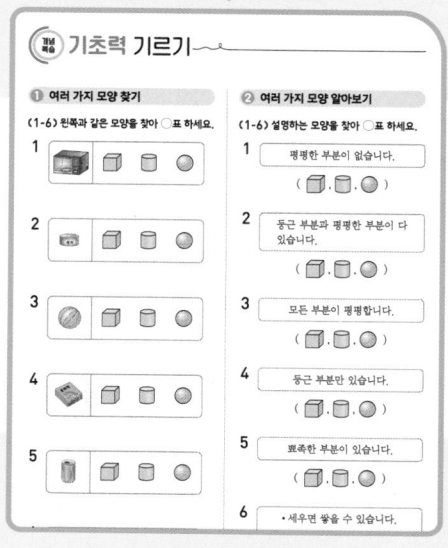

STEP 유형 기본유형 익히기

❶ 여러 가지 모양 찾기

1 ☐ 모양을 찾아 ○표 하세요.

2 케이크와 같은 모양의 물건을 찾아 ○표 하세요.

3 같은 모양끼리 모은 것에 ○표 하세요.

4 같은 모양끼리 선으로 이어 보세요.

❷ 여러 가지 모양 알아보기

5 알맞은 것끼리 선으로 이어 보세요.

● 어느 쪽으로도 잘 쌓을 수 있습니다.

● 평평한 부분과 둥근 부분이 있습니다.

● 여러 방향으로 잘 굴러갑니다.

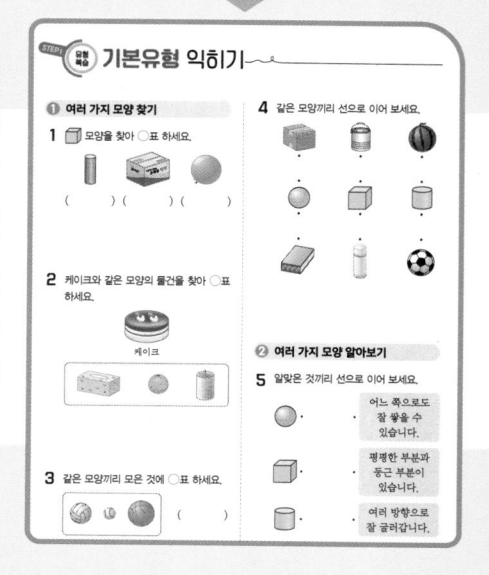

개념책의 문제를
복습책에서 1:1로 복습하여 기본을 완성해요!

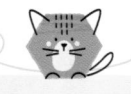

STEP 2 실전유형

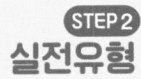

STEP 2 실전유형 다지기

1 어떤 모양을 모아 놓은 것인지 알맞은 모양을 찾아 ○표 하세요.

(⬜. ⬛. ◯)

2 같은 모양끼리 모아 빈칸에 알맞은 번호를 써 보세요.

4 ⬜ 모양을 모두 찾아 ○표 하세요.

5 〈보기〉의 모양과 같은 모양의 물건을 찾아 ○표 하세요.
〈보기〉

3 모양이 나머지와 다른 하나를 찾아 ○표 하세요.

6 잘 굴러가지만 쌓을 수 없는 물건을 찾아

STEP 3 응용유형

STEP 3 응용유형 다잡기

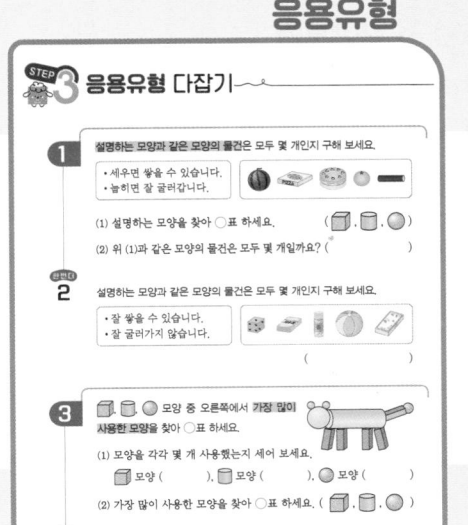

1 설명하는 모양과 같은 모양의 물건은 모두 몇 개인지 구해 보세요.
• 세우면 쌓을 수 있습니다.
• 눕히면 잘 굴러갑니다.
(1) 설명하는 모양을 찾아 ○표 하세요. (⬜. ⬛. ◯)
(2) 위 (1)과 같은 모양의 물건은 모두 몇 개일까요? ( )

2 설명하는 모양과 같은 모양의 물건은 모두 몇 개인지 구해 보세요.
• 잘 쌓을 수 있습니다.
• 잘 굴러가지 않습니다.

3 ⬜ ⬛ ◯ 모양 중 오른쪽에서 가장 많이 사용한 모양을 찾아 ○표 하세요.
(1) 모양을 각각 몇 개 사용했는지 세어 보세요.
⬜ 모양 ( ), ⬛ 모양 ( ), ◯ 모양 ( )
(2) 가장 많이 사용한 모양을 찾아 ○표 하세요. (⬜. ⬛. ◯)

4 ⬜ ⬛ ◯ 모양 중에서 가장 적게 사용한 모양을 찾아 ○표 하세요.

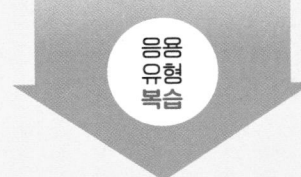

실력확인 단원 마무리

단원 마무리

1 ⬜ 모양을 찾아 ○표 하세요.

2 ⬛ 모양이 아닌 것을 찾아 ✕표 하세요.

3 모양이 나머지와 다른 하나를 찾아 ○표 하세요.

5 사용한 모양을 모두 찾아 ○표 하세요.

(⬜. ⬛. ◯)

6 ◯ 모양은 모두 몇 개일까요?

( )

※ 교과서에 꼭 나오는 문제
7 같은 모양끼리 모은 것에 ○표 하세요.

( )

8 방울과 같은 모양의 물건을 찾아 ○표

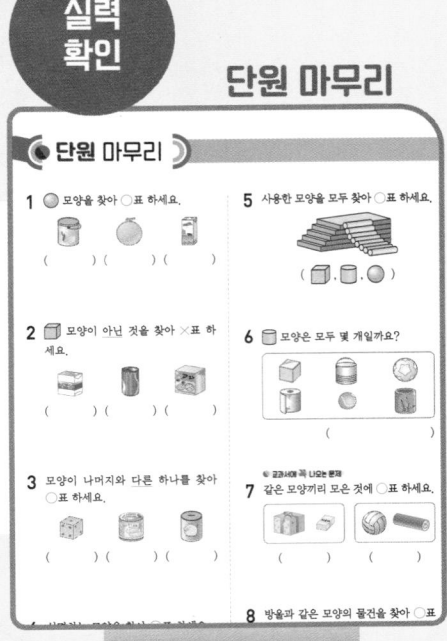
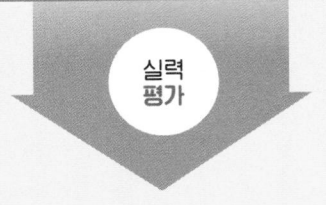
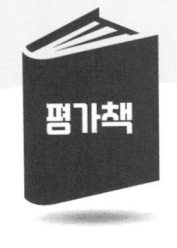

↗ 개념책 42~43쪽 | 정답 31쪽

실전 유형 복습

STEP 2 복습 실전유형 다지기

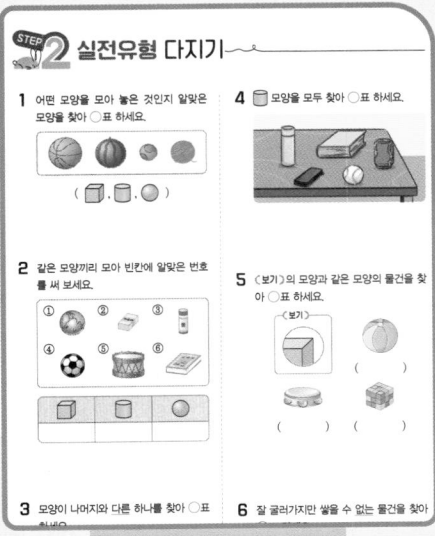

1 어떤 모양을 모아 놓은 것인지 알맞은 모양을 찾아 ○표 하세요.

(⬜. ⬛. ◯)

2 같은 모양끼리 모아 빈칸에 알맞은 번호를 써 보세요.

3 모양이 나머지와 다른 하나를 찾아 ○표 하세요.

4 ⬜ 모양을 모두 찾아 ○표 하세요.

5 〈보기〉의 모양과 같은 모양의 물건을 찾아 ○표 하세요.
〈보기〉

6 잘 쌓을 수 있고 잘 굴러가지 않는 물건을 모두 찾아 ○표 하세요.

응용 유형 복습

STEP 3 복습 응용유형 다잡기

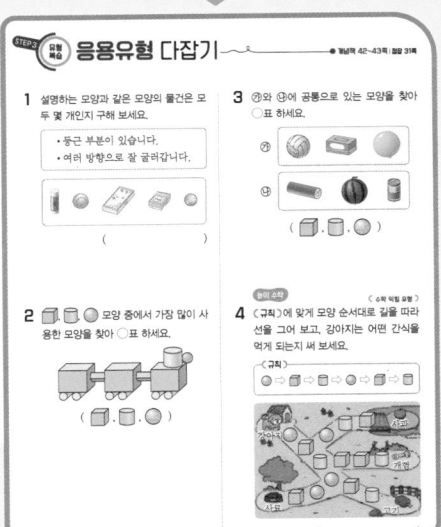

1 설명하는 모양과 같은 모양의 물건은 모두 몇 개인지 구해 보세요.
• 둥근 부분이 있습니다.
• 여러 방향으로 잘 굴러갑니다.

( )

2 ⬜ ⬛ ◯ 모양 중에서 가장 많이 사용한 모양을 찾아 ○표 하세요.

(⬜. ⬛. ◯)

3 ㉮와 ㉯에 공통으로 있는 모양을 찾아 ○표 하세요.
㉮
㉯

(⬜. ⬛. ◯)

풀이 수학 〈수학 익힘 유형〉
4 〈규칙〉에 맞게 모양 순서대로 길을 따라 선을 그어 보고, 강아지는 어떤 간식을 먹게 되는지 써 보세요.
〈규칙〉
◯ ➡ ⬜ ➡ ⬛ ➡ ◯ ➡ ⬜ ➡ ⬛

평가책

- 단원 평가
- 서술형 평가
- 학업 성취도 평가

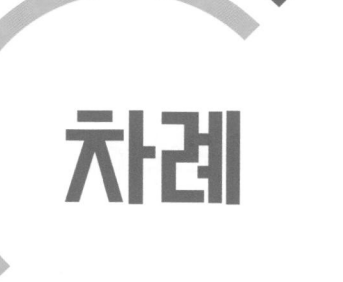

차례

1) 9까지의 수   **6**

❶ 1, 2, 3, 4, 5 알아보기
❷ 6, 7, 8, 9 알아보기
❸ 순서 알아보기
❹ 수의 순서
❺ 1만큼 더 큰 수와 1만큼 더 작은 수
❻ 0 알아보기
❼ 수의 크기 비교

2) 여러 가지 모양   **32**

❶ 여러 가지 모양 찾기
❷ 여러 가지 모양 알아보기
❸ 여러 가지 모양으로 만들기

3) 덧셈과 뺄셈   **48**

❶ 그림을 보고 모으기와 가르기
❷ 9까지의 수의 모으기와 가르기
❸ 이야기 만들기
❹ 덧셈 알아보기
❺ 덧셈하기
❻ 뺄셈 알아보기
❼ 뺄셈하기
❽ 0이 있는 덧셈과 뺄셈

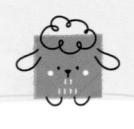

4) 비교하기　　　　　　　　　　80

❶ 길이의 비교
❷ 무게의 비교
❸ 넓이의 비교
❹ 담을 수 있는 양의 비교

5) 50까지의 수　　　　　　　　　98

❶ 10 알아보기
❷ 십몇 알아보기
❸ 11부터 19까지의 수의 모으기와 가르기
❹ 10개씩 묶어 세기
❺ 50까지의 수 세기
❻ 수의 순서
❼ 수의 크기 비교

- 9까지의 수의 크기를 비교해 봅니다
- 9까지의 수의 순서를 알아봅니다
- 9까지의 수를 읽어봅니다

1

9까지의 수

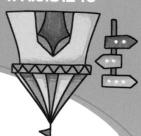
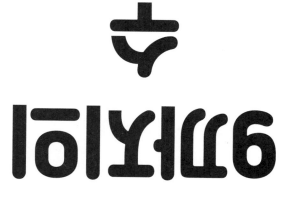
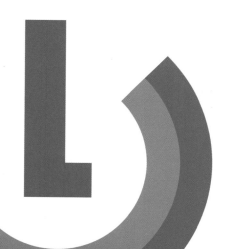
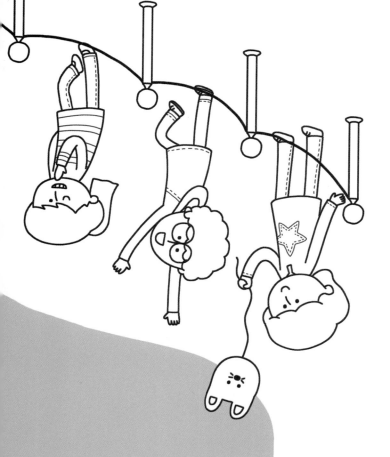

1단원 재미있게 배워봐요
놀이처럼 즐겁게 공부해 보세요

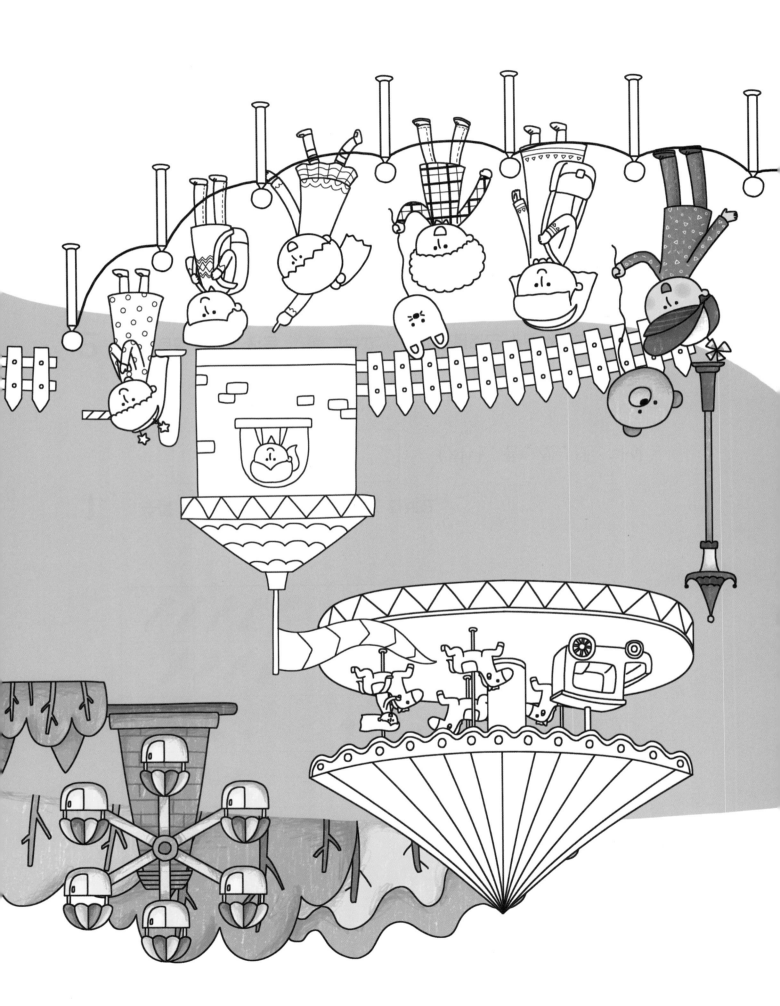

개념 1 | 1, 2, 3, 4, 5 알아보기

		쓰기	읽기
(배추)	●	①╎1	'하나' 또는 '일'
(버섯)	●●	①2	'둘' 또는 '이'
(무)	●●●	①3	'셋' 또는 '삼'
(당근)	●●●●	①4②	'넷' 또는 '사'
(오이)	●●●●●	①5②	'다섯' 또는 '오'

1 수를 세어 바르게 읽은 것에 ○표 하세요.

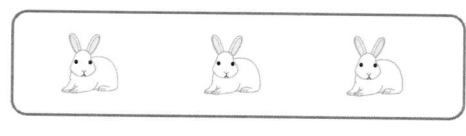

(하나 , 둘 , 셋 , 넷 , 다섯)

2 그림을 보고 수만큼 ○를 그리고, ○ 안에 알맞은 수를 써넣으세요.

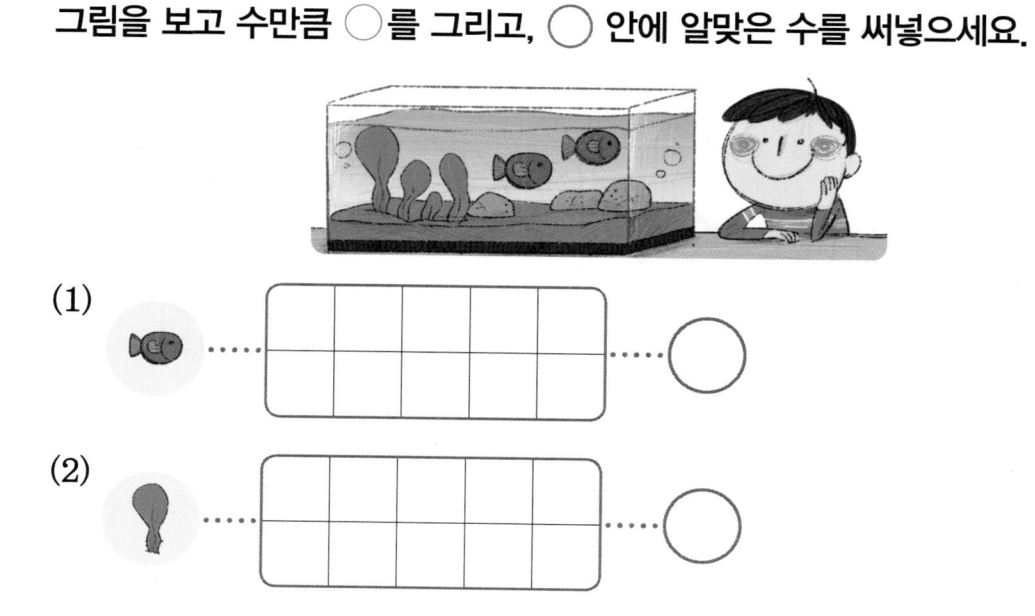

(1) 🐟 ┈┈ [　　　　] ┈┈ ○

(2) 🌱 ┈┈ [　　　　] ┈┈ ○

1 수를 세어 알맞은 수에 ◯표 하세요.

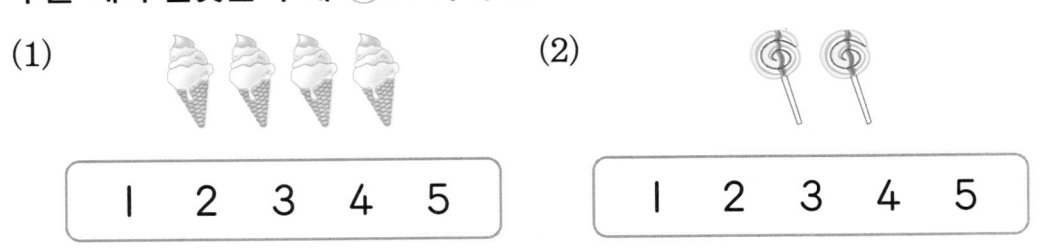

(1) 1 2 3 4 5

(2) 1 2 3 4 5

2 수를 세어 ◯ 안에 알맞은 수를 써넣으세요.

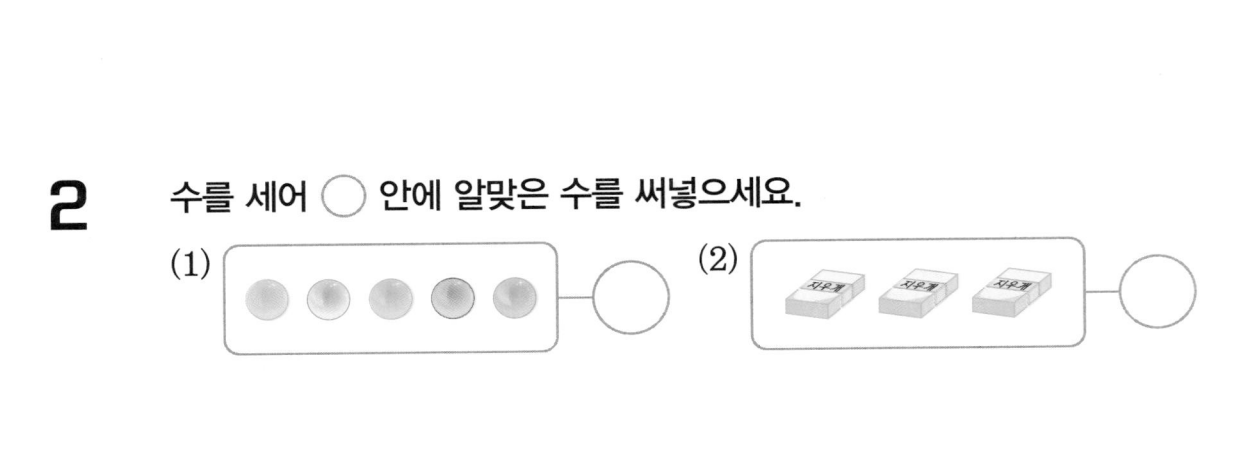

(1)

(2)

3 알맞게 선으로 이어 보세요.

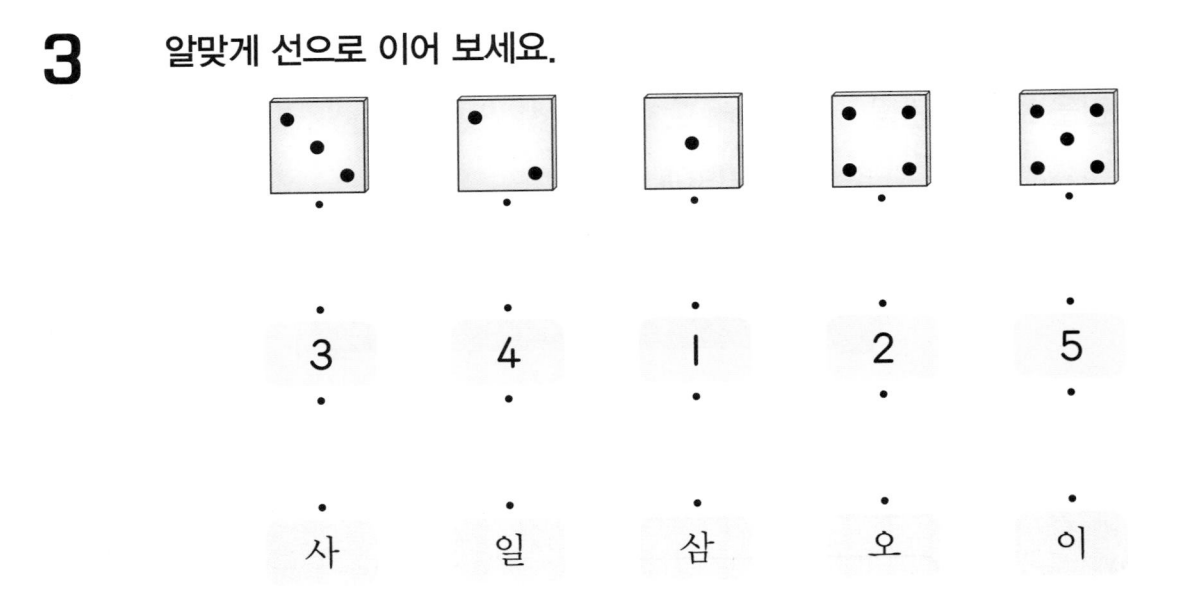

3   4   1   2   5

사   일   삼   오   이

		쓰기	읽기
🏐🏐🏐🏐🏐🏐	●●●●● ●	⓵6	'여섯' 또는 '육'
⚽⚽⚽⚽⚽⚽⚽	●●●●● ●●	⓵⓶7	'일곱' 또는 '칠'
🏀🏀🏀🏀🏀🏀🏀	●●●●● ●●●	8⓵	'여덟' 또는 '팔'
⚾⚾⚾⚾⚾⚾⚾⚾⚾	●●●●● ●●●●	9⓵	'아홉' 또는 '구'

1 수를 세어 바르게 읽은 것에 ◯표 하세요.

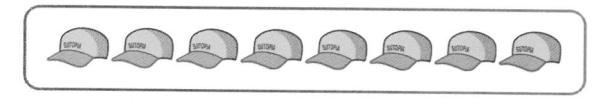

(여섯 , 일곱 , 여덟 , 아홉)

2 그림을 보고 수만큼 ◯를 그리고, ◯ 안에 알맞은 수를 써넣으세요.

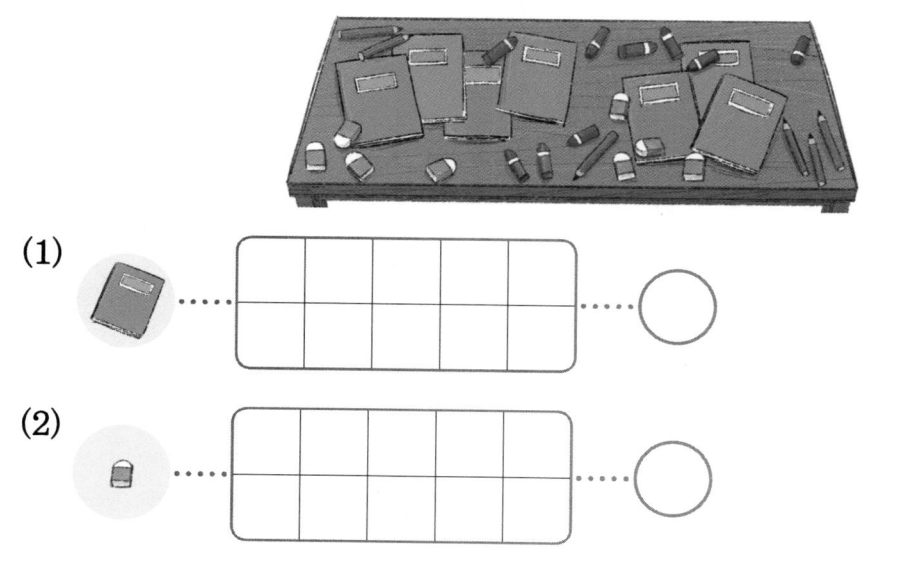

(1)

(2)

1 수를 세어 알맞은 수에 ◯표 하세요.

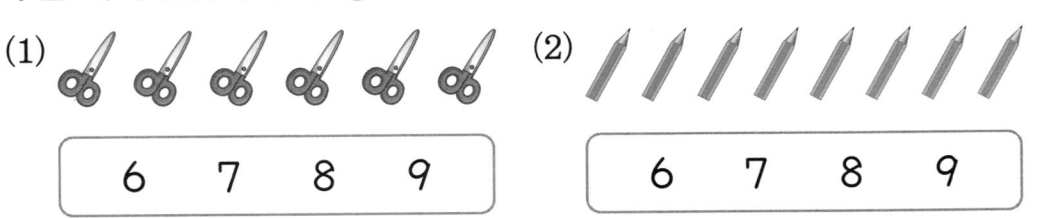

(1)

| 6 | 7 | 8 | 9 |

(2)

| 6 | 7 | 8 | 9 |

2 수를 세어 ◯ 안에 알맞은 수를 써넣으세요.

(1)

(2)

3 알맞은 수에 ◯표 하고, 선으로 이어 보세요.

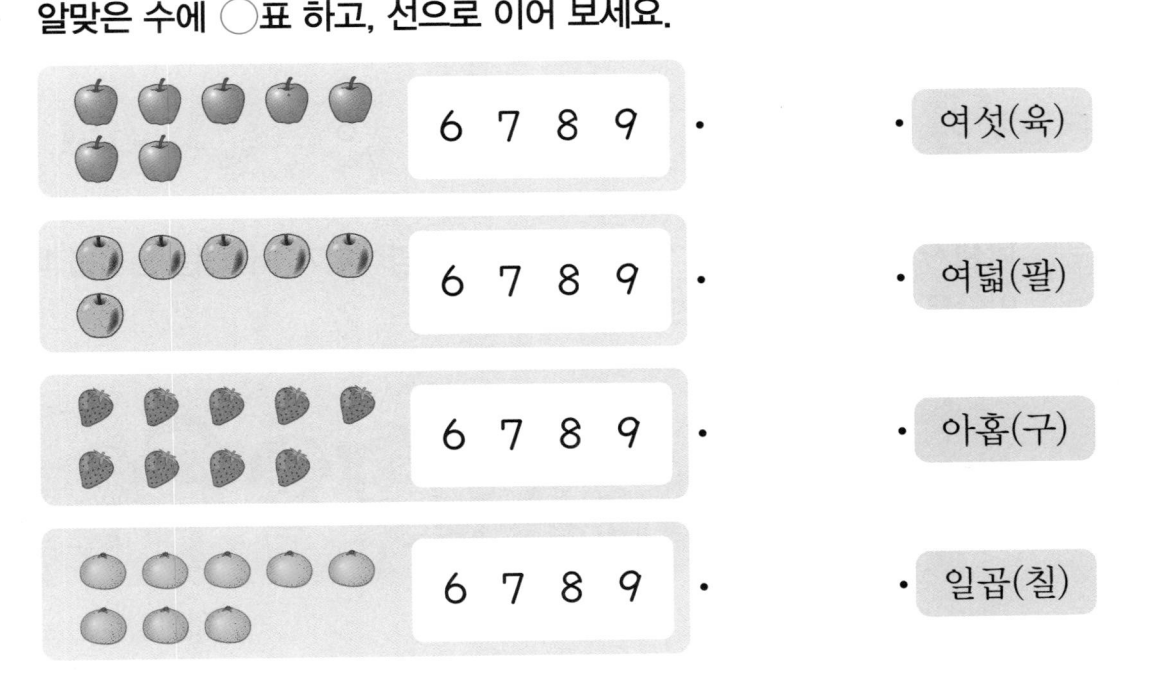

6 7 8 9 · · 여섯(육)

6 7 8 9 · · 여덟(팔)

6 7 8 9 · · 아홉(구)

6 7 8 9 · · 일곱(칠)

순서를 나타낼 때에는 '**째**'를 붙여 나타냅니다.
단, '하나'에 해당하는 순서를 나타낼 때만 '첫째'로 씁니다.

1	2	3	4	5	6	7	8	9
첫째	둘째	셋째	넷째	다섯째	여섯째	일곱째	여덟째	아홉째

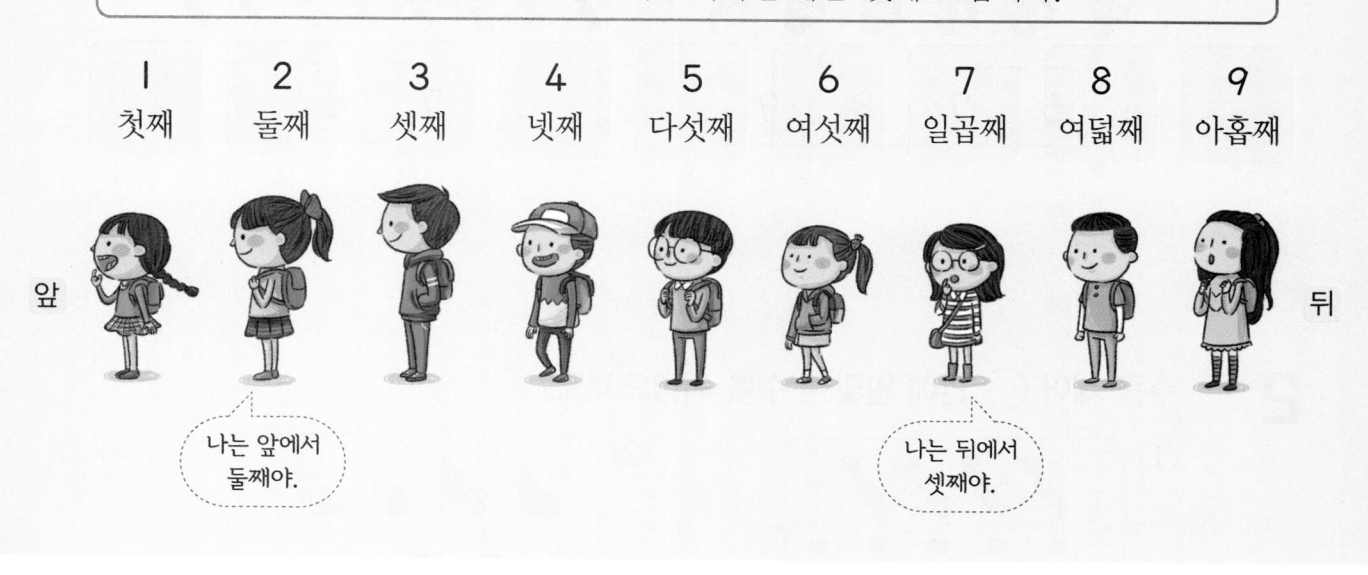

앞   뒤

나는 앞에서 둘째야.

나는 뒤에서 셋째야.

1 알맞게 선으로 이어 보세요.

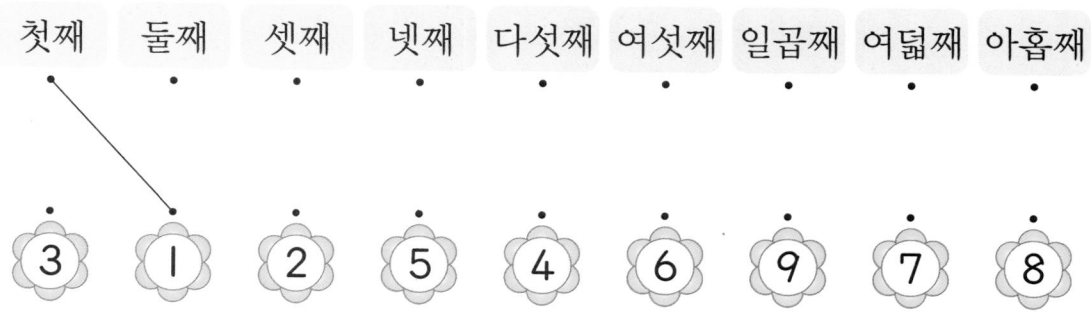

첫째 둘째 셋째 넷째 다섯째 여섯째 일곱째 여덟째 아홉째

③ ① ② ⑤ ④ ⑥ ⑨ ⑦ ⑧

2 학생 9명이 한 줄로 서 있습니다. 준수와 영식이가 서 있는 순서를 나타내는 알맞은 말에 ◯표 하세요.

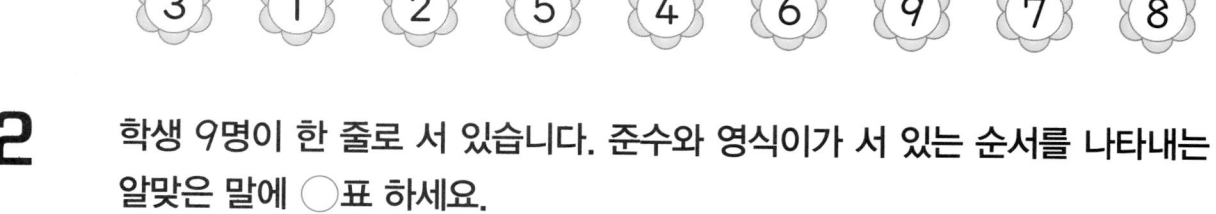

앞   뒤

준수   영식

(1) 준수는 앞에서 (첫째 , 셋째)에 서 있습니다.

(2) 영식이는 뒤에서 (둘째 , 넷째)에 서 있습니다.

1 순서에 알맞게 선으로 이어 보세요.

3   6   5   9

첫째

2 알맞게 선으로 이어 보세요.

위에서 첫째 ·

아래에서 셋째 ·

위에서 넷째 ·

위

아래

3 (보기)와 같이 색칠해 보세요.

(보기)

4

넷(사) ○○○○○○○○○

넷째 ○○○○○○○○○

7

일곱(칠) ♡♡♡♡♡♡♡♡♡

일곱째 ♡♡♡♡♡♡♡♡♡

수를 순서대로 쓰기 →

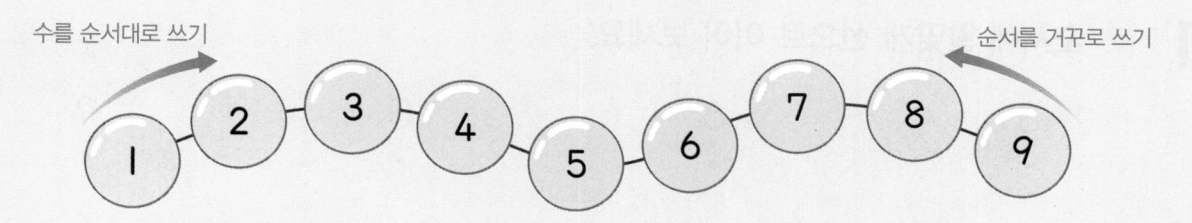

순서를 거꾸로 쓰기 ←

- |부터 9까지의 수를 순서대로 쓰기: |, 2, 3, 4, 5, 6, 7, 8, 9
- 9부터 순서를 거꾸로 하여 쓰기: 9, 8, 7, 6, 5, 4, 3, 2, |

1 순서에 알맞게 빈칸에 수를 써넣으세요.

(1)

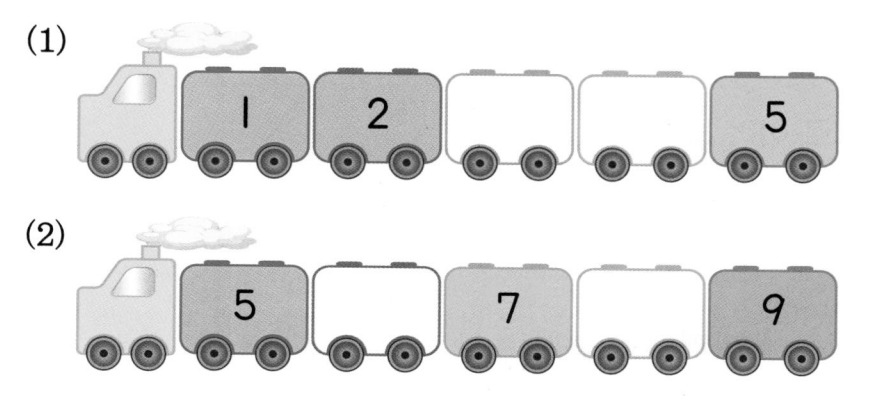

(2)

2 순서를 거꾸로 하여 빈칸에 수를 써넣으세요.

(1)

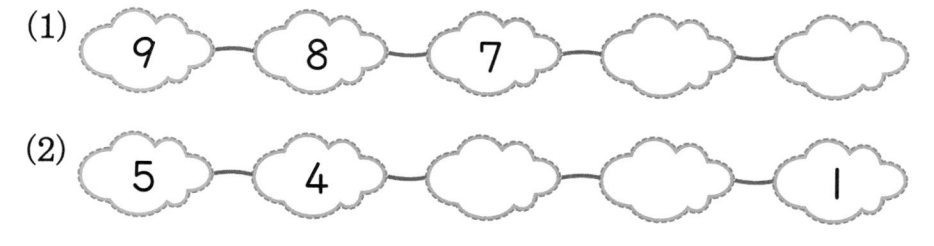

(2)

STEP 1 기본유형 익히기

1 순서에 알맞게 빈칸에 수를 써넣으세요.

(1)

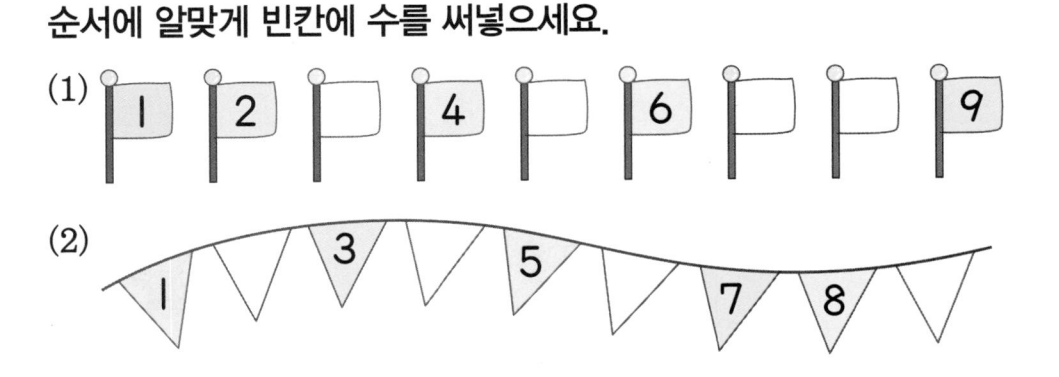

(2)

2 수를 순서대로 선으로 이어 보세요.

(1)

I	2	5	6	9
	3	4	7	8

(2)

4   5
2   3   6   7
I   9   8

(3)

7   5 4
8   6
9   3
        2
        I

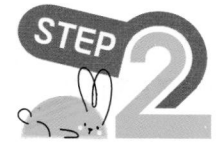
1 ☐ 안에 알맞은 수를 써넣고, 선으로 이어 보세요.

☐   · · 둘(이)

☐   · · 다섯(오)

☐   · · 셋(삼)

2 수만큼 색칠해 보세요.

6

3 수를 세어 ☐ 안에 알맞은 수를 써넣으세요.

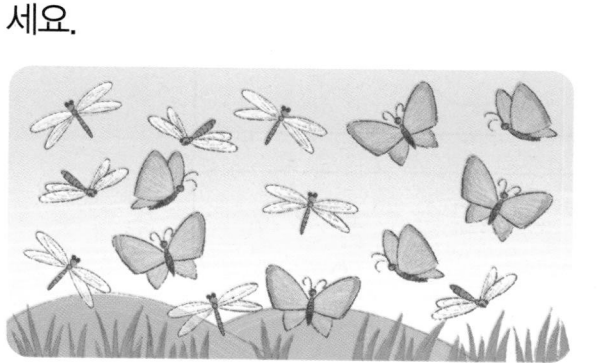

☐ 마리, ☐ 마리

4 그림에 맞게 수를 고쳐 ☐ 안에 알맞게 써넣으세요.

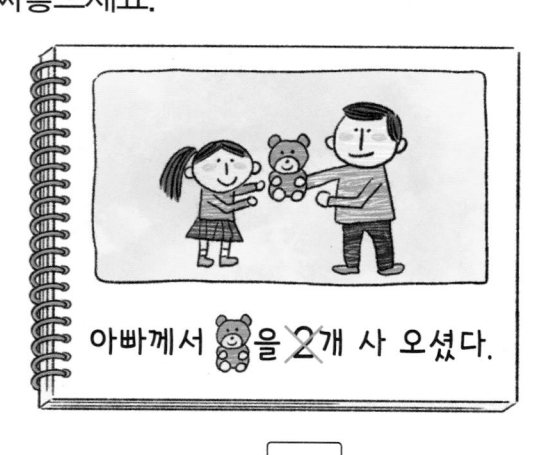

아빠께서 🧸을 2개 사 오셨다.

⇨ ☐

5 나타내는 수가 다른 하나를 찾아 ◯표 하세요.

여섯   육   아홉   6

6 그림을 보고 진수가 이야기한 것처럼 물건의 수를 1, 2, 3, 4, 5로 설명해 보세요.

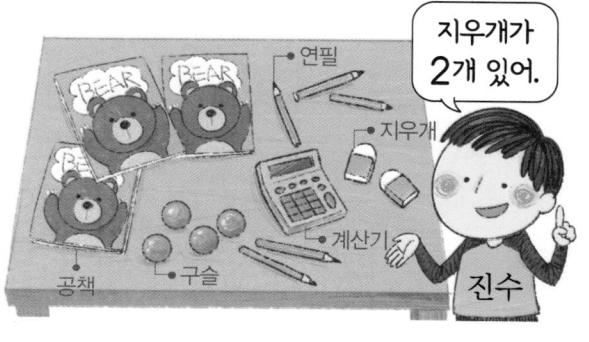

지우개가 2개 있어.

답 _____

_____

_____

7 순서를 거꾸로 하여 빈칸에 수를 써넣으세요.

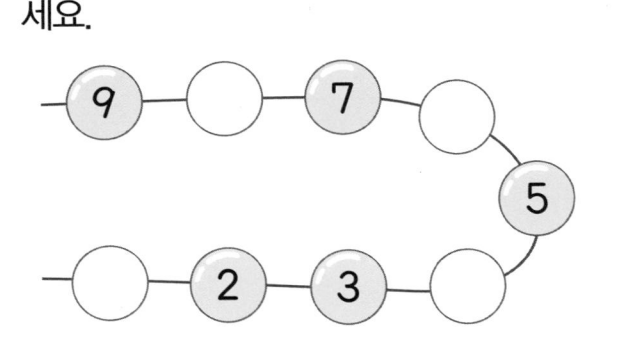

8 위에서 셋째인 풍선에 ◯표 하세요.

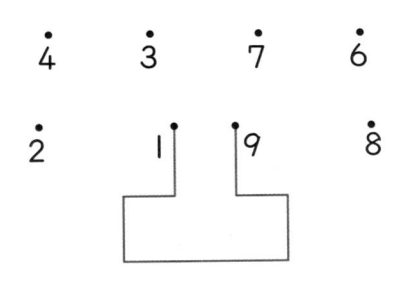

9 수를 순서대로 선으로 이어 보세요.

5

4 3 7 6

2 1 9 8

10 왼쪽에서 일곱째에 있는 꽃에 ◯표 하고, 오른쪽에서 넷째에 있는 꽃에 △표 하세요.

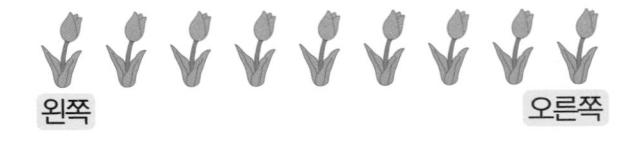

왼쪽   오른쪽

11 수의 순서에 맞게 ☐ 안에 수를 써넣으세요.

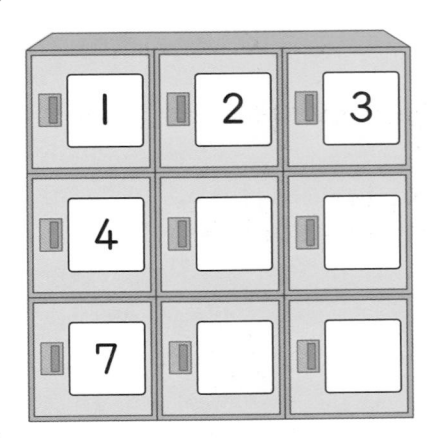

(수학 익힘 유형)

12 (보기)의 순서에 맞게 ☐ 안에 수를 써넣으세요.

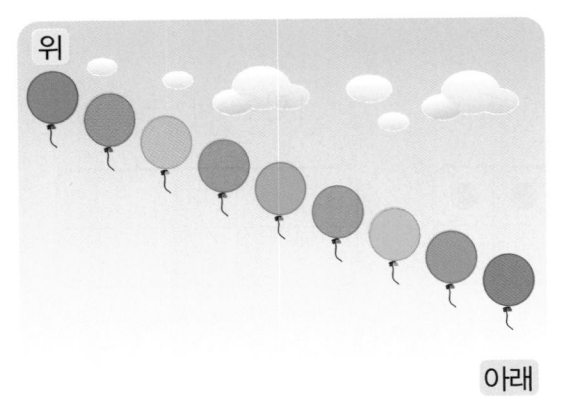

(보기)

3 ☐ ☐ 1 ☐

1. 9까지의 수 **17**

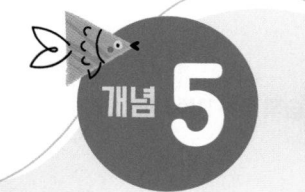

개념 5 1만큼 더 큰 수와 1만큼 더 작은 수

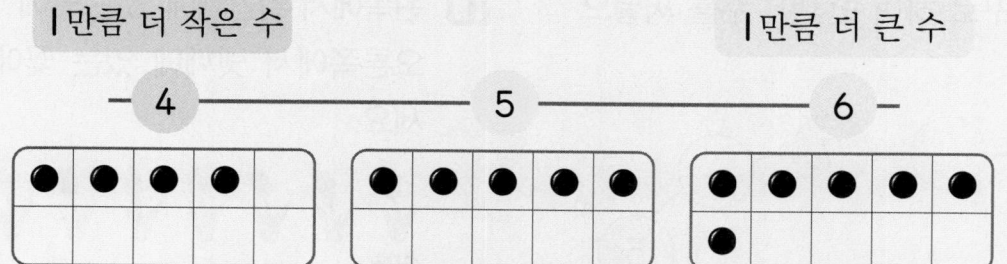

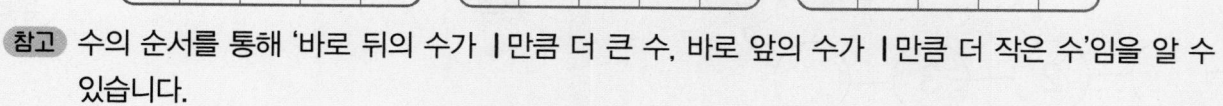

참고 수의 순서를 통해 '바로 뒤의 수가 1만큼 더 큰 수, 바로 앞의 수가 1만큼 더 작은 수'임을 알 수 있습니다.

1 6보다 1만큼 더 큰 수와 1만큼 더 작은 수를 ○로 나타내고, 빈칸에 알맞은 수를 써넣으세요.

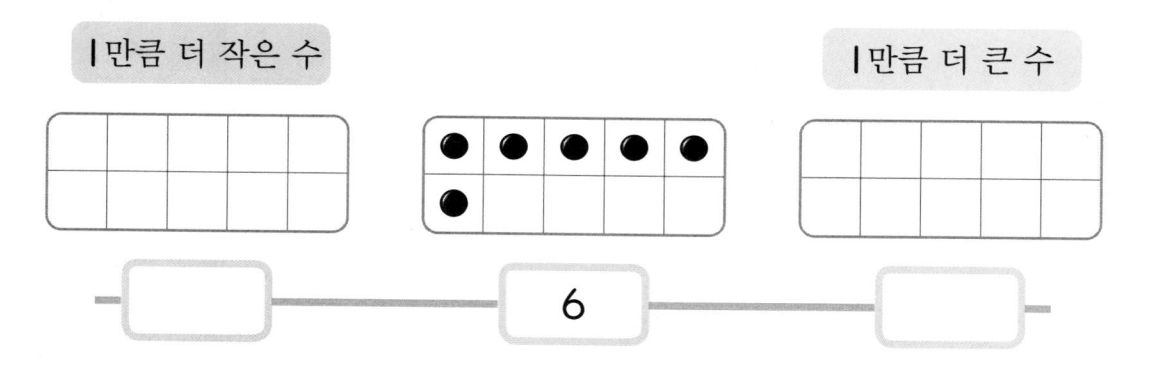

2 빈칸에 1만큼 더 큰 수와 1만큼 더 작은 수를 써넣으세요.

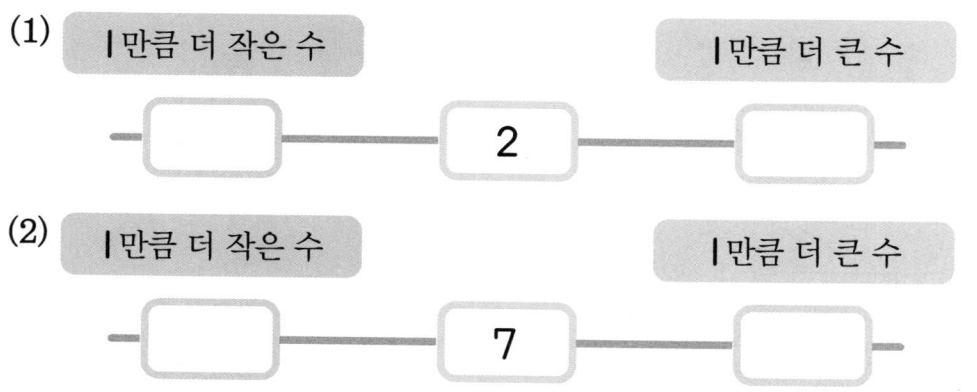

STEP 1 기본유형 익히기

1 ☐ 안에 알맞은 수를 써넣으세요.

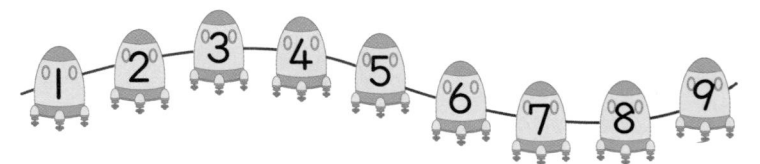

(1) 4보다 I만큼 더 큰 수는 ☐ 입니다.

(2) 9보다 I만큼 더 작은 수는 ☐ 입니다.

2 4보다 I만큼 더 큰 수를 나타내는 것을 찾아 ◯표 하세요.

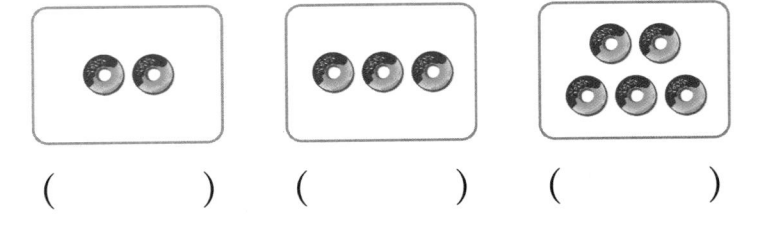

(   )   (   )   (   )

3 그림을 보고 ☐ 안에 알맞은 수를 써넣으세요.

I만큼 더 작은 수

I만큼 더 큰 수

☐ 3 ☐ 5 6

5는 ☐ 보다 I만큼 더 작은 수예요.

0 알아보기

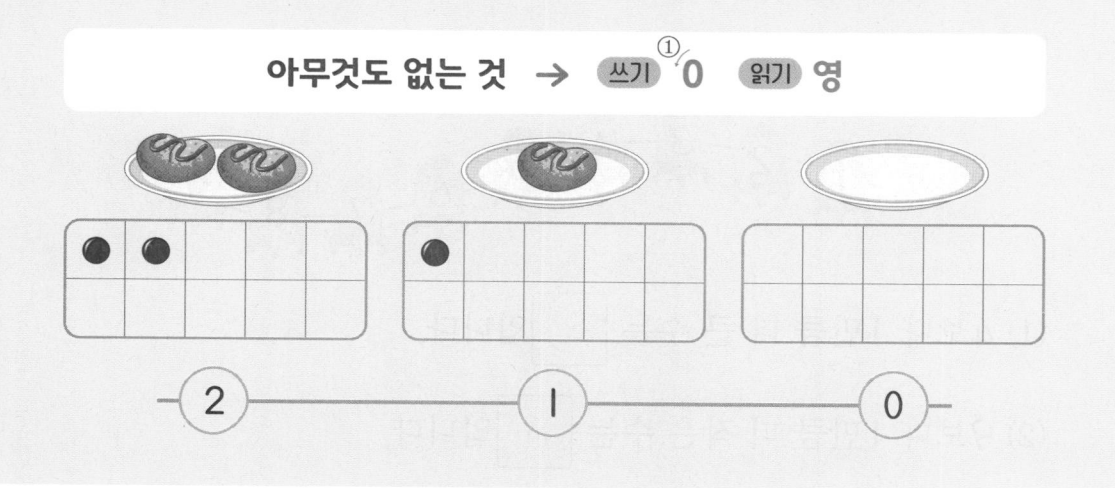

아무것도 없는 것 → (쓰기)① **0** (읽기) **영**

1 그림을 보고 ☐ 안에 알맞은 수나 말을 써넣으세요.

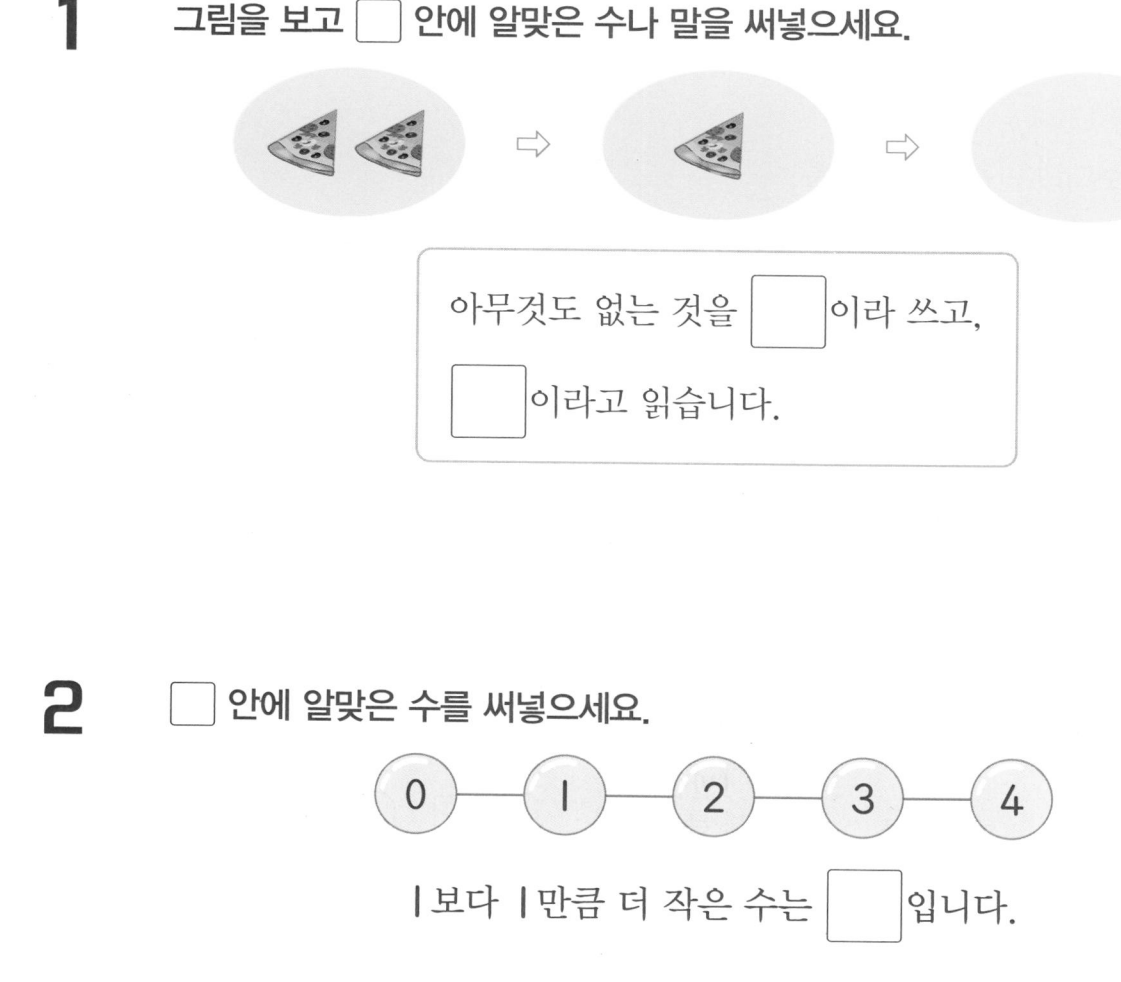

아무것도 없는 것을 ☐이라 쓰고,

☐이라고 읽습니다.

2 ☐ 안에 알맞은 수를 써넣으세요.

ⓞ — ① — ② — ③ — ④

|보다 |만큼 더 작은 수는 ☐입니다.

1 나뭇가지 위의 참새의 수를 세어 □ 안에 알맞은 수를 써넣으세요.

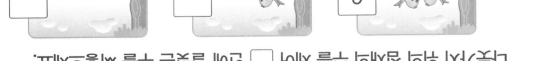

2 꽂을 고리의 수를 세어 □ 안에 알맞은 수를 써넣으세요.

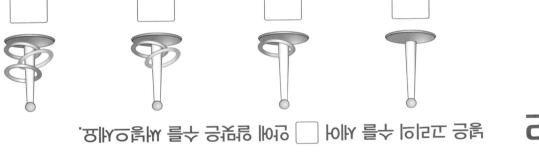

3 알맞게 짝지은 이어 보세요.

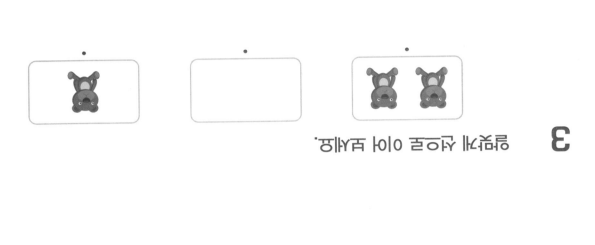

0 · · 1 · · 2 · · 3 ·

수의 크기 비교

● **7과 5의 크기 비교**

> 물건의 수를 비교할 때는 '많다', '적다'로 말하고,
> **수의 크기**를 비교할 때는 '**크다**', '**작다**'로 말합니다.

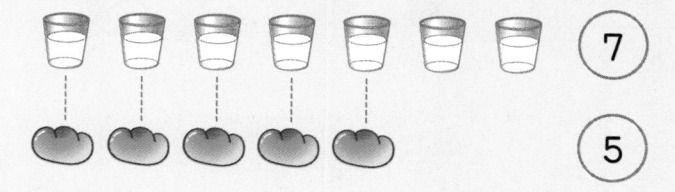

- 🥛은 🍞 보다 **많습니다**. ⇨ 7은 5보다 **큽니다**.
- 🍞은 🥛 보다 **적습니다**. ⇨ 5는 7보다 **작습니다**.

참고 **수의 순서를 이용하여 수의 크기 비교하기**

| 1 | 2 | 3 | 4 | 5 | 6 | 7 | 8 | 9 |

- 앞에 있는 수가 뒤에 있는 수보다 작습니다.
- 가장 작은 수는 맨 앞에 있는 수이고, 가장 큰 수는 맨 뒤에 있는 수입니다.

1 그림을 보고 알맞은 말에 ◯표 하세요.

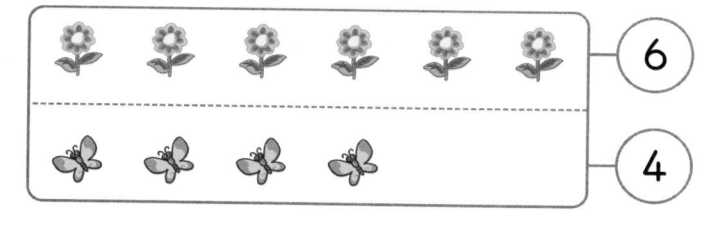

(1) 🌼은 🦋보다 많습니다. ⇨ 6은 4보다 (큽니다 , 작습니다).

(2) 🦋는 🌼보다 적습니다. ⇨ 4는 6보다 (큽니다 , 작습니다).

2 그림을 보고 더 큰 수에 ◯표 하세요.

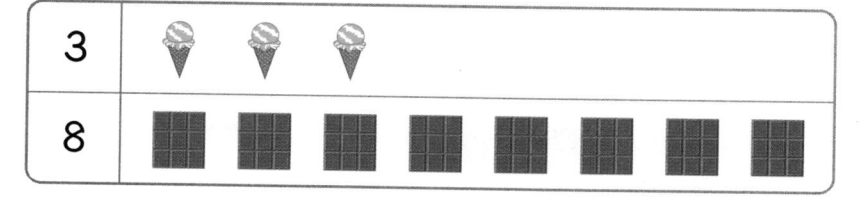

1 그림을 보고 두 수의 크기를 비교해 보세요.

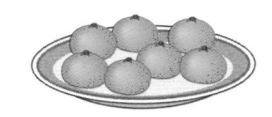

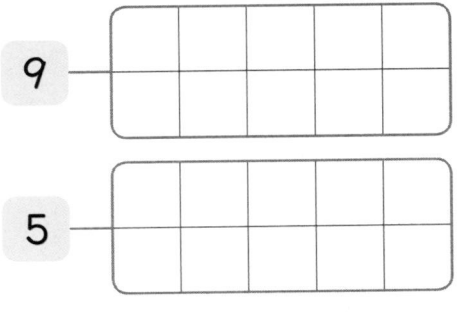는 보다 (많습니다 , 적습니다).

⇨ 3은 ☐ 보다 (큽니다 , 작습니다).

2 수만큼 ◯를 그리고, 알맞은 말에 ◯표 하세요.

9

5

• 9는 5보다 (큽니다 , 작습니다).
• 5는 9보다 (큽니다 , 작습니다).

3 더 작은 수에 △표 하세요.

(1) 5 2

(2) 8 9

4 6보다 큰 수를 모두 찾아 ◯표 하세요.

1 — 2 — 3 — 4 — 5 — 6 — 7 — 8 — 9

1 당근의 수를 세어 ☐ 안에 알맞은 수를 써넣으세요.

☐   ☐   ☐

2 ☐ 안에 알맞은 수를 써넣으세요.

접시에 있는 사과를 1개 먹으면 남는 사과의 수는 6보다 1만큼 더 작은 수인 ☐ 가 됩니다.

3 수의 순서를 보고 5와 8의 크기를 비교해 보세요.

1 2 3 4 5 6 7 8 9

• ☐ 은/는 ☐ 보다 큽니다.

• ☐ 은/는 ☐ 보다 작습니다.

4 ☐ 안에 알맞은 수를 써넣으세요.

2 — 3 — 4 — 5 — 6

4는 ☐ 보다 1만큼 더 큰 수이고,

☐ 보다 1만큼 더 작은 수입니다.

(수학 익힘 유형)

5 가운데 수보다 작은 수에 △표, 가운데 수보다 큰 수에 ◯표 하세요.

2
7 4 0
9
• 가운데 수

서술형

6 머리핀의 수보다 1만큼 더 큰 수는 얼마인지 풀이 과정을 쓰고 답을 구해 보세요.

❶ 머리핀의 수 세기

풀이 _____

_____

❷ 머리핀의 수보다 1만큼 더 큰 수 구하기

풀이 _____

_____

답 _____

7 사진 속 어린이 중 안경을 쓴 어린이는 몇 명일까요?

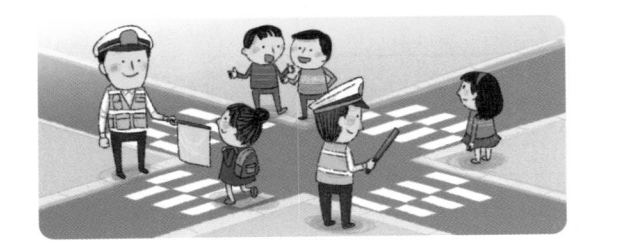

(   )

8 ☐ 안에 알맞은 수를 써넣고, 알맞은 말에 ◯표 하세요.

어린이 ☐ , 경찰관 ☐

어린이는 경찰관보다
(많습니다 , 적습니다).
⇨ ☐ 는 ☐ 보다 큽니다.

9 빵을 지우는 6개, 재하는 3개 가지고 있습니다. 빵을 더 적게 가지고 있는 사람은 누구일까요?

(   )

10 상미는 오늘 토마토를 1개 땄습니다. 상미가 어제 딴 토마토는 몇 개일까요?

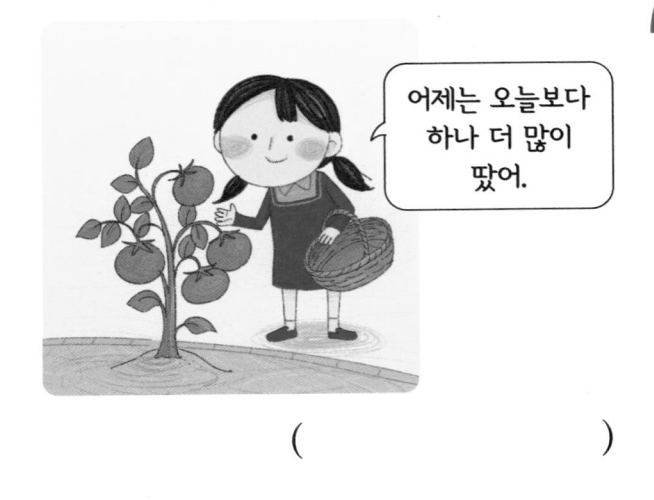

어제는 오늘보다 하나 더 많이 땄어.

(   )

11 ☐ 안에 알맞은 수를 써넣으세요.

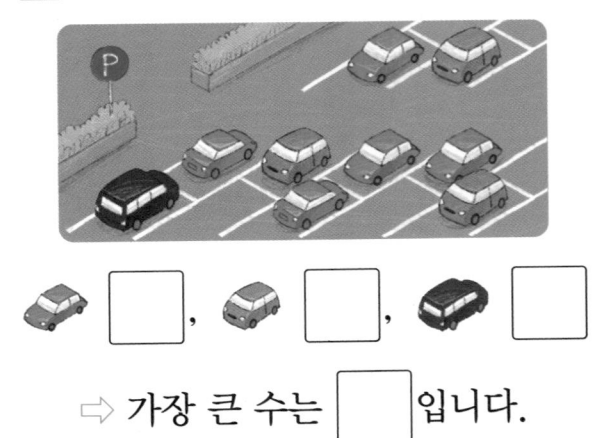

🚗 ☐ , 🚐 ☐ , 🚙 ☐

⇨ 가장 큰 수는 ☐ 입니다.

12 수 카드 중에서 가장 작은 수를 찾아 △표 하세요.

8   2   7

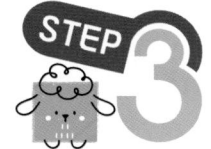

1 ☐ 안에 알맞은 수를 구해 보세요.

> ☐보다 1만큼 더 큰 수는 8입니다.

(1) 알맞은 말에 ◯표 하세요.

1만큼 더 큰 수

[?] ⟶ 8

1만큼 더 (큰 , 작은) 수

(2) ☐ 안에 알맞은 수를 구해 보세요.　　　　(　　　　　　　)

한번더
2 ☐ 안에 알맞은 수를 써넣으세요.

> ☐보다 1만큼 더 작은 수는 5입니다.

3 7명이 버스를 타기 위해 한 줄로 서 있습니다. 진영이는 뒤에서 셋째에 서 있을 때, **앞에서 몇째**에 서 있는지 구해 보세요.

(1) 진영이의 위치에 ◯표 하세요.

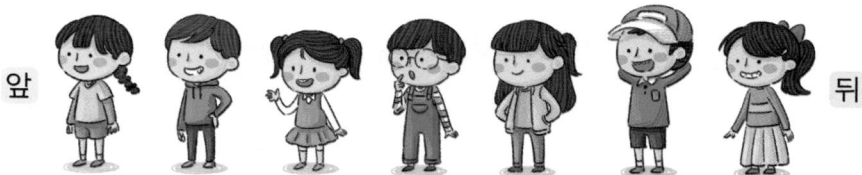

앞　　　　　　　　　　　　　　　　　　　　　뒤

(2) 진영이는 앞에서 몇째에 서 있나요?　　　　(　　　　　　　)

한번더
4 8명이 운동장에 한 줄로 서 있습니다. 주현이는 뒤에서 다섯째에 서 있을 때, 앞에서 몇째에 서 있는지 구해 보세요.

　　　　　　　　　　　　　　　　　　　　　　(　　　　　　　)

5 수 카드를 작은 수부터 놓을 때, 왼쪽에서 넷째에 놓이는 수를 구해 보세요.

[3] [6] [5] [9] [2]

(1) 수 카드를 작은 수부터 차례대로 써 보세요.

( )

(2) 수 카드를 작은 수부터 놓을 때, 왼쪽에서 넷째에 놓이는 수를 구해 보세요.

( )

한번더
6 수 카드를 큰 수부터 놓을 때, 왼쪽에서 둘째에 놓이는 수를 구해 보세요.

[1] [4] [2] [8] [5]

( )

놀이 수학

7 책의 제목에 가장 큰 수를 사용한 동화책을 가져온 친구가 이기는 놀이를 하고 있습니다. 이긴 친구는 누구인지 구해 보세요.

아기 돼지 삼 형제	일곱 알의 완두콩	다섯 마리 염소와 늑대
이슬	현우	민선

(1) 각 동화책의 제목에 사용한 수를 써 보세요.

이슬 ( ), 현우 ( ), 민선 ( )

(2) 이긴 친구는 누구일까요?

( )

단원 마무리

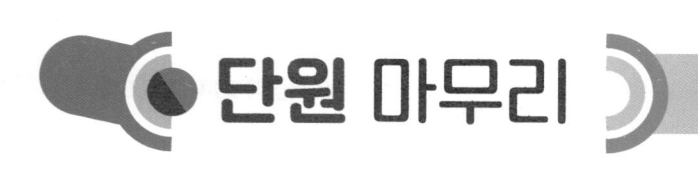

1 수를 세어 ◯ 안에 알맞은 수를 써넣으세요.

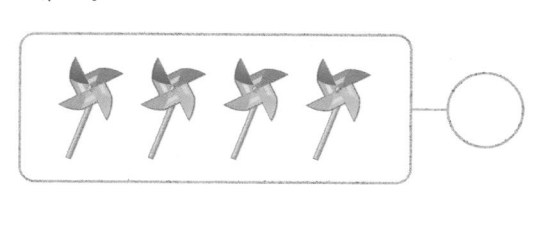

2 수만큼 ◯를 그려 보세요.

2

3 알맞게 선으로 이어 보세요.

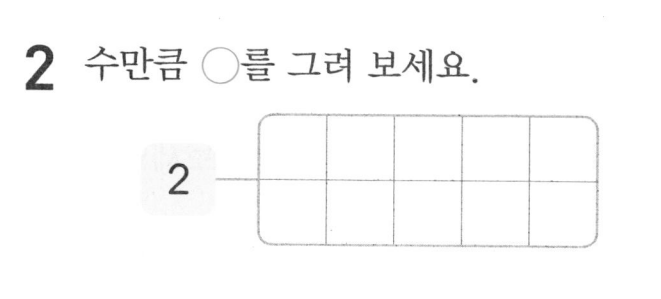

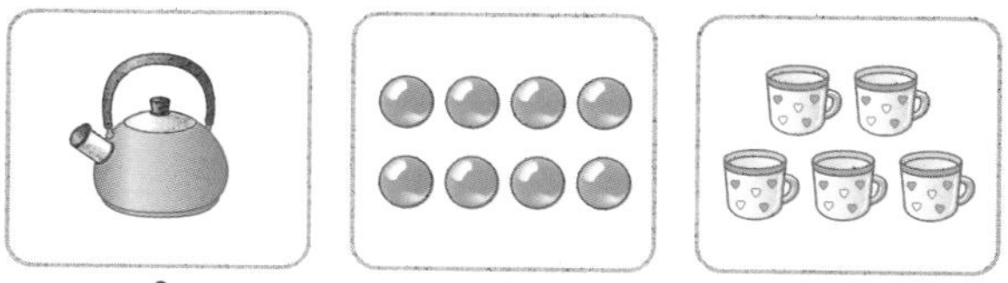

1　　5　　8

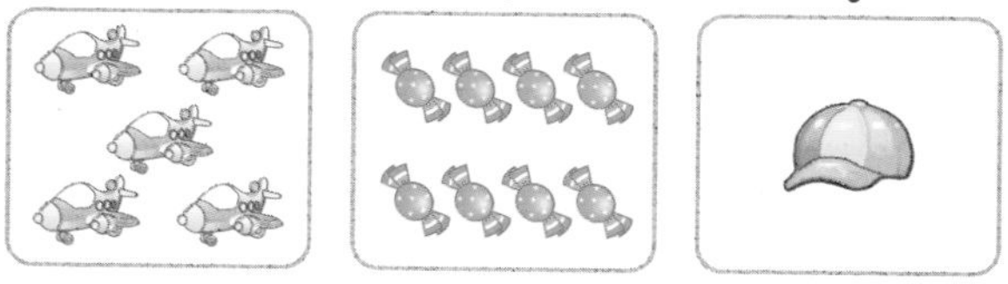

4 돌고래의 수를 읽어 보세요.

(　　　　　,　　　　　)

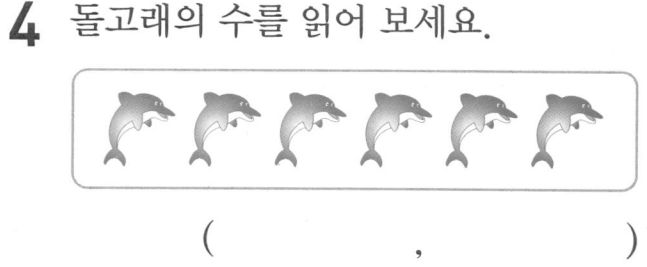

5 구슬의 색깔별로 수를 세어 □ 안에 알맞은 수를 써넣으세요.

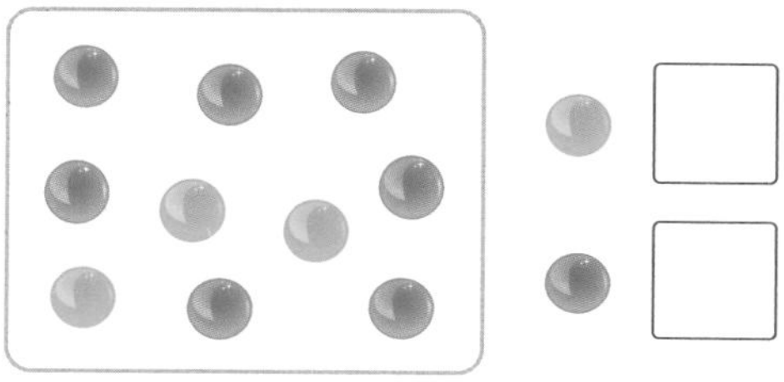

6 순서에 알맞게 빈칸에 수를 써넣으세요.

	5	6		

● 교과서에 꼭 나오는 문제

7 화분의 수를 세어 □ 안에 알맞은 수를 써넣으세요.

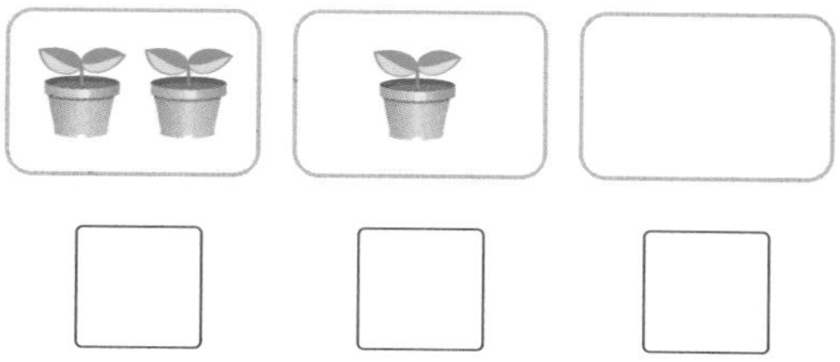

1 단원

8 기린은 몇째로 달리고 있는지 찾아 ◯표 하세요.

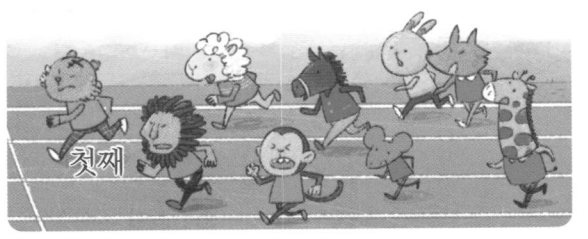

첫째

| 일곱째 아홉째 여섯째 |

● 교과서에 **꼭** 나오는 문제

9 바나나의 수보다 1만큼 더 큰 수를 써 보세요.

( )

10 여덟째에 색칠해 보세요.

☆ ☆ ☆ ☆ ☆ ☆ ☆ ☆ ☆
첫째

11 그림을 보고 ☐ 안에 알맞은 수를 써 넣으세요.

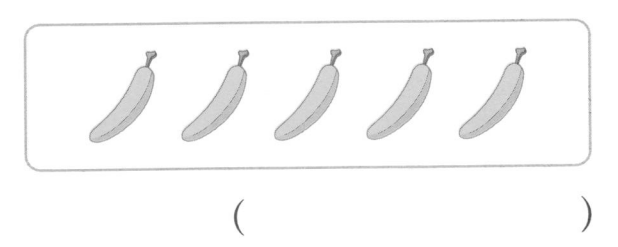

☐ 는 ☐ 보다 큽니다.

12 빈칸에 1만큼 더 큰 수와 1만큼 더 작은 수를 써넣으세요.

| 1만큼 더 작은 수 | | 1만큼 더 큰 수 |

⎯⎯ [ ] ⎯⎯ 5 ⎯⎯ [ ] ⎯⎯

13 나타내는 수가 <u>다른</u> 하나를 찾아 ◯표 하세요.

| 5 다섯 오 일곱 |

● 잘 **틀리는** 문제

14 순서를 거꾸로 하여 빈칸에 수를 써 넣으세요.

7 — 6 — [ ] — [ ] — [ ]

15 7보다 작은 수를 모두 찾아 써 보세요.

| 4 5 6 7 8 9 |

( )

16 가장 큰 수를 찾아 써 보세요.

☆ 2   ☆ 7   ☆ 4

(   )

● 잘 틀리는 문제

17 ☐ 안에 알맞은 수를 써넣으세요.

☐ 보다 1만큼 더 큰 수는
7입니다.

18 수 카드를 작은 수부터 놓을 때, 왼쪽에서 둘째에 놓이는 수를 써 보세요.

3 6 2 9 7

(   )

● 서술형 문제

19 나머지 둘과 다른 수를 말한 사람은 누구인지 풀이 과정을 쓰고 답을 구해 보세요.

• 세호: 형의 나이는 아홉 살이야.
• 정은: 과자가 9개 있어.
• 민수: 나는 우리 반에서 칠 번이야.

풀이 _____

_____

_____

_____

답 _____

20 동물원에 호랑이가 4마리, 기린이 7마리가 있습니다. 더 많은 동물은 무엇인지 풀이 과정을 쓰고 답을 구해 보세요.

풀이 _____

_____

_____

_____

답 _____

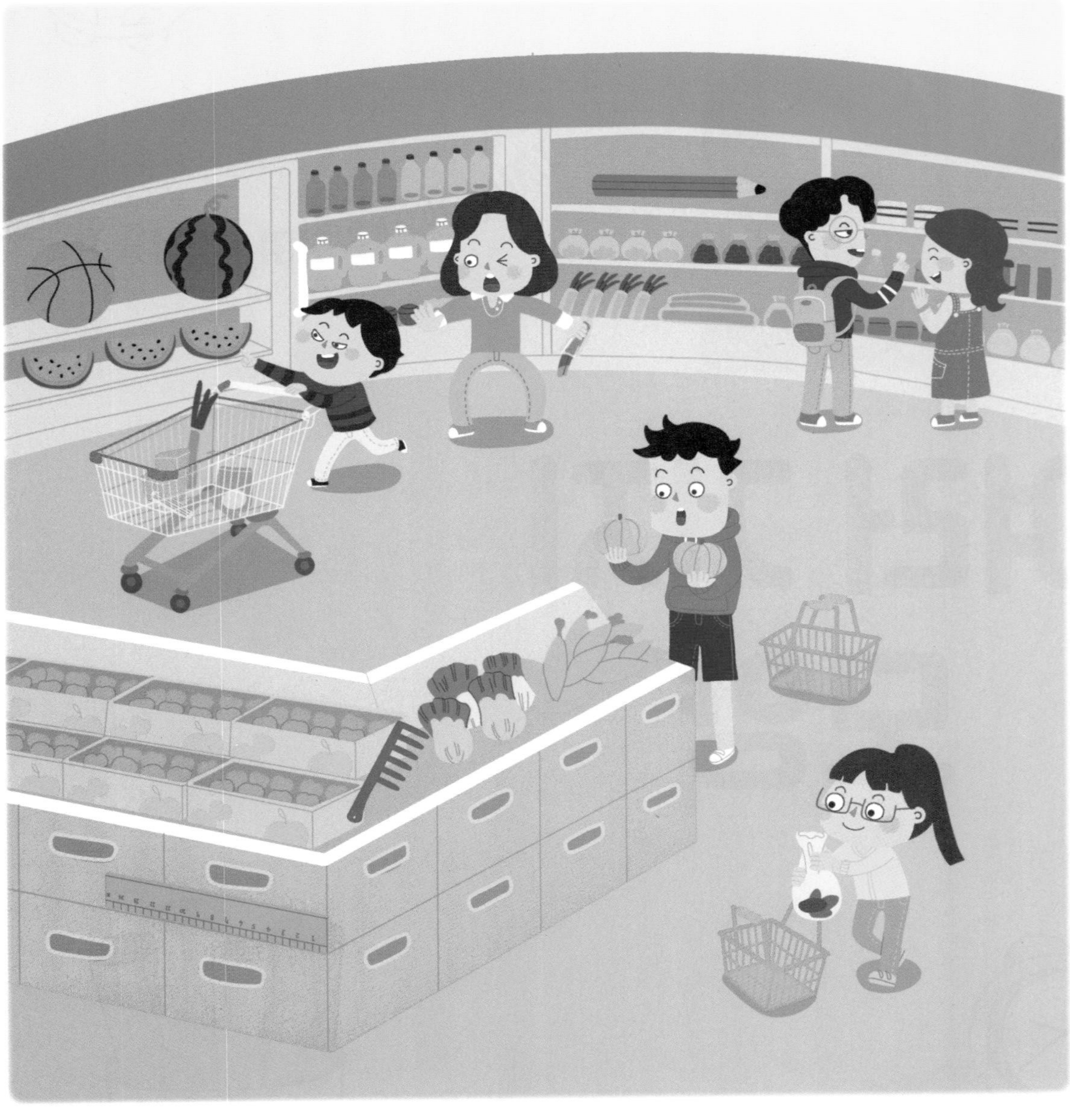

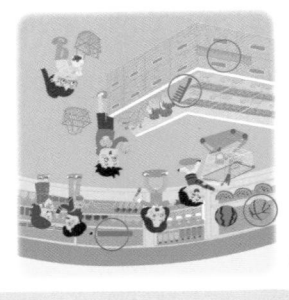

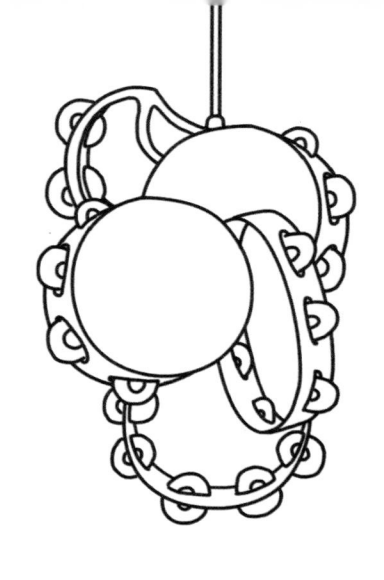
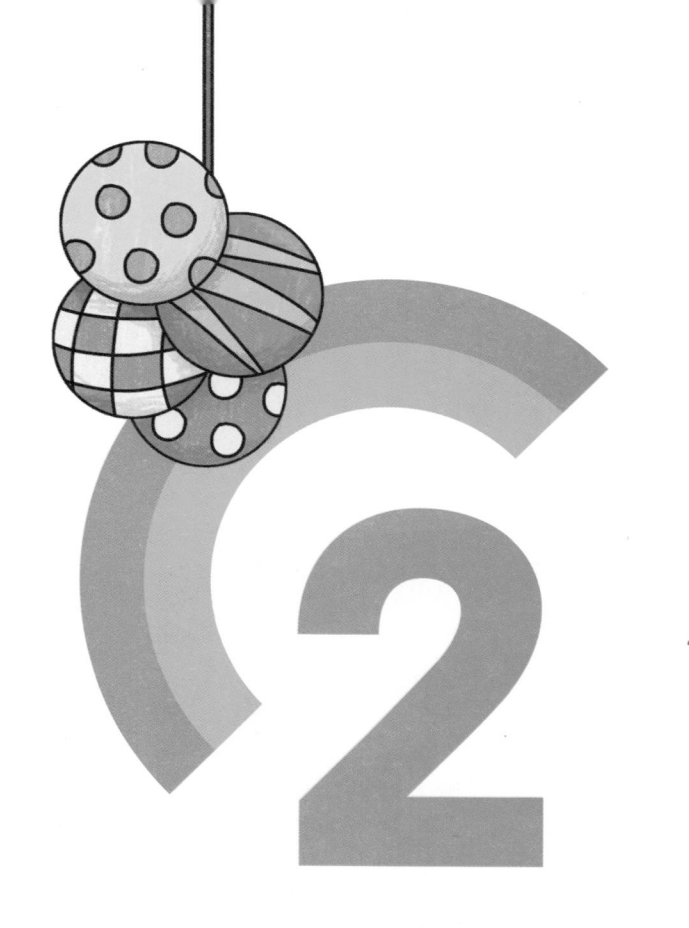

2

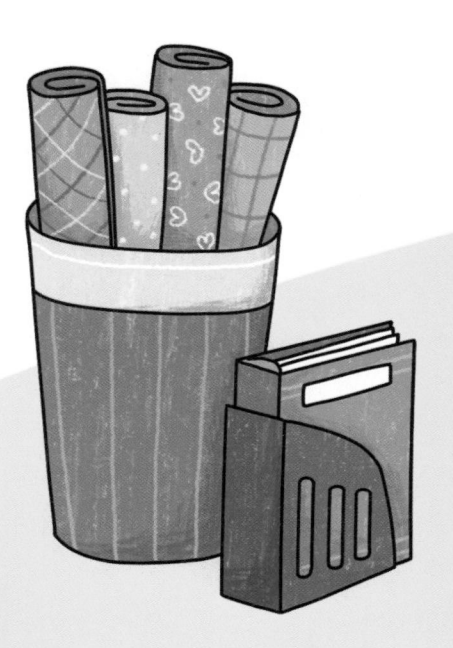

재미있게 색칠하며 문구점을 완성해 보세요

여러 가지 모양

이 단원에서는

- 여러 가지 모양을 찾아볼까요
- 여러 가지 모양으로 만들어 볼까요

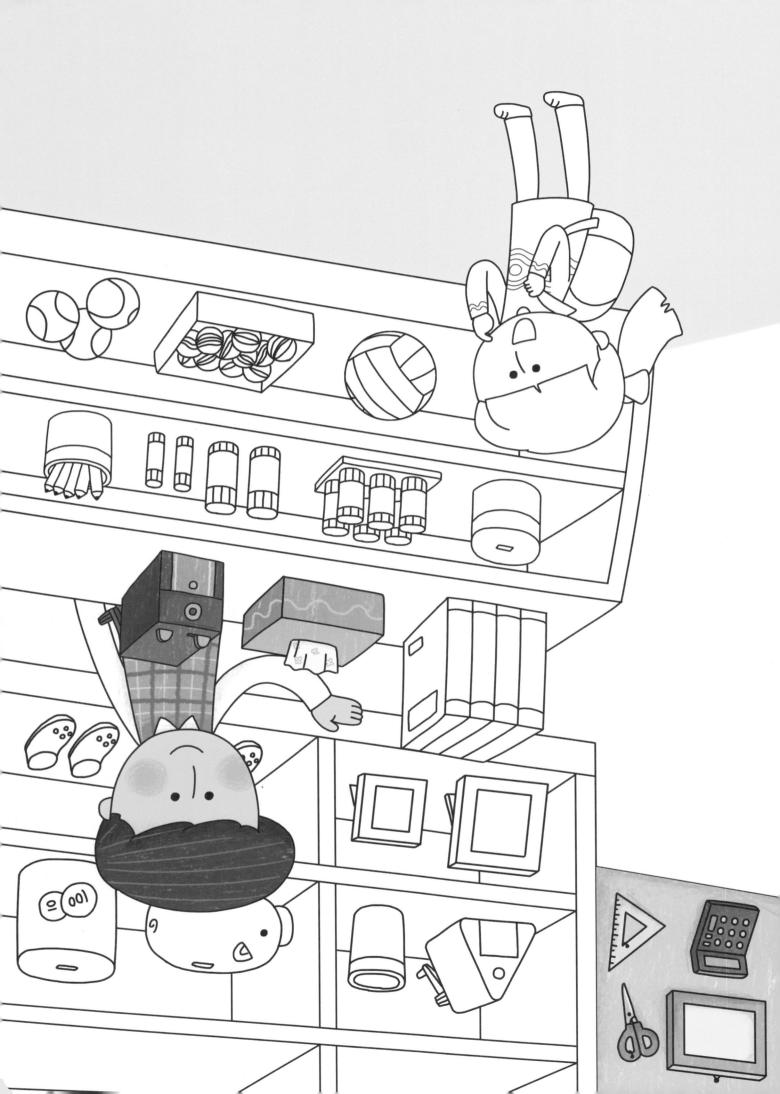

여러 가지 모양 찾기

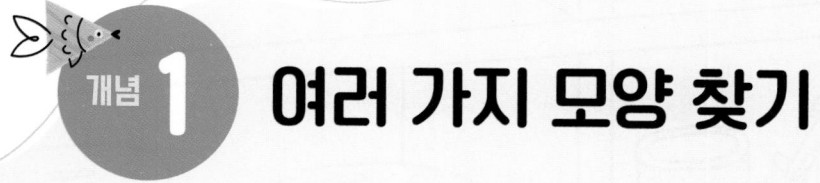 모양 찾기

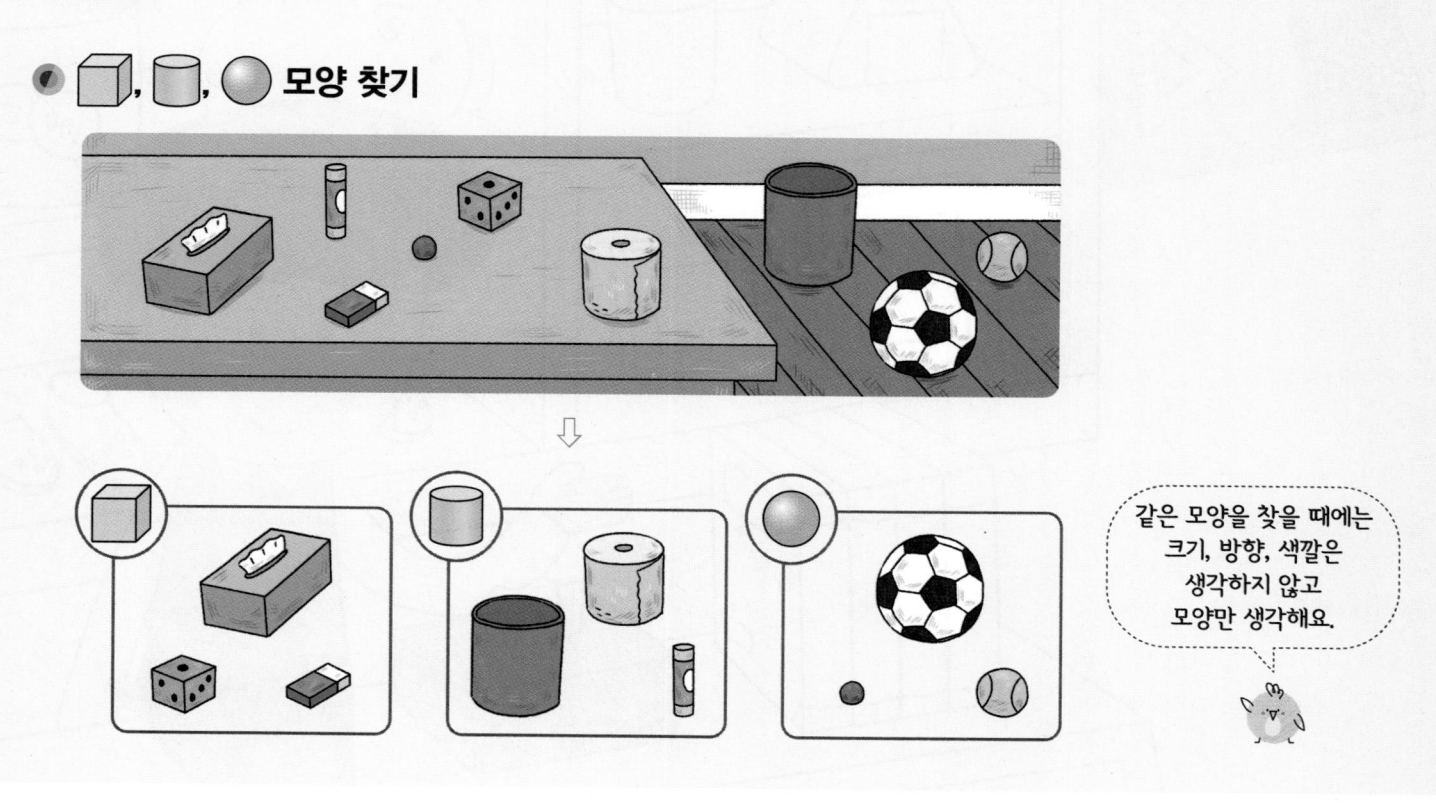

같은 모양을 찾을 때에는
크기, 방향, 색깔은
생각하지 않고
모양만 생각해요.

1 왼쪽과 같은 모양을 찾아 ◯표 하세요.

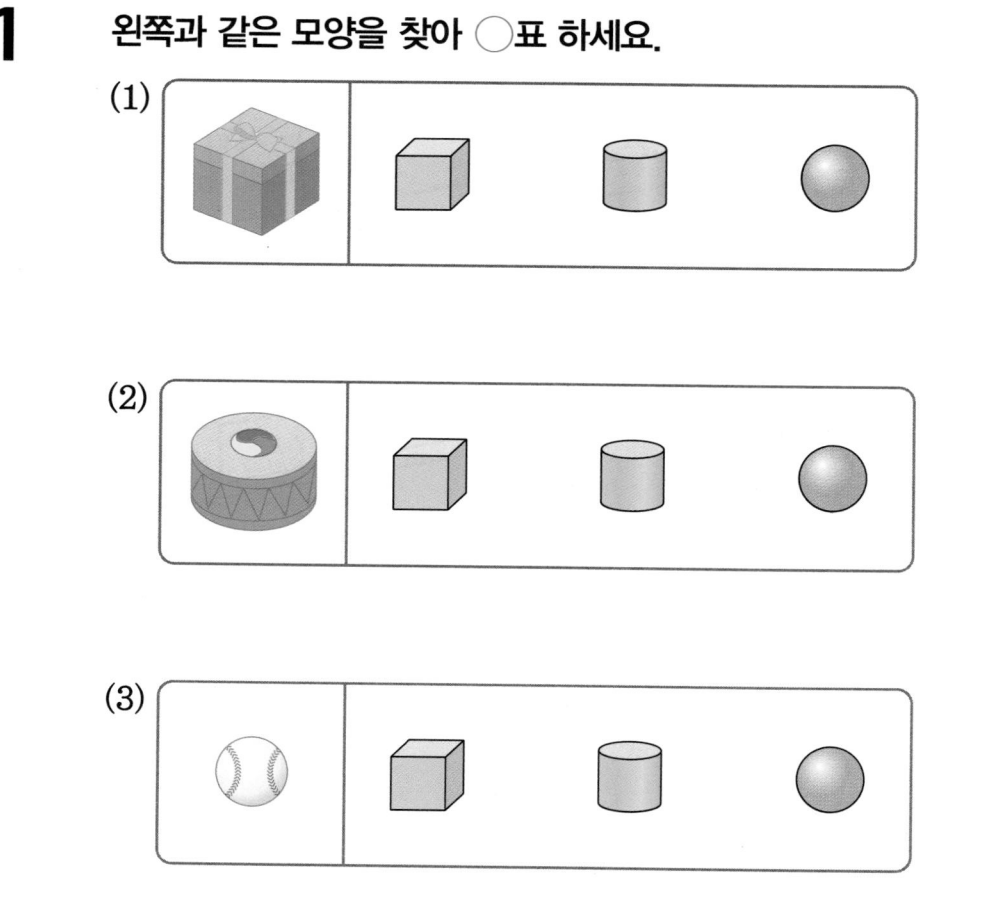

(1)

(2)

(3)

1 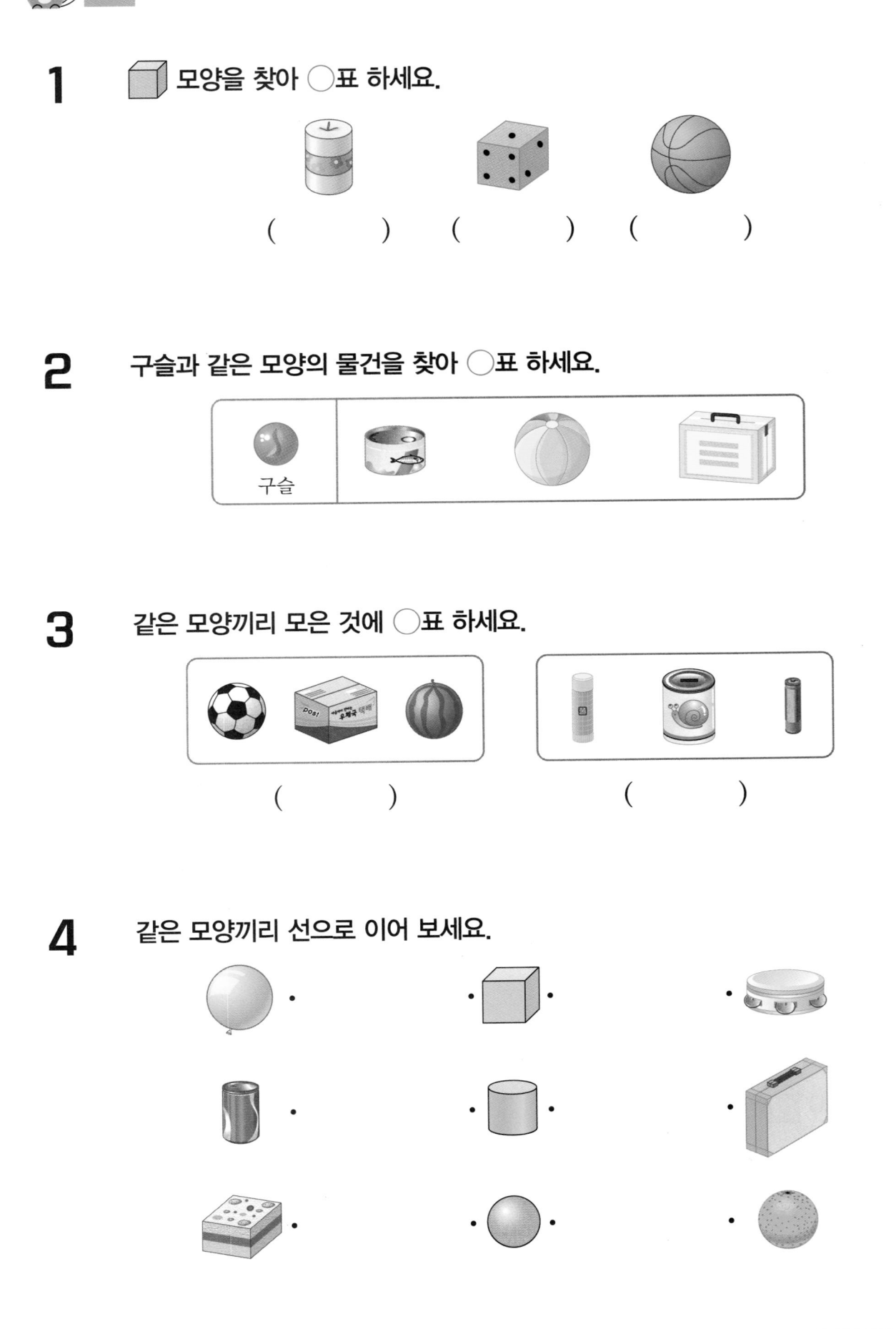 모양을 찾아 ◯표 하세요.

(   )   (   )   (   )

2 구슬과 같은 모양의 물건을 찾아 ◯표 하세요.

구슬

3 같은 모양끼리 모은 것에 ◯표 하세요.

(   )   (   )

4 같은 모양끼리 선으로 이어 보세요.

개념 2 여러 가지 모양 알아보기

● ⬛, ⬛, ⚫ 모양 알아보기

모양	생김새	알 수 있는 것
평평한 부분 / 뽀족한 부분	• 평평한 부분이 있습니다. • 뽀족한 부분이 있습니다.	• 어느 쪽으로도 잘 쌓을 수 있습니다. • 잘 굴러가지 않습니다.
평평한 부분 / 둥근 부분	• 평평한 부분이 있습니다. • 둥근 부분이 있습니다.	• 세우면 쌓을 수 있습니다. • 눕히면 잘 굴러갑니다.
둥근 부분만 있습니다.	• 둥근 부분만 있습니다.	• 쌓을 수 없습니다. • 여러 방향으로 잘 굴러갑니다.

1 설명하는 모양을 찾아 ◯표 하세요.

(1) 둥근 부분만 있어요.

(⬛ , ⬛ , ◯)

(2) 뽀족한 부분이 있어요.

(⬛ , ⬛ , ◯)

(3) 평평한 부분이 있고 둥근 부분도 있어요.

(⬛ , ⬛ , ◯)

2 설명이 맞으면 ◯표, 틀리면 ✕표 하세요.

(1) ⬛ 모양은 잘 쌓을 수 있습니다. ········· (   )

(2) ⬛ 모양은 굴러가지 않습니다. ········· (   )

(3) ◯ 모양은 쌓을 수 없습니다. ········· (   )

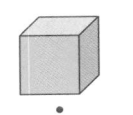

1 알맞은 것끼리 선으로 이어 보세요.

잘 굴러가고
쌓을 수 없습니다.

잘 굴러가지 않고
쌓을 수 있습니다.

굴러가고
쌓을 수 있습니다.

2 설명하는 모양의 물건을 찾아 ◯표 하세요.

둥근 부분만 있고 잘 굴러갑니다.

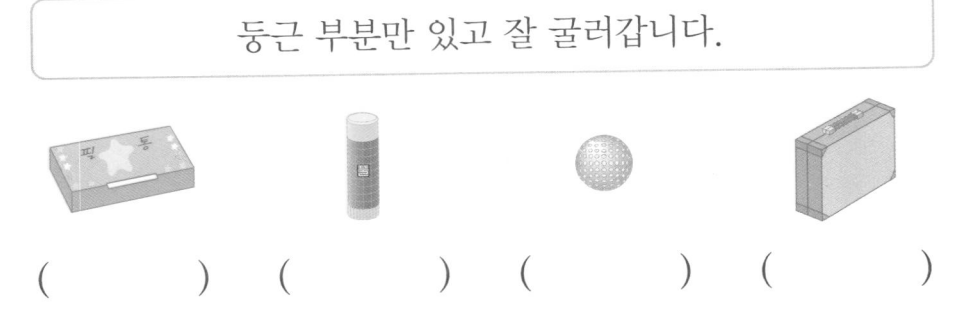

(   ) (   ) (   ) (   )

3 쌓을 수 있는 물건을 모두 찾아 ◯표 하세요.

(   ) (   ) (   )

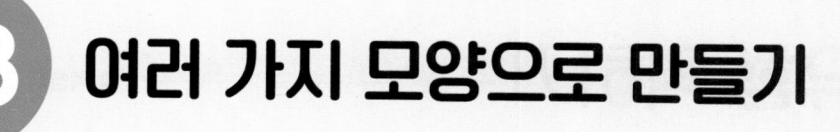

개념 3 여러 가지 모양으로 만들기

● ▨, ▬, ● 모양으로 '잠자리' 모양 만들기

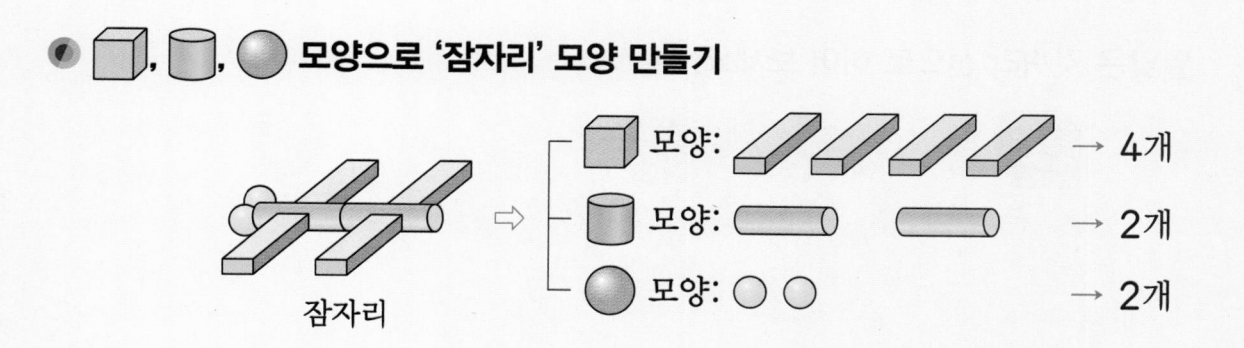

1 사용한 모양을 찾아 ◯표 하세요.

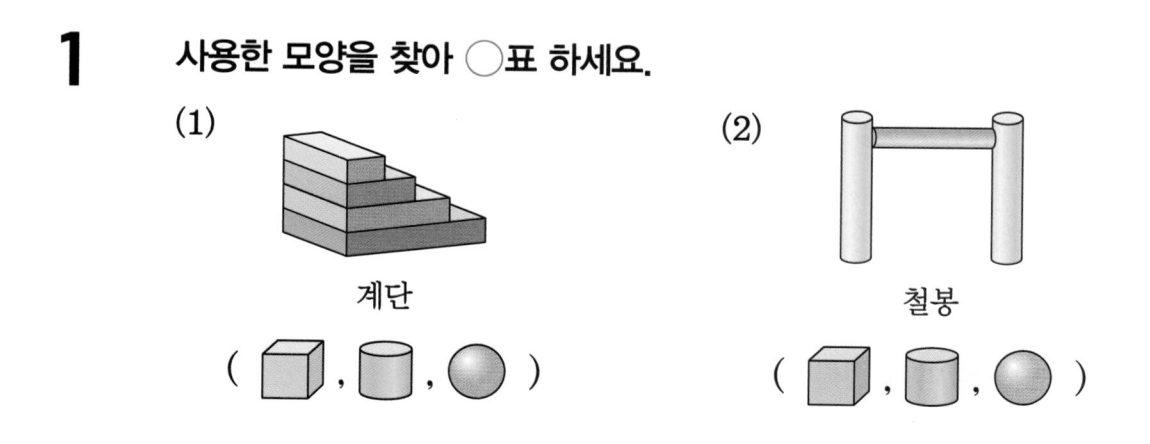

(1) 계단

(▨ , ▬ , ●)

(2) 철봉

(▨ , ▬ , ●)

2 ● 모양을 몇 개 사용했는지 세어 보세요.

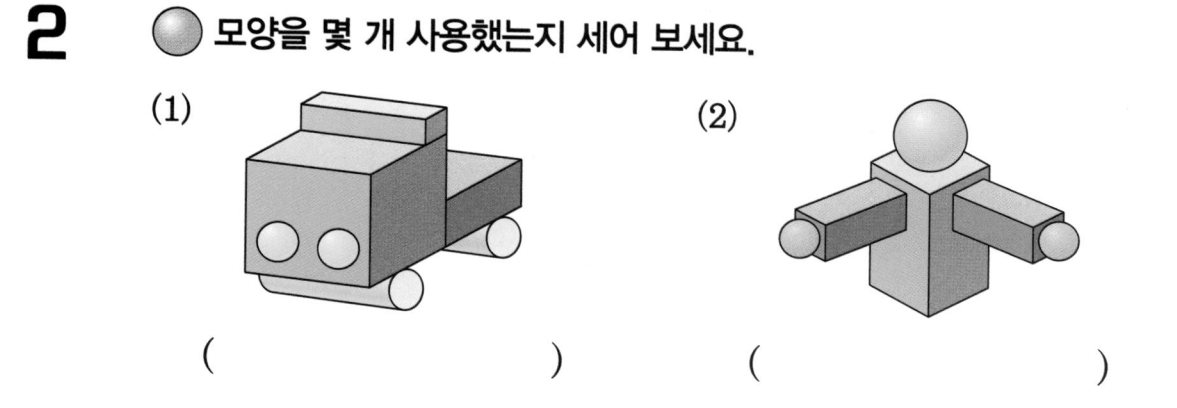

(1) (　　　　)

(2) (　　　　)

1 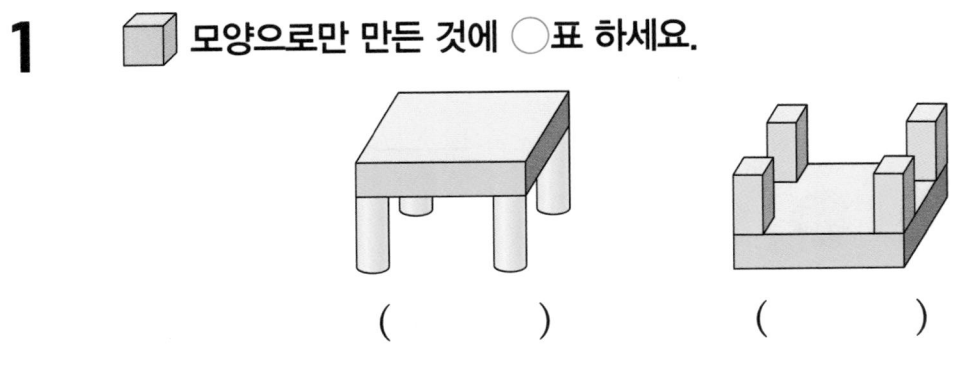 모양으로만 만든 것에 ◯표 하세요.

(   )   (   )

2 사용한 모양을 모두 찾아 ◯표 하세요.

(1)

(2)

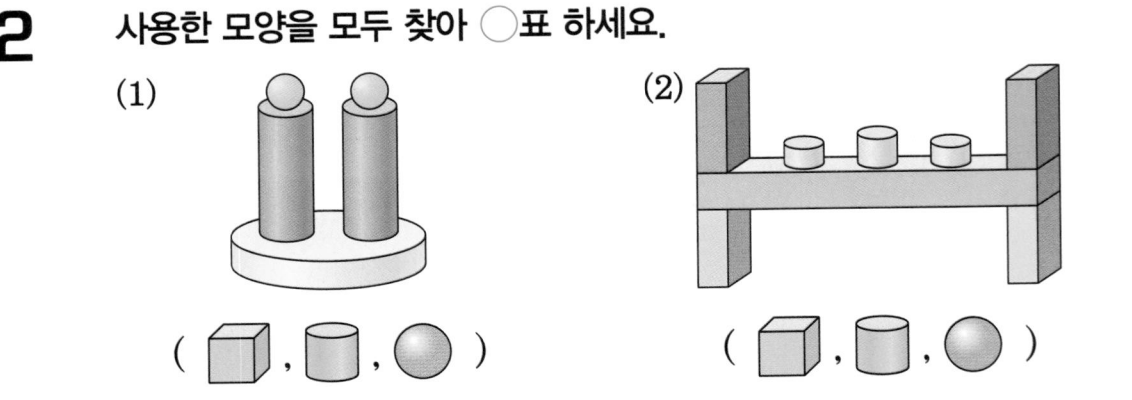

(⬜ , ⬛ , ⚫)   (⬜ , ⬛ , ⚫)

3 ⬜, ⬛, ⚫ 모양을 각각 몇 개 사용했는지 세어 보세요.

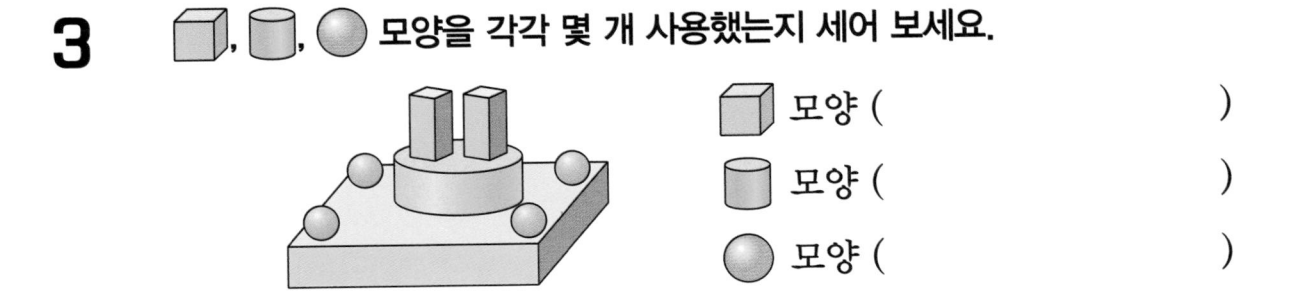

⬜ 모양 (   )

⬛ 모양 (   )

⚫ 모양 (   )

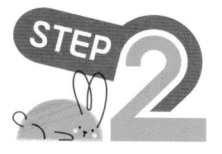

1 어떤 모양을 모아 놓은 것인지 알맞은 모양을 찾아 ◯표 하세요.

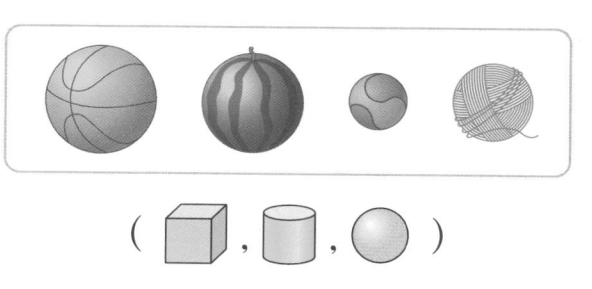

(⬜ , 🔲 , ⚪)

2 같은 모양끼리 모아 빈칸에 알맞은 번호를 써 보세요.

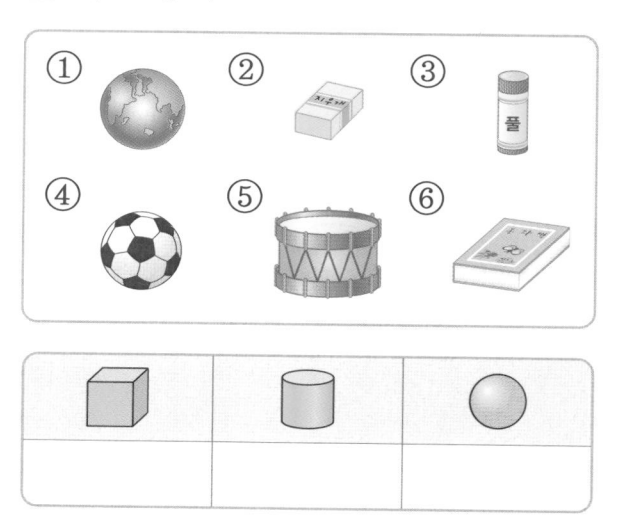

3 모양이 나머지와 <u>다른</u> 하나를 찾아 ◯표 하세요.

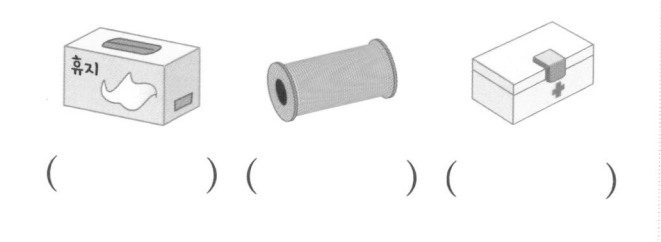

(   ) (   ) (   )

4 🔲 모양을 모두 찾아 ◯표 하세요.

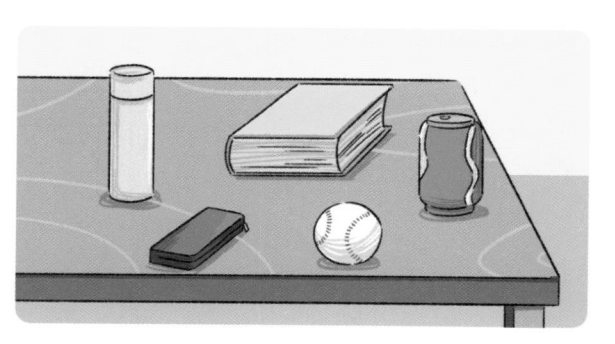

5 (보기)의 모양과 같은 모양의 물건을 찾아 ◯표 하세요.

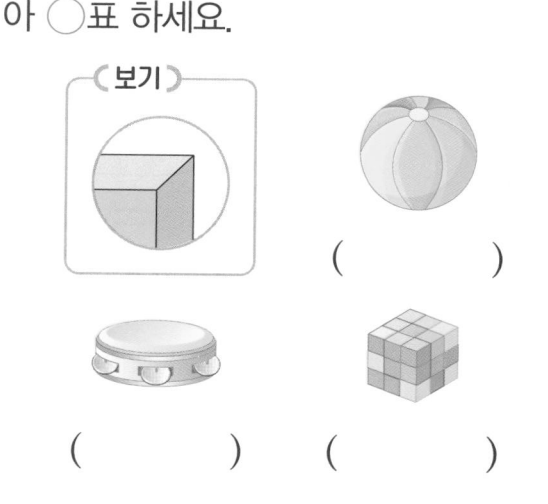

6 잘 굴러가지만 쌓을 수 <u>없는</u> 물건을 찾아 ◯표 하세요.

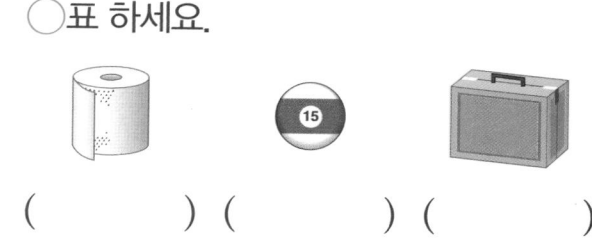

(   ) (   ) (   )

7 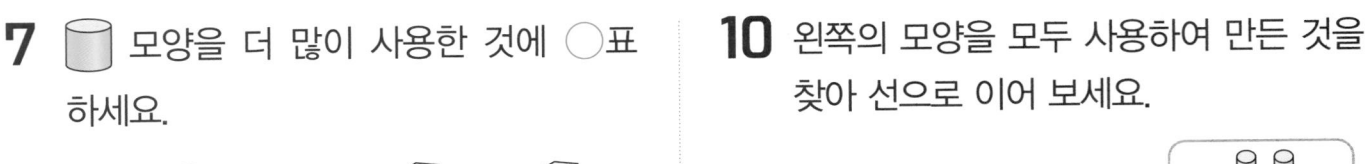 모양을 더 많이 사용한 것에 ◯표 하세요.

(   )   (   )

8 🔲, 🛢, ⚪ 모양을 각각 몇 개 사용했는지 세어 보세요.

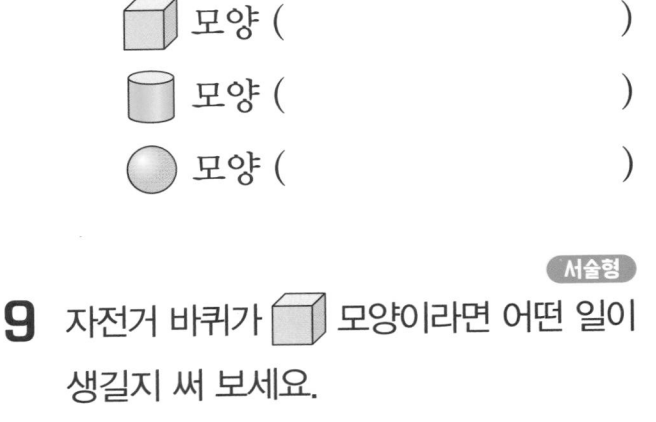

🔲 모양 (   )

🛢 모양 (   )

⚪ 모양 (   )

(서술형)

9 자전거 바퀴가 🔲 모양이라면 어떤 일이 생길지 써 보세요.

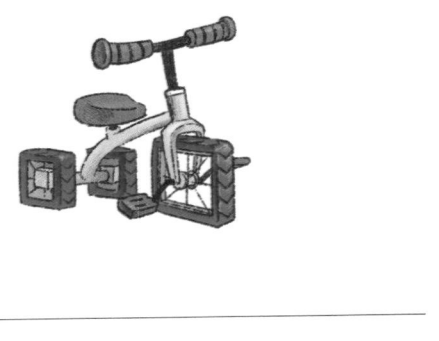

답 _____

10 왼쪽의 모양을 모두 사용하여 만든 것을 찾아 선으로 이어 보세요.

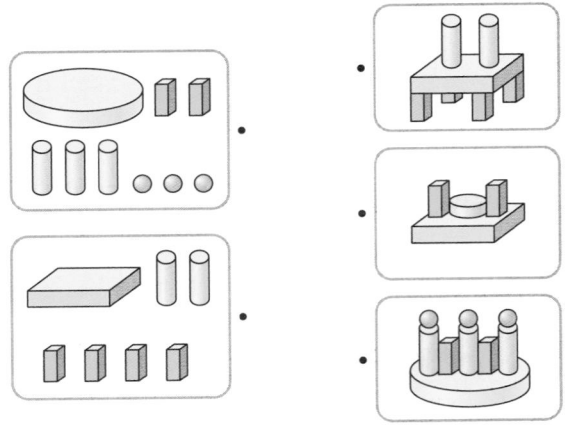
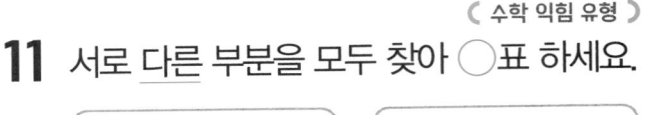
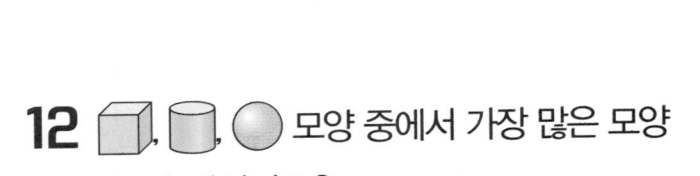

(수학 익힘 유형)

11 서로 다른 부분을 모두 찾아 ◯표 하세요.

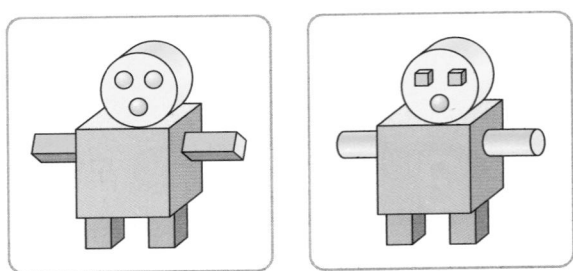

12 🔲, 🛢, ⚪ 모양 중에서 가장 많은 모양은 몇 개일까요?

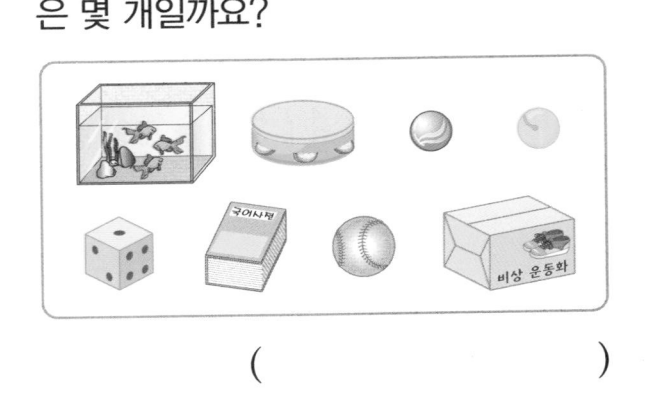

(   )

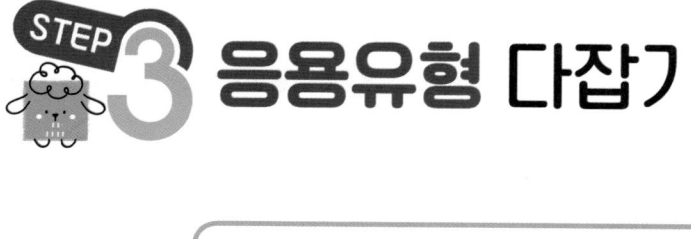

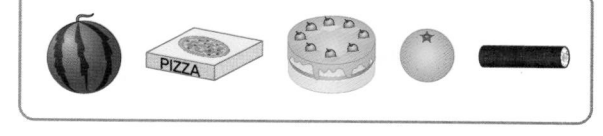

1 설명하는 모양과 같은 모양의 물건은 모두 몇 개인지 구해 보세요.

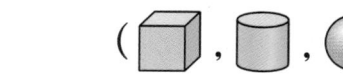

- 세우면 쌓을 수 있습니다.
- 눕히면 잘 굴러갑니다.

(1) 설명하는 모양을 찾아 ◯표 하세요. (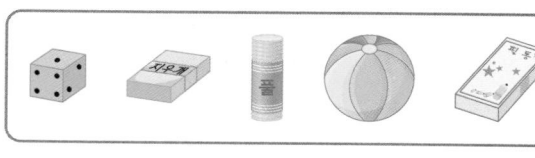)

(2) 위 (1)과 같은 모양의 물건은 모두 몇 개일까요? (   )

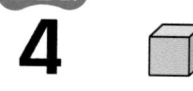 2 설명하는 모양과 같은 모양의 물건은 모두 몇 개인지 구해 보세요.

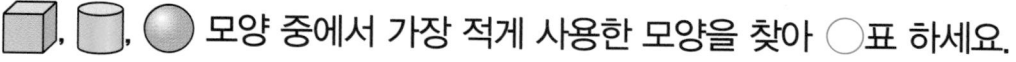

- 잘 쌓을 수 있습니다.
- 잘 굴러가지 않습니다.

(   )

3 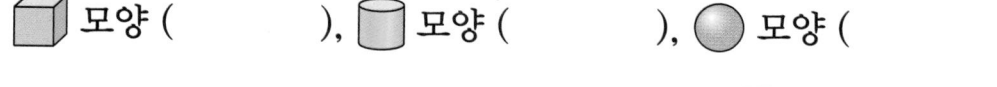 모양 중 오른쪽에서 가장 많이 사용한 모양을 찾아 ◯표 하세요.

(1) 모양을 각각 몇 개 사용했는지 세어 보세요.

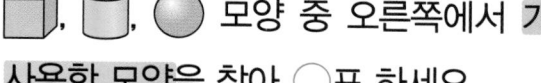 모양 (   ), 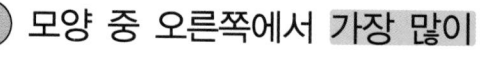 모양 (   ), 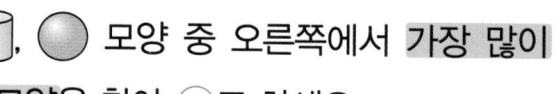 모양 (   )

(2) 가장 많이 사용한 모양을 찾아 ◯표 하세요. (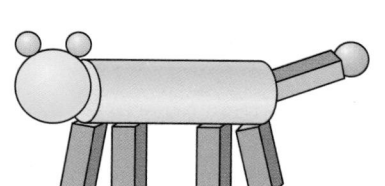)

4 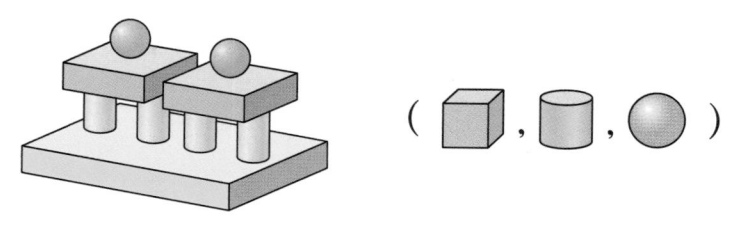 모양 중에서 가장 적게 사용한 모양을 찾아 ◯표 하세요.

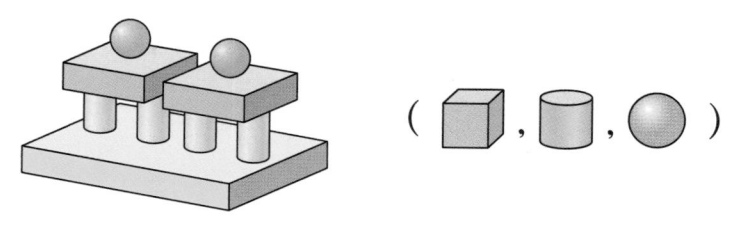

5 ㉮와 ㉯에 **공통으로 있는 모양**을 찾아 ◯표 하세요.

㉮

㉯

(1) ㉮에 있는 모양을 모두 찾아 ◯표 하세요.　(▱ , ▱ , ◯)

(2) ㉯에 있는 모양을 모두 찾아 ◯표 하세요.　(▱ , ▱ , ◯)

(3) 공통으로 있는 모양을 찾아 ◯표 하세요.　(▱ , ▱ , ◯)

한번더
6 ㉮와 ㉯에 공통으로 있는 모양을 찾아 ◯표 하세요.

㉮

㉯

(▱ , ▱ , ◯)

놀이 수학

〈 수학 익힘 유형 〉

7 (규칙)에 맞게 모양 순서대로 길을 따라 선을 그어 보고, 개미는 **어떤 간식을 먹게 되는지** 써 보세요.

(규칙)

(　　　　　　　　　　　　　)

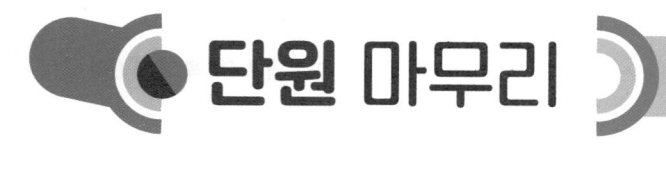
1 ⬤ 모양을 찾아 ◯표 하세요.

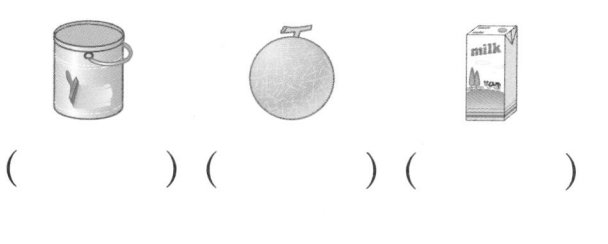

(   ) (   ) (   )

2 🟦 모양이 <u>아닌</u> 것을 찾아 ✕표 하세요.

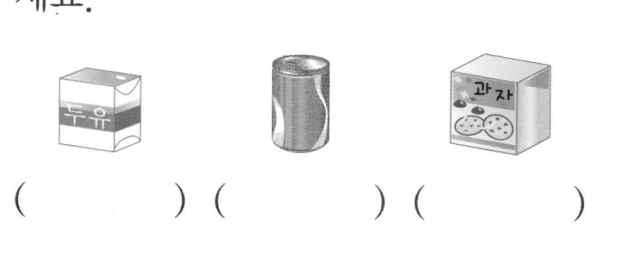

(   ) (   ) (   )

3 모양이 나머지와 <u>다른</u> 하나를 찾아 ◯표 하세요.

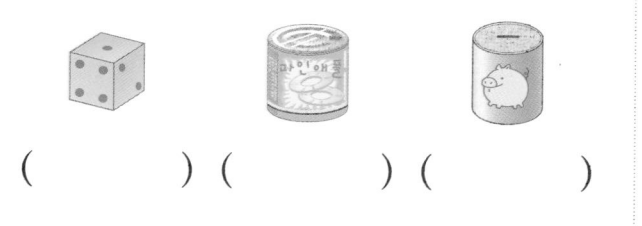

(   ) (   ) (   )

4 설명하는 모양을 찾아 ◯표 하세요.

뾰족한 부분이 있습니다.

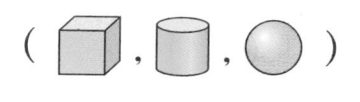

5 사용한 모양을 모두 찾아 ◯표 하세요.

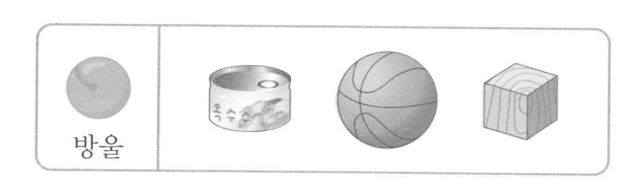

6 🛢 모양은 모두 몇 개일까요?

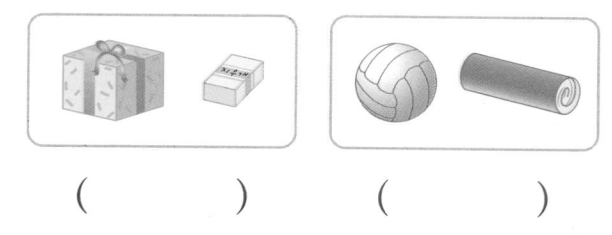

(   )

● 교과서에 **꼭** 나오는 문제

7 같은 모양끼리 모은 것에 ◯표 하세요.

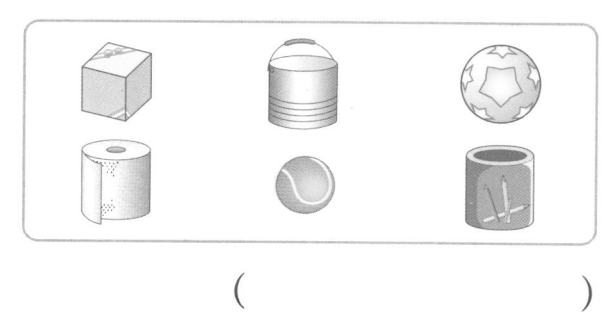

(   ) (   )

8 방울과 같은 모양의 물건을 찾아 ◯표 하세요.

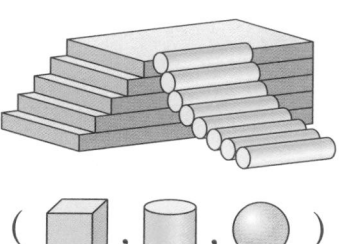

9 ⬭ 모양을 몇 개 사용했는지 세어 보세요.

(   )

● 교과서에 **꼭** 나오는 문제

10 여러 방향으로 잘 굴러가는 모양을 찾아 ○표 하세요.

(⬛ , ⬭ , ⚪)

11 오른쪽 물건의 모양에 대해 설명한 것입니다. <u>잘못</u> 설명한 것에 ✕표 하세요.

| 잘 쌓을 수 있습니다. | (   ) |
| 잘 굴러갑니다. | (   ) |

12 ⬛ 모양을 더 많이 사용한 것에 ○표 하세요.

(   )   (   )

13 ⬛, ⬭, ⚪ 모양을 각각 몇 개 사용했는지 세어 보세요.

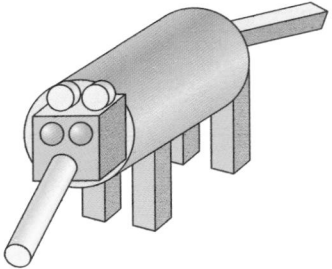

⬛ 모양 (   )

⬭ 모양 (   )

⚪ 모양 (   )

14 세우면 쌓을 수 있고 눕히면 잘 굴러가는 물건을 찾아 ○표 하세요.

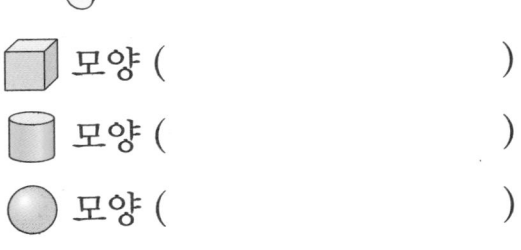

(   ) (   ) (   )

● 잘 **틀리는** 문제

15 주어진 모양을 모두 사용하여 만든 것에 ○표 하세요.

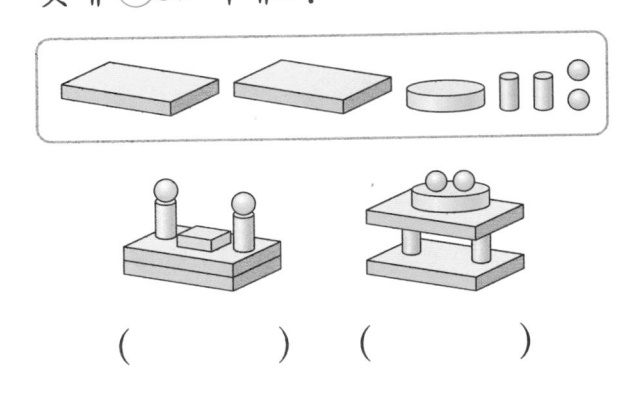

(   )   (   )

16 ⬚, ⬭, ⬤ 모양 중에서 가장 많은 모양을 찾아 ◯표 하세요.

(⬚ , ⬭ , ⬤)

17 ⬚, ⬭, ⬤ 모양 중에서 가장 적게 사용한 모양은 몇 개일까요?

(   )

● 잘 틀리는 문제

18 ㉮와 ㉯에 공통으로 있는 모양을 찾아 ◯표 하세요.

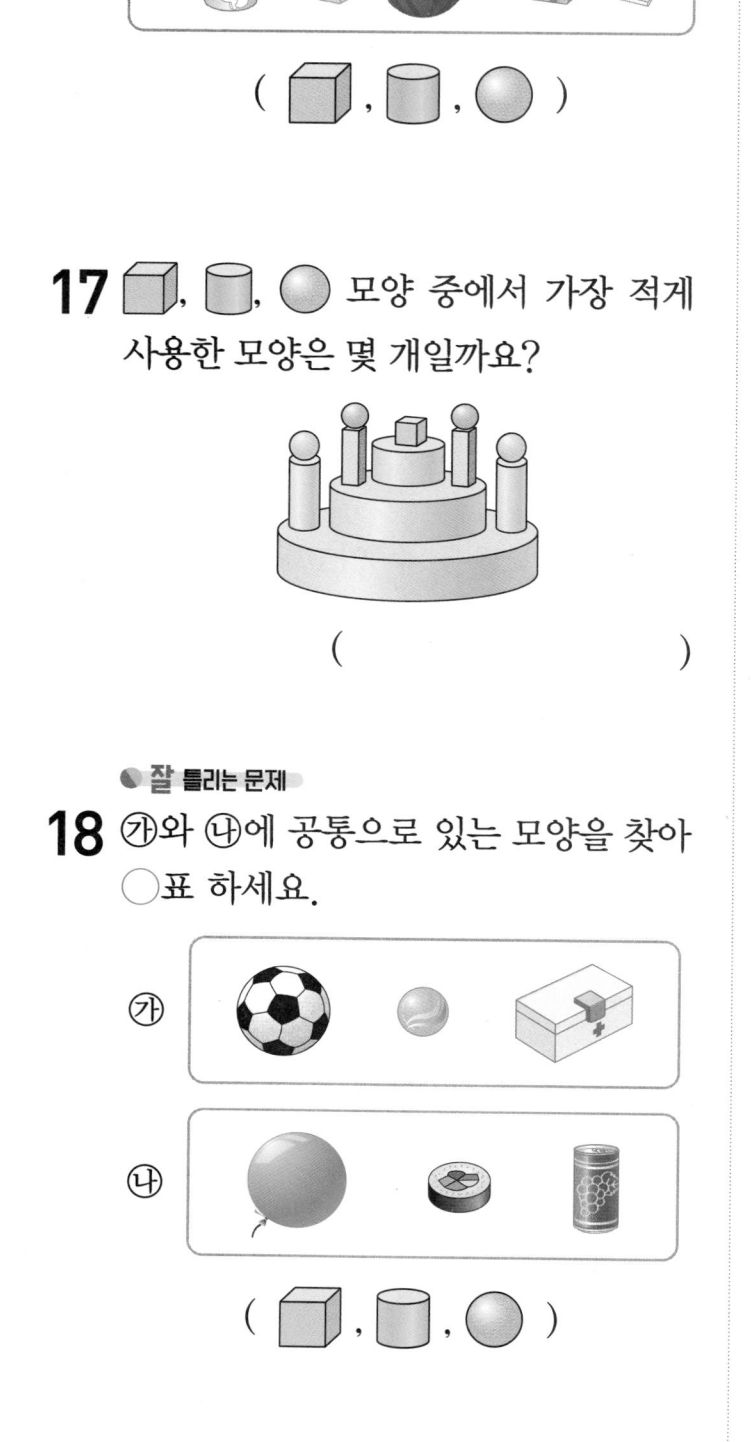

(⬚ , ⬭ , ⬤)

● 서술형 문제

19 ⬤ 모양과 ⬭ 모양의 다른 점을 설명해 보세요.

답 _____

_____

_____

_____

20 ⬚, ⬭, ⬤ 모양 중에서 사용하지 않은 모양은 어떤 모양인지 풀이 과정을 쓰고 답을 구해 보세요.

풀이 _____

_____

_____

_____

답 _____

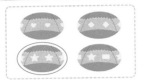

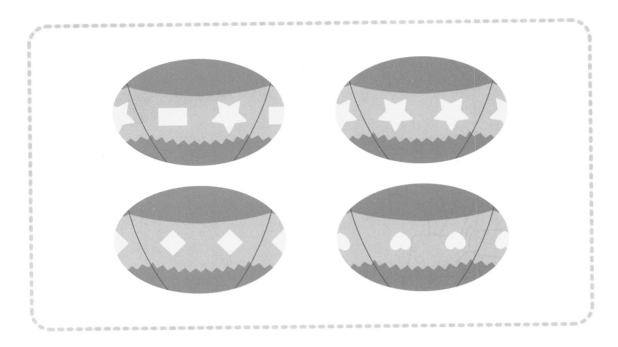

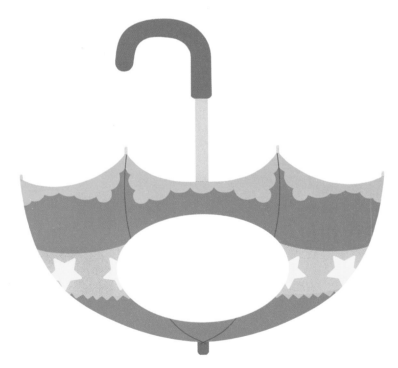

3

덧셈과 빨셈

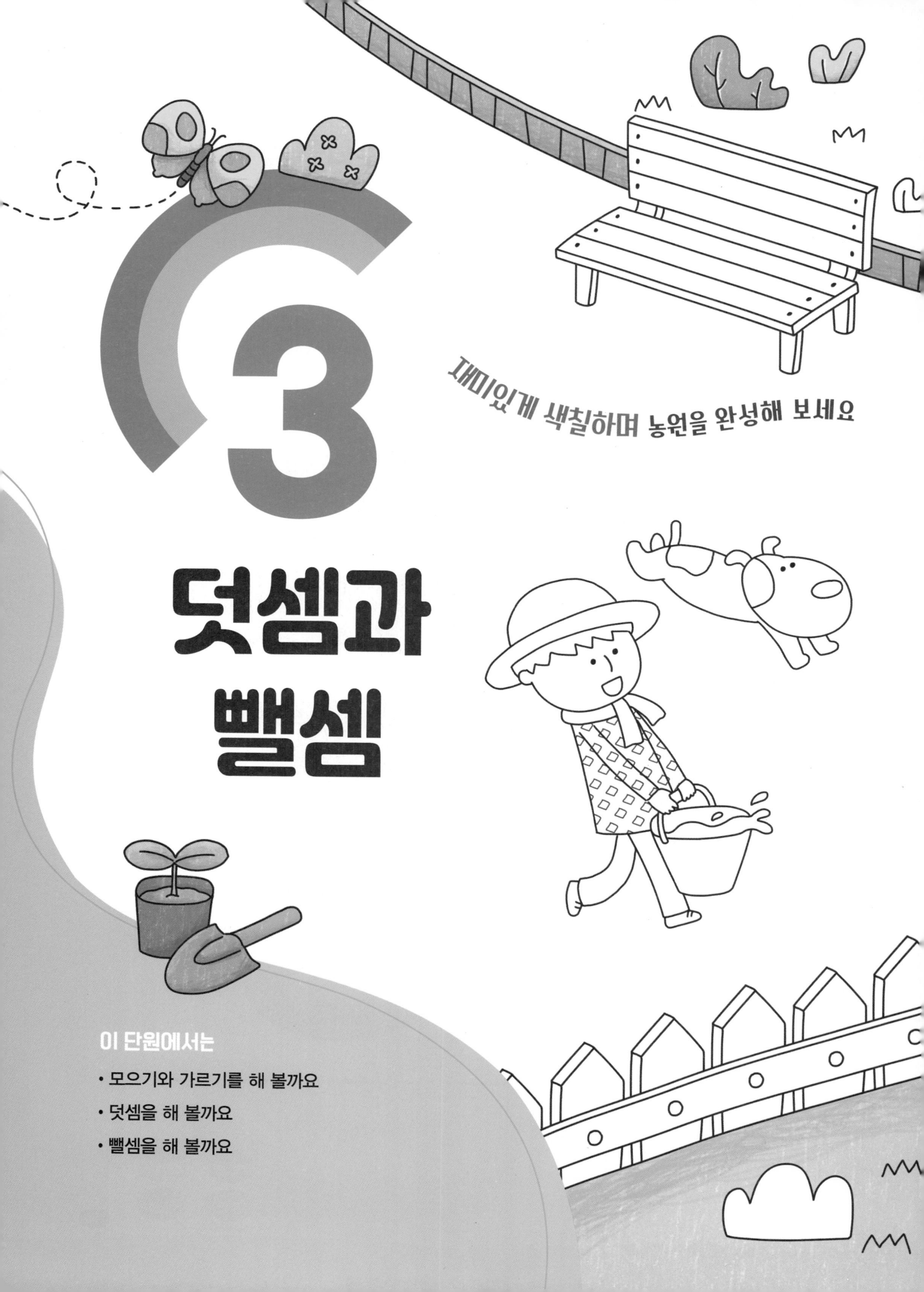

재미있게 색칠하며 농원을 완성해 보세요

이 단원에서는

- 모으기와 가르기를 해 볼까요
- 덧셈을 해 볼까요
- 빨셈을 해 볼까요

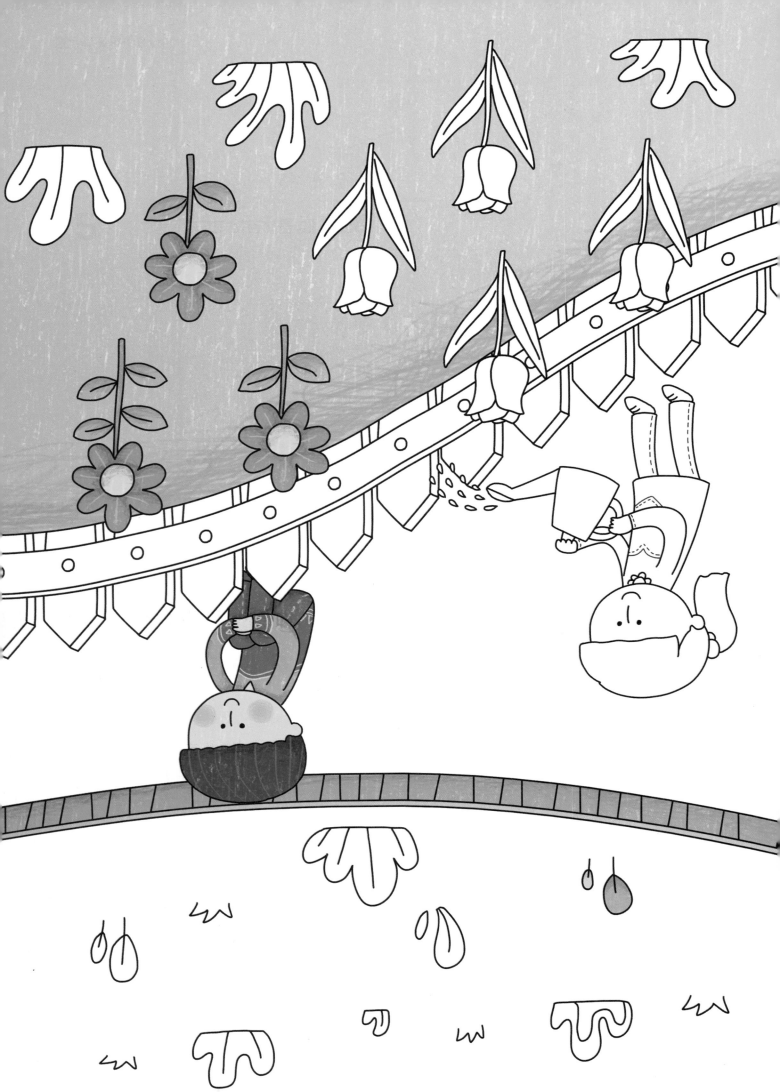

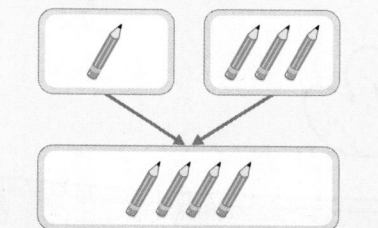 **개념 1** 그림을 보고 모으기와 가르기

● 모으기를 하여 수로 나타내기

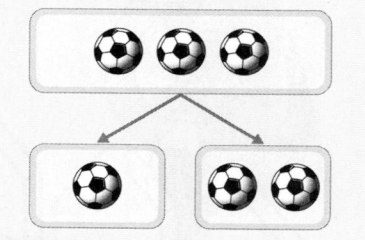

모으기한 결과를
수로 나타내기 ▶

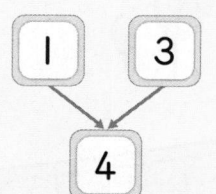

연필 1자루와 3자루를 모으기하면
모두 4자루가 됩니다.

1과 3을 모으기하면
4가 됩니다.

● 가르기를 하여 수로 나타내기

가르기한 결과를
수로 나타내기 ▶

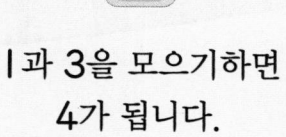

축구공 3개를 1개와 2개로
가르기할 수 있습니다.

3은 1과 2로
가르기할 수 있습니다.

1 그림을 보고 모으기를 해 보세요.

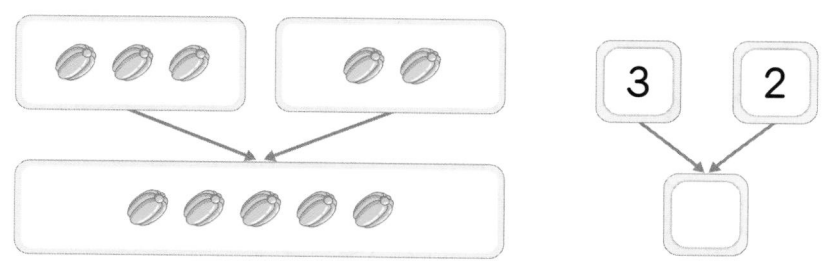

2 그림을 보고 가르기를 해 보세요.

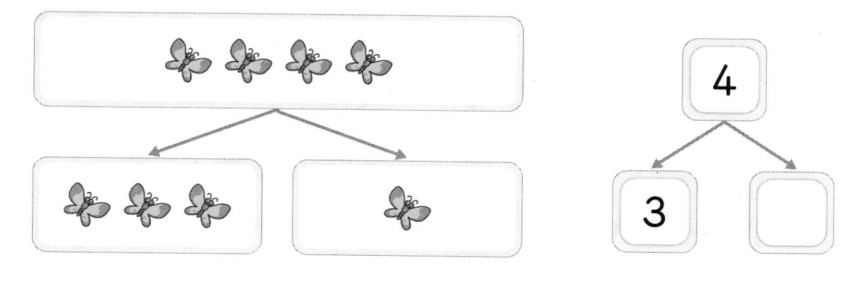

1 그림을 보고 모으기를 해 보세요.

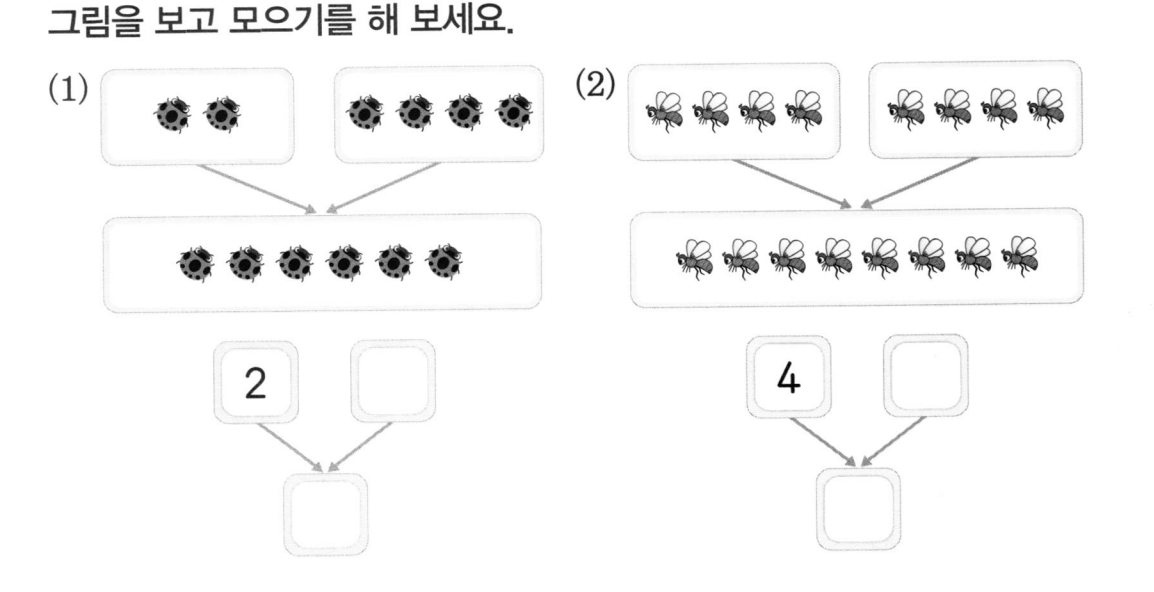

(1) 2 □ → □

(2) 4 □ → □

2 그림을 보고 가르기를 해 보세요.

(1) 7 → □ □

(2) 8 → □ □

3 그림을 보고 모으기와 가르기를 해 보세요.

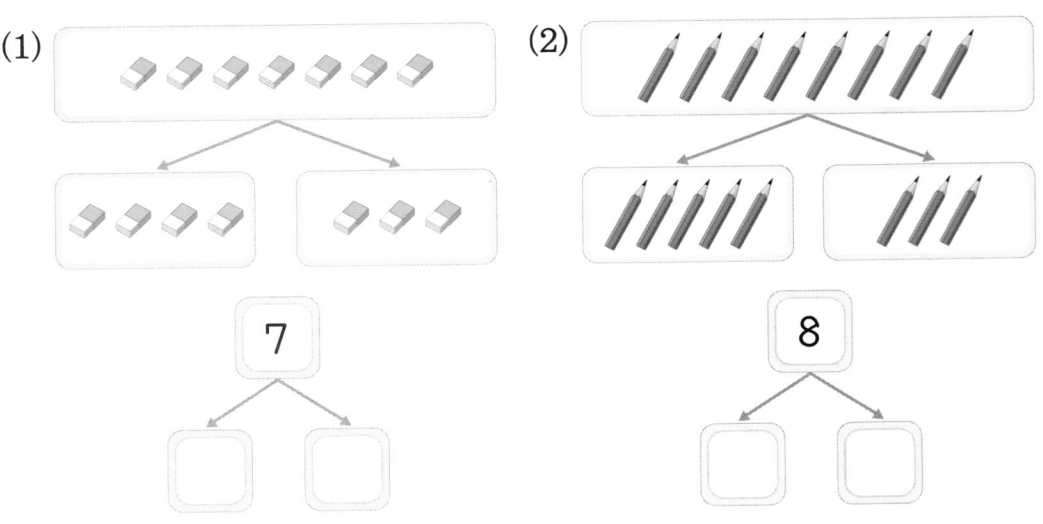

(1) 1 □ → □

(2) 5 → □ □

9까지의 수의 모으기와 가르기

● 두 수를 모으기하여 4 만들기

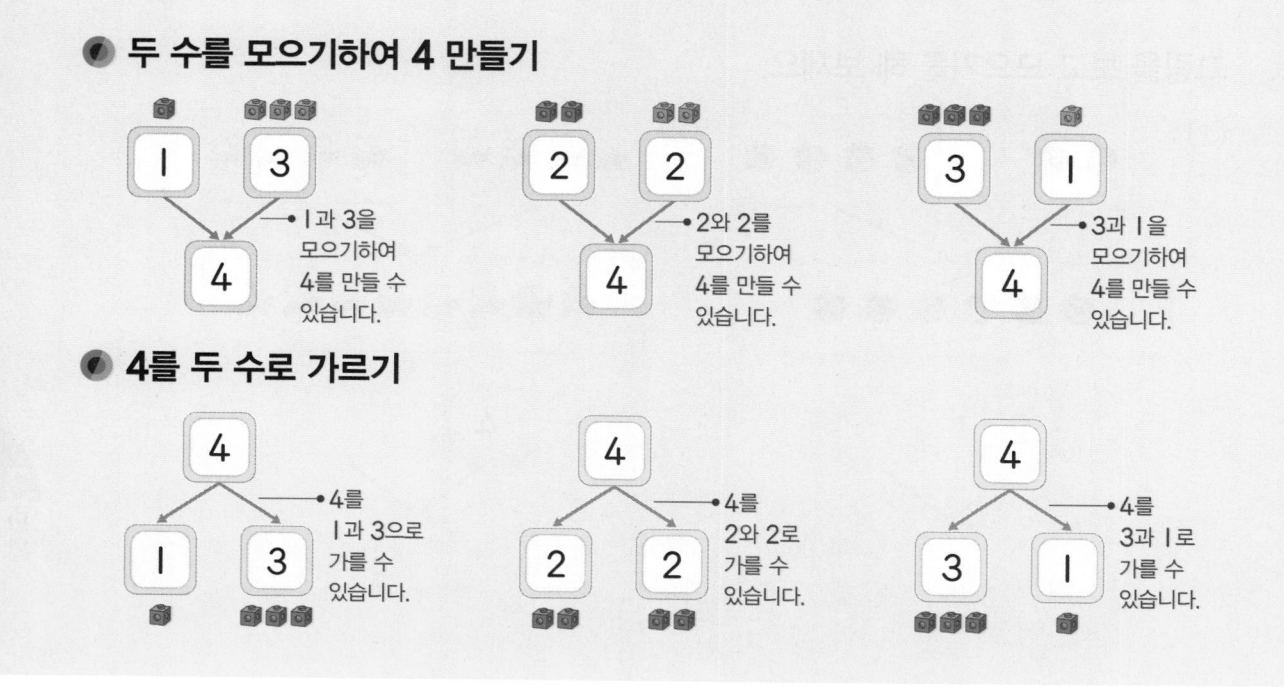

● 4를 두 수로 가르기

● 1과 3을 모으기하여 4를 만들 수 있습니다.

● 2와 2를 모으기하여 4를 만들 수 있습니다.

● 3과 1을 모으기하여 4를 만들 수 있습니다.

● 4를 1과 3으로 가를 수 있습니다.

● 4를 2와 2로 가를 수 있습니다.

● 4를 3과 1로 가를 수 있습니다.

1 두 수를 모으기하여 7을 만들어 보세요.

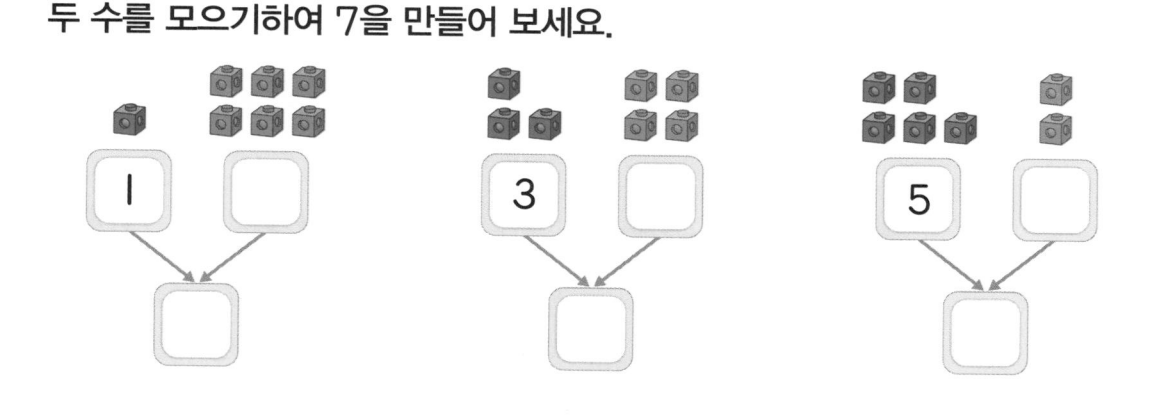

2 6을 두 수로 가르기를 해 보세요.

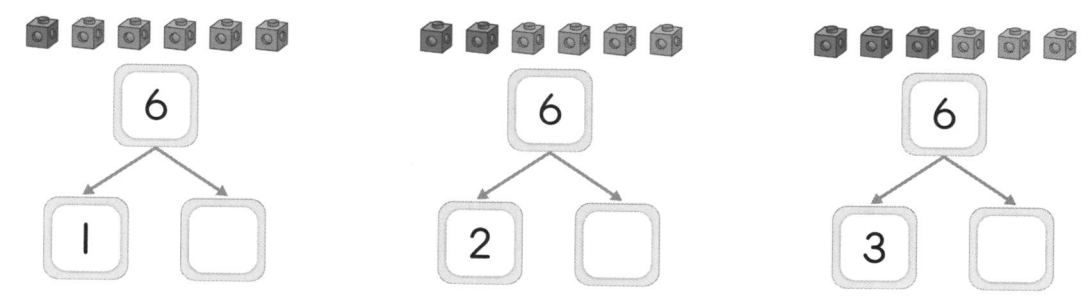

STEP 1 기본유형 익히기

1 모으기와 가르기를 해 보세요.

(1)

| 1 | □ |

□

(2)

6

4　□

2 모으기를 해 보세요.

(1)

2　3

□

(2)

5　4

□

3 가르기를 해 보세요.

(1)

5

4　□

(2)

7

2　□

4 두 수를 모으기하면 6이 되는 것을 찾아 ○표 하세요.

| 2, 5 | 3, 3 | 1, 7 |

(　　)　(　　)　(　　)

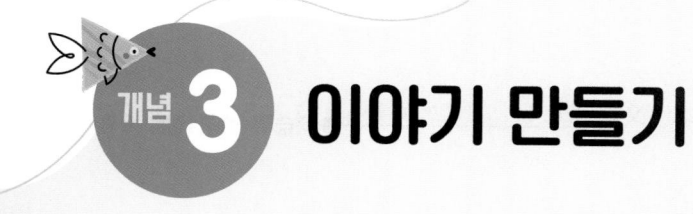

개념 3 이야기 만들기

● **그림을 보고 덧셈 이야기 만들기** → 덧셈 이야기는 '모두', '모은다', '더하다' 등의
낱말을 이용하여 만들 수 있습니다.

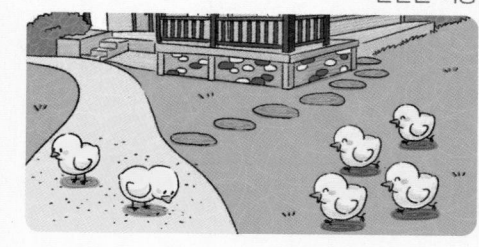

병아리 **2**마리가 있었는데
4마리가 더 왔습니다.
병아리는 모두 **6**마리가 됩니다.
└● 전체 병아리의 수

● **그림을 보고 뺄셈 이야기 만들기** → 뺄셈 이야기는 '남는다', '더 많다', '더 적다', '가른다' 등의
낱말을 이용하여 만들 수 있습니다.

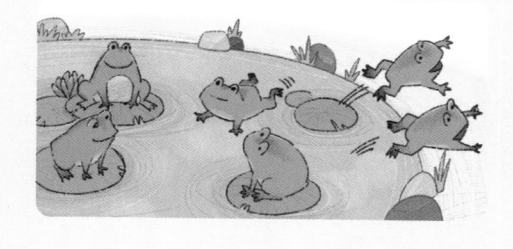

연못에 개구리 **6**마리가 있었는데
2마리가 밖으로 나갔습니다.
개구리는 **4**마리가 남습니다.
└● 남은 개구리의 수

1 그림을 보고 덧셈 이야기를 만들어 보세요.

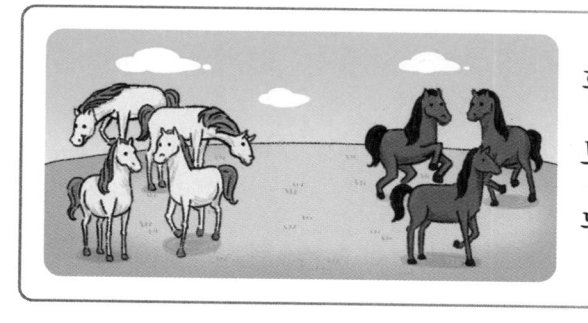

흰색 말 **4**마리와 검은색 말 **3**마리를
모으면 말은 모두 □마리가
됩니다.

2 그림을 보고 뺄셈 이야기를 만들어 보세요.

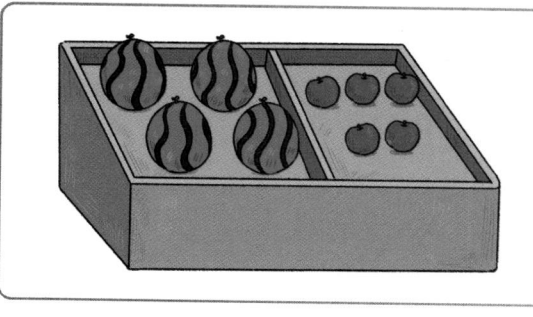

진열대에 수박 **4**개와
사과 **5**개가 있습니다.
사과는 수박보다 □개
더 많습니다.

(1~3) (보기)의 낱말을 이용하여 이야기를 만들어 보세요.

(보기)

| 더 많습니다 | 모두 | 더 적습니다 | 가르면 | 남습니다 |

1 그림을 보고 덧셈 이야기를 만들어 보세요.

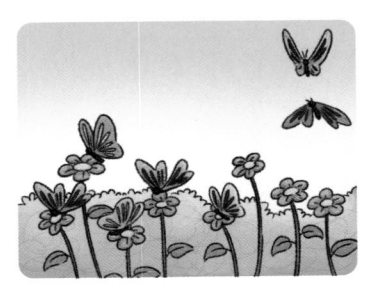

꽃밭에 나비가 5마리 있었는데 2마리가 더 날아와서 나비는

☐ 7마리가 됩니다.

2 그림을 보고 뺄셈 이야기를 만들어 보세요.

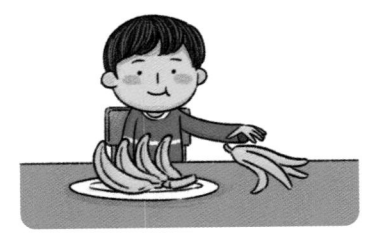

바나나 5개가 있었는데 1개를 먹었으므로 바나나는 4개가 ☐ .

3 그림을 보고 덧셈 또는 뺄셈 이야기를 만들어 보세요.

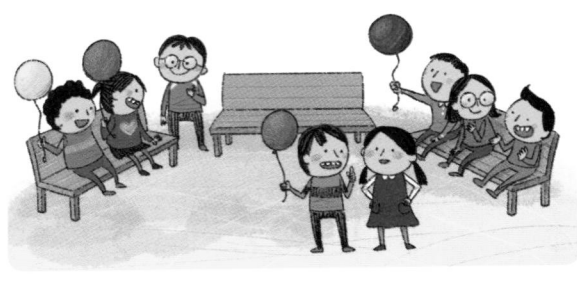

앉아 있는 학생은 5명이고 서 있는 학생은 3명입니다.

_____

_____

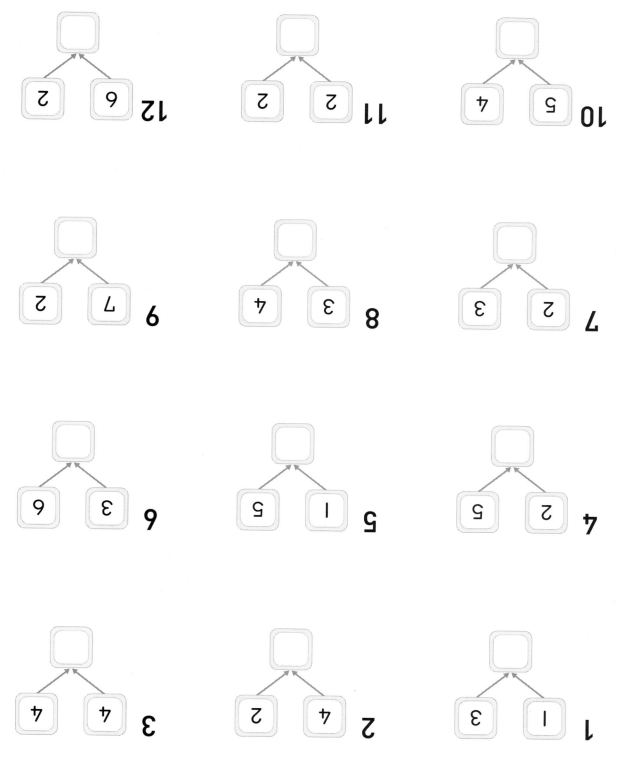

② 9까지의 수의 모으기와 가르기

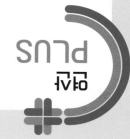

PLUS
유사

13 4 → 1, ☐

14 5 → 3, ☐

15 8 → 2, ☐

16 9 → 6, ☐

17 8 → 4, ☐

18 5 → 4, ☐

19 7 → 2, ☐

20 6 → 3, ☐

21 3 → 1, ☐

22 6 → 1, ☐

23 7 → 3, ☐

24 6 → 7, ☐

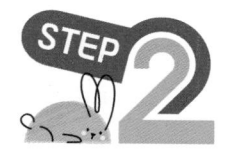

STEP 2 실전유형 다지기

1 모으기를 해 보세요.

(1) 2 1 → ☐

(2) 3 2 → ☐

2 가르기를 해 보세요.

(1) 2 → 1 ☐

(2) 6 → 3 ☐

3 초콜릿 6개를 2봉지에 나누어 담았습니다. 잘못 나눈 것을 찾아 ✕표 하세요.

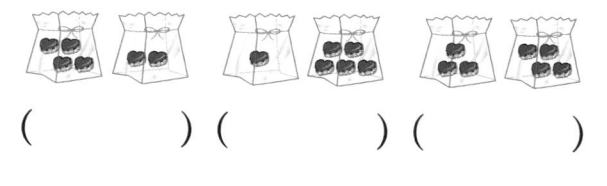

(   ) (   ) (   )

4 모으기를 하여 8이 되는 두 수를 선으로 이어 보세요.

1 ·　　　　· 5

2 ·　　　　· 6

3 ·　　　　· 7

5 그림을 보고 두 가지 방법으로 가르기를 해 보세요.

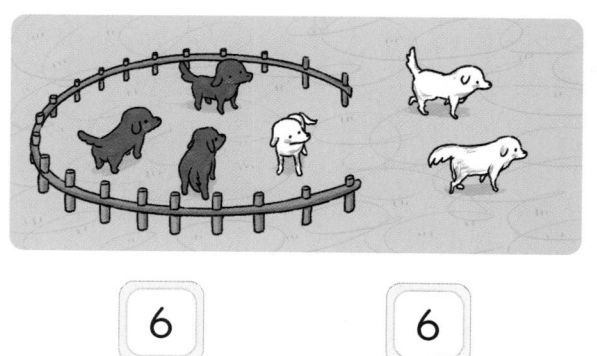

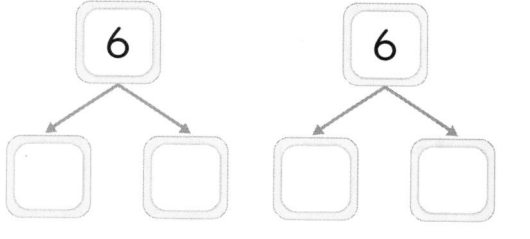

6 → ☐ ☐　　6 → ☐ ☐

6 7을 가르기를 하려고 합니다. ◯에 색칠하고, ☐ 안에 알맞은 수를 써넣으세요.

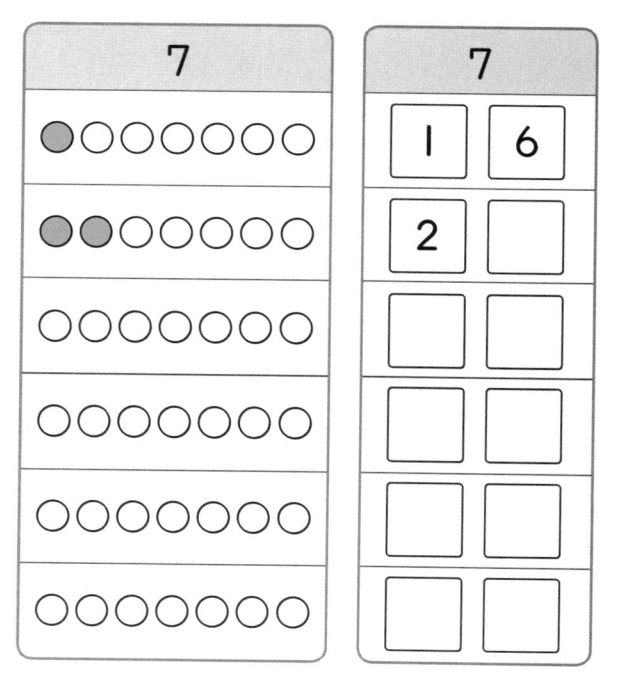

(7~8) 그림을 보고 이야기를 만들어 보려고 합니다. 물음에 답하세요.

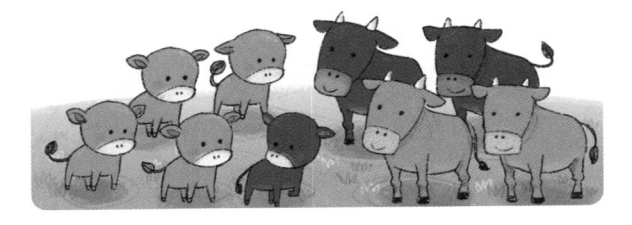

7 덧셈 이야기를 만들어 보세요.

_____

_____

_____

8 뺄셈 이야기를 만들어 보세요.

_____

_____

_____

9 모으기를 하여 9가 되도록 두 수를 묶어 보세요.

1	3	4
8	2	5
4	3	6

10 두 수를 모으기한 수가 <u>다른</u> 하나를 찾아 기호를 써 보세요.

> ㉠ (1, 5)　　㉡ (3, 3)
> ㉢ (4, 3)　　㉣ (2, 4)

(　　　　　　)

11 영훈이는 바둑돌 9개를 양손에 나누어 쥐었습니다. 바둑돌을 오른손에 4개를 쥐었다면 왼손에는 몇 개를 쥐었을까요?

(　　　　　　)

(수학 익힘 유형)

12 두 친구의 대화를 보고 수 카드의 수를 알맞게 써넣으세요.

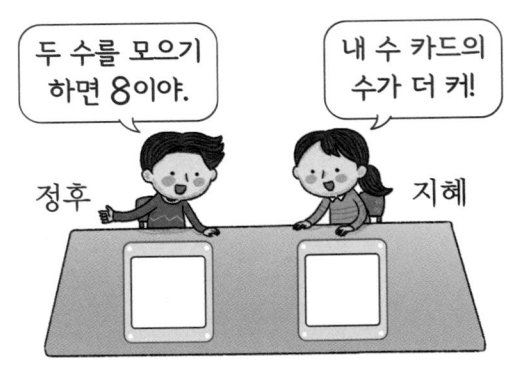

덧셈 알아보기

● 덧셈식을 쓰고 읽기

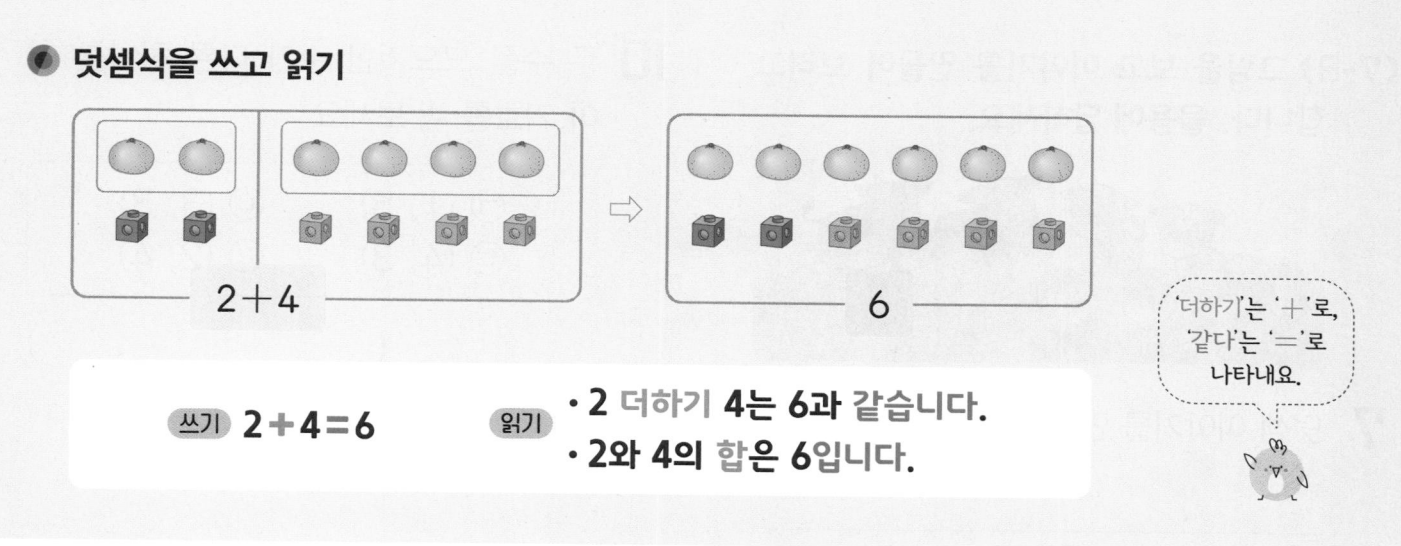

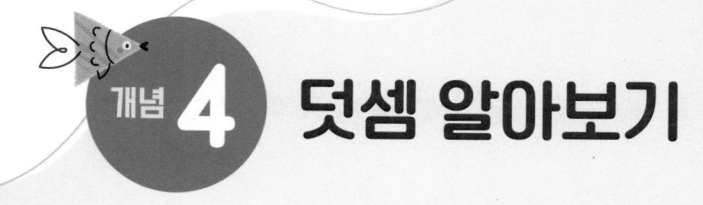

쓰기 **2+4=6**   읽기 ·**2 더하기 4는 6과 같습니다.**
·**2와 4의 합은 6입니다.**

'더하기'는 '+'로, '같다'는 '='로 나타내요.

1 새는 모두 몇 마리인지 덧셈식을 쓰고 읽어 보세요.

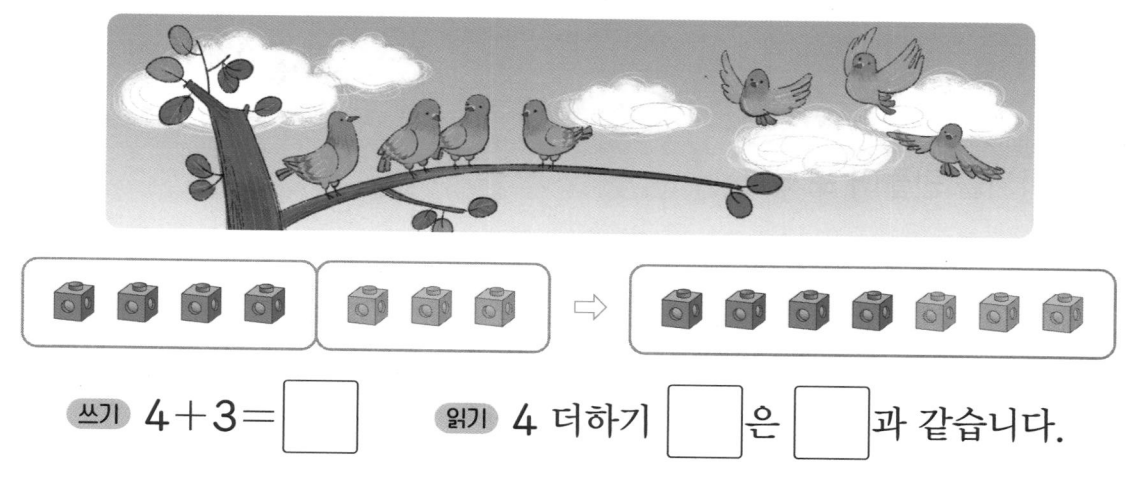

쓰기 4+3= [ ]   읽기 4 더하기 [ ] 은 [ ] 과 같습니다.

2 과자는 모두 몇 개인지 덧셈식을 쓰고 읽어 보세요.

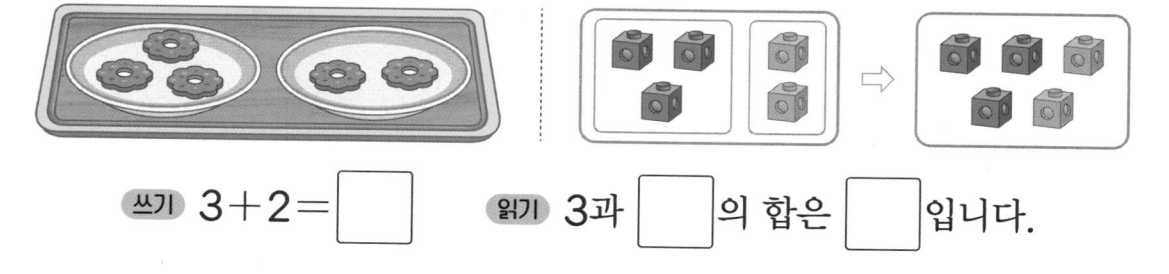

쓰기 3+2= [ ]   읽기 3과 [ ] 의 합은 [ ] 입니다.

1 알맞은 것끼리 선으로 이어 보세요.

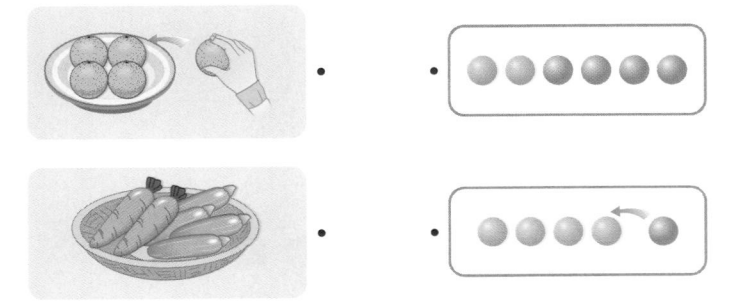

2 그림을 보고 알맞은 덧셈식에 ◯표 하세요.

(1)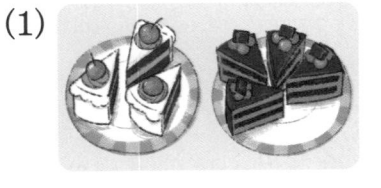

3+4=7   3+2=5

(   )   (   )

(2)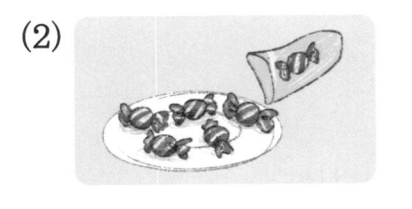

4+2=6   5+1=6

(   )   (   )

3 덧셈식을 써 보세요.

(1)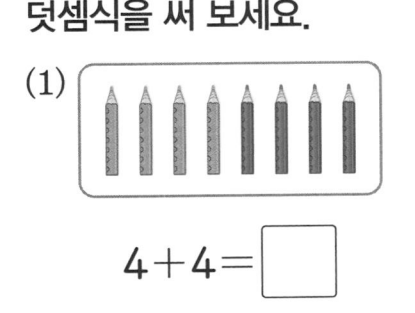

4+4=☐

(2)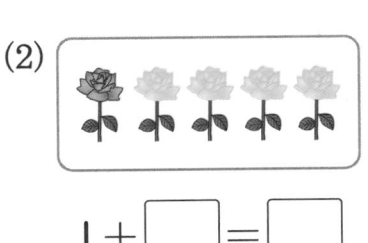

1+☐=☐

개념 **5** # 덧셈하기

● 풍선은 '모두 몇 개'인지 여러 가지 방법으로 덧셈하기

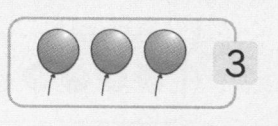 3   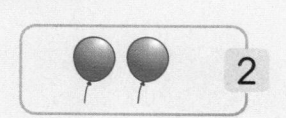 2

• 모으기로 구하기

3   2

↘ ↙

5

3과 2를 모으기하면
5가 됩니다.

• 연결 모형으로 구하기

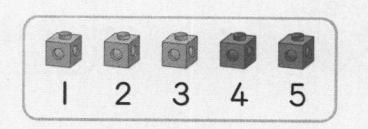

연결 모형을 모두 세어 보면
5개입니다.

• 십 배열판에 그려서 구하기

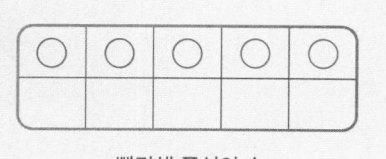

┌ • 빨간색 풍선의 수

○를 **3**개 그린 후

○를 **2**개 더 이어 그리면
모두 **5**개입니다.
└ • 파란색 풍선의 수

⇨ 풍선은 모두 5개입니다.   3+2=5

● 두 수를 바꾸어 더하기

┌──────────────────┐
│ 두 수의 **순서**를 바꾸어 │
│ 더해도 **합은 같습니다.** │
└──────────────────┘

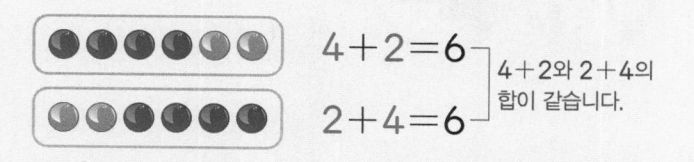

4+2=6 ┐
        ├ 4+2와 2+4의
2+4=6 ┘ 합이 같습니다.

1 빵은 모두 몇 개인지 모으기를 이용하여 알아보세요.

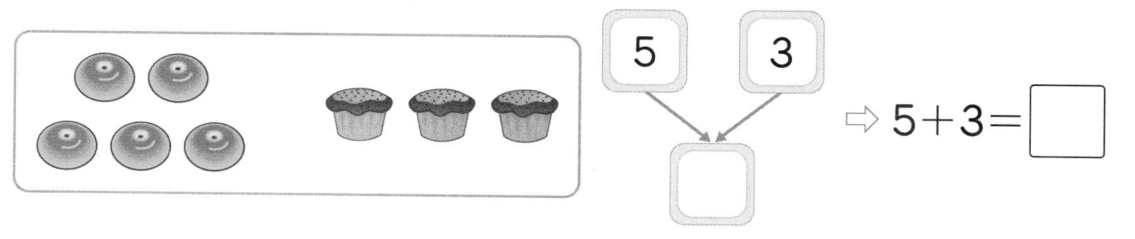

5   3

↘ ↙

□   ⇨ 5+3= □

2 두 수를 바꾸어 덧셈을 하고, 알맞은 말에 ○표 하세요.

🍬🍬🍬🍬🍬🍬🍬   3+4= □ ┐
                         ├ 두 수를 바꾸어 더한 합이
🍬🍬🍬🍬🍬🍬🍬   4+3= □ ┘ (다릅니다 , 같습니다).

1 그림을 보고 ◯를 그려 덧셈을 해 보세요.

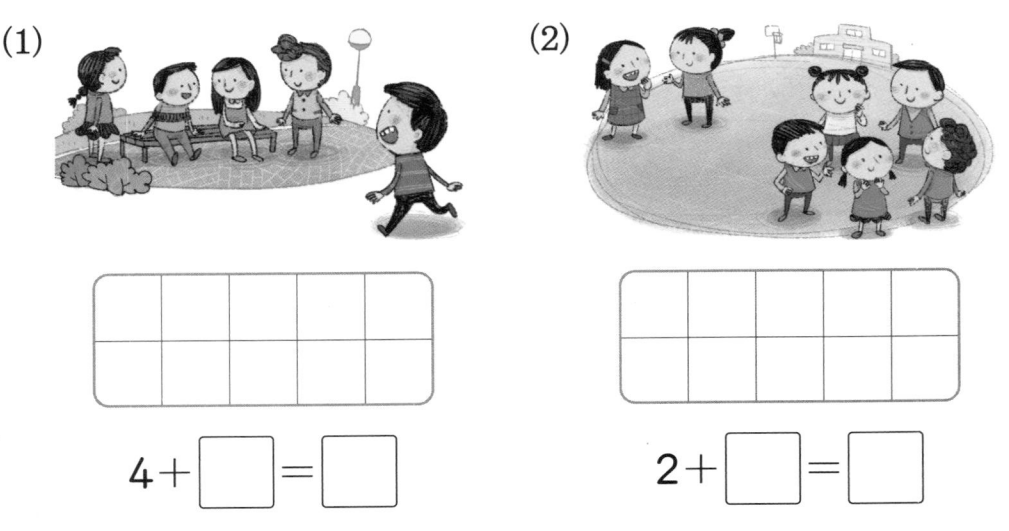

(1)

$4+\boxed{}=\boxed{}$

(2)

$2+\boxed{}=\boxed{}$

2 덧셈을 해 보세요.

(1) $1+3=\boxed{}$

(2) $5+3=\boxed{}$

(3) $3+3=\boxed{}$

(4) $7+2=\boxed{}$

3 합이 다른 덧셈식을 말한 사람을 찾아 ◯표 하세요.

$4+5$ $6+2$ $5+4$

민지 은희 윤수

(   ) (   ) (   )

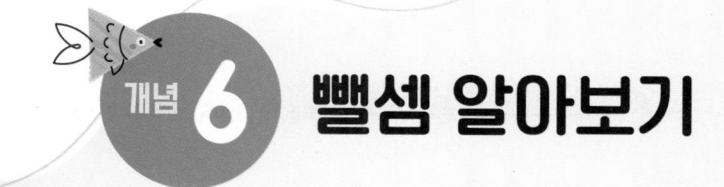

개념 6 뺄셈 알아보기

● 뺄셈식을 쓰고 읽기

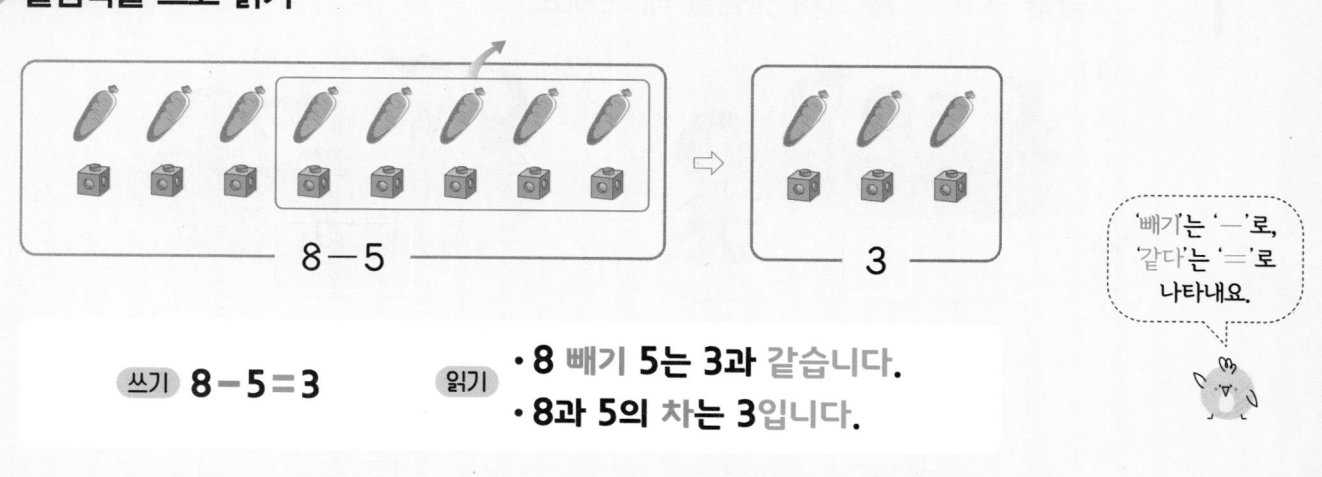

쓰기 8−5=3

읽기
· 8 빼기 5는 3과 같습니다.
· 8과 5의 차는 3입니다.

'빼기'는 '−'로,
'같다'는 '='로
나타내요.

---

1 남은 촛불은 몇 개인지 뺄셈식을 쓰고 읽어 보세요.

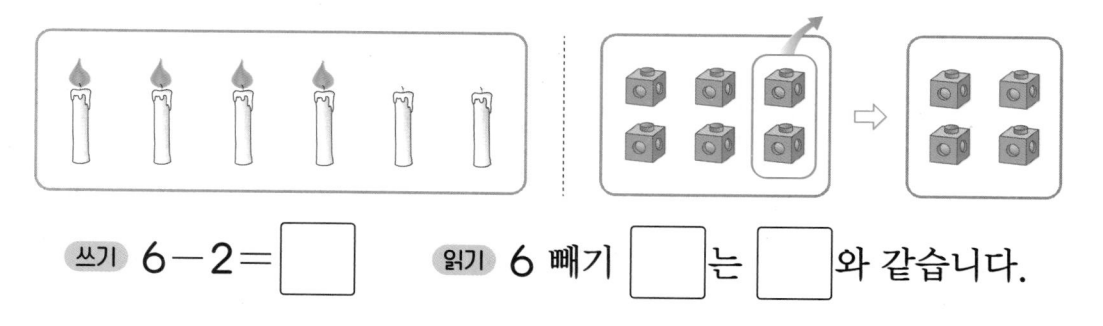

쓰기 6−2=[ ] 읽기 6 빼기 [ ]는 [ ]와 같습니다.

---

2 고양이는 생선보다 몇 마리 더 많은지 뺄셈식을 쓰고 읽어 보세요.

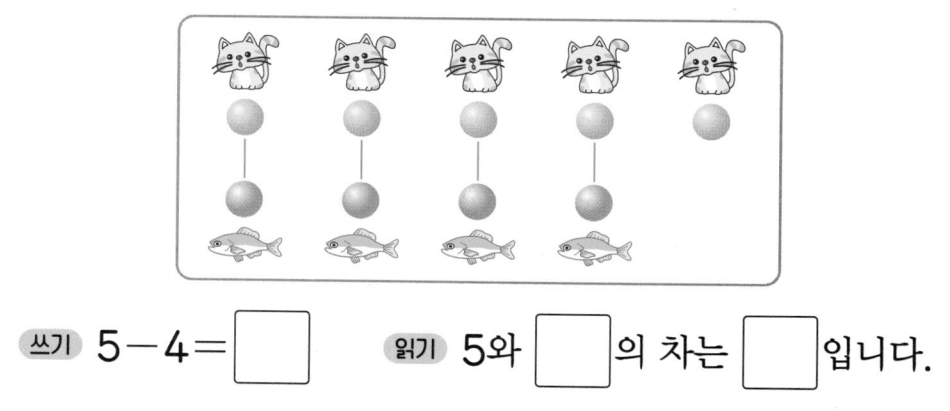

쓰기 5−4=[ ] 읽기 5와 [ ]의 차는 [ ]입니다.

STEP 1 기초문제 익히기

●틀린 문제 36쪽 | 정답 12쪽

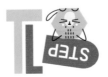

1 알맞은 것끼리 선으로 이어 보세요.

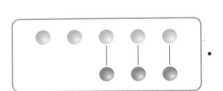

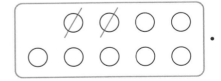

2 그림을 보고 알맞은 뺄셈식에 ○표 하세요.

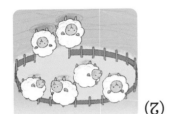

(1)

5-2=3 (　　) 　4-3=1 (　　)

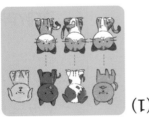

(2)

7-3=4 (　　) 　6-2=4 (　　)

3 뺄셈식을 써 보세요.

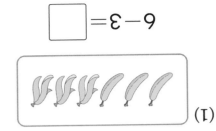

(1) 6-3=□

(2) 7-□=□

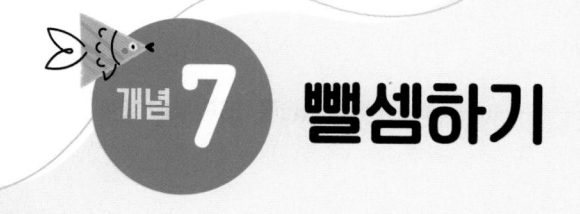

개념 7 뺄셈하기

● '남은 사과는 몇 개'인지 여러 가지 방법으로 뺄셈하기

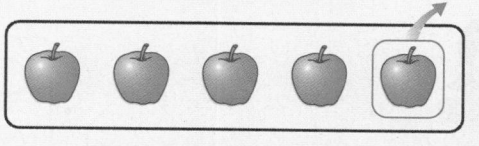

• 가르기로 구하기

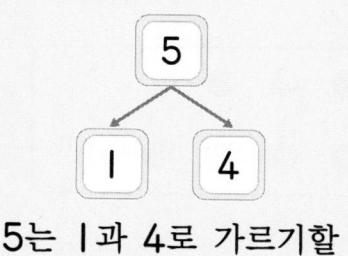

5는 1과 4로 가르기할
수 있습니다.

• 연결 모형으로 구하기

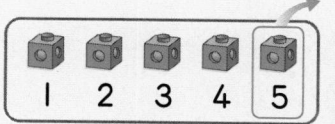

연결 모형 5개에서
1개를 뺀 후 세어 보면
4개입니다.

• 십 배열판에 그려서 구하기

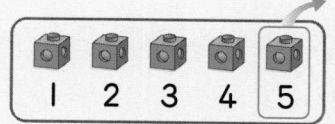

● 전체 사과의 수
○를 5개 그리고
/으로 1개를 지우면
○는 4개가 남습니다. ● 먹은 사과의 수

⇨ 남은 사과는 4개입니다.   5-1=4

1 남은 풍선은 몇 개인지 여러 가지 방법으로 알아보세요.

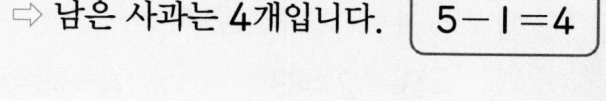

(1) 가르기로 알아보세요.

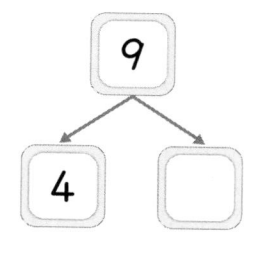

(2) 날아간 풍선의 수만큼 /으로 지워 보세요.

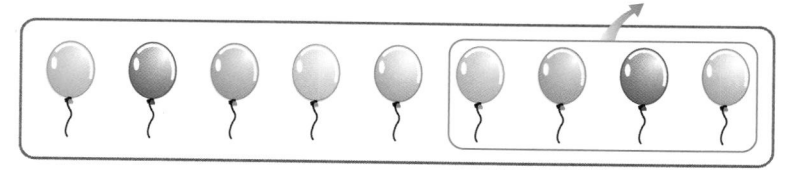

(3) 남은 풍선은 몇 개인지 ☐ 안에 알맞은 수를 써넣으세요.

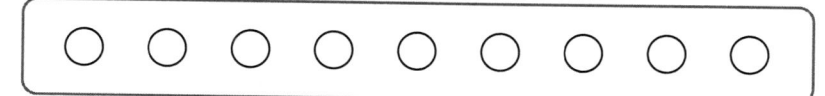

$$9-4=\boxed{}$$

1 그림을 보고 /으로 지우거나 하나씩 연결하여 뺄셈을 해 보세요.

(1)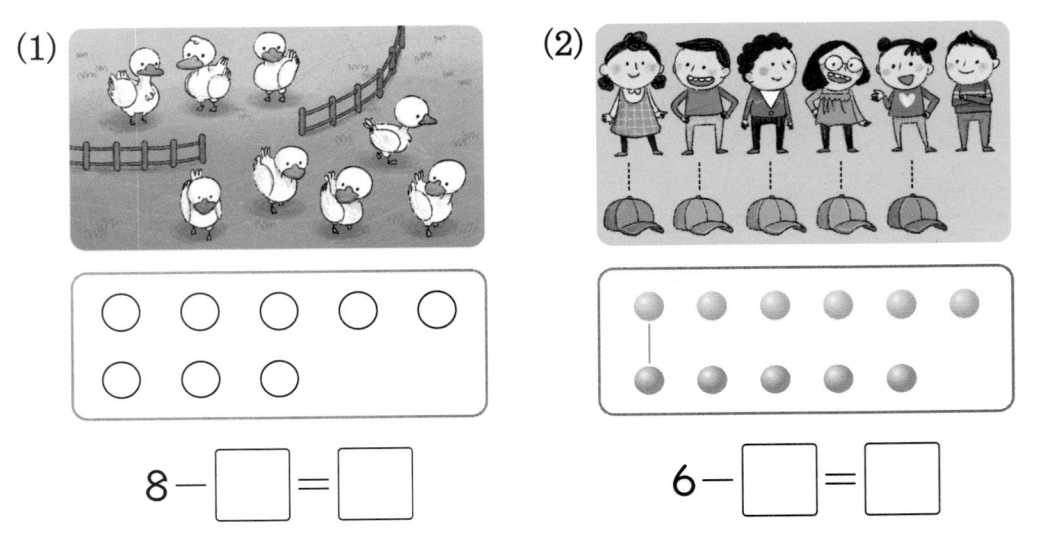

$$8 - \boxed{} = \boxed{}$$

(2)

$$6 - \boxed{} = \boxed{}$$

2 뺄셈을 해 보세요.

(1) $4 - 2 = \boxed{}$

(2) $5 - 3 = \boxed{}$

(3) $9 - 6 = \boxed{}$

(4) $7 - 6 = \boxed{}$

3 그림을 보고 알맞은 뺄셈식을 써 보세요.

(1)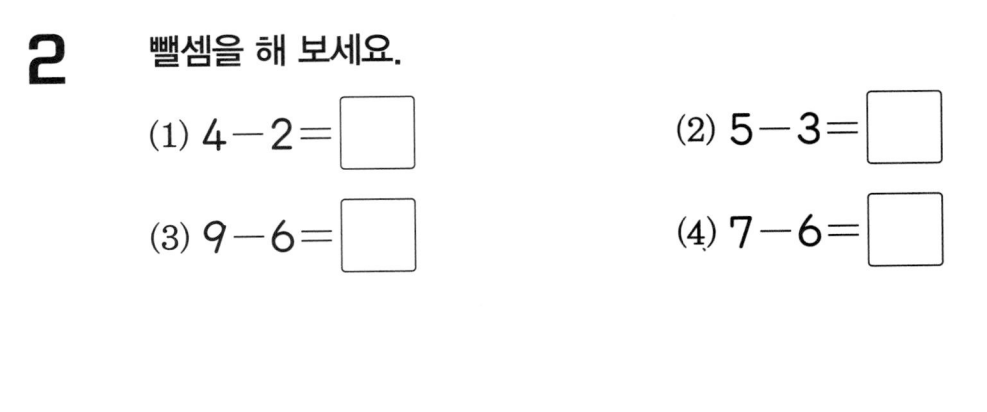

$$\boxed{} - \boxed{} = \boxed{}$$

(2)

$$\boxed{} - \boxed{} = \boxed{}$$

개념 8 0이 있는 덧셈과 뺄셈

● 0이 있는 덧셈

$$0 + (어떤 수) = (어떤 수)$$

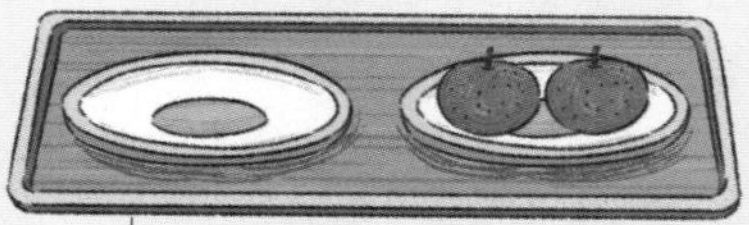

$$0 + 2 = 2$$

↳ 귤 0개와 귤 2개를 더하면 귤은 모두 2개입니다.

$$(어떤 수) + 0 = (어떤 수)$$

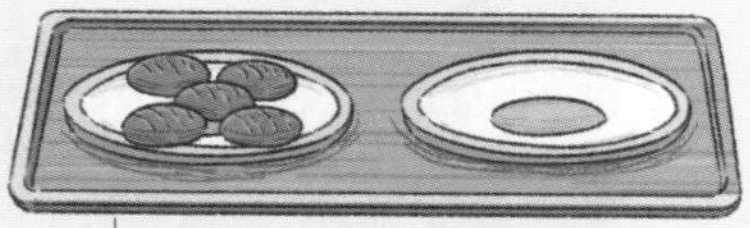

$$5 + 0 = 5$$

↳ 빵 5개와 빵 0개를 더하면 빵은 모두 5개입니다.

● 0이 있는 뺄셈

$$(어떤 수) - 0 = (어떤 수)$$

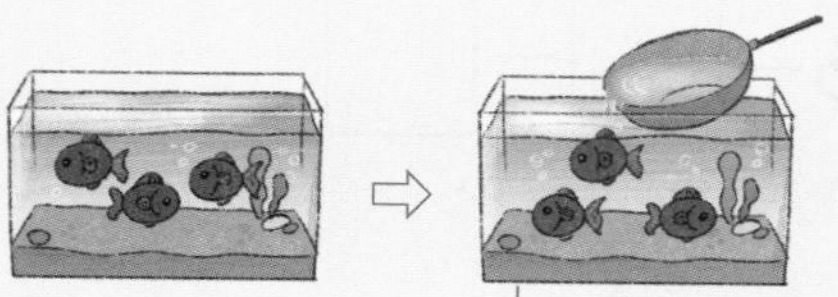

$$3 - 0 = 3$$

↳ 물고기 3마리에서 0마리를 덜어 내면 남은 물고기는 3마리입니다.

$$(전체) - (전체) = 0$$

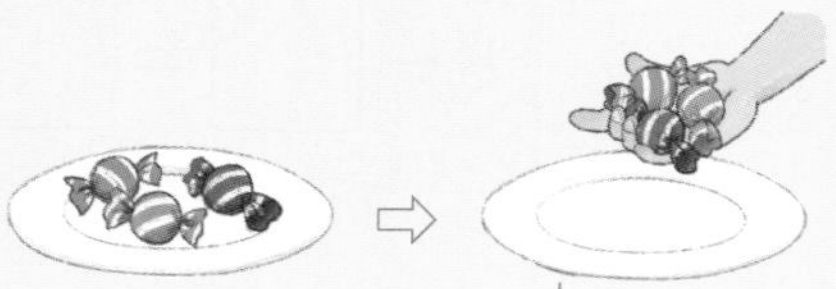

$$3 - 3 = 0$$

↳ 사탕 3개에서 3개를 덜어 내면 남은 사탕은 0개입니다.

---

1 구슬은 모두 몇 개인지 덧셈을 해 보세요.

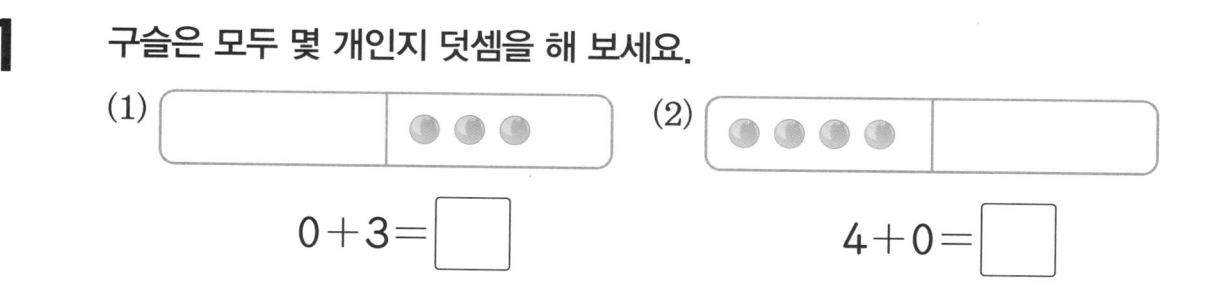

(1)
$$0 + 3 = \boxed{}$$

(2)
$$4 + 0 = \boxed{}$$

2 덜어 내고 남은 구슬은 몇 개인지 뺄셈을 해 보세요.

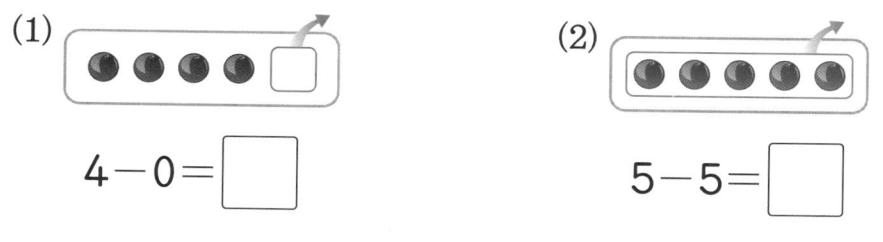

(1)
$$4 - 0 = \boxed{}$$

(2)
$$5 - 5 = \boxed{}$$

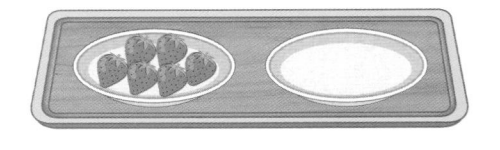
1 그림을 보고 덧셈을 해 보세요.

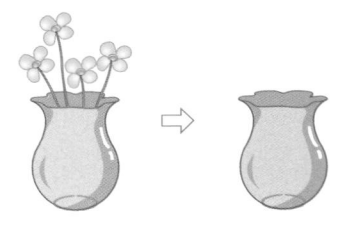

$6+\boxed{}=\boxed{}$

2 그림을 보고 뺄셈을 해 보세요.

$4-\boxed{}=\boxed{}$

3 덧셈과 뺄셈을 해 보세요.

(1) $0+2=\boxed{}$

(2) $8+0=\boxed{}$

(3) $5-0=\boxed{}$

(4) $6-6=\boxed{}$

4 ◯ 안에 ＋, －를 알맞게 써넣으세요.

(1) $8\bigcirc 8=0$

(2) $0\bigcirc 4=4$

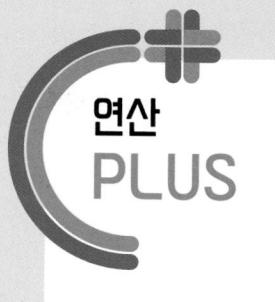
1 2+3

2 5+0

3 1+5

4 2+7

5 3+4

6 0+6

7 8+0

8 4+4

9 6+1

10 6+2

11 0+7

12 0+1

13 4+0

14 0+2

15 3+6

16 4+5

17 7+1

18 9+0

19 0+8

20 5+3

21 1+2

● 정답 13쪽

22 6−2

23 5−0

24 3−2

25 3−3

26 1−0

27 9−7

28 8−3

29 9−9

30 4−0

31 5−4

32 6−6

33 7−1

34 7−0

35 9−4

36 8−5

37 5−5

38 8−0

39 6−5

40 9−6

41 3−0

42 5−2

1 덧셈식으로 나타내 보세요.

> 5와 2의 합은 7입니다.

( )

2 식에 알맞게 ◯를 그려 덧셈을 해 보세요.

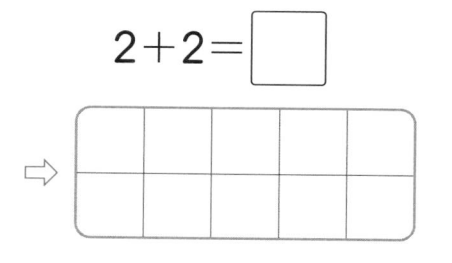

$$2+2=\boxed{}$$

3 식에 알맞게 그림을 그려 뺄셈을 해 보세요.

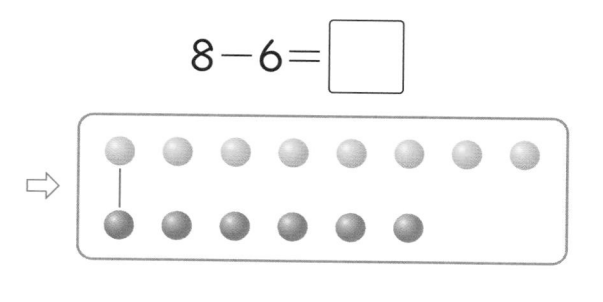

$$8-6=\boxed{}$$

4 뺄셈을 해 보세요.

$$5-1=\boxed{}$$

$$5-2=\boxed{}$$

$$5-3=\boxed{}$$

$$5-4=\boxed{}$$

5 합이 같은 것끼리 선으로 이어 보세요.

$4+2$ ·   · $1+6$

$6+1$ ·   · $2+4$

$0+8$ ·   · $8+0$

6 덧셈을 해 보세요.

(1) $0+6=\boxed{}$

(2) $9+0=\boxed{}$

7 뺄셈을 해 보세요.

(1) $3-3=\boxed{}$

(2) $5-0=\boxed{}$

8 그림을 보고 덧셈식을 써 보세요.

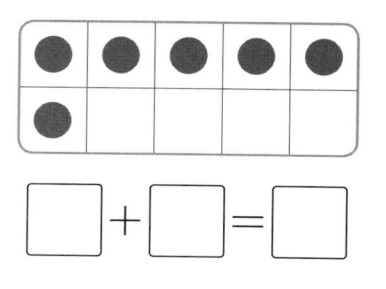

$$\boxed{}+\boxed{}=\boxed{}$$

9 (수학 익힘 유형)

🔵 모양은 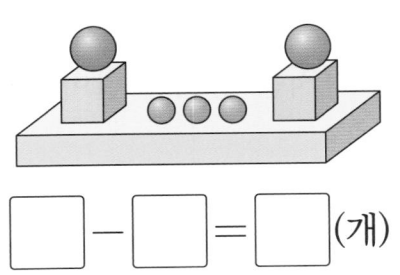 모양보다 몇 개 더 많은지 알아보려고 합니다. ☐ 안에 알맞은 수를 써넣으세요.

☐ － ☐ ＝ ☐ (개)

10 계산 결과가 <u>다른</u> 하나를 찾아 기호를 써 보세요.

| ㉠ 3＋6 | ㉡ 3＋5 |
| ㉢ 5＋4 | ㉣ 0＋9 |

( )

(수학 유형)

11 그림을 보고 뺄셈식을 2개 써 보세요.

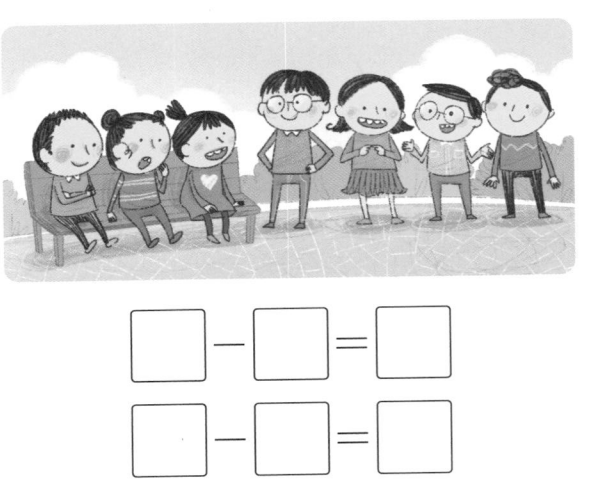

☐ － ☐ ＝ ☐

☐ － ☐ ＝ ☐

12 3장의 수 카드 중에서 가장 큰 수와 가장 작은 수의 합을 구해 보세요.

2 6 5

( )

13 4명이 타고 있던 열차에서 4명 모두 내렸습니다. 열차에 남아 있는 사람은 몇 명일까요?

식 _____

답 _____

14 뺄셈을 하고, 차가 같은 뺄셈식을 써 보세요.

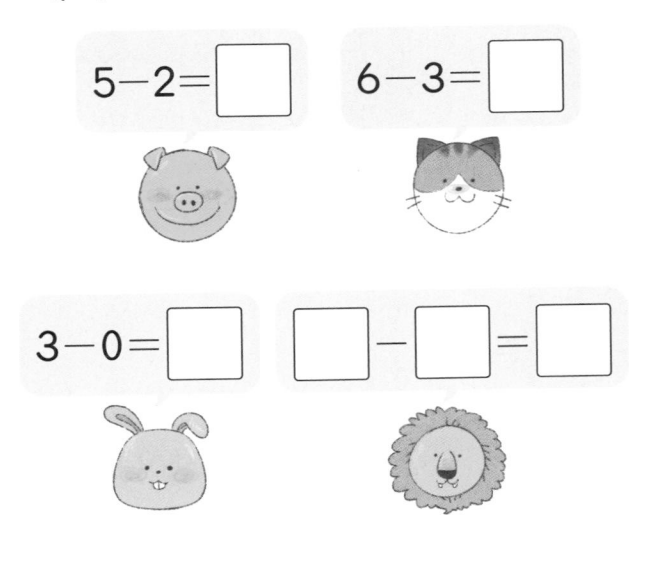

5－2＝☐   6－3＝☐

3－0＝☐   ☐ － ☐ ＝ ☐

1 다은이랑 승현이는 초콜릿 5개를 나누어 가지려고 합니다. 나누어 가지는 방법은 모두 몇 가지인지 구해 보세요.(단, 다은이와 승현이는 초콜릿을 한 개씩은 가집니다.)

(1) 다은이랑 승현이가 초콜릿을 나누어 가지는 방법을 알아보세요.

5		5		5		5	
1		2		3		4	
다은	승현	다은	승현	다은	승현	다은	승현

(2) 나누어 가지는 방법은 모두 몇 가지일까요?

(   )

한번더
2 민규랑 지훈이는 책 7권을 나누어 가지려고 합니다. 나누어 가지는 방법은 모두 몇 가지인지 구해 보세요.(단, 민규와 지훈이는 책을 한 권씩은 가집니다.)

(   )

3 오렌지주스가 2병 있고, 포도주스는 오렌지주스보다 3병 더 많이 있습니다. 오렌지주스와 포도주스는 모두 몇 병인지 구해 보세요.

(1) 포도주스는 몇 병일까요? (   )

(2) 오렌지주스와 포도주스는 모두 몇 병일까요?

(   )

한번더
4 윤영이는 귤을 5개 먹었고, 동생은 윤영이보다 1개 더 적게 먹었습니다. 윤영이와 동생이 먹은 귤은 모두 몇 개인지 구해 보세요.

(   )

5

4장의 수 카드 중에서 2장을 뽑아 두 수의 차를 구하려고 합니다. 차가 가장 크게 되는 뺄셈식 을 만들고 차를 구해 보세요.

| 7 | 6 | 4 | 3 |

(1) 알맞은 말에 ◯표 하세요.

> 차가 가장 크게 되려면 가장 (큰 , 작은) 수에서
> 가장 (큰 , 작은) 수를 빼야 합니다.

(2) 뺄셈식을 만들고 차를 구해 보세요.

☐ − ☐ = ☐

한번더

6

4장의 수 카드 중에서 2장을 뽑아 두 수의 차를 구하려고 합니다. 차가 가 장 크게 되는 뺄셈식을 만들고 차를 구해 보세요.

| 8 | 5 | 3 | 2 | ☐ − ☐ = ☐

놀이 수학

7

민주와 원우가 과녁 맞히기 놀이를 하고 있습니다. 두 사람이 다음과 같이 과녁을 맞혔습니다. 점수를 더 많이 얻은 사람은 누구인지 구해 보세요.

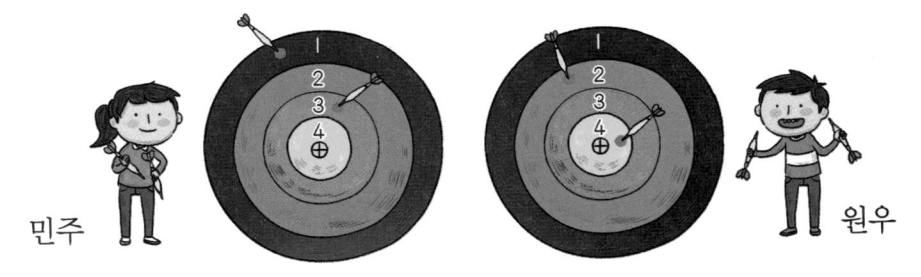

(1) 민주와 원우가 얻은 점수는 각각 몇 점일까요?

민주 (.   ), 원우 (   )

(2) 점수를 더 많이 얻은 사람은 누구일까요? (   )

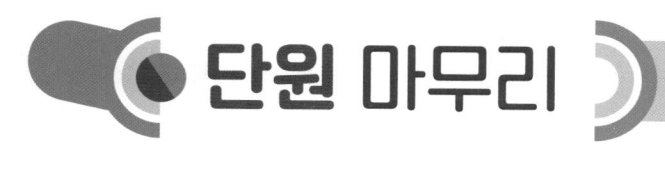

1 그림을 보고 가르기를 해 보세요.

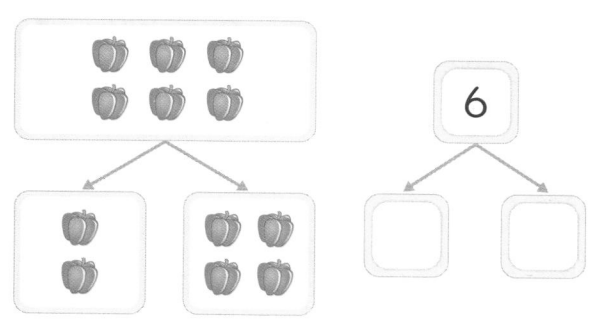

2 그림을 보고 알맞은 뺄셈식을 써 보세요.

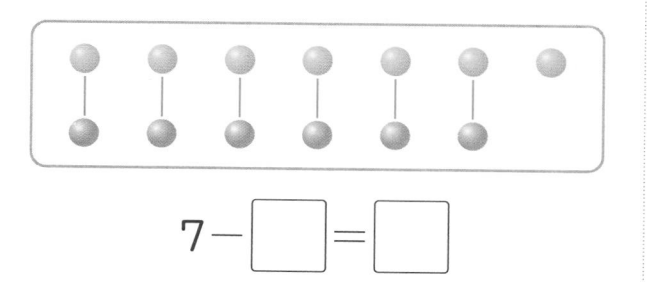

$$7 - \boxed{} = \boxed{}$$

3 뺄셈식으로 나타내어 보세요.

8 빼기 2는 6과 같습니다.

(   )

4 모으기를 해 보세요.

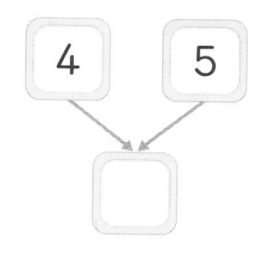

5 그림을 보고 덧셈 이야기를 만들어 보세요.

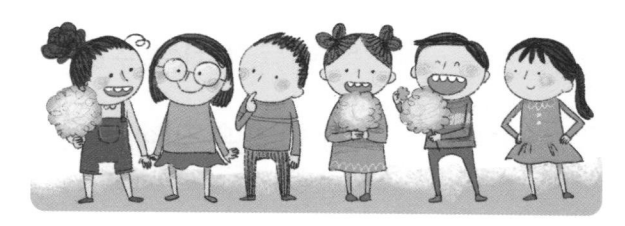

솜사탕을 들고 있는 학생 $\boxed{}$명과

들고 있지 않은 학생 $\boxed{}$명을 합하

면 학생은 모두 $\boxed{}$명입니다.

6 알맞은 것끼리 선으로 이어 보세요.

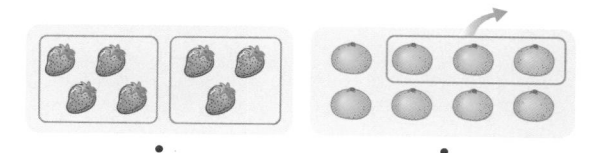

| 8−3=5 | 4+3=7 | 5+2=7 |

7 <u>잘못</u> 계산한 것에 ✕표 하세요.

3+6=9   6−5=2

(   )   (   )

8 합이 같은 것끼리 선으로 이어 보세요.

4+3 ·   · 0+6

6+0 ·   · 6+2

2+6 ·   · 3+4

9 덧셈을 해 보세요.

4+1=☐

4+2=☐

4+3=☐

4+4=☐

10 계산 결과가 <u>다른</u> 하나를 찾아 ○표 하세요.

1+8   9+0   2+5

● 교과서에 **꼭** 나오는 문제

11 ○ 안에 +, ─를 알맞게 써넣으세요.

1 ◯ 2=3

● **잘 틀리는 문제**

12 계산 결과가 가장 작은 것을 찾아 기호를 써 보세요.

㉠ 3+3   ㉡ 8−5
㉢ 0+5   ㉣ 6−6

(   )

13 바구니에 참외 5개와 복숭아 4개가 있습니다. 참외는 복숭아보다 몇 개 더 많이 있을까요?

(   )

14 지효는 줄넘기를 어제 4번 했고, 오늘은 하지 않았습니다. 지효가 어제와 오늘 한 줄넘기는 모두 몇 번일까요?

(   )

● 교과서에 **꼭** 나오는 문제

15 그림을 보고 덧셈식과 뺄셈식을 써 보세요.

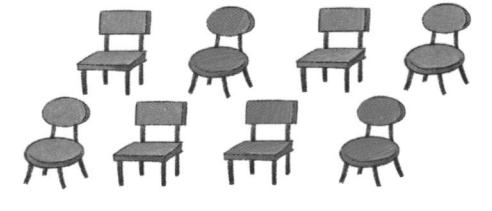

덧셈식 (   )
뺄셈식 (   )

16 3장의 수 카드 중에서 가장 큰 수와 가장 작은 수의 합과 차를 각각 구해 보세요.

$$\boxed{4} \quad \boxed{5} \quad \boxed{1}$$

합 (   )
차 (   )

● 잘 **틀리는 문제**

17 민지와 준희는 연필 6자루를 나누어 가지려고 합니다. 나누어 가지는 방법은 모두 몇 가지일까요?(단, 민지와 준희는 연필을 한 자루씩은 가집니다.)

(   )

18 은우는 딸기를 3개 먹었고, 지아는 은우보다 1개 더 많이 먹었습니다. 은우와 지아가 먹은 딸기는 모두 몇 개일까요?

(   )

● **서술형 문제**

19 9를 두 수로 잘못 가르기한 것을 찾아 기호를 쓰려고 합니다. 풀이 과정을 쓰고 답을 구해 보세요.

ㄱ 9 → 5 4   ㄴ 9 → 1 7   ㄷ 9 → 3 6

풀이

_____

_____

_____

답

20 놀이터에 학생 4명이 있었습니다. 학생 1명이 더 왔다면 놀이터에 있는 학생은 모두 몇 명인지 풀이 과정을 쓰고 답을 구해 보세요.

풀이

_____

_____

_____

답

두 그림에서 다른 곳 4가지를 찾아요!

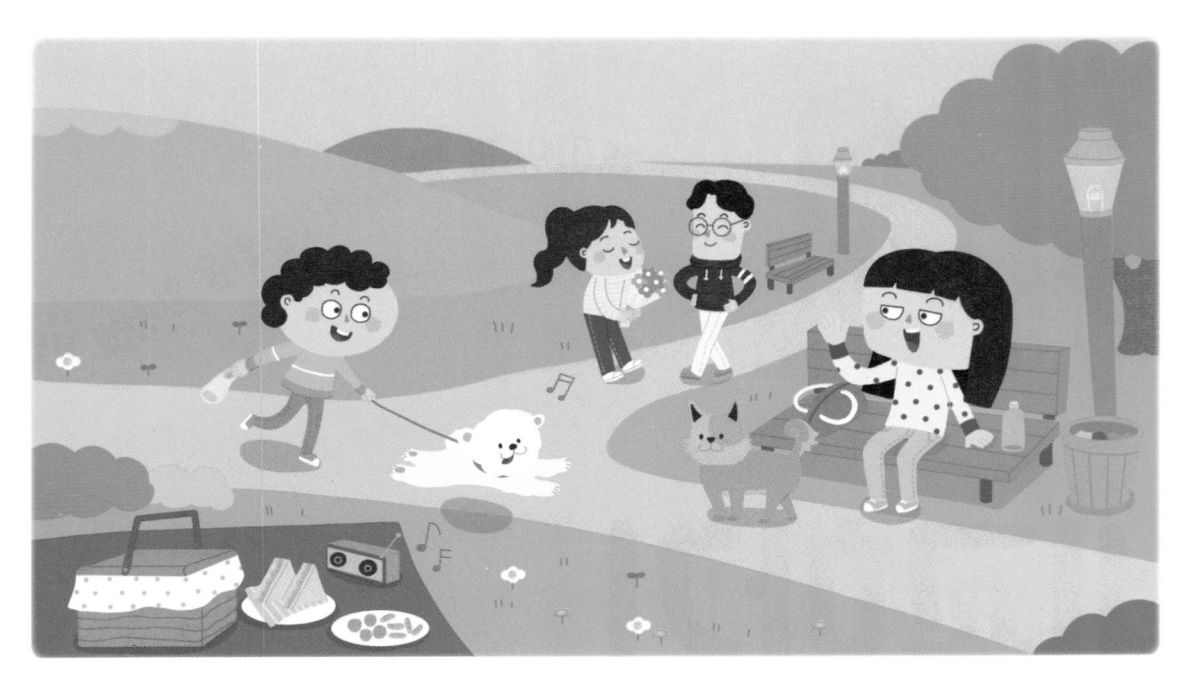

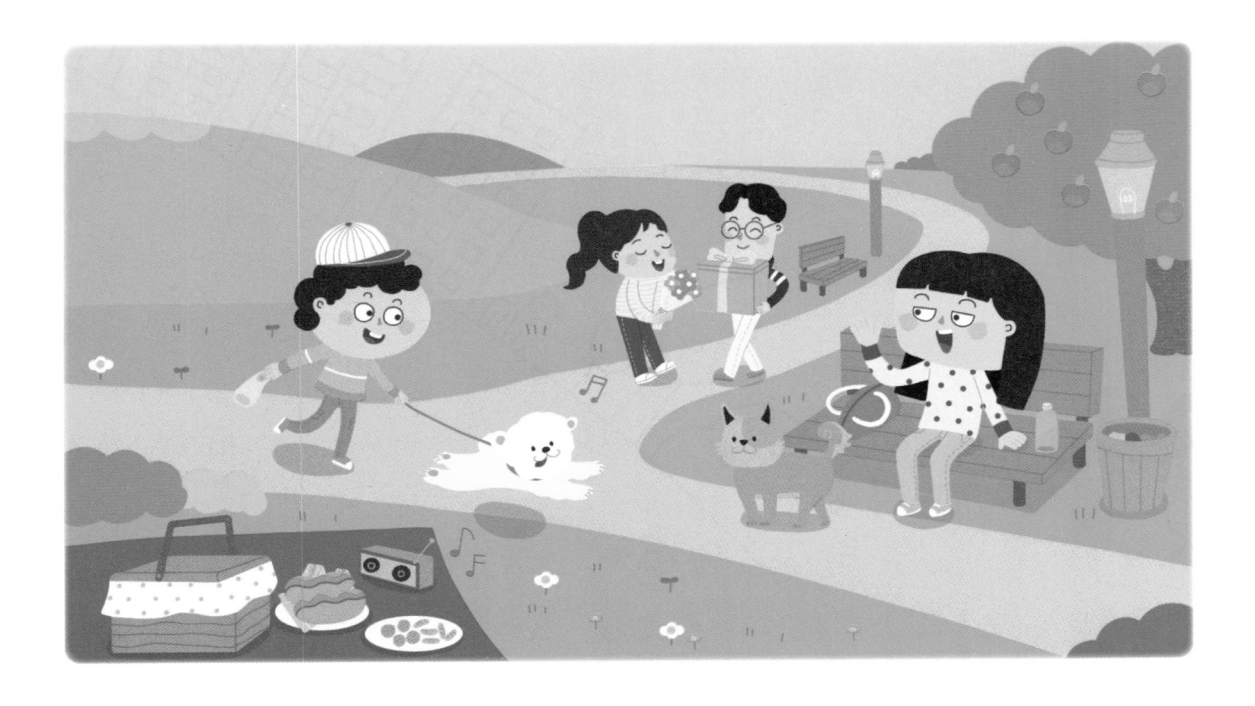

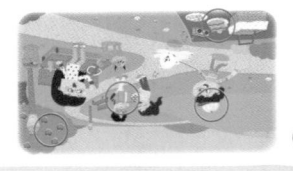

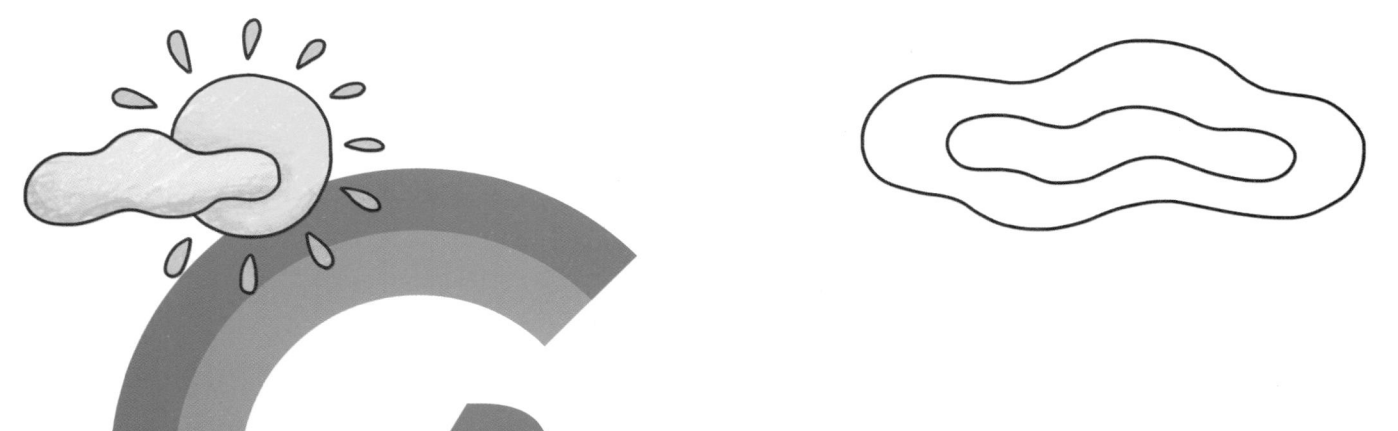

4 비교하기

재미있게 색칠하며 공원을 완성해 보세요

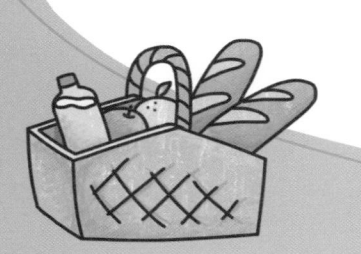

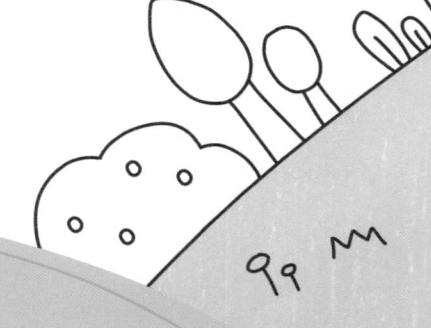

이 단원에서는

- 어느 것이 더 길까요
- 어느 것이 더 무거울까요
- 어느 것이 더 넓을까요
- 어느 것에 더 많이 담을 수 있을까요

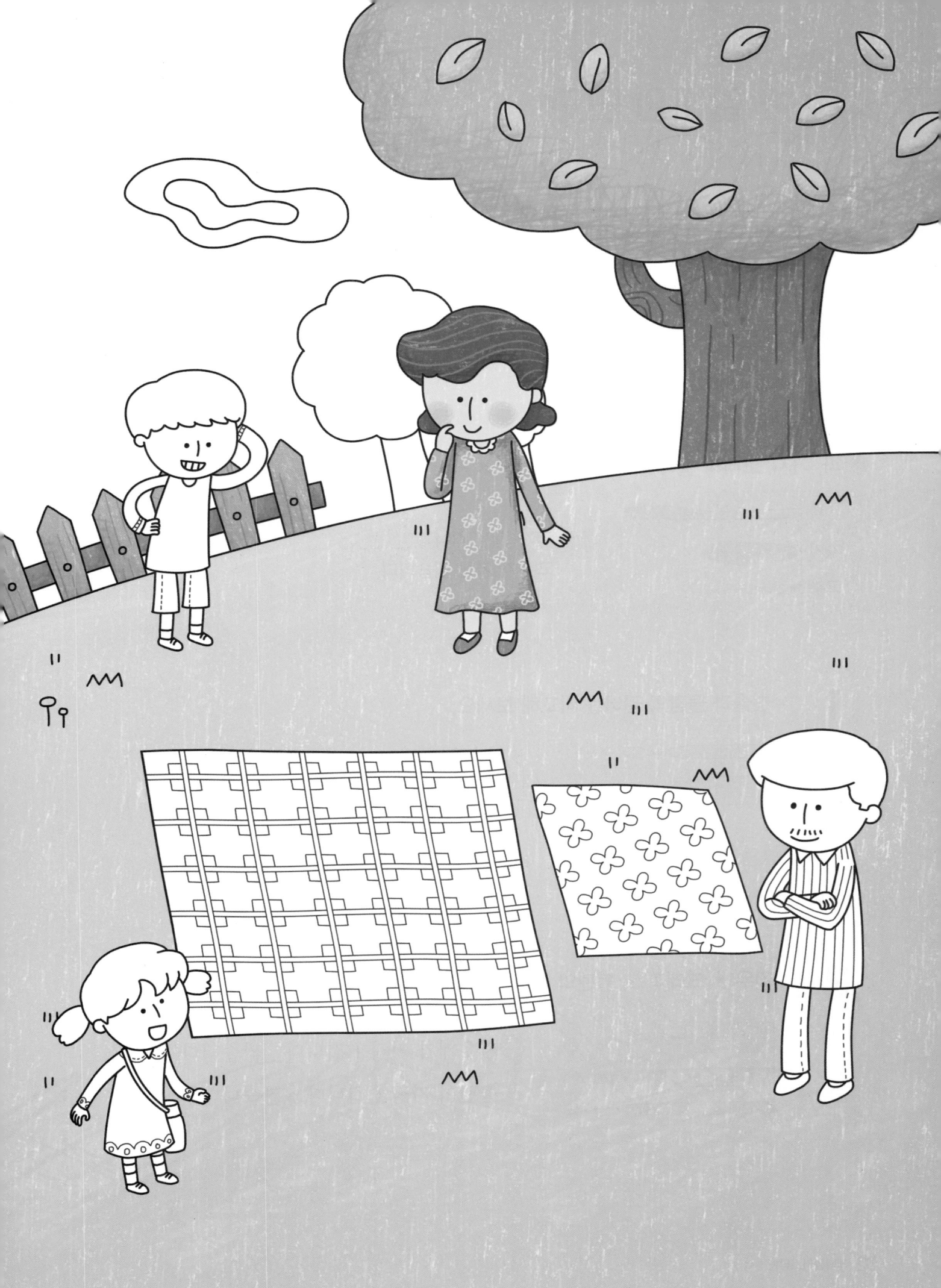

길이의 비교

물건의 길이를 비교할 때에는 '길다', '짧다'로 나타냅니다.

물건의 **한쪽 끝을 맞추고** 맞대어 보았을 때 **다른 쪽 끝이 더 많이 나간 것**이 더 깁니다.

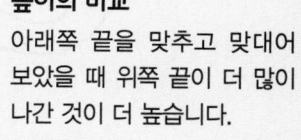

높이의 비교
아래쪽 끝을 맞추고 맞대어 보았을 때 위쪽 끝이 더 많이 나간 것이 더 높습니다.

더 높다.   더 낮다.

● **색연필과 연필의 길이 비교** → 두 가지 물건의 길이 비교

색연필
연필
⇒ ┌ 색연필은 연필보다 더 **깁니다.**
   └ 연필은 색연필보다 더 **짧습니다.**

● **파, 가지, 고추의 길이 비교** → 세 가지 물건의 길이 비교

파
가지
고추
⇒ ┌ 파가 가장 **깁니다.**
   └ 고추가 가장 **짧습니다.**

---

1 칫솔과 물감의 길이를 비교해 보세요.

칫솔
물감
⇒ ┌ 칫솔은 물감보다 더 (깁니다 , 짧습니다).
   └ 물감은 칫솔보다 더 (깁니다 , 짧습니다).

2 지우개, 크레파스, 볼펜의 길이를 비교해 보세요.

지우개
크레파스
볼펜
⇒ ┌ 지우개가 가장 (깁니다 , 짧습니다).
   └ 볼펜이 가장 (깁니다 , 짧습니다).

1 더 긴 것에 ◯표 하세요.

(1) 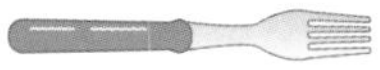 ( )   (2)

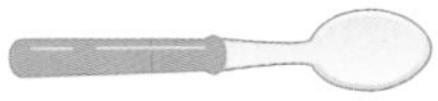

( )

( )   ( )

2 더 짧은 것에 △표 하세요.

(1) 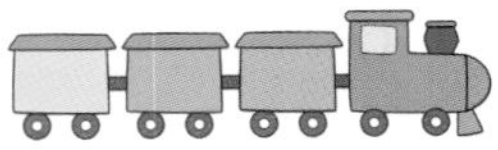 ( )   (2)

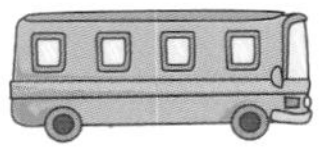

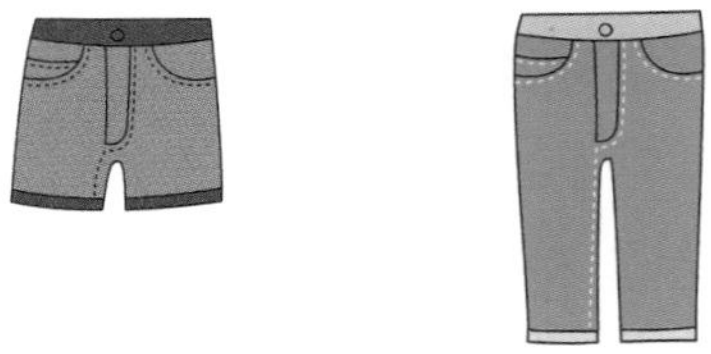

( )

( )   ( )

3 가장 긴 것에 ◯표 하세요.

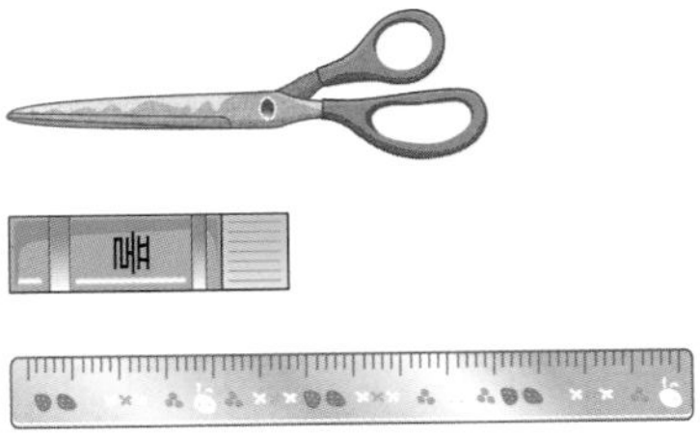

( )

( )

( )

4 가장 긴 것에 ◯표, 가장 짧은 것에 △표 하세요.

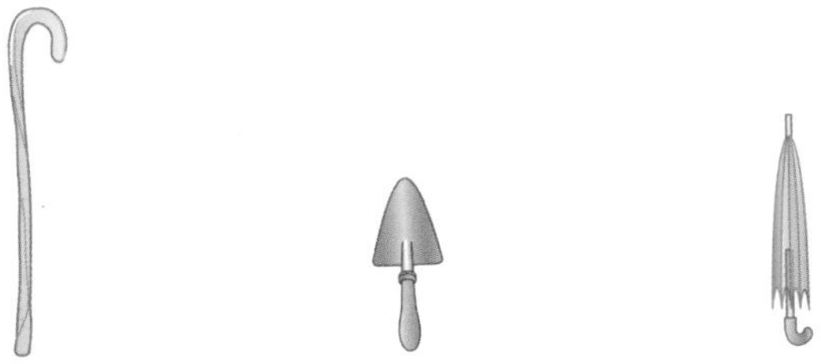

( )   ( )   ( )

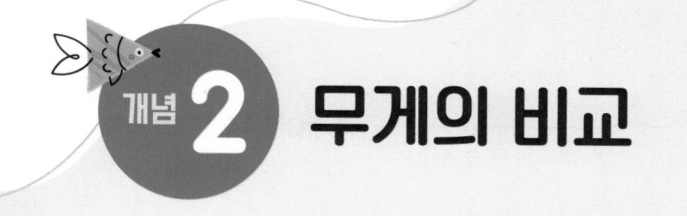

개념 2 무게의 비교

물건의 무게를 비교할 때에는 '무겁다', '가볍다'로 나타냅니다.

물건을 손으로 들어 보았을 때 **힘이 더 많이 드는 것**이 더 무겁습니다.

● **야구공과 탁구공의 무게 비교** → 두 가지 물건의 무게 비교

야구공   탁구공

⇨ ┌ 야구공은 탁구공보다 더 **무겁습니다.**
　 └ 탁구공은 야구공보다 더 **가볍습니다.**

● **책가방, 가위, 클립의 무게 비교** → 세 가지 물건의 무게 비교

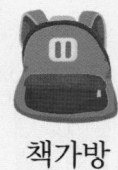 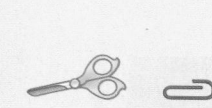

책가방   가위   클립

⇨ ┌ 책가방이 **가장 무겁습니다.**
　 └ 클립이 **가장 가볍습니다.**

참고 물건을 저울 또는 시소에 올려놓았을 때
아래로 내려간 쪽이 더 무겁습니다.

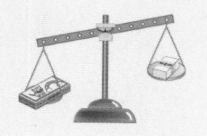

---

1 청소기와 세탁기의 무게를 비교해 보세요.

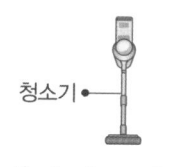 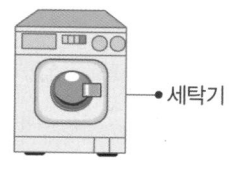

청소기   세탁기

⇨ ┌ 청소기는 세탁기보다 더 (무겁습니다 , 가볍습니다).
　 └ 세탁기는 청소기보다 더 (무겁습니다 , 가볍습니다).

2 멜론, 딸기, 참외의 무게를 비교해 보세요.

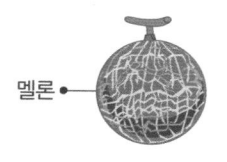 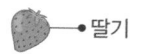 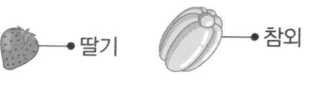

멜론   딸기   참외

⇨ ┌ 멜론이 가장 (무겁습니다 , 가볍습니다).
　 └ 딸기가 가장 (무겁습니다 , 가볍습니다).

1 더 무거운 것에 ◯표 하세요.

(1)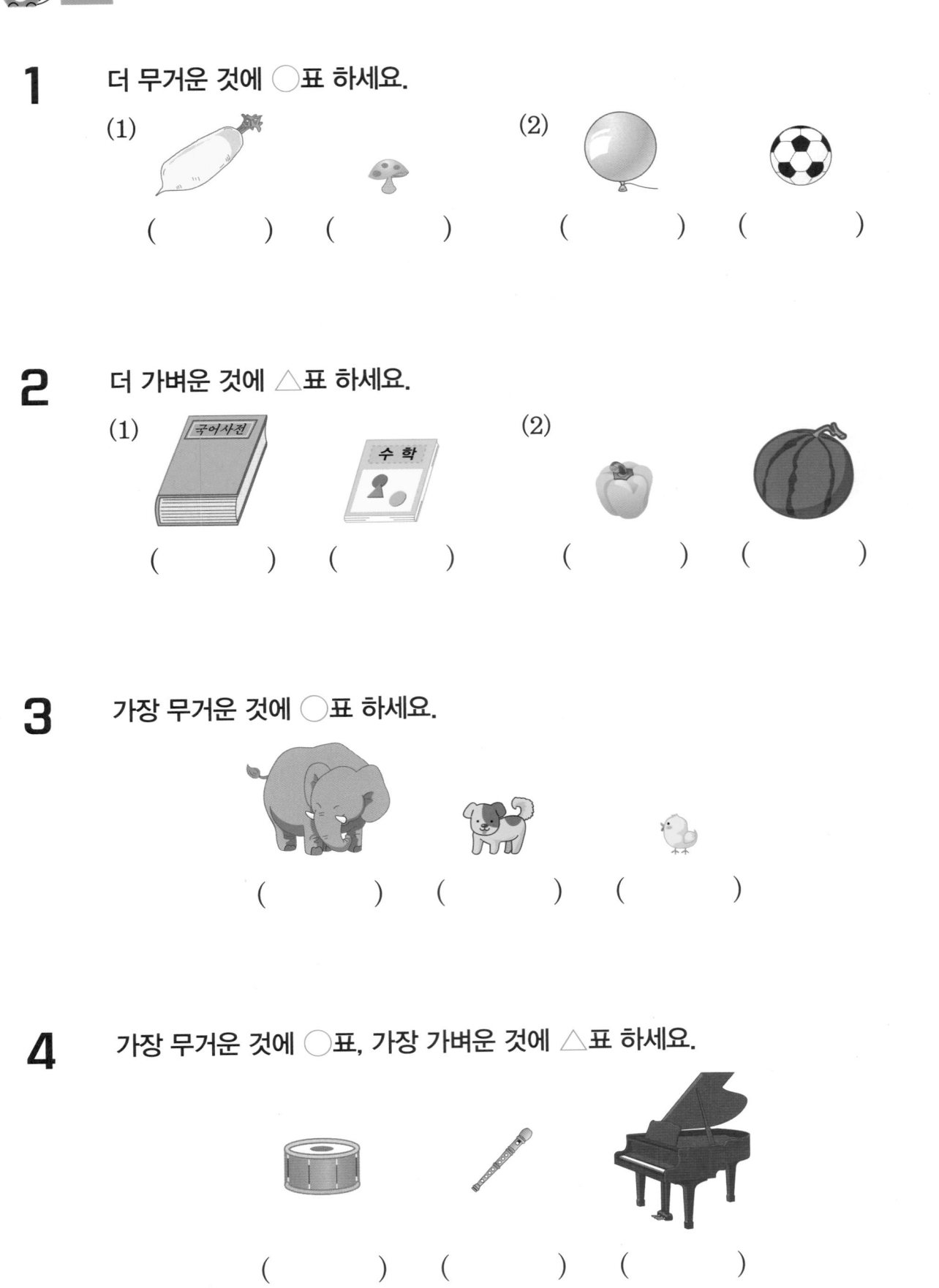

(   ) (   )

(2)

(   ) (   )

2 더 가벼운 것에 △표 하세요.

(1)

(   ) (   )

(2)

(   ) (   )

3 가장 무거운 것에 ◯표 하세요.

(   ) (   ) (   )

4 가장 무거운 것에 ◯표, 가장 가벼운 것에 △표 하세요.

(   ) (   ) (   )

넓이의 비교

물건의 넓이를 비교할 때에는 '넓다', '좁다'로 나타냅니다.

물건의 **한쪽 끝을 맞추어 겹쳐** 보았을 때 **남는 부분이 있는 것**이 더 넓습니다.

● **책과 수첩의 넓이 비교** → 두 가지 물건의 넓이 비교

책   수첩

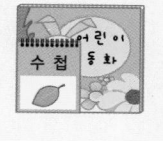

⇨ ⌈ 책은 수첩보다 더 넓습니다.
  ⌊ 수첩은 책보다 더 좁습니다.

● **칠판, 달력, 액자의 넓이 비교** → 세 가지 물건의 넓이 비교

칠판   달력   액자

⇨ ⌈ 칠판이 가장 넓습니다.
  ⌊ 액자가 가장 좁습니다.

---

1 휴대 전화와 벽시계의 넓이를 비교해 보세요.

휴대 전화●   ●벽시계

⇨ ⌈ 휴대 전화는 벽시계보다 더 (넓습니다 , 좁습니다).
  ⌊ 벽시계는 휴대 전화보다 더 (넓습니다 , 좁습니다).

2 공책, 스케치북, 색종이의 넓이를 비교해 보세요.

공책●   ●스케치북   ●색종이

⇨ ⌈ 스케치북이 가장 (넓습니다 , 좁습니다).
  ⌊ 색종이가 가장 (넓습니다 , 좁습니다).

1 더 넓은 것에 ◯표 하세요.

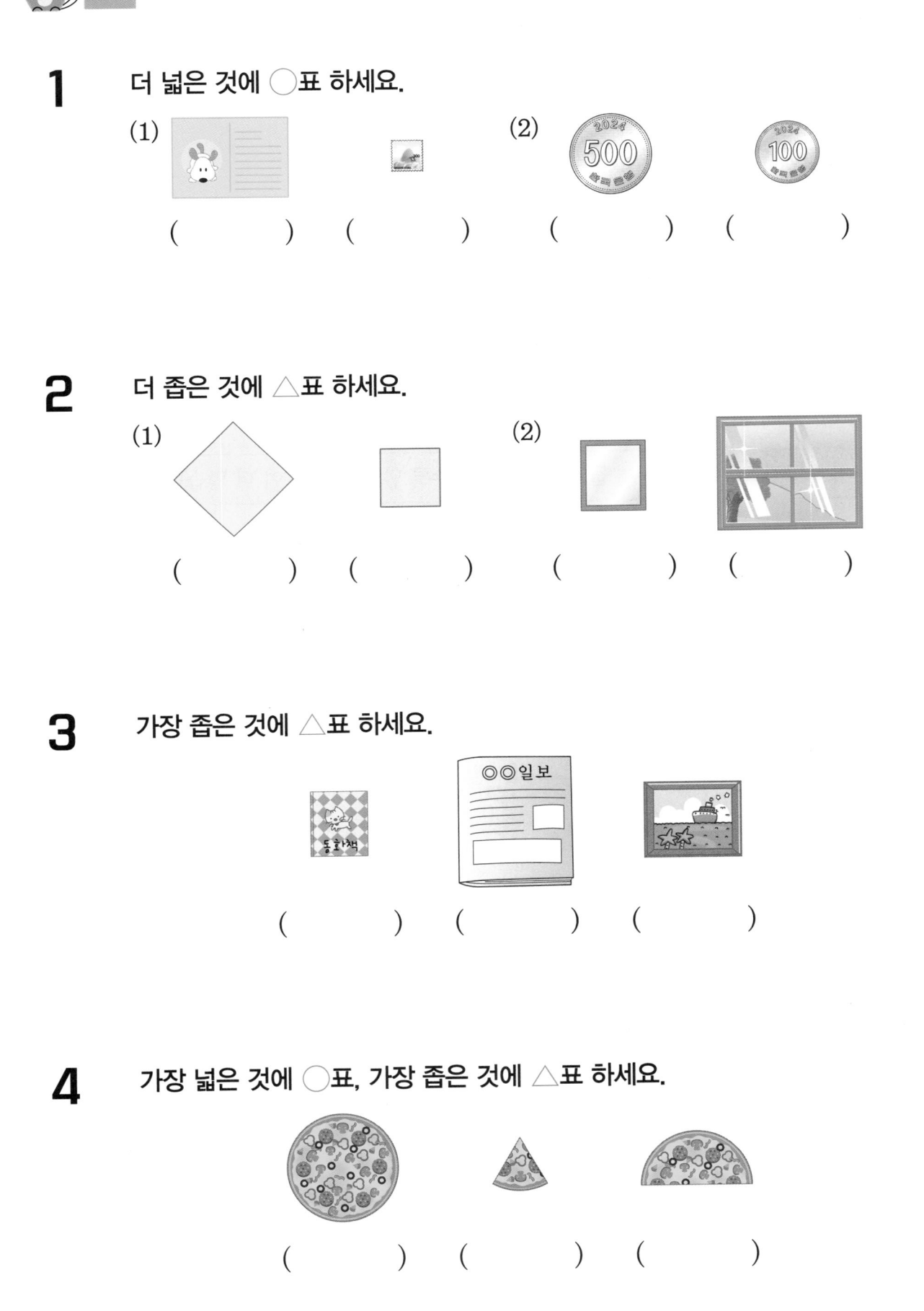

(1) (　　　)　(　　　)　(2) (　　　)　(　　　)

2 더 좁은 것에 △표 하세요.

(1) (　　　)　(　　　)　(2) (　　　)　(　　　)

3 가장 좁은 것에 △표 하세요.

(　　　)　(　　　)　(　　　)

4 가장 넓은 것에 ◯표, 가장 좁은 것에 △표 하세요.

(　　　)　(　　　)　(　　　)

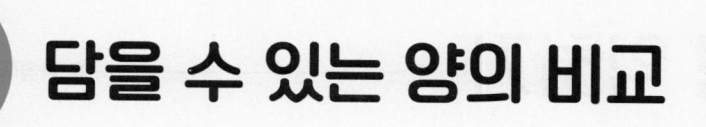

개념 4 담을 수 있는 양의 비교

그릇에 담을 수 있는 양을 비교할 때에는 '많다', '적다'로 나타냅니다.

● **주전자와 컵에 담을 수 있는 양의 비교** → 그릇의 모양과 크기가 다른 두 가지 그릇에 담을 수 있는 양의 비교

그릇의 모양과 크기가 다를 때 **그릇이 더 큰 것**이 담을 수 있는 양이 더 많습니다.

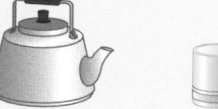

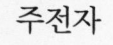

주전자   컵

⇒ ⎡ 주전자는 컵보다 담을 수 있는 양이 더 **많습니다.**
   ⎣ 컵은 주전자보다 담을 수 있는 양이 더 **적습니다.**

● **㉮, ㉯, ㉰ 병에 담긴 양의 비교** → 모양과 크기가 같은 세 가지 그릇에 담긴 양의 비교

그릇의 모양과 크기가 같을 때 **물의 높이가 높을수록** 담긴 물의 양이 더 많습니다.

㉮ 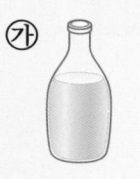 ㉯ 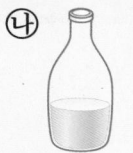 ㉰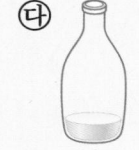

⇒ ⎡ ㉮ 병이 담긴 물의 양이 **가장 많습니다.**
   ⎣ ㉰ 병이 담긴 물의 양이 **가장 적습니다.**

---

1 냄비와 밥그릇에 담을 수 있는 양을 비교해 보세요.

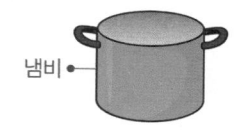
냄비

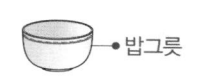
밥그릇

⇒ ⎡ 냄비는 밥그릇보다 담을 수 있는 양이 더 (많습니다 , 적습니다).
   ⎣ 밥그릇은 냄비보다 담을 수 있는 양이 더 (많습니다 , 적습니다).

2 ㉮와 ㉯ 컵에 담긴 양을 비교해 보세요.

㉮ 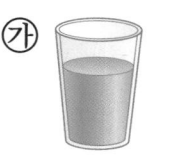   ㉯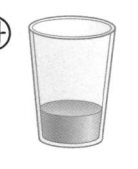

⇒ ⎡ ㉮ 컵이 담긴 주스의 양이 더 (많습니다 , 적습니다).
   ⎣ ㉯ 컵이 담긴 주스의 양이 더 (많습니다 , 적습니다).

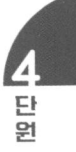

1 담을 수 있는 양이 더 많은 것에 ◯표 하세요.

(1) (　　　　) (　　　　)

(2) (　　　　) (　　　　)

2 담을 수 있는 양이 더 적은 것에 △표 하세요.

(1) (　　　　) (　　　　)

(2) (　　　　) (　　　　)

3 담긴 양이 더 많은 것에 ◯표 하세요.

(1) (　　　　) (　　　　)

(2) (　　　　) (　　　　)

4 담을 수 있는 양이 가장 많은 것에 ◯표, 가장 적은 것에 △표 하세요.

(　　　　) (　　　　) (　　　　)

1 알맞게 선으로 이어 보세요.

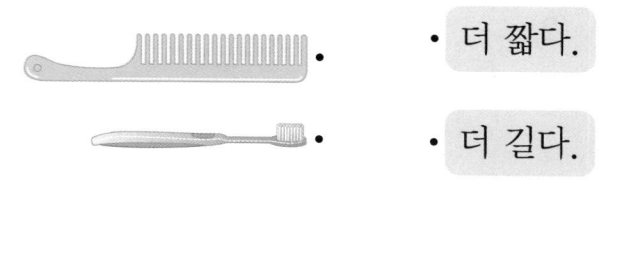

· 더 짧다.

· 더 길다.

2 연못과 호수의 넓이를 비교하려고 합니다. ☐ 안에 알맞은 말을 써넣으세요.

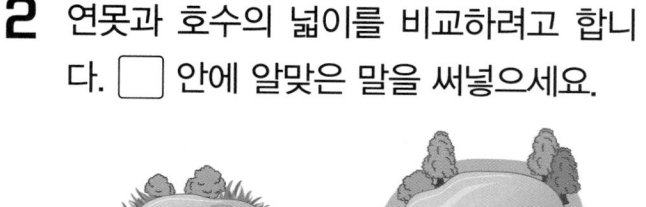

연못   호수

┌─────────────────────────┐
│ ☐ 은/는 ☐ 보다   │
│ 더 넓습니다.   │
└─────────────────────────┘

3 담긴 양이 더 적은 것에 △표 하세요.

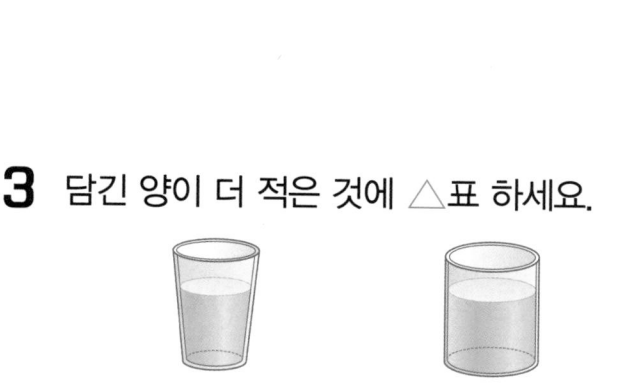

(   )   (   )

4 민석이와 선아가 시소를 타고 있습니다. 더 무거운 사람은 누구일까요?

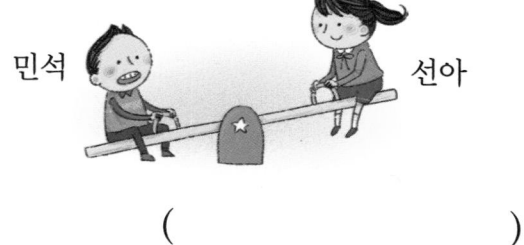

민석   선아

(   )

5 더 높게 쌓은 모양에 ◯표 하세요.

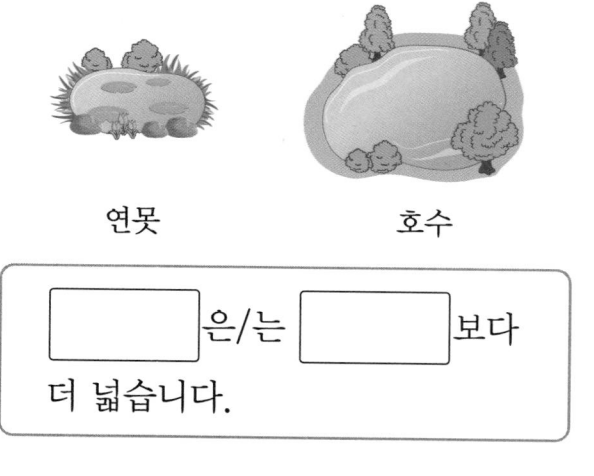

(   )   (   )

◖ 개념 확인 ◗ 서술형

6 길이를 잘못 비교한 이유를 써 보세요.

┌─────────────────────────────┐
│   지우개 │
│   풀   │
│ 지우개가 풀보다 오른쪽 끝이 더 많이 │
│ 나갔으므로 지우개가 더 깁니다. │
└─────────────────────────────┘

이유

_____

_____

_____

7 담긴 양이 가장 많은 것에 ◯표 하세요.

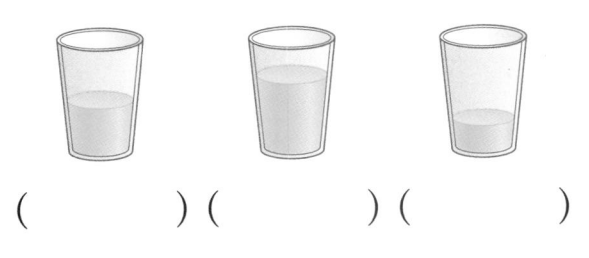

(   ) (   ) (   )

《 수학 익힘 유형 》

8 1부터 6까지 순서대로 이어 보고 더 좁은 쪽에 △표 하세요.

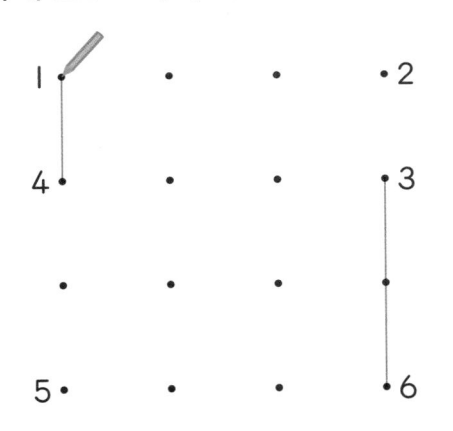

9 연필보다 더 긴 것에 모두 ◯표 하세요.

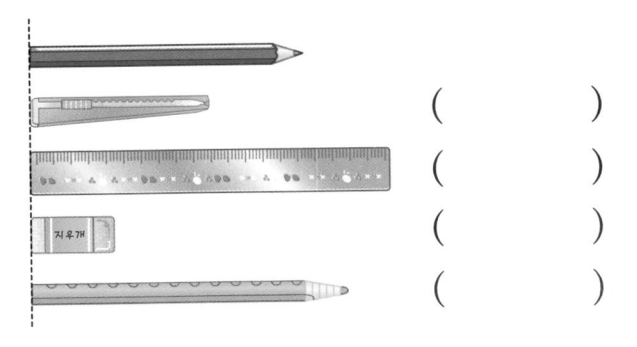

(   )
(   )
(   )
(   )

《 수학 익힘 유형 》

10 ?에 들어갈 수 있는 쌓기나무를 모두 찾아 ◯표 하세요.

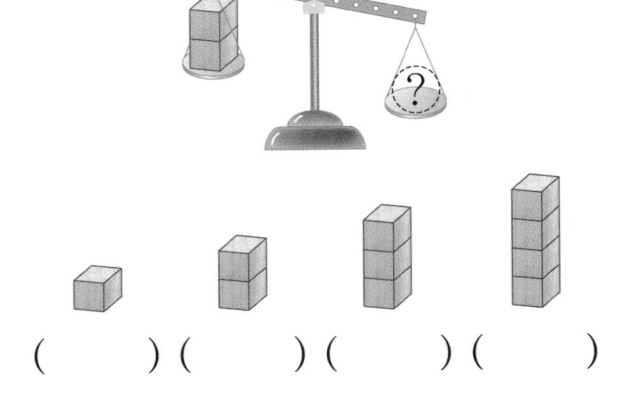

(   ) (   ) (   ) (   )

11 상자 위에 앉았던 동물이 무엇일지 선으로 이어 보세요.

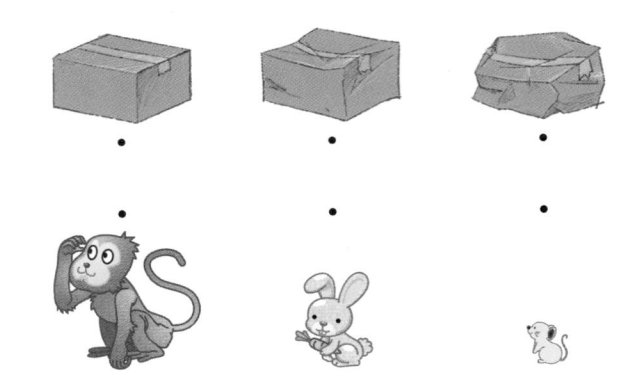

12 컵과 바가지로 크기가 같은 어항에 각각 물을 가득 채우려고 합니다. 어항에 물을 붓는 횟수가 더 적은 것에 △표 하세요. (단, 컵과 바가지에 각각 물을 가득 담아 붓습니다.)

(   )   (   )

1 ㉮, ㉯, ㉰ 중 **가장 긴 것**을 찾아 써 보세요.

㉮ ——————————
㉯ ～～～～～～
㉰ ◦◦◦◦◦◦◦◦◦◦◦◦

(1) 알맞은 말에 ◯표 하세요.

양쪽 끝이 맞추어져 있을 때 더 많이 구부러져 있으면 곧게 폈을 때 길이가 더 (깁니다 , 짧습니다).

(2) 가장 긴 것은 무엇일까요?　　　　　(　　　　　)

한번더
2 ㉮, ㉯, ㉰ 중 가장 짧은 것을 찾아 써 보세요.

㉮ ～～～～～～～
㉯ ——————————
㉰ ～～～～～～～

(　　　　　)

3 운동장, 공원, 놀이터 중 **가장 넓은 곳**은 어디인지 써 보세요.

• 운동장은 공원보다 더 좁습니다.
• 놀이터는 운동장보다 더 좁습니다.

(1) 두 곳 중 더 넓은 곳에 각각 ◯표 하세요.

(운동장 , 공원)　　　　(놀이터 , 운동장)

(2) 가장 넓은 곳은 어디일까요?　　　　　(　　　　　)

한번더
4 참외밭, 포도밭, 감자밭 중 가장 좁은 곳은 어디인지 써 보세요.

• 참외밭은 포도밭보다 더 넓습니다.
• 포도밭은 감자밭보다 더 넓습니다.

(　　　　　)

5 세 사람이 똑같은 컵에 가득 들어 있던 우유를 각각 마시고 남은 것입니다. 우유를 가장 많이 마신 사람을 찾아 이름을 써 보세요.

태호 명주 윤아

(1) 알맞은 말에 ◯표 하세요.

가장 많이 마신 사람은 남은 양이 가장 (많은 , 적은) 사람입니다.

(2) 우유를 가장 많이 마신 사람을 찾아 이름을 써 보세요.

(   )

한번더

6 세 사람이 똑같은 컵에 가득 들어 있던 물을 각각 마시고 남은 것입니다. 물을 가장 적게 마신 사람을 찾아 이름을 써 보세요.

지혜 소윤 승기

(   )

놀이 수학

〈 수학 익힘 유형 〉

7 세 사람이 시소를 타고 있습니다. 무거운 사람부터 차례대로 이름을 써 보세요.

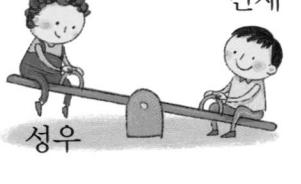

성우 수연 성우 민재

(1) 두 사람 중 더 무거운 사람에 각각 ◯표 하세요.

(성우 , 수연)　　　　　(성우 , 민재)

(2) 무거운 사람부터 차례대로 이름을 써 보세요.

(   )

단원 마무리

1 더 긴 것에 ◯표 하세요.

(   )
(   )

2 더 가벼운 것에 △표 하세요.

(   )   (   )

3 더 넓은 것에 ◯표 하세요.

(   )   (   )

● 교과서에 꼭 나오는 문제

4 담을 수 있는 양이 더 적은 것에 △표 하세요.

(   )   (   )

5 비행기와 자전거의 무게를 비교하려고 합니다. ☐ 안에 알맞은 말을 써넣으세요.

비행기   자전거

☐ 는 ☐ 보다 더 무겁습니다.

6 의자와 책상의 높이를 비교해 보세요.

의자   책상

의자의 높이는 책상의 높이보다 더 (짧습니다 , 낮습니다 , 적습니다).

7 ☐ 보다 더 좁은 색종이를 그려 보세요.

8 가장 가벼운 것에 △표 하세요.

(   ) (   ) (   )

9 담을 수 있는 양이 가장 많은 것에 ◯표 하세요.

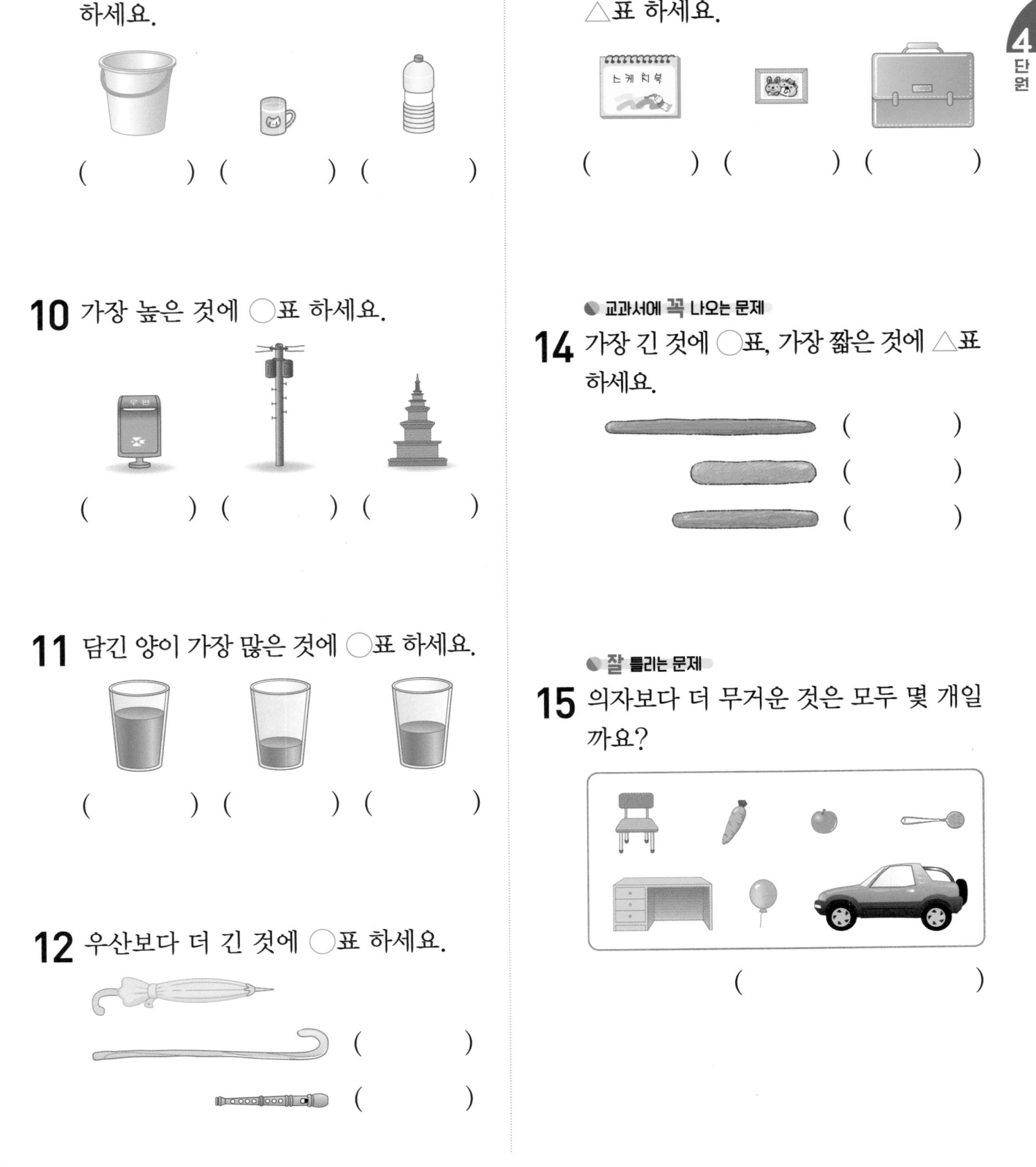

(　　) (　　) (　　)

10 가장 높은 것에 ◯표 하세요.

(　　) (　　) (　　)

11 담긴 양이 가장 많은 것에 ◯표 하세요.

(　　) (　　) (　　)

12 우산보다 더 긴 것에 ◯표 하세요.

(　　)

(　　)

13 가장 넓은 것에 ◯표, 가장 좁은 것에 △표 하세요.

(　　) (　　) (　　)

● 교과서에 **꼭** 나오는 문제

14 가장 긴 것에 ◯표, 가장 짧은 것에 △표 하세요.

(　　)

(　　)

(　　)

● 잘 **틀리는** 문제

15 의자보다 더 무거운 것은 모두 몇 개일까요?

(　　)

16 ㉮, ㉯, ㉰ 중 가장 긴 것을 찾아 써 보세요.

㉮ ～～～～
㉯ ━━━━
㉰ ∞∞∞∞∞

(   )

● **잘 틀리는 문제**

17 분꽃, 나팔꽃, 봉숭아 중 키가 가장 큰 꽃은 무엇일까요?

> • 분꽃은 나팔꽃보다 키가 더 작습니다.
> • 봉숭아는 분꽃보다 키가 더 작습니다.

(   )

18 토끼, 다람쥐, 코끼리 중 가장 가벼운 동물은 무엇일까요?

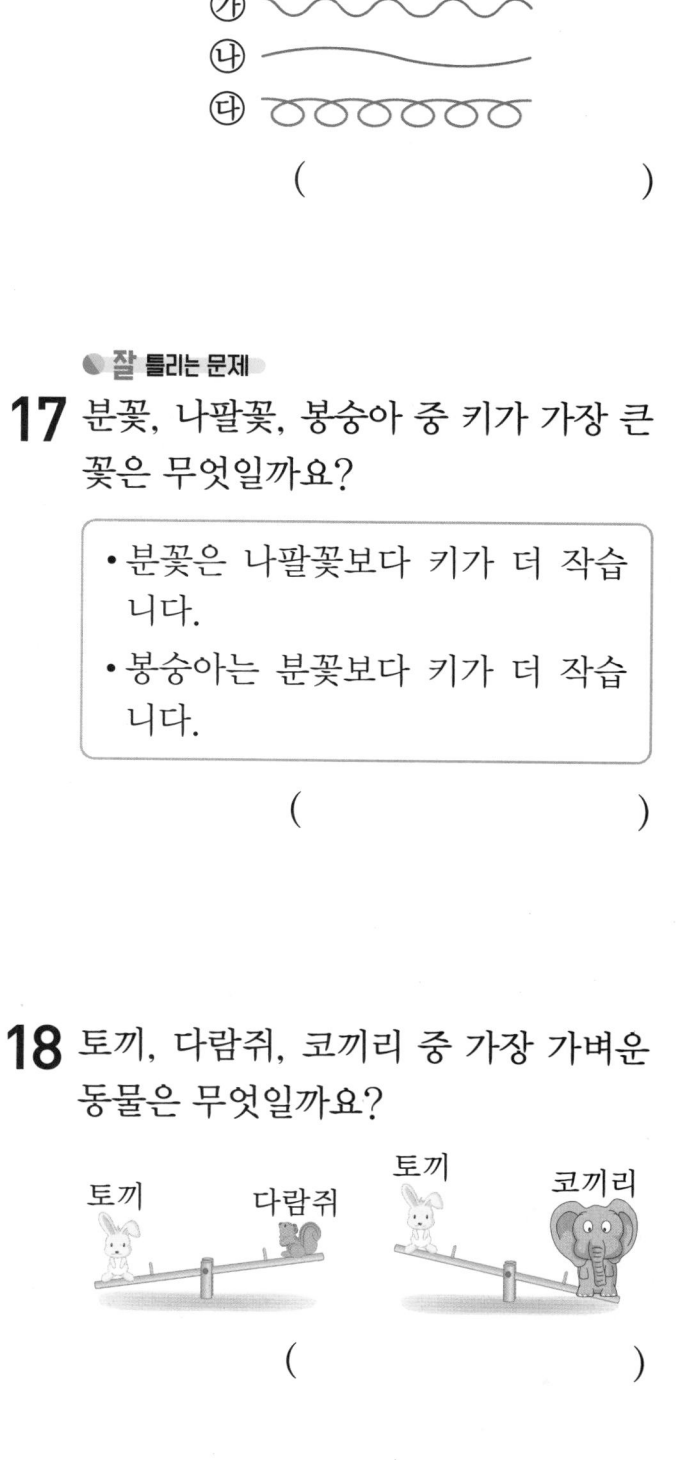

(   )

● **서술형 문제**

19 가와 나 중 담긴 양이 더 적은 그릇을 쓰려고 합니다. 풀이 과정을 쓰고 답을 구해 보세요.

가   나

[풀이] _____

_____

_____

_____

[답] _____

20 가장 넓은 것은 무엇인지 풀이 과정을 쓰고 답을 구해 보세요.

칠판   공책   수첩

[풀이] _____

_____

_____

_____

[답] _____

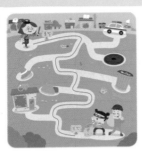

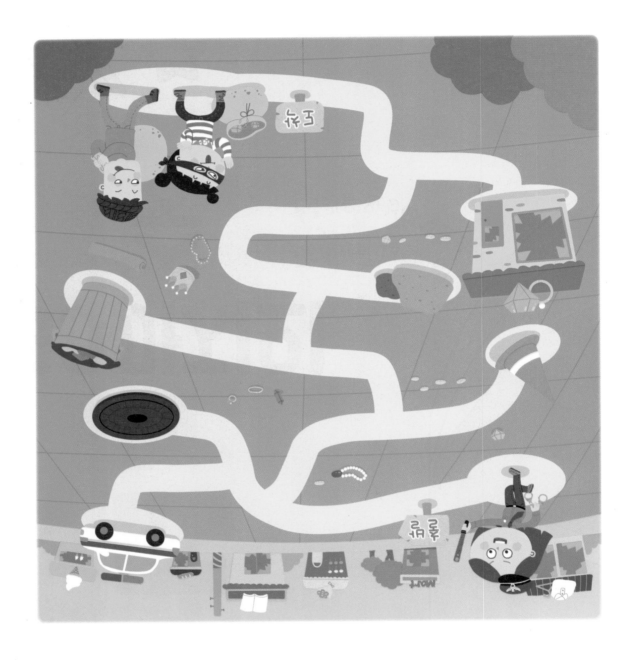

경찰이 도둑을 잡을 수 있게 길을 찾아요!

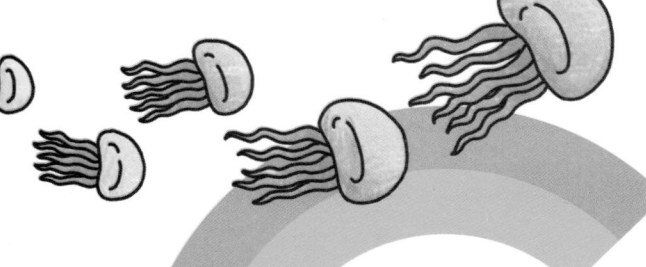

5

50까지의 수

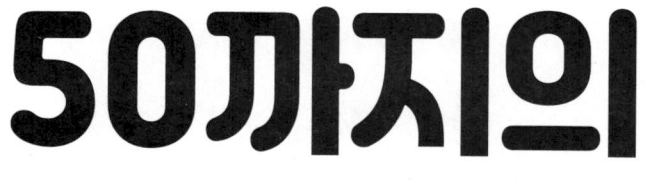

재미있게 색칠하며
수족관을 완성해 보세요

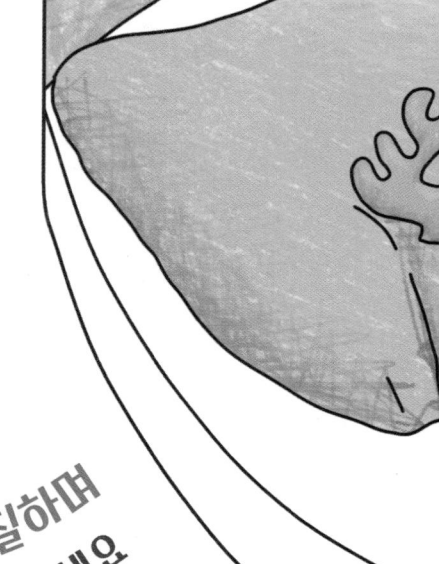

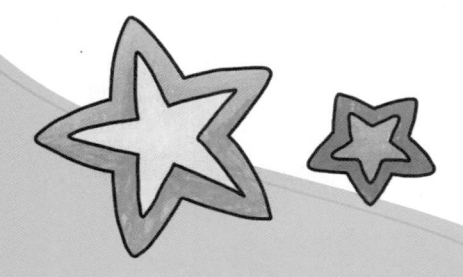

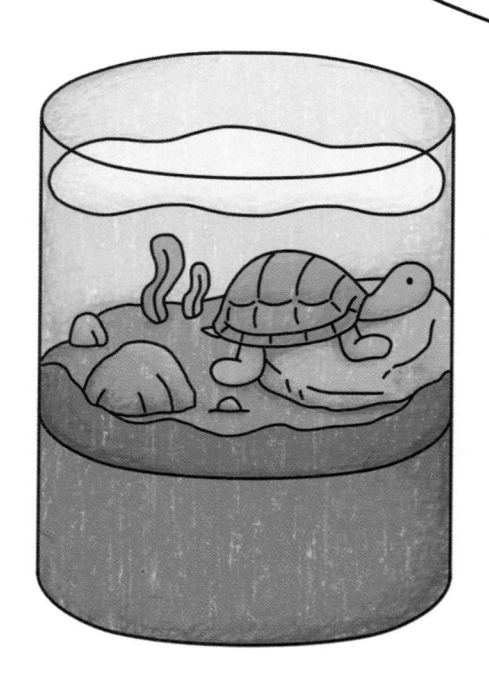

이 단원에서는

- 50까지의 수를 알아볼까요
- 50까지 수의 순서를 알아볼까요
- 50까지 수의 크기를 비교해 볼까요

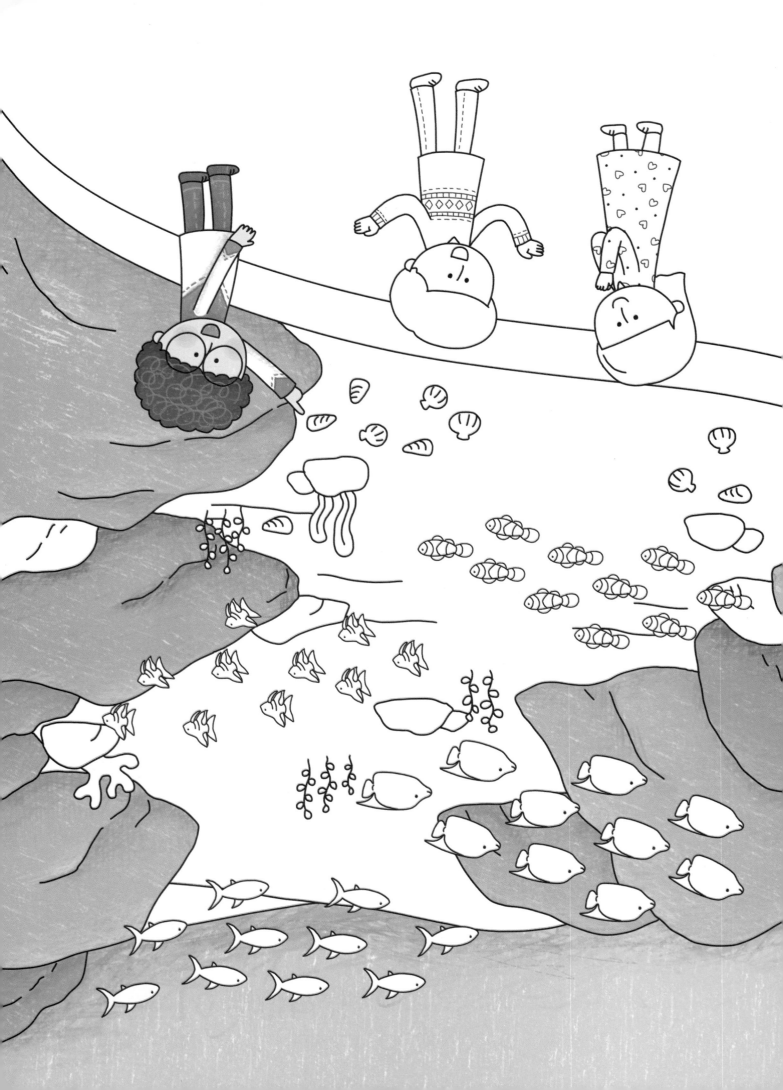

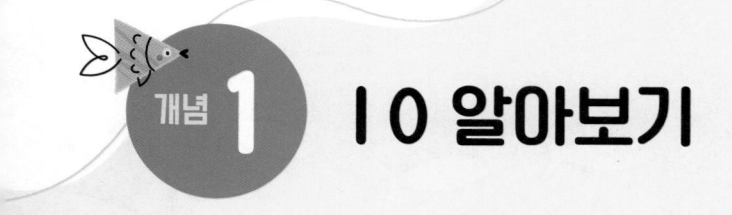

개념 1 1０ 알아보기

● **10 알아보기**

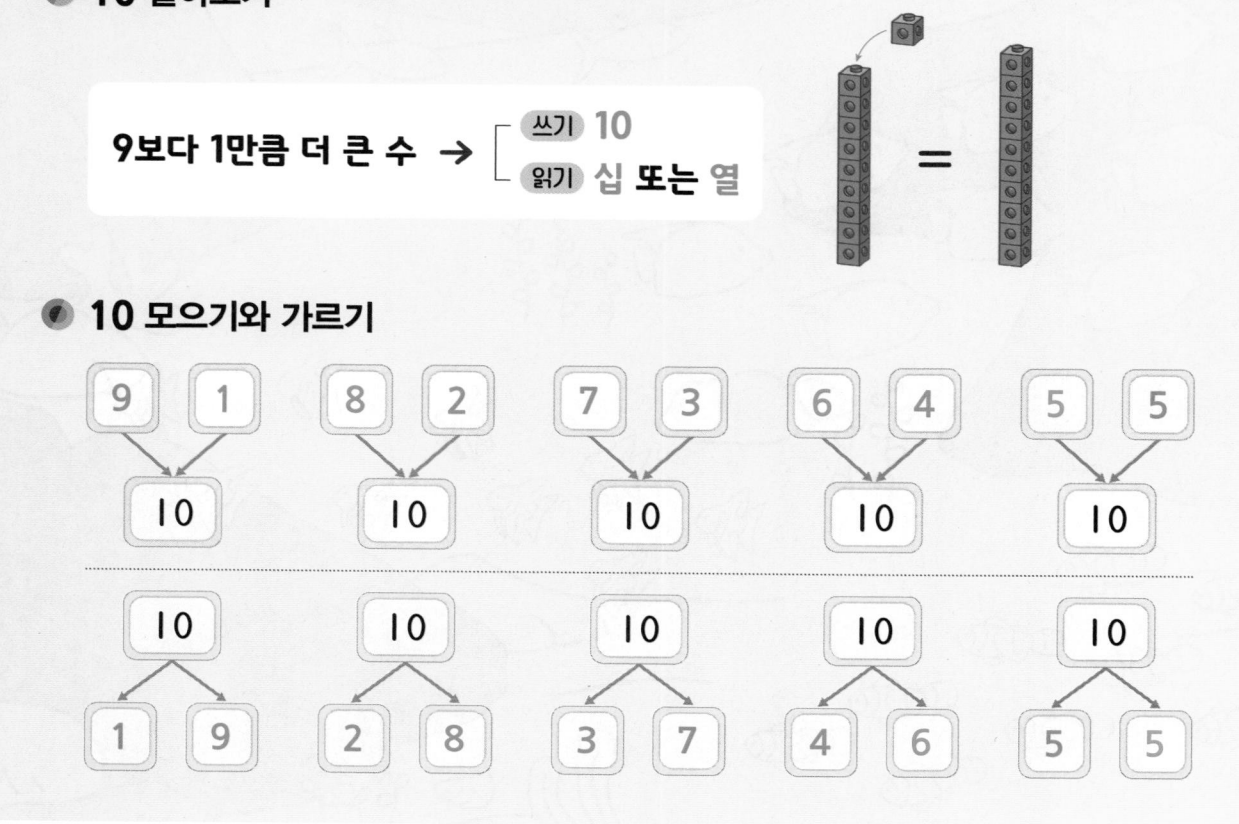

9보다 1만큼 더 큰 수 → ┌ 쓰기 10
                        └ 읽기 십 또는 열

● **10 모으기와 가르기**

| 9 1 | 8 2 | 7 3 | 6 4 | 5 5 |
| 10 | 10 | 10 | 10 | 10 |

| 10 | 10 | 10 | 10 | 10 |
| 1 9 | 2 8 | 3 7 | 4 6 | 5 5 |

1 □ 안에 알맞은 수를 써넣으세요.

9보다 1만큼 더 큰 수는 □입니다.

2 모으기와 가르기를 해 보세요.

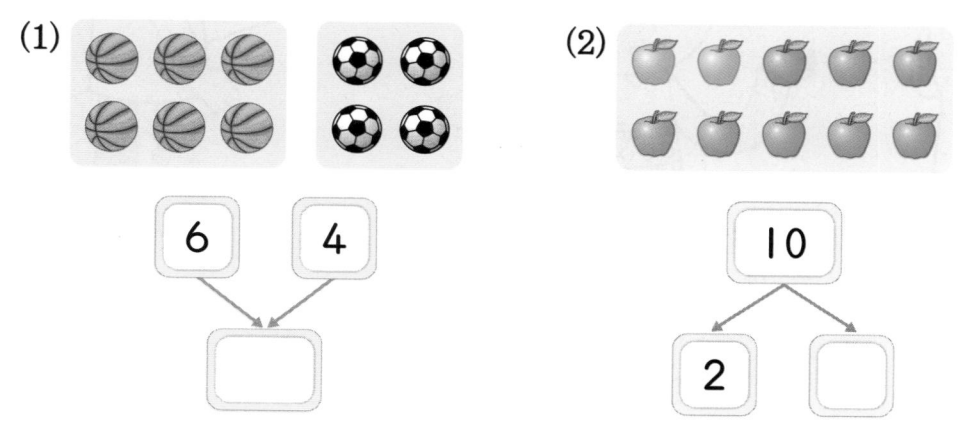

(1) 6 4

(2) 10   2

1 10을 찾아 ◯표 하세요.

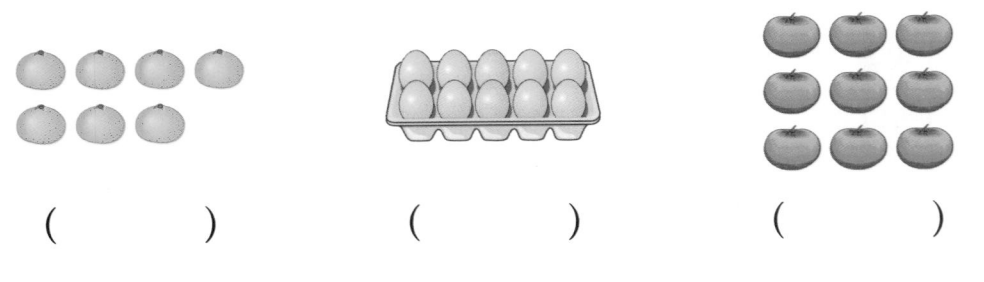

( ) ( ) ( )

2 ☐ 안에 알맞은 수를 써넣고, 모으기를 해 보세요.

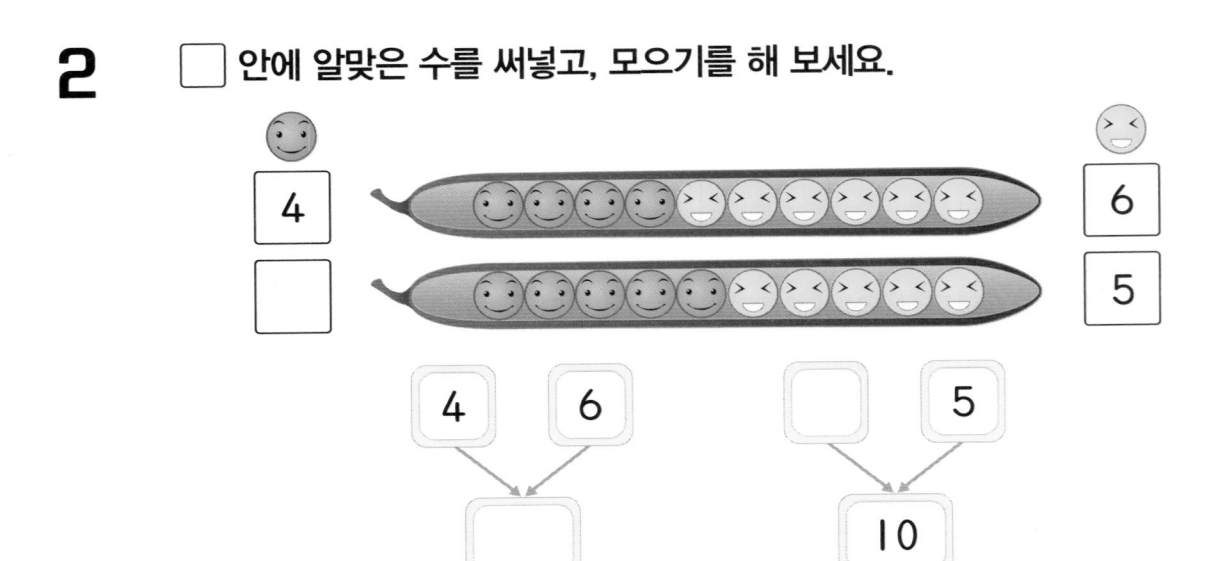

4   6

☐   5

4   6   ☐   5

☐   10

3 그림을 보고 가르기를 해 보세요.

(1)   (2)

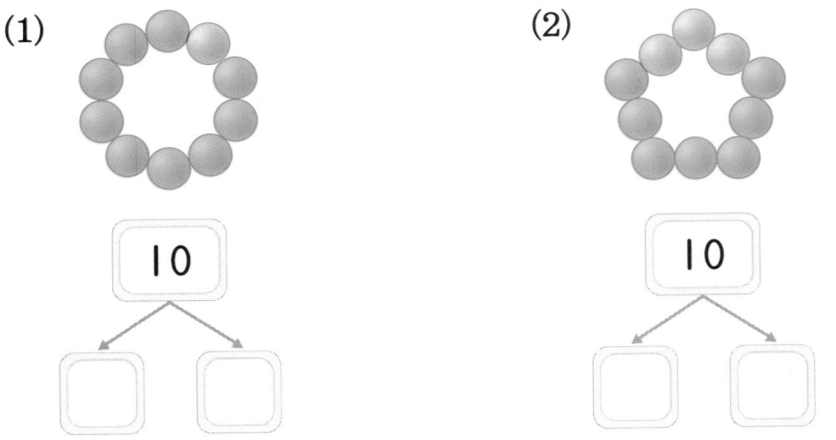

10   10

☐ ☐   ☐ ☐

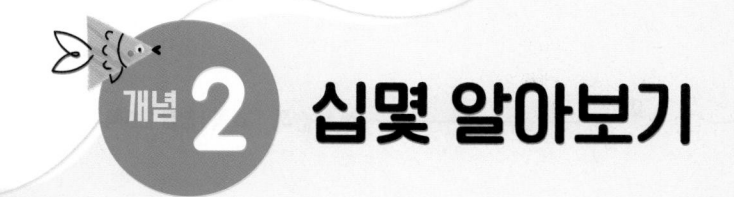

● **12 알아보기**

10개씩 묶음 1개와 낱개 2개

→ [쓰기 12
　 읽기 십이 또는 열둘]

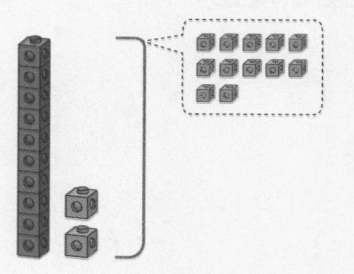

십몇 쓰고 읽기

쓰기	읽기
11	십일 또는 열하나
12	십이 또는 열둘
13	십삼 또는 열셋
14	십사 또는 열넷
15	십오 또는 열다섯
16	십육 또는 열여섯
17	십칠 또는 열일곱
18	십팔 또는 열여덟
19	십구 또는 열아홉

● **12와 14의 크기 비교**

10개씩 묶음의 수가 1로 같으면 낱개의 수가 클수록 더 큰 수입니다.

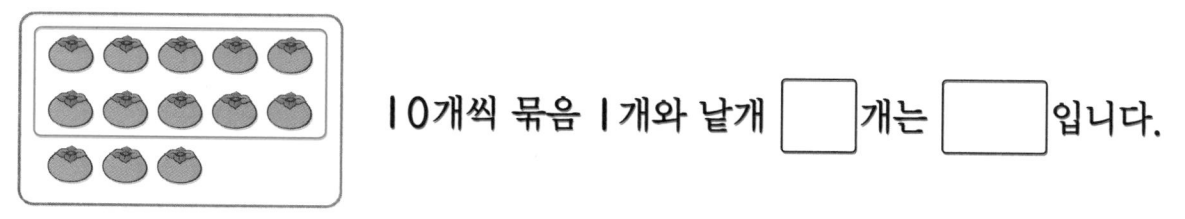

10개씩 묶음이
1개로 같습니다.

12　　　　　　　　　　　　　　14

• 12의 🔵 모양은 14보다 **적습니다.** ⇨ 12는 14보다 **작습니다.**
• 14의 🔵 모양은 12보다 **많습니다.** ⇨ 14는 12보다 **큽니다.**

1 그림을 보고 ☐ 안에 알맞은 수를 써넣으세요.

10개씩 묶음 1개와 낱개 ☐개는 ☐입니다.

2 그림을 보고 알맞은 말에 ◯표 하세요.

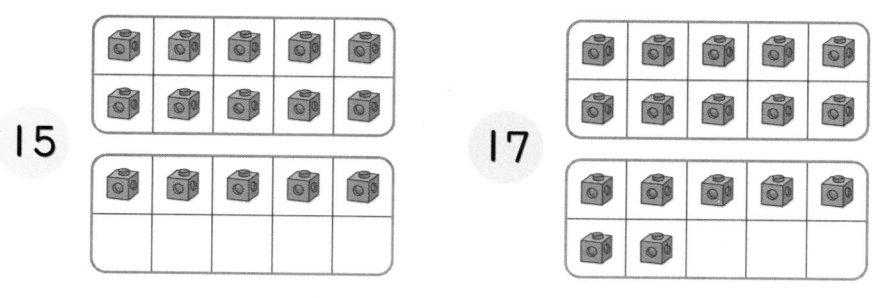

15　　　　　　　　17

15의 🎲 모양은 17보다 (많습니다 , 적습니다).
⇨ 15는 17보다 (큽니다 , 작습니다).

1 10개씩 묶고, 수로 나타내 보세요.

(1)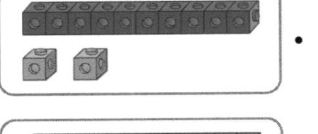

(2)

2 알맞게 선으로 이어 보세요.

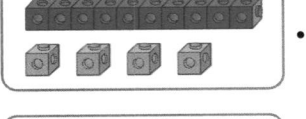

· · 14 · · 열아홉

· · 19 · · 열둘

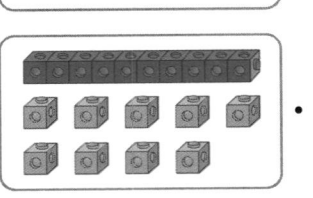

· · 12 · · 열넷

3 그림을 보고 ☐ 안에 알맞은 수를 써넣으세요.

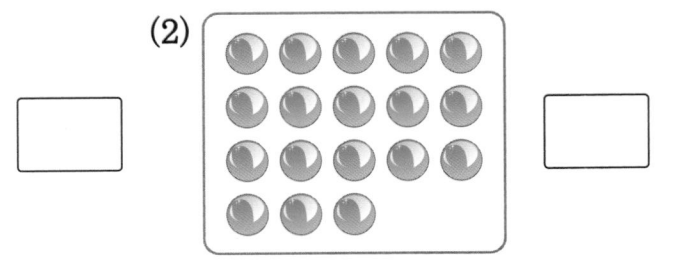

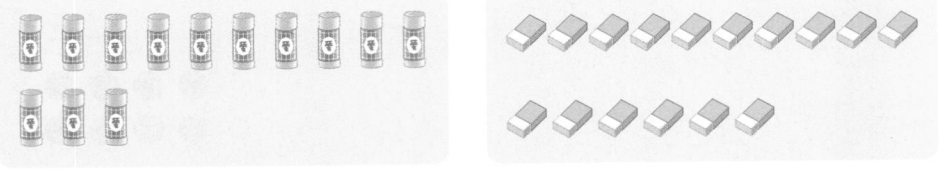

13   ☐

· 13은 ☐ 보다 작습니다.

· ☐ 은 ☐ 보다 큽니다.

개념 3 11부터 19까지의 수의 모으기와 가르기

● **7과 4를 모으기**

7과 4를 모으기하면 11이 됩니다.

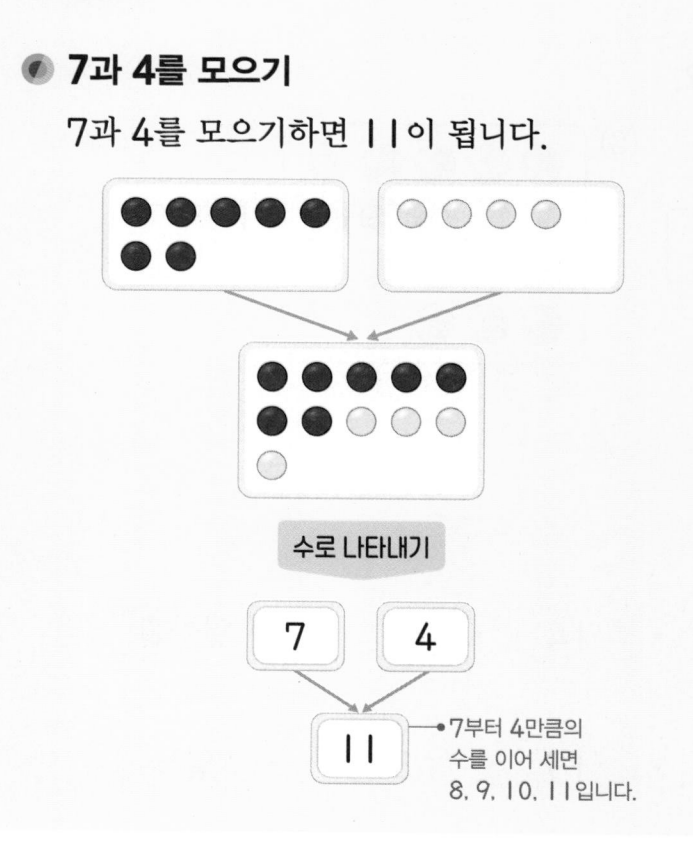

수로 나타내기

| 7 | 4 |

11 → 7부터 4만큼의 수를 이어 세면 8, 9, 10, 11입니다.

● **13을 두 수로 가르기**

13은 4와 9로 가르기할 수 있습니다.

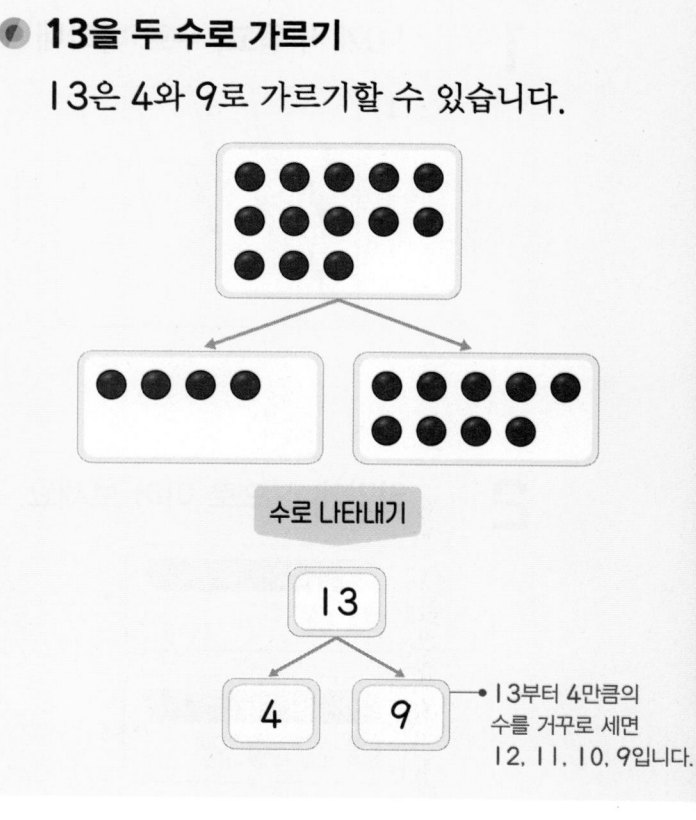

수로 나타내기

13

| 4 | 9 | → 13부터 4만큼의 수를 거꾸로 세면 12, 11, 10, 9입니다.

---

1 빈칸에 알맞은 바둑돌의 수만큼 ◯를 그리고, 모으기를 해 보세요.

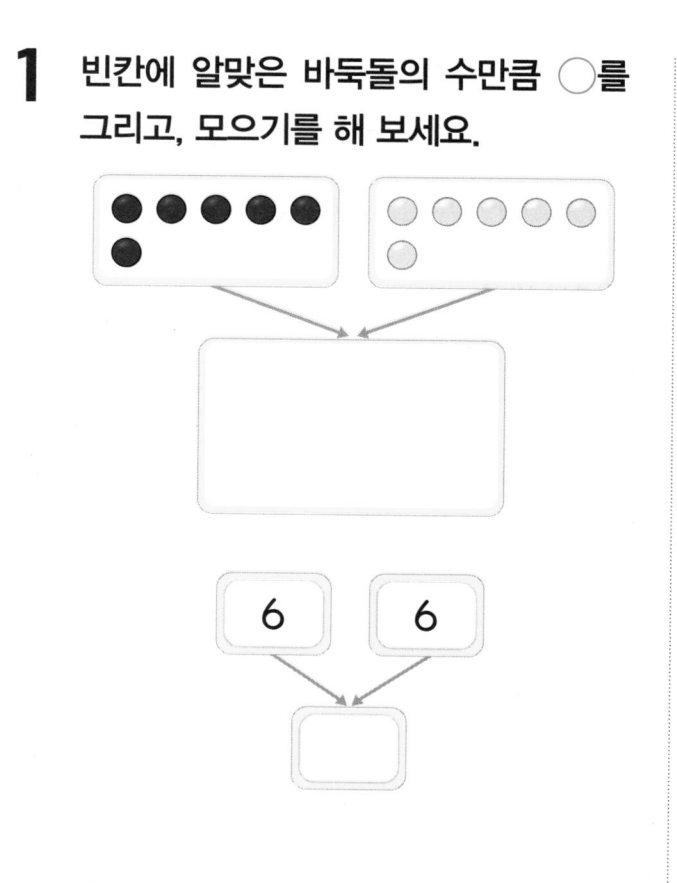

| 6 | 6 |

2 빈칸에 알맞은 바둑돌의 수만큼 ◯를 그리고, 가르기를 해 보세요.

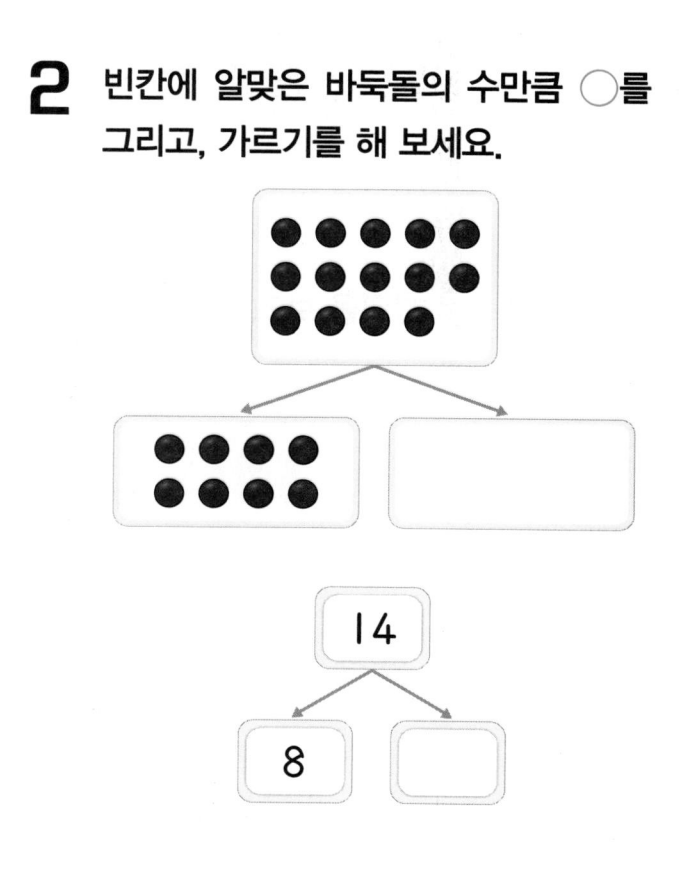

14

| 8 | |

1 모으기를 해 보세요.

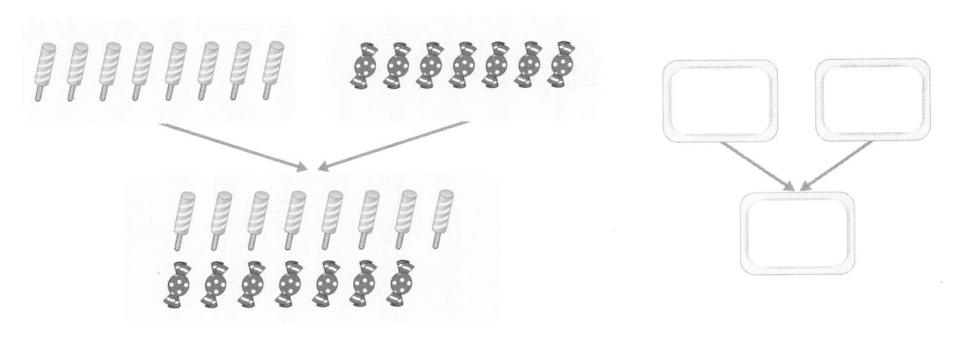

2 가르기를 해 보세요.

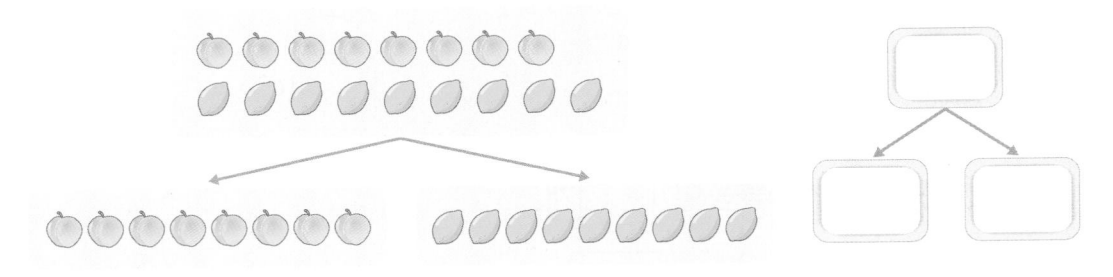

3 16칸을 두 가지 색으로 색칠하고, 가르기를 해 보세요.

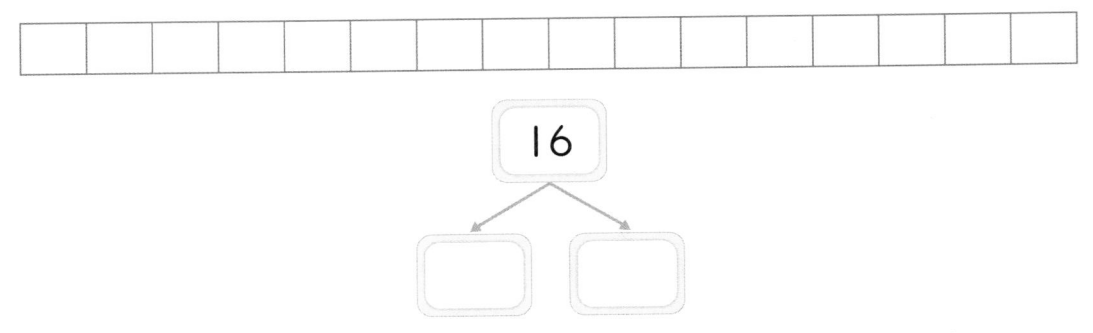

4 모으기와 가르기를 해 보세요.

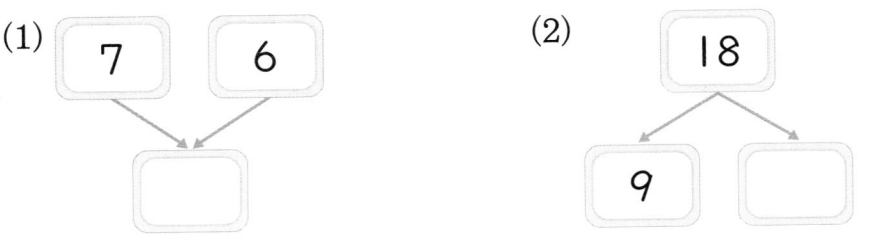

(1) 7 6

(2) 18 9

1 ☐ 안에 알맞은 수를 써넣으세요.

10은 9보다 ☐ 만큼 더 큰 수입니다.

2 그림을 보고 ☐ 안에 알맞은 수를 써넣으세요.

(1)

야구공은 10개씩 묶음이 ☐ 개, 낱개가 ☐ 개이므로 ☐ 개 있습니다.

(2)

탁구공은 ☐ 개 있습니다.

3 모으기와 가르기를 해 보세요.

(1) 3 7
→ ☐

(2) 10
→ 1 ☐

4 10이 되도록 ○를 그리고, ☐ 안에 알맞은 수를 써넣으세요.

○ ○ ○ ○ ○

5와 ☐ 를 모으기하면 10이 됩니다.

5 나타내는 수가 <u>다른</u> 하나를 찾아 ○표 하세요.

| 십이 | 14 | 열둘 |

(   ) (   ) (   )

6 10을 알맞게 읽은 것에 ○표 하세요.

• 10(열 , 십)일 후에 친구의 생일입니다.
• 연필 10(열 , 십)자루를 상자에 담아 선물했습니다.

7 귤이 바구니에 10개 들어 있고, 접시에 7개 놓여 있습니다. 귤은 모두 몇 개일까요?

(   )

8 모으기를 하여 12가 되는 것끼리 같은 색으로 칠해 보세요.

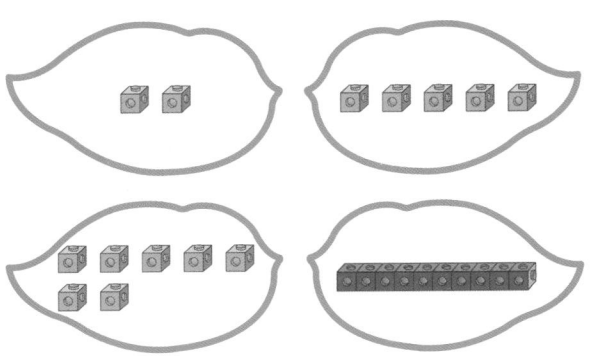

9 배 14개를 두 상자에 나누어 담으려고 합니다. 배를 한 상자에 6개 담으면 다른 상자에는 몇 개 담아야 하는지 풀이 과정을 쓰고 답을 구해 보세요.

〔서술형〕

❶ 14는 6과 몇으로 가르기할 수 있는지 알아보기

〔풀이〕

❷ 다른 상자에 담아야 하는 배의 수 구하기

〔풀이〕

〔답〕

10 블록의 수를 세어 빈칸에 써넣고, ☐ 안에 알맞은 수를 써넣으세요.

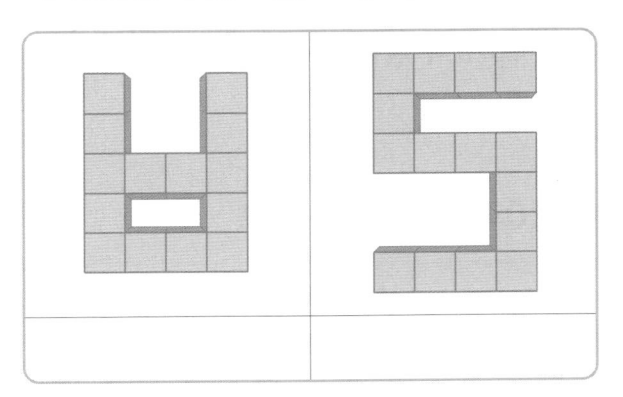

☐ 는 ☐ 보다 큽니다.

〔 수학 유형 〕

11 서로 다른 두 가지 방법으로 가르기를 해 보세요.

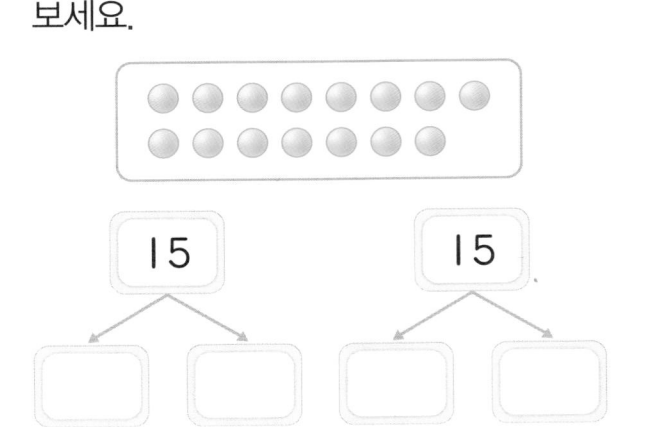

12 딸기 13개를 친구와 나누어 가지려고 합니다. 친구가 나보다 딸기를 더 많이 가지도록 ◯로 나타내 보세요.

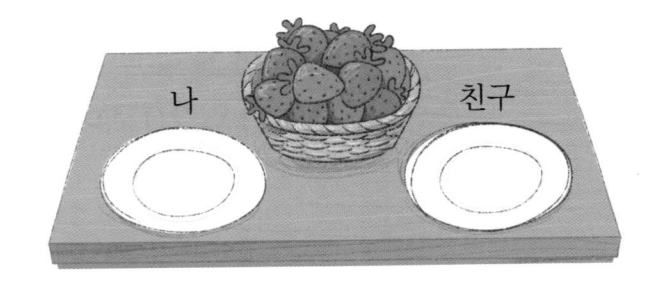

10개씩 묶어 세기

● **20 알아보기**

10개씩 묶음 2개 → ┌ 쓰기 **20**
                        └ 읽기 **이십 또는 스물**

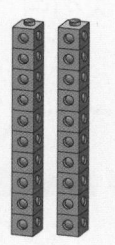

20, 30, 40, 50을 쓰고 읽기

쓰기	읽기
20	이십 또는 스물
30	삼십 또는 서른
40	사십 또는 마흔
50	오십 또는 쉰

● **20과 30의 크기 비교**

> **10개씩 묶음의 수가 다르고** 낱개의 수가 **0이면**
> **10개씩 묶음의 수가 클수록** 더 큰 수입니다.

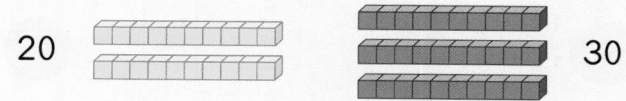

20   30

• 노란색 모형은 파란색 모형보다 **적습니다.** ⇨ 20은 30보다 **작습니다.**
• 파란색 모형은 노란색 모형보다 **많습니다.** ⇨ 30은 20보다 **큽니다.**

1 그림을 보고 ☐ 안에 알맞은 수를 써넣으세요.

10개씩 묶음 ☐ 개는 ☐ 입니다.

2 그림을 보고 알맞은 말에 ◯표 하세요.

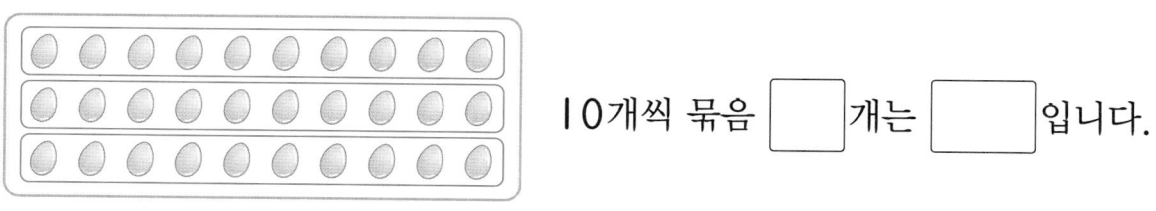

40   20

파란색 모형은 초록색 모형보다 (많습니다 , 적습니다).
⇨ 40은 20보다 (큽니다 , 작습니다).

1 10개씩 묶고, 수로 나타내 보세요.

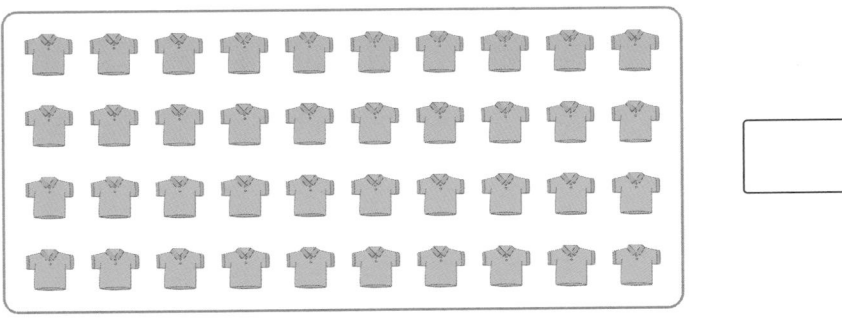

2 알맞게 선으로 이어 보세요.

50		스물
20		마흔
40		쉰

3 그림을 보고 ☐ 안에 알맞은 수를 써넣으세요.

• 30은 ☐ 보다 작습니다.

• ☐ 은 ☐ 보다 큽니다.

50까지의 수 세기

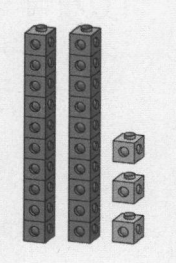

● **23 알아보기**

10개씩 묶음 2개와 낱개 3개 → [쓰기 **23**
　　　　　　　　　　　　　　　　읽기 **이십삼 또는 스물셋**]

● **수를 세어 10개씩 묶음과 낱개로 나타내기**

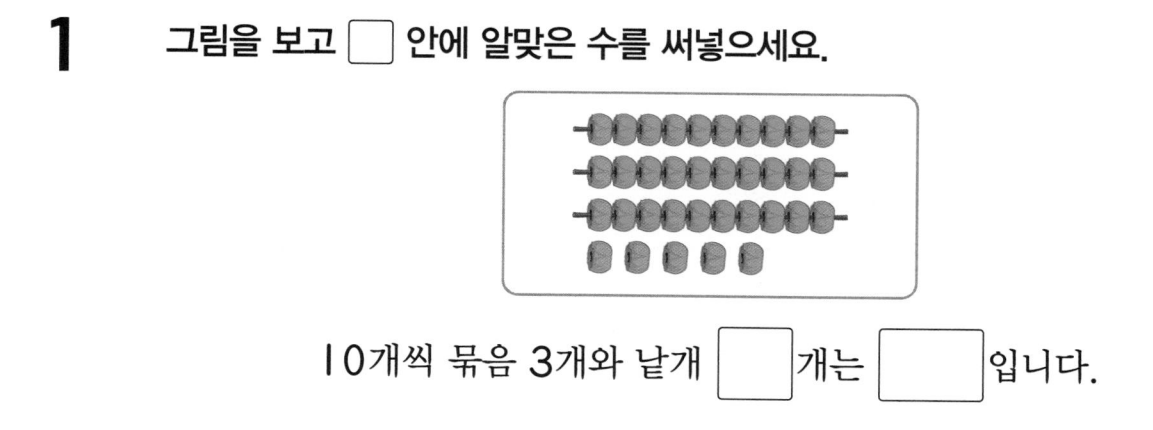

10개씩 묶음	낱개
2	3

1　그림을 보고 ☐ 안에 알맞은 수를 써넣으세요.

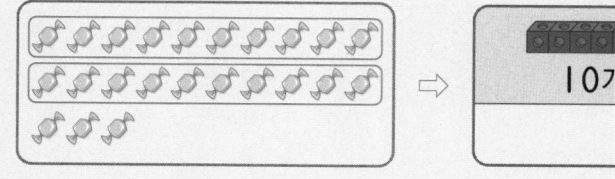

10개씩 묶음 3개와 낱개 ☐ 개는 ☐ 입니다.

2　10개씩 묶음과 낱개로 나타내 보세요.

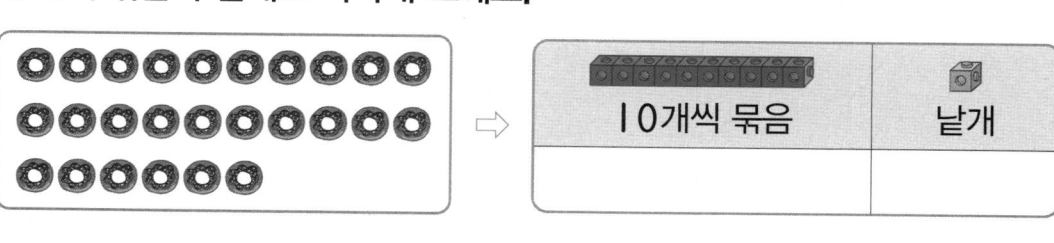

10개씩 묶음	낱개

1 10개씩 묶고, 수로 나타내 보세요.

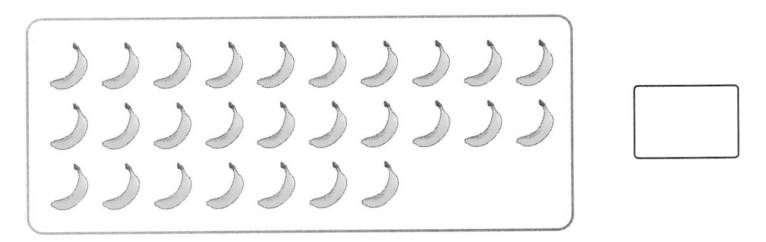

2 빈칸에 알맞은 수를 써넣으세요.

수	10개씩 묶음	낱개
25	2	
39		9
43		

3 알맞게 선으로 이어 보세요.

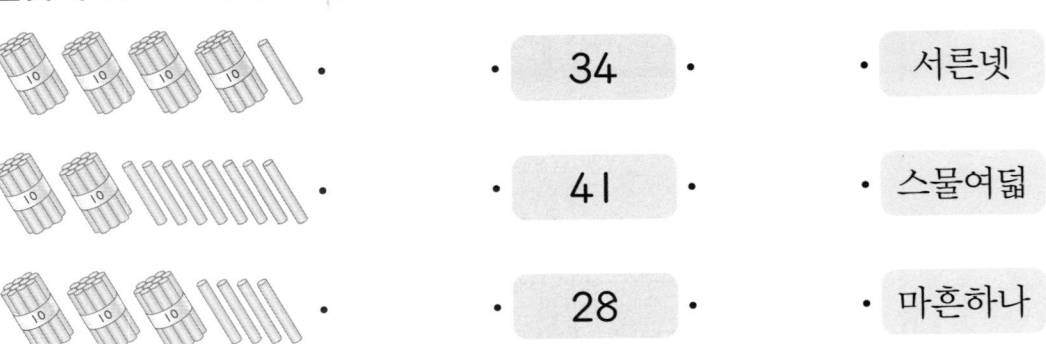

34 · · 서른넷

41 · · 스물여덟

28 · · 마흔하나

● **50까지 수의 순서**

1씩 커집니다.

1	2	3	4	5	6	7	8	9	10
11	12	13	14	15	16	17	18	19	20
21	22	23	24	25	26	27	28	29	30
31	32	33	34	35	36	37	38	39	40
41	42	43	44	45	46	47	48	49	50

10씩 커집니다.

1만큼 더 작은 수   1만큼 더 큰 수

1 1부터 50까지의 수의 순서를 알아보세요.

• 1	• 2	• 3	•	•	• 6	• 7	• 8	•	• 10
• 11	• 12	• 13	• 14	• 15	• 16	•	• 18	• 19	• 20
• 21	• 22	• 23	• 24	• 25	• 26	• 27	• 28	• 29	•
• 31	• 32	•	• 34	• 35	•	•	•	• 39	• 40
•	•	• 43	• 44	•	• 46	• 47	•	•	• 50

(1) 수를 순서대로 써 보세요.

(2) ☐ 안에 알맞은 수를 써넣으세요.

• 37보다 1만큼 더 작은 수는 ☐ 입니다.

• 37보다 1만큼 더 큰 수는 ☐ 입니다.

1 빈칸에 알맞은 수를 써넣으세요.

(1)

| 23 | | 25 | | 27 |

(2)

| | 47 | 48 | 49 | |

2 수를 순서대로 이어 그림을 완성해 보세요.

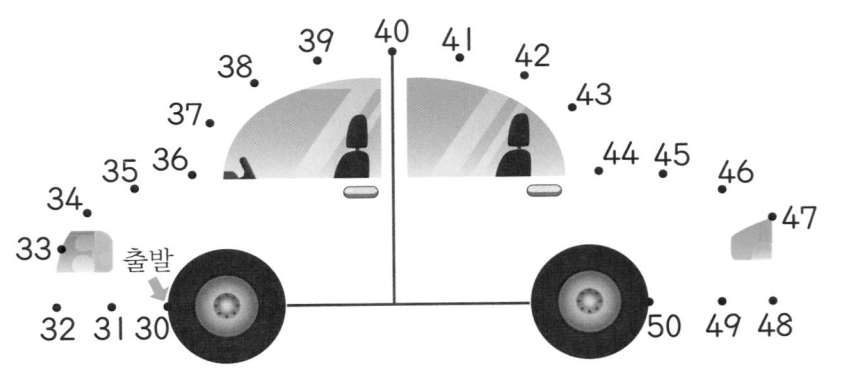

3 수를 순서대로 써 보세요.

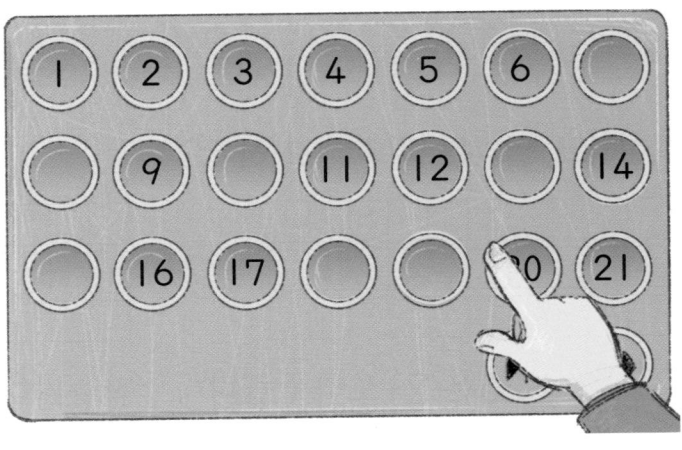

● **22와 17의 크기 비교** → | 10개씩 묶음의 수가 다른 두 수의 크기 비교

> 10개씩 묶음의 수가 **다르면**
> **10개씩 묶음의 수가 클수록** 더 큰 수입니다.

	10개씩 묶음	낱개
22		
17		

→ •10개씩 묶음의 수는 2가 1보다 큽니다.

⌐ 22는 17보다 큽니다.
└ 17은 22보다 작습니다.

● **29와 24의 크기 비교** → | 10개씩 묶음의 수가 같은 두 수의 크기 비교

> 10개씩 묶음의 수가 **같으면**
> **낱개의 수가 클수록** 더 큰 수입니다.

	10개씩 묶음	낱개
29		
24		

→ •10개씩 묶음의 수는 2로 같습니다.   → •낱개의 수는 9가 4보다 큽니다.

⌐ 29는 24보다 큽니다.
└ 24는 29보다 작습니다.

---

1 그림을 보고 알맞은 말에 ◯표 하세요.

28   **33**

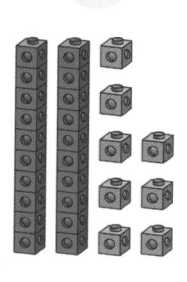 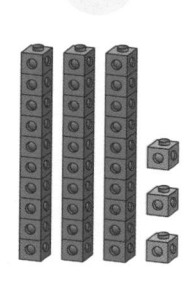

⌐ 28은 33보다 (큽니다 , 작습니다).
└ 33은 28보다 (큽니다 , 작습니다).

2 수만큼 색칠하고, 알맞은 말에 ◯표 하세요.

26

21

⌐ 26은 21보다 (큽니다 , 작습니다).
└ 21은 26보다 (큽니다 , 작습니다).

1 그림을 보고 ☐ 안에 알맞은 수를 써넣으세요.

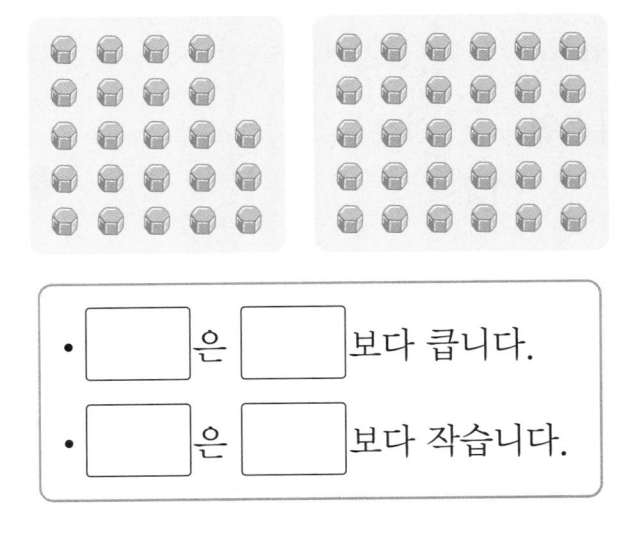

- ☐ 은 ☐ 보다 큽니다.
- ☐ 은 ☐ 보다 작습니다.

2 더 큰 수에 ◯표 하세요.

(1) 36   41

(2) 25   27

3 더 작은 수에 △표 하세요.

(1) 35   26

(2) 44   49

4 가장 큰 수를 찾아 ◯표 하세요.

(1) 21 19 43

(2) 34 37 32

 실전유형 다지기

1 수를 바르게 읽은 것을 찾아 ◯표 하세요.

25	41	32
이십다섯	마흔일	서른둘
( )	( )	( )

2 알맞게 선으로 이어 보세요.

20 ·   · 사십 ·   · 서른

30 ·   · 이십 ·   · 마흔

40 ·   · 삼십 ·   · 쉰

50 ·   · 오십 ·   · 스물

3 빈칸에 알맞은 수를 써넣으세요.

수	10개씩 묶음	낱개
37	3	
50		0
28	2	
	4	6

4 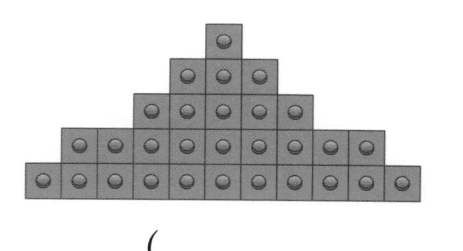은 몇 개인지 세어 보세요.

( )

5 ☐ 안에 알맞은 수를 써넣으세요.

40   41   ☐   ☐   44

서술형

6 귤을 한 봉지에 10개씩 담으니 4봉지가 되고 낱개 5개가 남았습니다. 귤은 모두 몇 개인지 풀이 과정을 쓰고 답을 구해 보세요.

❶ 봉지에 담은 귤은 10개씩 묶음 몇 개인지 알아보기

풀이 _____

_____

❷ 귤은 모두 몇 개인지 구하기

풀이 _____

_____

답 _____

7 ☐으로 (보기)의 모양을 몇 개 만들 수 있을까요?

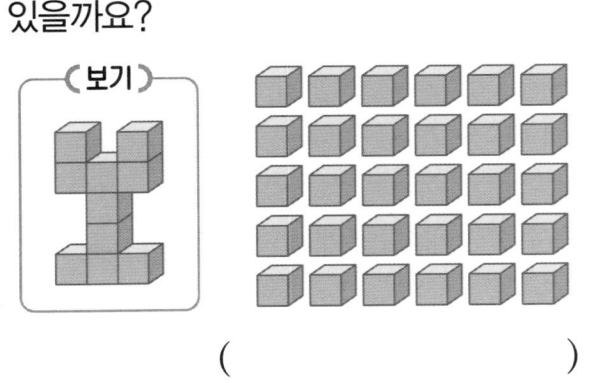

(보기)

(   )

8 가장 작은 수를 찾아 △표 하세요.

| 30 | 27 | 41 |

9 수를 순서대로 써 보세요.

1	24	23	22	21	20	19
2	25		39	38		18
	26	41			36	17
4	27	42	49		35	16
5	28	43	44		34	15
6		30	31	32		14
7	8	9	10	11	12	

10 감자를 현수는 28개, 인희는 34개 캤습니다. 감자를 더 많이 캔 사람은 누구일까요?

(   )

11 가장 큰 수는 어느 것인가요? (   )

① 서른하나   ② 스물일곱
③ 이십오   ④ 마흔일곱
⑤ 열아홉

(수학 익힘 유형)

12 민서의 자리 번호는 32번입니다, 윤우의 자리 번호는 민서보다 1만큼 더 작습니다. 윤우의 자리를 찾아 ○표 하세요.

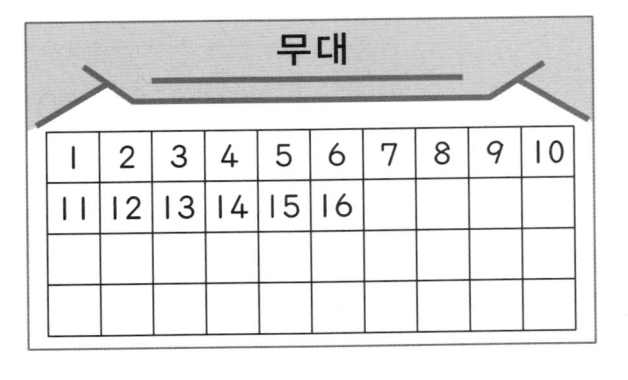

			무대						
1	2	3	4	5	6	7	8	9	10
11	12	13	14	15	16				

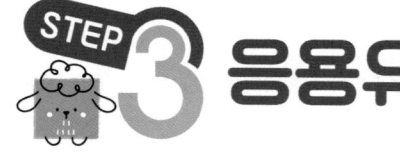

1 사탕이 10개씩 묶음 1개와 낱개 17개가 있습니다. 사탕은 모두 몇 개인지 구해 보세요.

(1) ☐ 안에 알맞은 수를 써넣으세요.

낱개 17개는 10개씩 묶음 ☐개와 낱개 ☐개입니다.

(2) 사탕은 모두 몇 개일까요?　　　　　(　　　　　)

한 번 더
2 젤리가 10개씩 묶음 2개와 낱개 16개가 있습니다. 젤리는 모두 몇 개인지 구해 보세요.

(　　　　　)

3 두 조건을 만족하는 수를 구해 보세요.

• 10보다 크고 20보다 작은 수입니다.
• 낱개의 수는 5입니다.

(1) ☐ 안에 알맞은 수를 써넣으세요.

10보다 크고 20보다 작은 수는 10개씩 묶음의 수가 ☐입니다.

(2) 두 조건을 만족하는 수를 구해 보세요.　(　　　　　)

한 번 더
4 두 조건을 만족하는 수를 구해 보세요.

• 30보다 크고 40보다 작은 수입니다.
• 낱개의 수는 1입니다.

(　　　　　)

5 수 카드 3장 중에서 2장을 뽑아 한 번씩만 사용하여 ⌜1⌟ ⌜2⌟ ⌜4⌟ 가장 큰 수를 만들어 보세요.

(1) 알맞은 말에 ◯표 하세요.

> 가장 큰 수를 만들려면
> 10개씩 묶음의 수에 (가장 큰 수 , 가장 작은 수)를
> 낱개의 수에 (가장 큰 수 , 두 번째로 큰 수)를 놓아야 합니다.

(2) 가장 큰 수를 만들어 보세요. (   )

한번더
6 수 카드 3장 중에서 2장을 뽑아 한 번씩만 사용하여 ⌜2⌟ ⌜3⌟ ⌜1⌟ 가장 작은 수를 만들어 보세요.

(   )

놀이 수학 (수학 유형)

7 수 놀이의 (규칙)대로 화살표를 따라 수를 쓰면 네 수를 작은 수부터 순서대로 나열할 수 있습니다. 수의 크기를 비교하여 **놀이판을 완성해** 보세요.

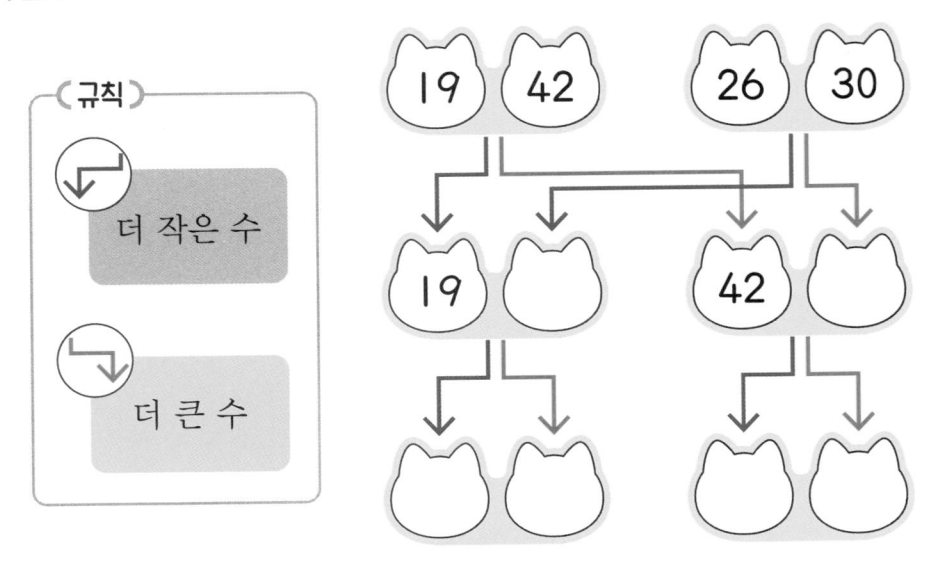

단원 마무리

1 수를 세어 ☐ 안에 알맞은 수를 써넣으세요.

2 수를 세어 써 보세요.

(   )

3 알맞게 선으로 이어 보세요.

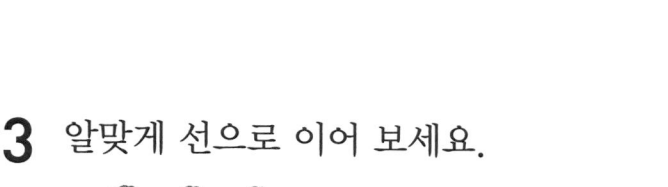

- · 20

- · 30

- · 40

4 모으기를 해 보세요.

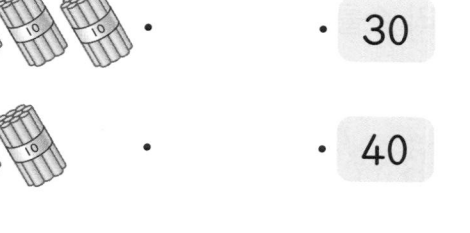

5 가르기를 하여 빈칸에 알맞은 수를 써넣으세요.

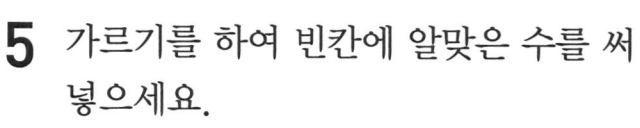

7

6 구슬의 수를 세어 빈칸에 알맞은 수를 써넣으세요.

10개씩 묶음	낱개

⇨

● 교과서에 꼭 나오는 문제

7 빈칸에 알맞은 수를 써넣으세요.

20 ― ☐ ― 22 ― ☐

8 수를 <u>잘못</u> 읽은 것은 어느 것인가요?

(   )

① 17 — 열일곱   ② 13 — 십삼
③ 29 — 이십구   ④ 45 — 마흔오
⑤ 38 — 서른여덟

9 모으기를 하여 19가 되는 것에 ◯표 하세요.

11, 5		10, 9

(   ) (   )

● 교과서에 **꼭** 나오는 문제

10 가장 큰 수를 찾아 ◯표 하세요.

18	30	36

11 가르기를 해 보세요.

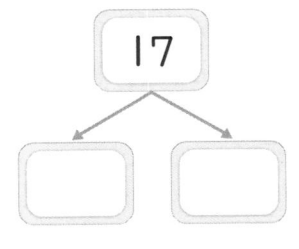

12 어머니께서 달걀을 10개씩 묶음 5개 사 오셨습니다. 어머니께서 사 오신 달걀은 모두 몇 개일까요?

(   )

13 사람들이 번호 순서대로 줄을 섰습니다. 은아가 38번이라면 은아 바로 앞에 서 있는 사람은 몇 번일까요?

(   )

● 잘 **틀리는** 문제

14 구슬 41개를 한 봉지에 10개씩 담으려고 합니다. 구슬은 몇 봉지가 되고, 몇 개가 남을까요?

(,   )

15 수를 순서대로 써 보세요.

11		9	8	7
12	27	26		24	5
13	28		34		4
	29	36	33	22	3
15	30		32	21	2
	17	18	19	20	1

5. 50까지의 수 **121**

16 초콜릿이 10개씩 묶음 3개와 낱개 12개가 있습니다. 초콜릿은 모두 몇 개일까요?

(   )

● 잘 틀리는 문제

17 두 조건을 만족하는 수를 구해 보세요.

> • 20보다 크고 30보다 작은 수입니다.
> • 낱개의 수는 7입니다.

(   )

18 수 카드 3장 중에서 2장을 뽑아 한 번씩만 사용하여 가장 작은 수를 만들어 보세요.

| 2 | 4 | 3 |

(   )

● 서술형 문제

19 나타내는 수가 다른 하나를 찾아 쓰려고 합니다. 풀이 과정을 쓰고 답을 구해 보세요.

| 마흔다섯 | 39 | 사십오 |

풀이 _____

_____

_____

_____

답 _____

20 색종이를 지혜는 26장 가지고 있고, 상희는 29장 가지고 있습니다. 색종이를 더 많이 가지고 있는 사람은 누구인지 풀이 과정을 쓰고 답을 구해 보세요.

풀이 _____

_____

_____

_____

답 _____

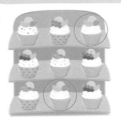

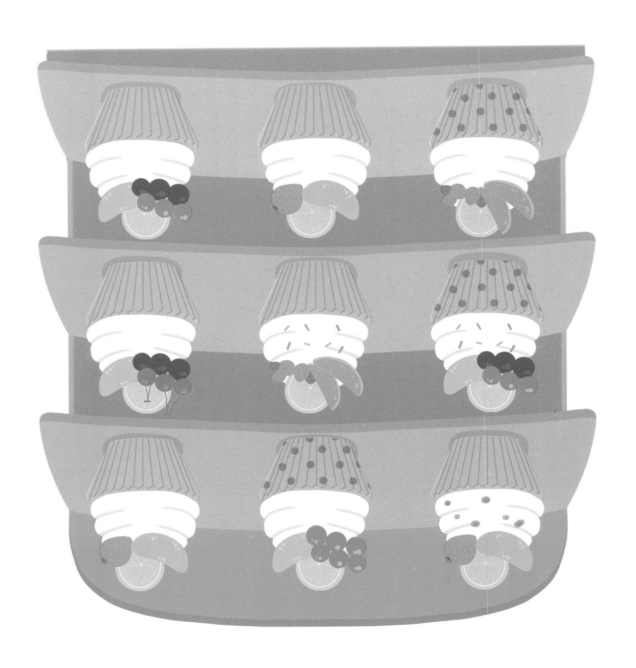

높르콘 판제이나 2개를 찾아요!

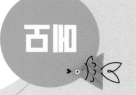

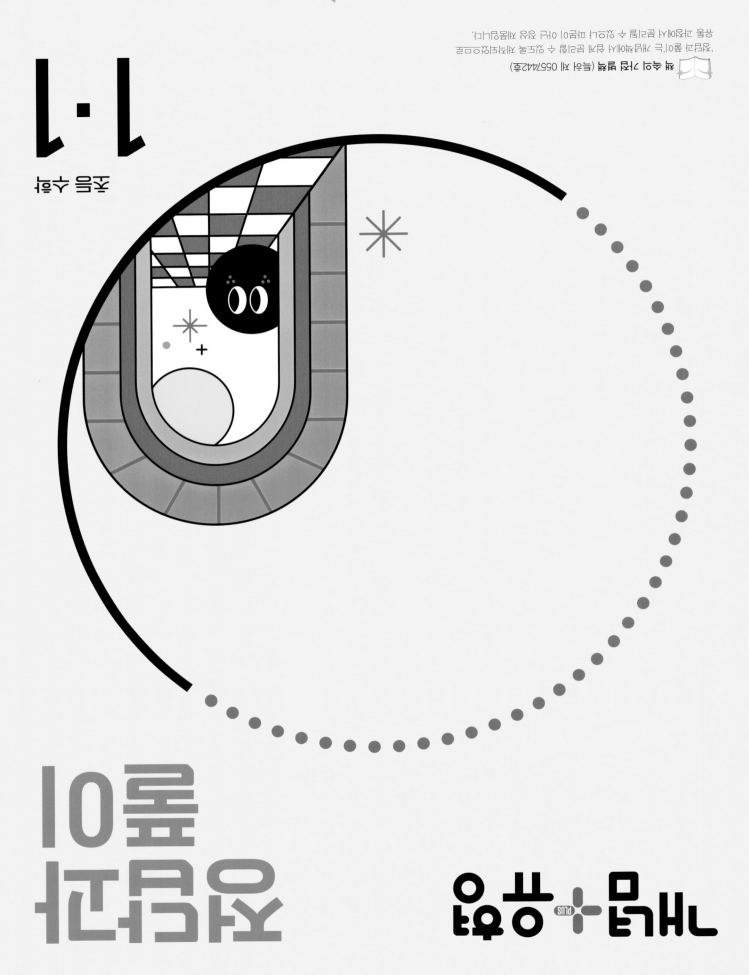

개념＋유형

정답과 풀이

초등 수학

1·1

● 개념책 ········· 2

● 복습책 ········· 26

● 평가책 ········· 42

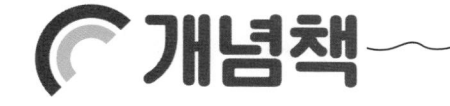

1. 9까지의 수

개념책 8쪽 **개념 ①**

1 셋

2 (1) 예
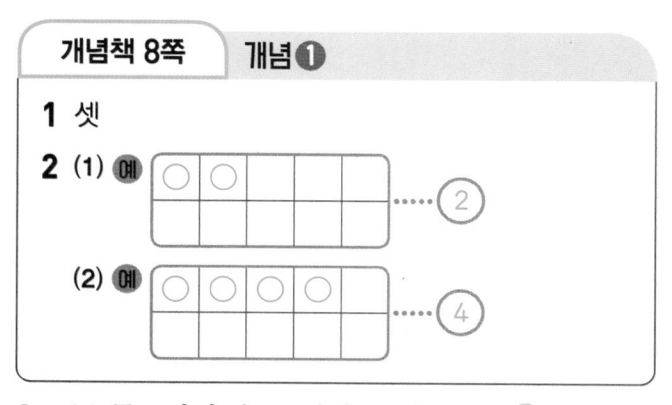
(2) 예

2 (1) 물고기의 수를 세어 보면 하나, 둘이므로 **2**입니다.

(2) 물풀의 수를 세어 보면 하나, 둘, 셋, 넷이므로 4입니다.

참고 물건의 수가 2인 경우 "하나, 둘"이라고 세었더라도 수로는 '2'라고 나타내도록 지도합니다.

개념책 9쪽 **기본유형 익히기**

1 (1) 4 (2) 2   **2** (1) 5 (2) 3

3
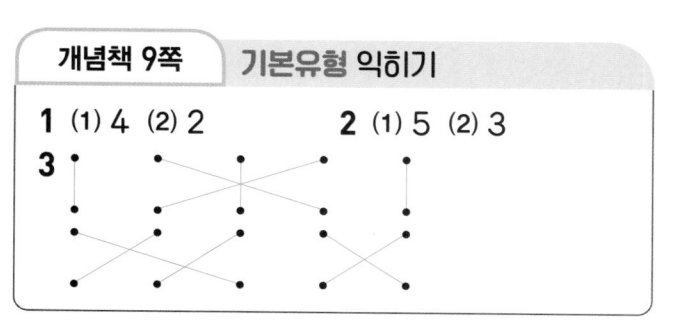

3 점의 수를 세어 보면

- · : 1이고 '하나' 또는 '일'이라고 읽습니다.
- ⁙ : 2이고 '둘' 또는 '이'라고 읽습니다.
- ⁙ : 3이고 '셋' 또는 '삼'이라고 읽습니다.
- ⁙ : 4이고 '넷' 또는 '사'라고 읽습니다.
- ⁙ : 5이고 '다섯' 또는 '오'라고 읽습니다.

개념책 10쪽 **개념 ②**

1 여덟

2 (1) 예
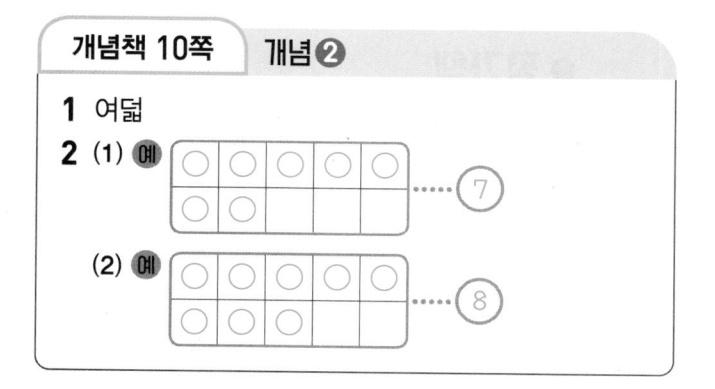
(2) 예

1 모자의 수를 세어 보면 하나, 둘, 셋, 넷, 다섯, 여섯, 일곱, 여덟입니다.

2 (1) 공책의 수를 세어 보면 하나, 둘, 셋, 넷, 다섯, 여섯, 일곱이므로 **7**입니다.

(2) 지우개의 수를 세어 보면 하나, 둘, 셋, 넷, 다섯, 여섯, 일곱, 여덟이므로 **8**입니다.

개념책 11쪽 **기본유형 익히기**

1 (1) 6 (2) 8   **2** (1) 9 (2) 7

3
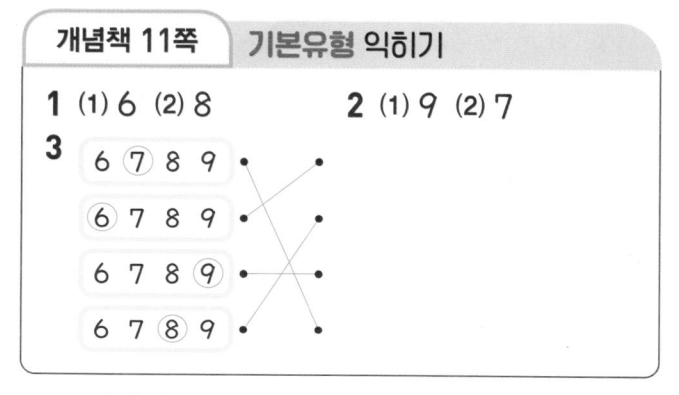

3 • 사과의 수를 세어 보면 하나, 둘, 셋, 넷, 다섯, 여섯, 일곱이므로 7입니다. 7은 '일곱' 또는 '칠'이라고 읽습니다.

• 배의 수를 세어 보면 하나, 둘, 셋, 넷, 다섯, 여섯이므로 6입니다. 6은 '여섯' 또는 '육'이라고 읽습니다.

• 딸기의 수를 세어 보면 하나, 둘, 셋, 넷, 다섯, 여섯, 일곱, 여덟, 아홉이므로 9입니다. 9는 '아홉' 또는 '구'라고 읽습니다.

• 귤의 수를 세어 보면 하나, 둘, 셋, 넷, 다섯, 여섯, 일곱, 여덟이므로 8입니다. 8은 '여덟' 또는 '팔'이라고 읽습니다.

개념책 12쪽 **개념 ③**

1
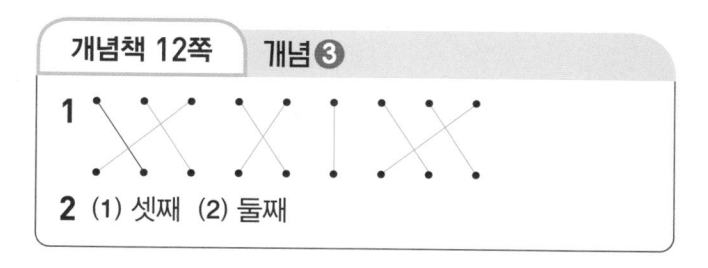

2 (1) 셋째 (2) 둘째

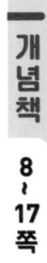
개념책 13쪽 기본유형 익히기

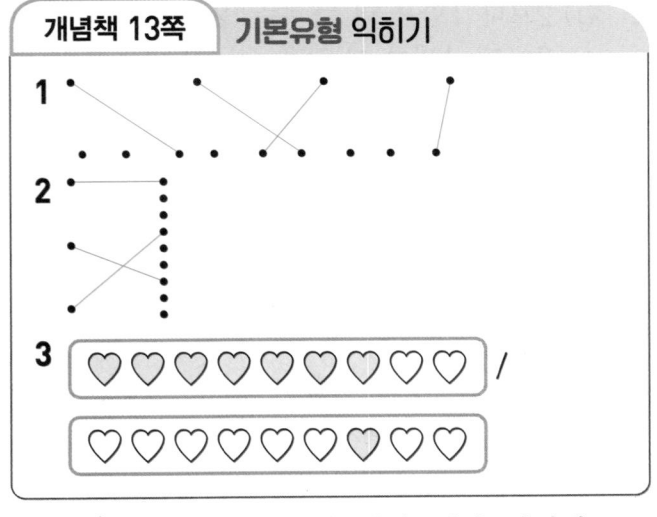

3 ♡♡♡♡♡♡♡♡♡ /

♡♡♡♡♡♡♡♡♡

1 앞에서부터 첫째, 둘째, 셋째, 넷째, 다섯째, 여섯째, 일곱째, 여덟째, 아홉째입니다.

2
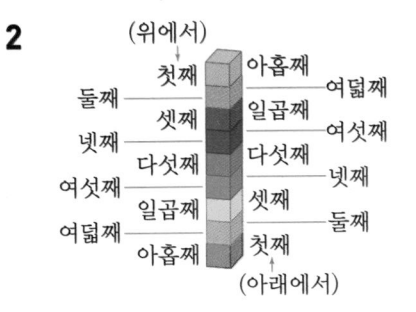

(위에서)
첫째   아홉째
둘째   여덟째
셋째   일곱째
넷째   여섯째
다섯째 다섯째
여섯째 넷째
일곱째 셋째
여덟째 둘째
아홉째 첫째
(아래에서)

3 일곱은 개수를 나타내므로 7개에 색칠하고, 일곱째는 순서를 나타내므로 일곱째에 있는 1개에만 색칠합니다.

> **참고** • 수를 셀 때: 하나, 둘, 셋, 넷, 다섯, 여섯,
> 일곱, 여덟, 아홉
> • 순서를 나타낼 때: 첫째, 둘째, 셋째, 넷째, 다섯째,
> 여섯째, 일곱째, 여덟째, 아홉째

개념책 14쪽 개념 ④

1 (1) 3, 4 (2) 6, 8
2 (1) 6, 5 (2) 3, 2

2 (1) 9부터 5까지 순서를 거꾸로 하여 쓰면 9, 8, 7, 6, 5입니다.
(2) 5부터 1까지 순서를 거꾸로 하여 쓰면 5, 4, 3, 2, 1입니다.

개념책 15쪽 기본유형 익히기

1 (1) 3, 5, 7, 8 (2) 2, 4, 6, 9
2 (1)

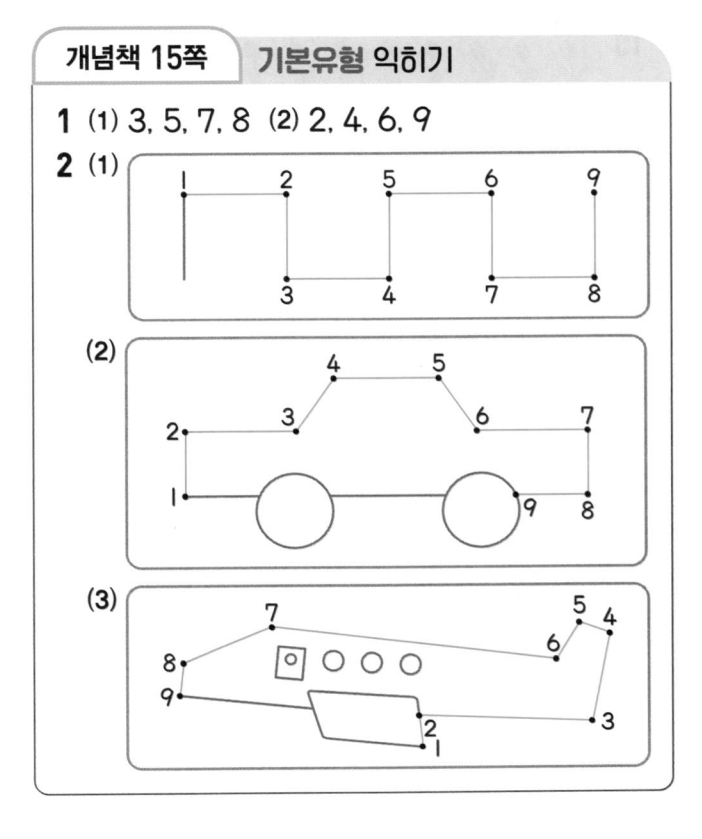

개념책 16~17쪽 실전유형 다지기

✎ 서술형 문제는 풀이를 꼭 확인하세요.

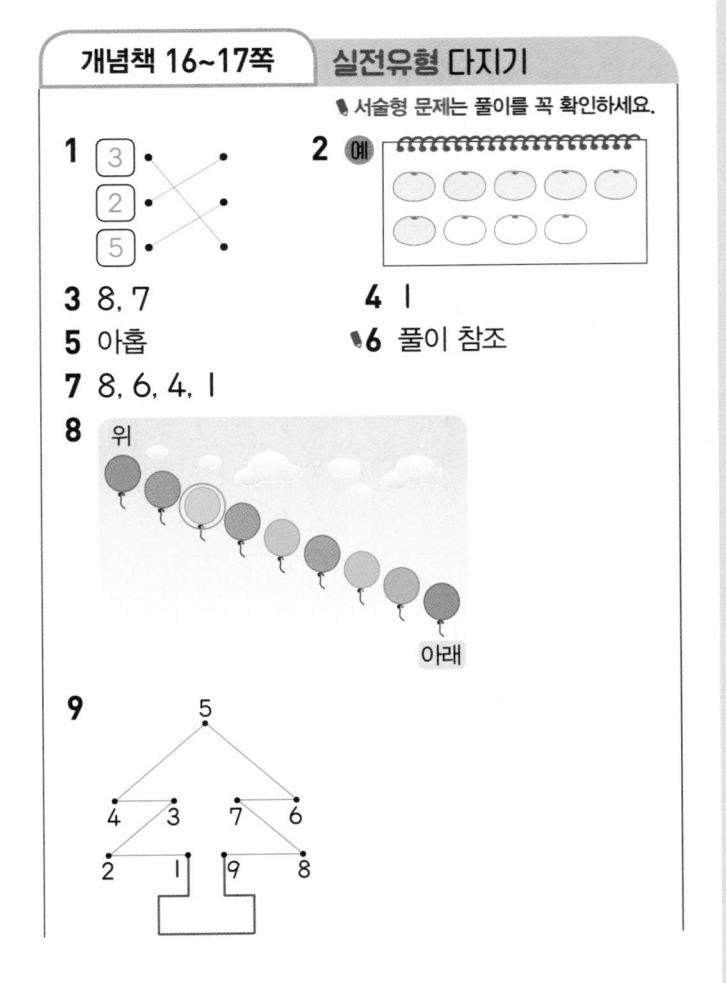

1 ③ ⓶ ⑤ (연결)

2 (예)

3 8, 7

4 1

5 아홉

6 풀이 참조

7 8, 6, 4, 1

8 위 ... 아래

9 5 / 4 3 7 6 / 2 1 9 8

10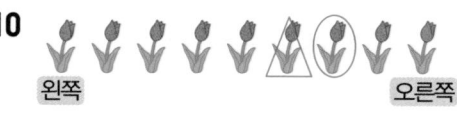
왼쪽 　　　　　　　　　 오른쪽

11 (위에서부터) 5, 6 / 8, 9

12 5, 2, 4

6 （예） 연필이 5자루 있습니다.」❶

> **채점 기준**
> ❶ 물건의 수를 1, 2, 3, 4, 5로 설명하기

7 9부터 순서를 거꾸로 하여 쓰면 9, 8, 7, 6, 5, 4, 3, 2, 1입니다.

8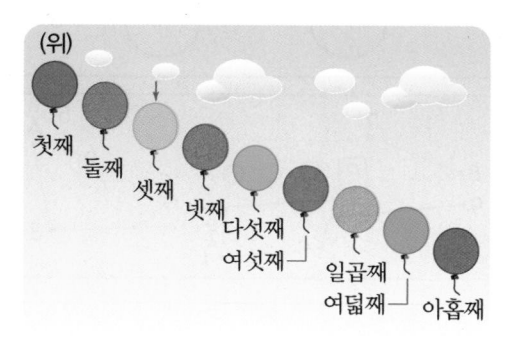

10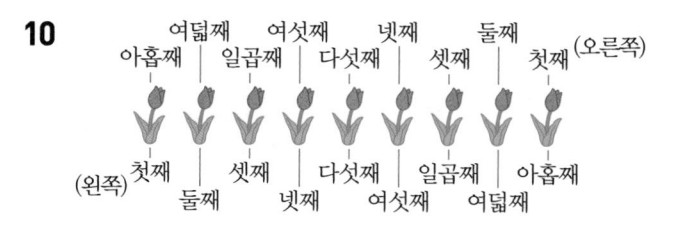

11 수를 순서대로 쓰면 1, 2, 3, 4, 5, 6, 7, 8, 9입니다.

12 원숭이는 다섯째에 있으므로 5, 펭귄은 둘째에 있으므로 2, 돼지는 넷째에 있으므로 4입니다.

개념책 18쪽 ｜ 개념 ❺

1 (위에서부터)
（예）
　 / 5, 7

2 (1) 1, 3　(2) 6, 8

---

1 바둑돌 6개에 1개를 더 놓으면 7개이므로 6보다 1만큼 더 큰 수는 7이고, 바둑돌 6개에서 1개를 덜어 내면 5개이므로 6보다 1만큼 더 작은 수는 5입니다.

---

2 (1) 2보다 1만큼 더 큰 수는 2 바로 뒤의 수인 3이고, 1만큼 더 작은 수는 2 바로 앞의 수인 1입니다.

(2) 7보다 1만큼 더 큰 수는 7 바로 뒤의 수인 8이고, 1만큼 더 작은 수는 7 바로 앞의 수인 6입니다.

개념책 19쪽 ｜ 기본유형 익히기

1 (1) 5　(2) 8　　　　**2** (　)(　)(○)
3 (왼쪽에서부터) 2, 4 / 6

---

1 (1) 4보다 1만큼 더 큰 수는 4 바로 뒤의 수인 5입니다.
(2) 9보다 1만큼 더 작은 수는 9 바로 앞의 수인 8입니다.

2 4보다 1만큼 더 큰 수는 5이므로 5를 나타내는 것을 찾습니다.

3 • 3보다 1만큼 더 작은 수는 3 바로 앞의 수인 2입니다.
• 3보다 1만큼 더 큰 수는 3 바로 뒤의 수인 4입니다.
• 5는 6 바로 앞의 수이므로 6보다 1만큼 더 작은 수입니다.

개념책 20쪽 ｜ 개념 ❻

1 0, 영
2 0

---

1 아무것도 없으면 0이라고 쓰고, 영이라고 읽습니다.

개념책 21쪽 ｜ 기본유형 익히기

1 1, 0　　　　　　　　**2** 0, 1, 2, 3
3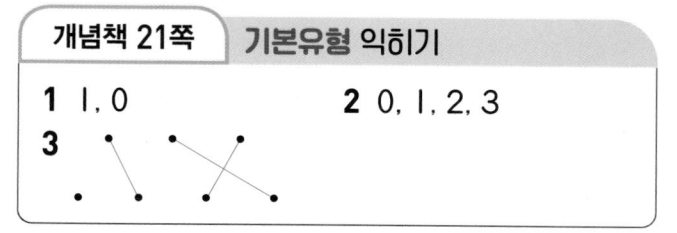

---

2 고리가 아무것도 없으면 0, 하나이면 1, 둘이면 2, 셋이면 3입니다.

3 곰인형이 둘이면 2, 하나이면 1, 아무것도 없으면 0입니다.

개념책 22쪽 **개념 ❼**

1 (1) 큽니다 (2) 작습니다
2 8

개념책 23쪽 **기본유형 익히기**

1 적습니다 / 7, 작습니다
2 (예)

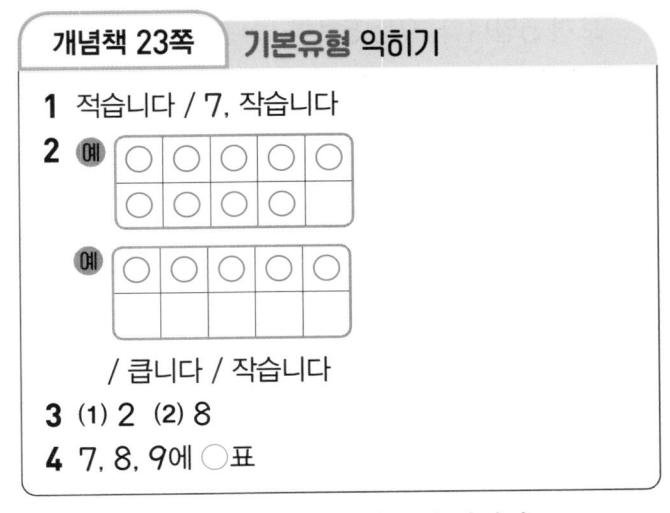

/ 큽니다 / 작습니다
3 (1) 2 (2) 8
4 7, 8, 9에 ○표

4 7, 8, 9는 6보다 뒤에 있는 수입니다.
  ⇨ 7, 8, 9는 6보다 큰 수입니다.

개념책 24~25쪽 **실전유형 다지기**

✎ 서술형 문제는 풀이를 꼭 확인하세요.

1 2, 1, 0   **2** 5
3 8, 5 / 5, 8   **4** 3, 5
5   **✎6** 8
            7 0명

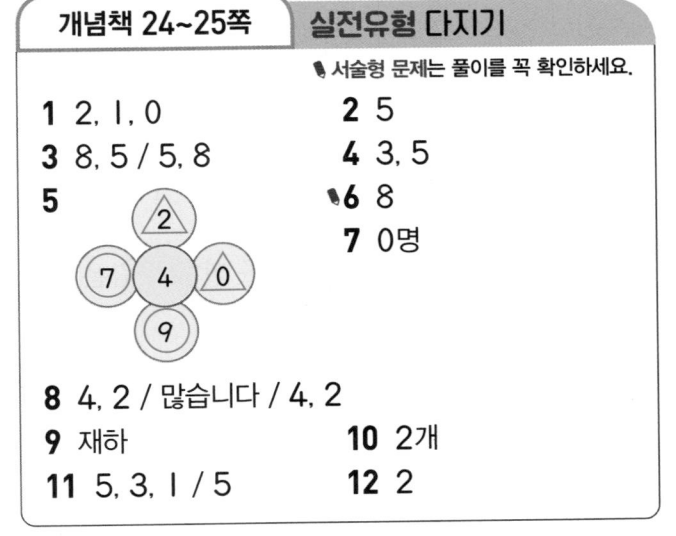

8 4, 2 / 많습니다 / 4, 2
9 재하   **10** 2개
11 5, 3, 1 / 5   **12** 2

✎6 ❶ (예) 머리핀의 수는 일곱이므로 7입니다.
  ❷ (예) 수를 순서대로 썼을 때 7보다 1만큼 더 큰 수는 7 바로 뒤의 수이므로 8입니다.

7 사진 속 안경을 쓴 어린이는 없으므로 0명입니다.

---

8 어린이의 수를 세어 보면 4, 경찰관의 수를 세어 보면 2입니다.
  ⇨ 어린이는 경찰관보다 많고, 4는 2보다 큽니다.

9 수를 순서대로 썼을 때 3은 6보다 앞에 있는 수이므로 3은 6보다 작습니다.
  ⇨ 빵을 더 적게 가지고 있는 사람은 재하입니다.

10 1보다 1만큼 더 큰 수는 2이므로 상미가 어제 딴 토마토는 2개입니다.

11 파란색 차의 수를 세어 보면 5, 빨간색 차의 수를 세어 보면 3, 검은색 차의 수를 세어 보면 1입니다.
  ⇨ 5, 3, 1을 순서대로 쓰면 1, 3, 5이므로 가장 큰 수는 5입니다.

12 수 카드의 수를 순서대로 쓰면 2, 7, 8이므로 가장 작은 수는 2입니다.

개념책 26~27쪽 **응용유형 다잡기**

1 (1) 작은 (2) 7   **2** 6
3 (1)

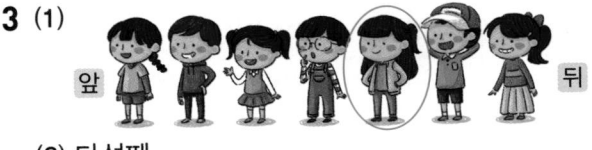

앞 ... 뒤

(2) 다섯째
4 넷째
5 (1) 2, 3, 5, 6, 9 (2) 6
6 5
7 (1) 3, 7, 5 (2) 현우

1 (1) • □보다 1만큼 더 큰 수는 8입니다.
   • 8보다 1만큼 더 작은 수는 □입니다.
  (2) 8보다 1만큼 더 작은 수는 7이므로 □ 안에 알맞은 수는 7입니다.

2 • □보다 1만큼 더 작은 수는 5입니다.
   • 5보다 1만큼 더 큰 수는 □입니다.
  따라서 5보다 1만큼 더 큰 수는 6이므로 □ 안에 알맞은 수는 6입니다.

1. 9까지의 수 **5**

3 (2)

(앞) ○ ─ ○ ─ ○ ─ ○ ─ ● ─ ○ ─ ○ (뒤)
첫째 둘째 셋째 넷째 다섯째

진영이는 앞에서 다섯째에 서 있습니다.

4

다섯째 넷째 셋째 둘째 첫째
(앞) ○ ─ ○ ─ ○ ─ ● ─ ○ ─ ○ ─ ○ ─ ○ (뒤)
첫째 둘째 셋째 넷째

주현이는 앞에서 넷째에 서 있습니다.

5 (1) 수 카드의 수를 순서대로 쓰면 2, 3, 5, 6, 9이므로 작은 수부터 차례대로 쓰면 2, 3, 5, 6, 9입니다.

(2) | 2 | 3 | 5 | 6 | 9 |
첫째 둘째 셋째 넷째 다섯째

6 수 카드의 수를 순서대로 쓰면 1, 2, 4, 5, 8이므로 큰 수부터 차례대로 쓰면 8, 5, 4, 2, 1입니다.

| 8 | 5 | 4 | 2 | 1 |
첫째 둘째 셋째 넷째 다섯째

7 (1) • 이슬: 아기 돼지 삼 형제 ⇨ 3
• 현우: 일곱 알의 완두콩 ⇨ 7
• 민선: 다섯 마리 염소와 늑대 ⇨ 5

(2) 3, 7, 5를 순서대로 쓰면 3, 5, 7이므로 가장 큰 수는 7입니다.
따라서 이긴 친구는 현우입니다.

개념책 28~30쪽   단원 마무리

🖊 서술형 문제는 풀이를 꼭 확인하세요.

1 4

2 예

3

4 여섯, 육
5 3, 7
6 4, 7, 8

7 2, 1, 0
8 아홉째
9 6

10 ☆ ☆ ☆ ☆ ☆ ☆ ☆ ☆ ☆

11 9, 5
12 4, 6
13 일곱
14 5, 4, 3
15 4, 5, 6
16 7
17 6
18 3
🖊**19** 민수
🖊**20** 기린

---

9 바나나의 수를 세어 보면 다섯이므로 5입니다. 따라서 5보다 1만큼 더 큰 수는 5 바로 뒤의 수이므로 6입니다.

10

☆ ☆ ☆ ☆ ☆ ☆ ★ ☆
첫째 │ 셋째 │ 다섯째 │ 일곱째 │ 아홉째
둘째 넷째 여섯째 여덟째

11 농구공의 수를 세어 보면 9, 축구공의 수를 세어 보면 5입니다. 9는 5보다 큽니다.

12 5보다 1만큼 더 큰 수는 6이고, 1만큼 더 작은 수는 4입니다.

13 7은 '일곱' 또는 '칠'이라고 읽습니다.

15 수를 순서대로 쓰면 4, 5, 6, 7, 8, 9이므로 7보다 앞에 있는 수를 찾으면 4, 5, 6입니다.

16 주어진 수를 순서대로 쓰면 2, 4, 7이므로 가장 큰 수는 7입니다.

17 • □보다 1만큼 더 큰 수는 7입니다.
• 7보다 1만큼 더 작은 수는 □입니다.
따라서 7보다 1만큼 더 작은 수는 6이므로 □ 안에 알맞은 수는 6입니다.

18 수 카드의 수를 순서대로 쓰면 2, 3, 6, 7, 9이므로 작은 수부터 차례대로 쓰면 2, 3, 6, 7, 9입니다.

| 2 | 3 | 6 | 7 | 9 |
첫째 둘째 셋째 넷째 다섯째

🖊**19** 예 세호가 말한 수는 9, 정은이가 말한 수는 9, 민수가 말한 수는 7입니다. ❶
따라서 나머지 둘과 다른 수를 말한 사람은 민수입니다. ❷

채점 기준	
❶ 세호, 정은, 민수가 말한 수를 각각 수로 나타내기	3점
❷ 나머지 둘과 다른 수를 말한 사람 구하기	2점

🖊**20** 예 수를 순서대로 썼을 때 7은 4보다 뒤에 있는 수이므로 7은 4보다 큽니다. ❶
따라서 더 많은 동물은 기린입니다. ❷

채점 기준	
❶ 4와 7의 크기 비교하기	3점
❷ 더 많은 동물 구하기	2점

2. 여러 가지 모양

개념책 34쪽 **개념❶**

1 (1) 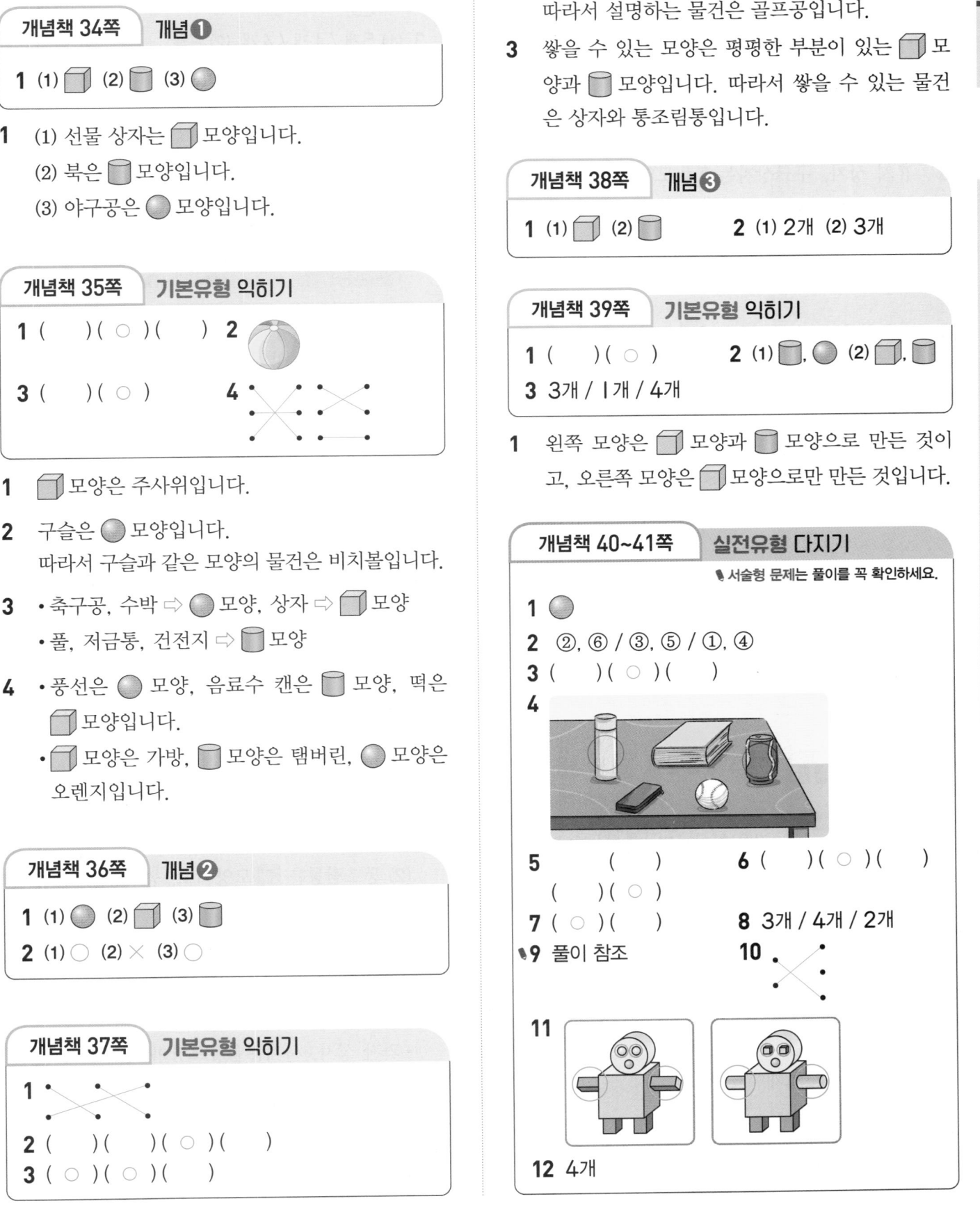 (2) 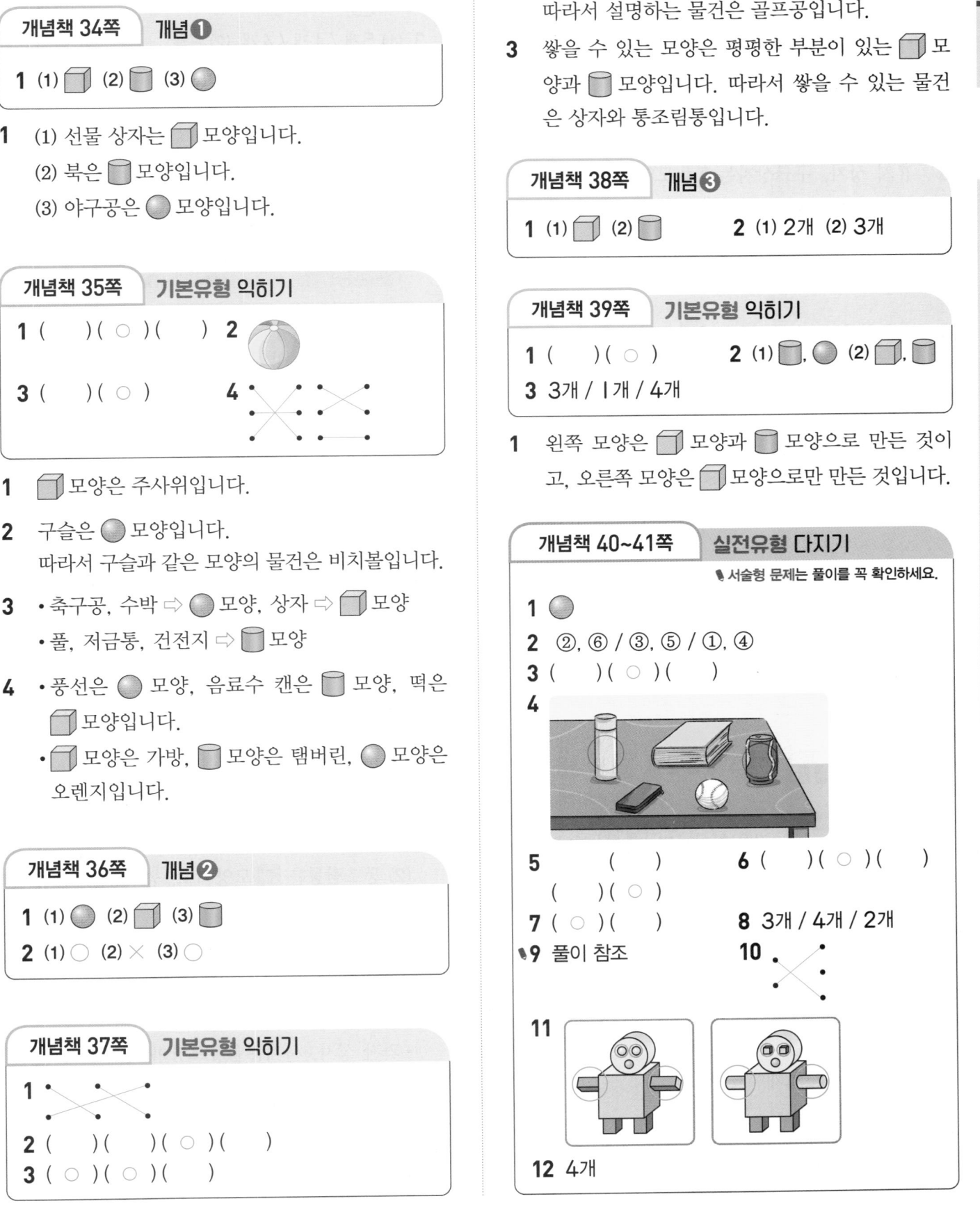 (3)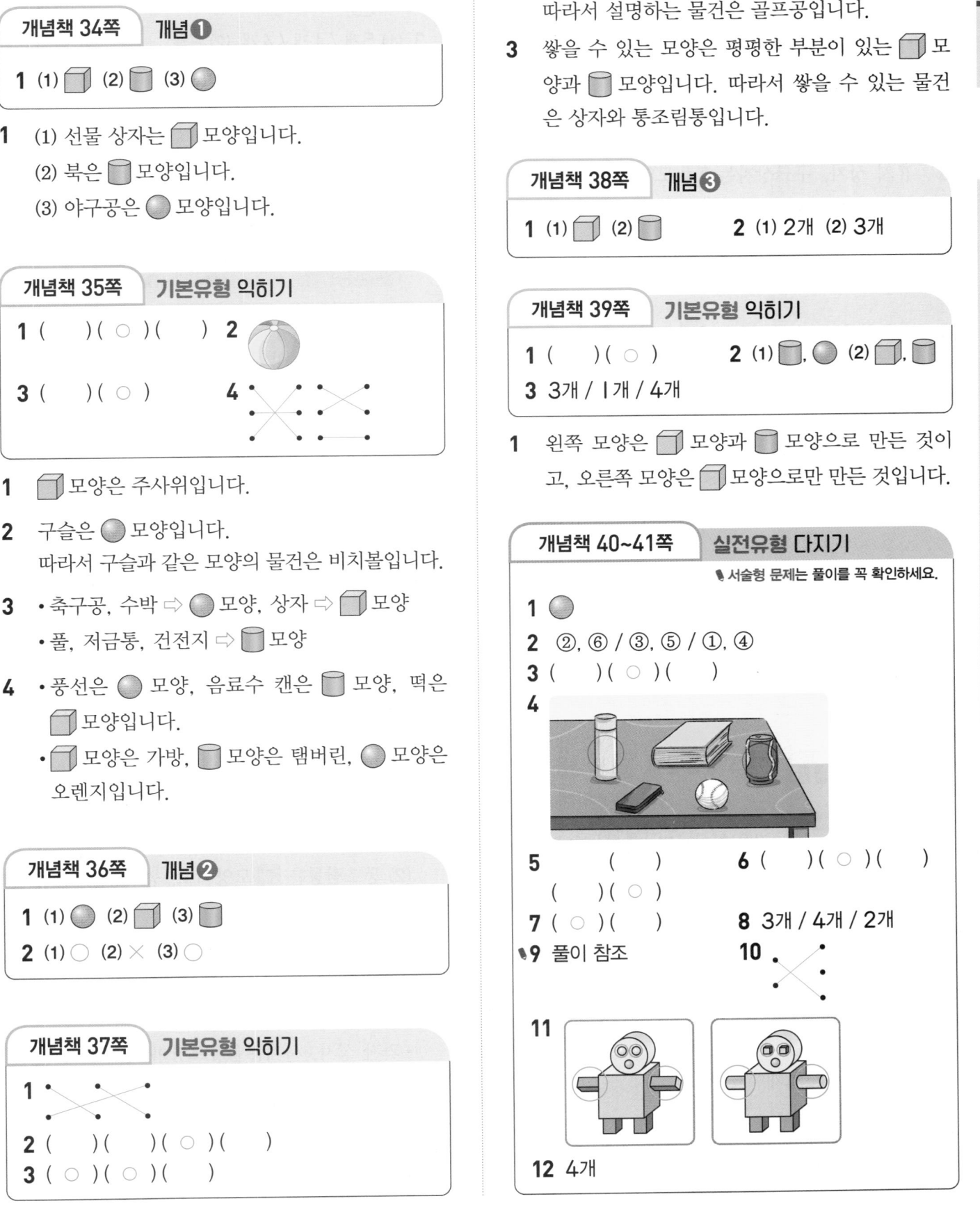

1 (1) 선물 상자는 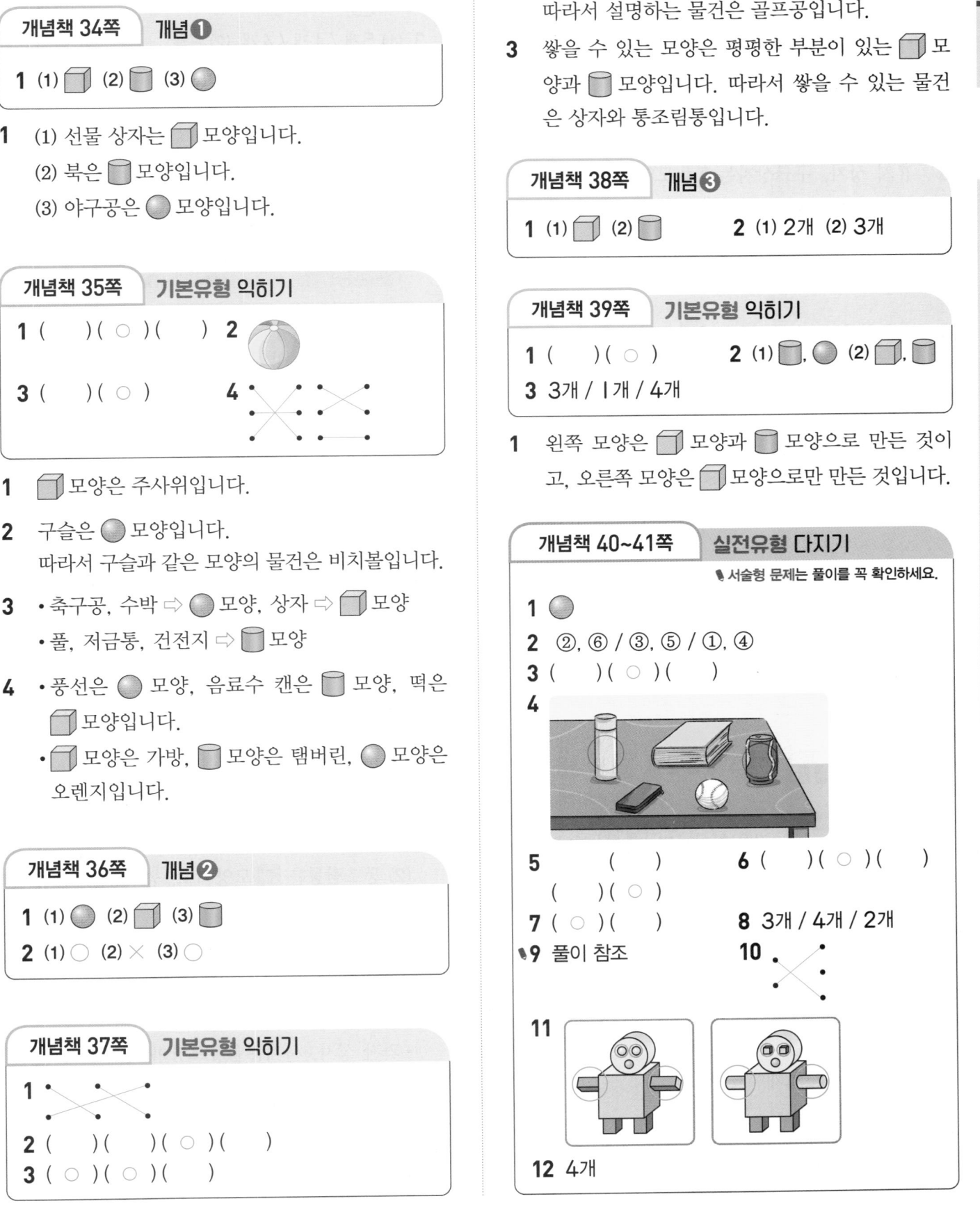 모양입니다.

　(2) 북은 모양입니다.

　(3) 야구공은 모양입니다.

개념책 35쪽 **기본유형 익히기**

1 (　)(○)(　) **2**

3 (　)(○) **4**

1 모양은 주사위입니다.

2 구슬은 모양입니다.
　따라서 구슬과 같은 모양의 물건은 비치볼입니다.

3 ・축구공, 수박 ⇨ 모양, 상자 ⇨ 모양
　・풀, 저금통, 건전지 ⇨ 모양

4 ・풍선은 모양, 음료수 캔은 모양, 떡은
　 모양입니다.
　・ 모양은 가방, 모양은 탬버린, 모양은
　오렌지입니다.

개념책 36쪽 **개념❷**

1 (1) (2) (3)

2 (1) ○ (2) × (3) ○

개념책 37쪽 **기본유형 익히기**

1

2 (　)(　)(○)(　)

3 (○)(○)(　)

2 설명하는 물건은 둥근 부분만 있고 잘 굴러가므
로 모양입니다.
따라서 설명하는 물건은 골프공입니다.

3 쌓을 수 있는 모양은 평평한 부분이 있는 모
양과 모양입니다. 따라서 쌓을 수 있는 물건
은 상자와 통조림통입니다.

개념책 38쪽 **개념❸**

1 (1) (2) 　　**2** (1) 2개 (2) 3개

개념책 39쪽 **기본유형 익히기**

1 (　)(○)　　**2** (1) , (2) ,

3 3개 / 1개 / 4개

1 왼쪽 모양은 모양과 모양으로 만든 것이
고, 오른쪽 모양은 모양으로만 만든 것입니다.

개념책 40~41쪽 **실전유형 다지기**

🖉 서술형 문제는 풀이를 꼭 확인하세요.

1

2 ②, ⑥ / ③, ⑤ / ①, ④

3 (　)(○)(　)

4

5 　　(　)
　(　)(○)

6 (　)(○)(　)

7 (○)(　)

8 3개 / 4개 / 2개

🖉**9** 풀이 참조

10

11

12 4개

1 농구공, 수박, 테니스공, 털실 뭉당이는 모두 ⚪ 모양입니다.

2 • 🟫 모양은 지우개, 동화책입니다.
　　• 🔵 모양은 풀, 북입니다.
　　• ⚪ 모양은 지구의, 축구공입니다.

3 휴지 상자, 구급상자는 🟫 모양이고, 실타래는 🔵 모양입니다.

4 🔵 모양은 물통, 음료수 캔입니다.

5 뾰족한 부분이 보이므로 🟫 모양입니다.
　 ⇨ 큐브

6 잘 굴러가지만 쌓을 수 없는 모양은 ⚪ 모양입니다. ⇨ 당구공

7 🔵 모양을 왼쪽 모양은 4개, 오른쪽 모양은 2개 사용했습니다.

9 **예** 🟫 모양은 평평한 부분만 있고 둥근 부분이 없어서 잘 굴러가지 않습니다.」❶

> **채점 기준**
> ❶ 자전거 바퀴가 🟫 모양이라면 어떤 일이 생길지 쓰기

10 •
🟫 모양을 2개, 🔵 모양을 4개, ⚪ 모양을 3개 사용하여 만든 것을 찾아보면 🎂입니다.

•
🟫 모양을 5개, 🔵 모양을 2개 사용하여 만든 것을 찾아보면 🪑입니다.

12 • 🟫 모양: 어항, 주사위, 국어사전, 상자
　　　　　　　⇨ 4개
　　• 🔵 모양: 탬버린 ⇨ 1개
　　• ⚪ 모양: 구슬, 방울, 야구공 ⇨ 3개
따라서 가장 많은 모양은 🟫 모양으로 4개입니다.

> **개념책 42~43쪽** 　**응용유형 다잡기**

1 (1) 🔵 (2) 2개　　　　　　**2** 3개
3 (1) 5개 / 1개 / 4개 (2) 🟫　**4** ⚪
5 (1) 🟫, 🔵 (2) 🔵, ⚪ (3) 🟫　**6** 🟫
7

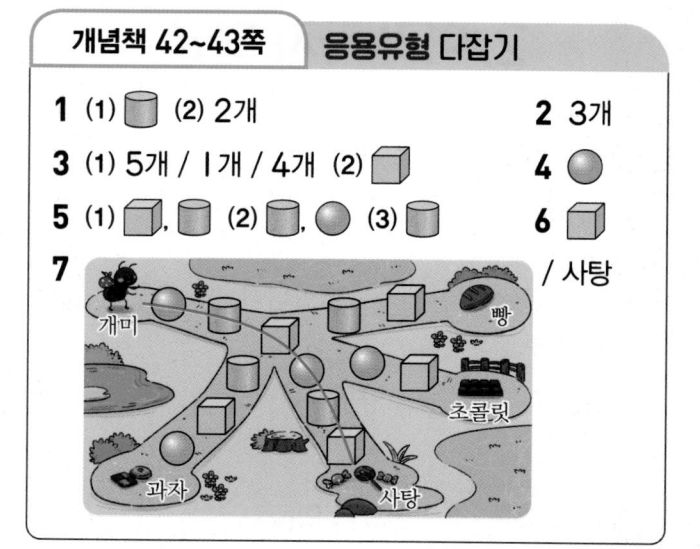

/ 사탕

1 (1) 세우면 쌓을 수 있고, 눕히면 잘 굴러가는 모양은 🔵 모양입니다.
　(2) 🔵 모양의 물건을 찾아보면 케이크, 김밥으로 모두 2개입니다.

2 잘 쌓을 수 있고, 잘 굴러가지 않는 모양은 🟫 모양입니다.
따라서 🟫 모양의 물건을 찾아보면 주사위, 지우개, 필통으로 모두 3개입니다.

3 (1) 🟫 모양을 5개, 🔵 모양을 1개, ⚪ 모양을 4개 사용했습니다.
　(2) 가장 많이 사용한 모양은 🟫 모양입니다.

4 🟫 모양을 3개, 🔵 모양을 4개, ⚪ 모양을 2개 사용했습니다.
따라서 가장 적게 사용한 모양은 ⚪ 모양입니다.

5 (1) 북, 음료수 캔은 🔵 모양이고, 주사위는 🟫 모양입니다.
　(2) 통조림통은 🔵 모양이고, 농구공, 멜론은 ⚪ 모양입니다.
　(3) 공통으로 있는 모양은 🔵 모양입니다.

6 • 두유 상자는 🟫 모양이고, 물통, 연필은 🔵 모양입니다.
　• 과자 상자, 시계는 🟫 모양이고, 방울은 ⚪ 모양입니다.
따라서 공통으로 있는 모양은 🟫 모양입니다.

7 ⚪ ⇨ 🔵 ⇨ 🟫 모양 순서대로 길을 따라 선을 그어 보면 개미는 사탕을 먹게 됩니다.

개념책 44~46쪽　단원 마무리

🖋 서술형 문제는 풀이를 꼭 확인하세요.

1 (　)(○)(　)
2 (　)(×)(　)
3 (○)(　)(　)
4
5 ,
6 3개
7 (○)(　)
8
9 5개
10 ⬤
11 (　)
　　(×)
12 (○)(　)
13 6개 / 4개 / 2개
14 (　)(○)(　)
15 (　)(○)
16
17 3개
18 ⬤
🖋**19** 풀이 참조
🖋**20** ⬤ 모양

1 ⬤ 모양은 멜론입니다.

2 음료수 캔은 모양입니다.

3 주사위는 모양이고, 통조림통과 저금통은 모양입니다.

6 모양은 양동이, 두루마리 휴지, 연필꽂이로 모두 3개입니다.

7 • 선물 상자, 지우개 ⇨ 모양
• 배구공 ⇨ ⬤모양, 롤케이크 ⇨ 모양

8 방울은 ⬤모양입니다.
따라서 방울과 같은 모양의 물건은 농구공입니다.

10 여러 방향으로 잘 굴러가므로 둥근 부분만 있습니다.
따라서 둥근 부분만 있는 모양이므로 ⬤모양입니다.

11 오른쪽 물건은 모양입니다. 모양은 잘 쌓을 수 있지만 잘 굴러가지 않습니다.

12 모양을 왼쪽 모양은 3개, 오른쪽 모양은 2개 사용했습니다.

14 세우면 쌓을 수 있고 눕히면 잘 굴러가는 모양은 모양입니다. ⇨ 음료수 캔

15 모양을 2개, 모양을 3개, ⬤모양을 2개 사용하여 만든 것을 찾습니다.

16 • 모양: 휴지 상자, 과자 상자, 수첩 ⇨ 3개
• 모양: 연필꽂이 ⇨ 1개
• ⬤모양: 골프공, 수박 ⇨ 2개

17 모양을 3개, 모양을 5개, ⬤모양을 4개 사용했습니다.
따라서 가장 적게 사용한 모양은 모양으로 3개입니다.

18 • 축구공, 구슬은 ⬤모양이고, 구급상자는 모양입니다.
• 풍선은 ⬤모양이고, 김밥, 음료수 캔은 모양입니다.
따라서 공통으로 있는 모양은 ⬤모양입니다.

🖋**19** 예 ⬤모양은 모든 부분이 둥글어서 쌓을 수 없지만 모양은 평평한 부분도 있어서 쌓을 수 있습니다.」❶

채점 기준	
❶ ⬤모양과 모양의 다른 점 설명하기	5점

🖋**20** 예 모양과 모양을 사용하여 만든 모양입니다.」❶
따라서 사용하지 않은 모양은 ⬤모양입니다.」❷

채점 기준	
❶ 사용한 모양 알아보기	3점
❷ 사용하지 않은 모양 알아보기	2점

3. 덧셈과 뺄셈

개념책 50쪽 개념❶

1 5
2 1

1 참외 3개와 2개를 모으기하면 모두 5개가 되므로 3과 2를 모으기하면 5가 됩니다.

2 나비 4마리를 3마리와 1마리로 가르기할 수 있으므로 4는 3과 1로 가르기할 수 있습니다.

개념책 51쪽 기본유형 익히기

1 (1) 4 / 6 (2) 4 / 8
2 (1) 4, 3 (2) 5, 3
3 (1) 3 / 4 (2) 2, 3 또는 3, 2

3 (1) 송편 1개와 3개를 모으기하면 모두 4개이므로 1과 3을 모으기하면 4가 됩니다.
(2) 털모자 5개를 2개와 3개로 가르기할 수 있으므로 5는 2와 3 또는 3과 2로 가르기할 수 있습니다.

개념책 52쪽 개념❷

1 6 / 7, 4 / 7, 2 / 7
2 5 / 4 / 3

1 1과 6, 3과 4, 5와 2를 모으기하면 7이 됩니다.

2 6은 1과 5, 2와 4, 3과 3으로 가르기할 수 있습니다.

개념책 53쪽 기본유형 익히기

1 (1) 2 / 3 (2) 2
2 (1) 5 (2) 9   **3** (1) 1 (2) 5
4 (   )(○)(   )

4 • 2와 5를 모으기하면 7이 됩니다.
• 3과 3을 모으기하면 6이 됩니다.
• 1과 7을 모으기하면 8이 됩니다.

개념책 54쪽 개념❸

1 7   **2** 1

개념책 55쪽 기본유형 익히기

1 모두   **2** 남습니다
3 예 학생은 모두 8명 있습니다.

3 참고 '앉아 있는 학생 수와 서 있는 학생 수를 비교하면 앉아 있는 학생이 2명 더 많습니다.'와 같은 뺄셈 이야기도 만들 수 있습니다.

개념책 56~57쪽 연산 PLUS

1 4	**2** 6	**3** 8
4 7	**5** 6	**6** 9
7 5	**8** 7	**9** 9
10 9	**11** 4	**12** 8
13 3	**14** 2	**15** 6
16 3	**17** 4	**18** 1
19 5	**20** 3	**21** 2
22 5	**23** 4	**24** 2

개념책 58~59쪽 실전유형 다지기

1 (1) 3 (2) 5   **2** (1) 1 (2) 3
3 (   )(   )(×)   **4**

5 예 3, 3 / 예 4, 2
6 5 / 예 ●●●●●○○○○, 3, 4
     / 예 ●●●●○○○○○, 4, 3
     / 예 ●●●●●●●○○, 5, 2
     / 예 ●●●●●●●●○, 6, 1
7 예 주황색 소가 6마리 있고, 검은색 소가 3마리 있으므로 소는 모두 9마리입니다.
8 예 송아지 5마리는 소 4마리보다 1마리가 더 많습니다.
9 예

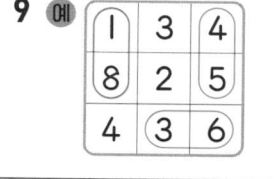

10 ㉢
11 5개
12 1, 7 또는 2, 6 또는 3, 5

3 6은 1과 5, 2와 4, 3과 3, 4와 2, 5와 1로 가르기할 수 있습니다.

4 1과 7, 2와 6, 3과 5를 모으기하면 8이 됩니다.

5 • 갈색 강아지 3마리와 흰색 강아지 3마리로 가르기할 수 있으므로 6은 3과 3으로 가르기할 수 있습니다.
• 울타리 안에 있는 강아지 4마리와 나가고 있는 강아지 2마리로 가르기할 수 있으므로 6은 4와 2로 가르기할 수 있습니다.

6 7은 1과 6, 2와 5, 3과 4, 4와 3, 5와 2, 6과 1로 가르기할 수 있습니다.
(참고) 7과 0의 가르기를 찾은 경우도 정답으로 인정합니다.

9 모으기하여 9가 되는 두 수는 1과 8, 2와 7, 3과 6, 4와 5, 5와 4, 6과 3, 7과 2, 8과 1입니다.
(참고) 인접하지 않은 두 수를 묶은 경우도 정답으로 인정합니다.

10 두 수를 모으기한 수는 다음과 같습니다.
㉠ 6 ㉡ 6 ㉢ 7 ㉣ 6
⇨ 모으기한 수가 다른 하나는 ㉢입니다.

11 9는 4와 5로 가르기할 수 있습니다.
따라서 바둑돌을 오른손에 4개를 쥐었으므로 왼손에는 5개를 쥐었습니다.

12 1과 7, 2와 6, 3과 5, 4와 4, 5와 3, 6과 2, 7과 1을 모으기하면 8이 됩니다.
따라서 이 중에서 지혜의 수 카드의 수가 정후의 수 카드의 수보다 더 큰 경우는 1과 7, 2와 6, 3과 5입니다.

개념책 60쪽 　개념 ❹

1 7 / 3, 7
2 5 / 2, 5

1 모형 4개에 3개를 더하면 모두 7개입니다.

2 모형 3개와 2개를 합하면 모두 5개입니다.

개념책 61쪽 　기본유형 익히기

1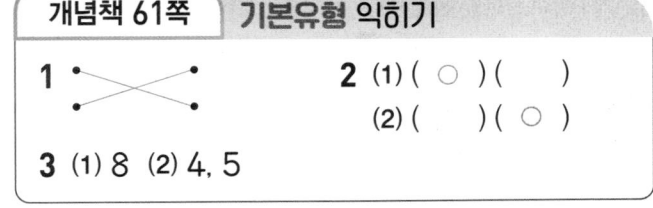
2 (1) (○) (　)
　(2) (　) (○)
3 (1) 8　(2) 4, 5

1 • 오렌지 4개에 오렌지 1개를 더 추가하면 오렌지는 모두 5개입니다.
• 바구니에 당근 2개와 애호박 4개가 있으므로 모두 6개입니다.

2 (1) 조각 케이크 3개와 4개를 합하면 모두 7개입니다. ⇨ 3+4=7
(2) 사탕 5개가 있는 접시에 1개를 더 담으면 모두 6개입니다. ⇨ 5+1=6

3 (1) 빨간색 색연필 4자루와 파란색 색연필 4자루를 합하면 모두 8자루입니다.
⇨ 4+4=8
(2) 빨간색 꽃 1송이와 노란색 꽃 4송이를 합하면 모두 5송이입니다.
⇨ 1+4=5

개념책 62쪽 　개념 ❺

1 8 / 8
2 7, 7 / 같습니다.

1 5와 3을 모으기하면 8이므로 빵은 모두 5+3=8(개)입니다.

2 두 수의 순서를 바꾸어 더해도 합은 같습니다.

개념책 63쪽 　기본유형 익히기

1 (1) 예 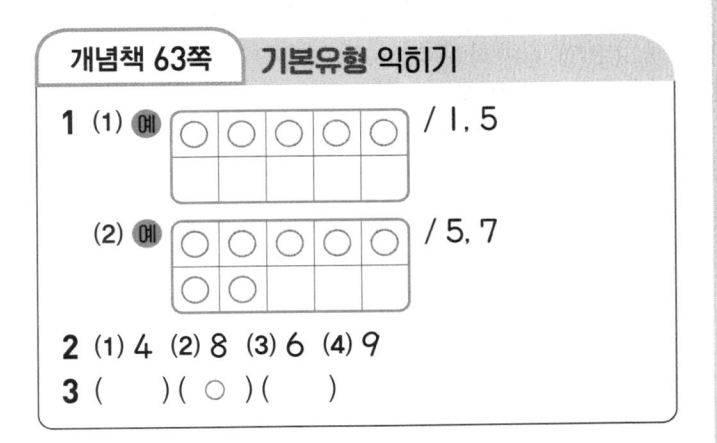 / 1, 5
　(2) 예 / 5, 7

2 (1) 4　(2) 8　(3) 6　(4) 9
3 (　) (○) (　)

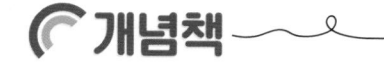

1 (1) ○를 4개 그리고 이어서 1개 더 그리면 ○는 모두 5개입니다. ⇨ 4+1=5

(2) ○를 2개 그리고 이어서 5개 더 그리면 ○는 모두 7개입니다. ⇨ 2+5=7

3 ・민지: 4+5=9 ┐
・은희: 6+2=8 │ 두 수의 순서를 바꾸어 더해도 합은 같습니다.
・윤수: 5+4=9 ┘

⇨ 합이 다른 덧셈식을 말한 사람은 은희입니다.

개념책 64쪽	개념❻

1 4 / 2, 4
2 1 / 4, 1

---

1 모형 6개 중에서 2개를 덜어 내면 4개가 남습니다.

2 연두색 구슬과 보라색 구슬을 하나씩 연결하면 연두색 구슬 1개가 남습니다.

개념책 65쪽	기본유형 익히기

1 ・———・
   ・———・

2 (1) ( ) (○)
   (2) ( ) (○)

3 (1) 3 (2) 2, 5

---

1 ・과자 9개 중에서 2개를 먹으면 과자는 7개가 남습니다.

・딸기 3개와 복숭아 5개를 하나씩 연결하면 복숭아 2개가 남습니다.

2 (1) 강아지 4마리와 고양이 3마리를 하나씩 연결하면 강아지 1마리가 남습니다.
   ⇨ 4-3=1

(2) 양 6마리 중에서 2마리가 울타리 밖으로 나가면 4마리가 남습니다. ⇨ 6-2=4

개념책 66쪽	개념❼

1 (1) 5

(2) 예 ○○○○○○⊘⊘⊘⊘

(3) 5

---

1 (1) 9는 4와 5로 가르기할 수 있습니다.

(2) 날아간 풍선이 4개이므로 ○를 /으로 4개 지웁니다.

(3) 남은 풍선은 9-4=5(개)입니다.

개념책 67쪽	기본유형 익히기

1 (1) 예 ○ ○ ○ ⊘ ⊘
         ⊘ ⊘ ⊘   / 5, 3

(2) 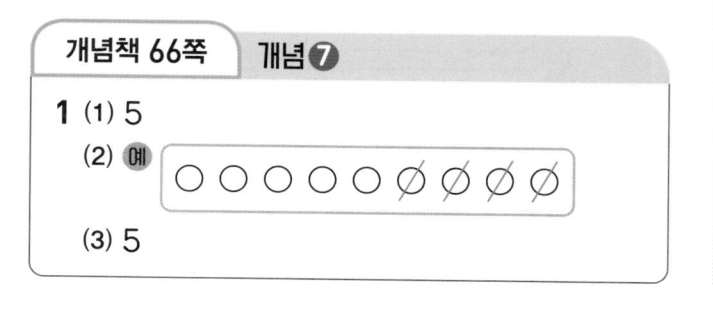   / 5, 1

2 (1) 2 (2) 2 (3) 3 (4) 1
3 (1) 4, 1, 3 (2) 7, 2, 5

---

1 (1) 8개에서 5개를 지우면 3개가 남습니다.
   ⇨ 8-5=3

(2) 6개와 5개를 하나씩 연결하면 1개가 남습니다.
   ⇨ 6-5=1

3 (1) 4개에서 1개를 지우면 3개가 남습니다.
   ⇨ 4-1=3

(2) 7개와 2개를 하나씩 연결하면 5개가 남습니다. ⇨ 7-2=5

개념책 68쪽	개념❽

1 (1) 3 (2) 4
2 (1) 4 (2) 0

---

1 (1) 구슬 0개와 구슬 3개를 더하면 3개입니다.
   ⇨ 0+3=3

(2) 구슬 4개와 구슬 0개를 더하면 4개입니다.
   ⇨ 4+0=4

2 (1) 덜어 낸 구슬이 없으므로 남은 구슬은 4개입니다. ⇨ 4-0=4

(2) 모든 구슬을 덜어 냈으므로 남은 구슬은 0개입니다. ⇨ 5-5=0

---

1 0, 6　　　　　　　　　　**2** 4, 0
3 (1) 2　(2) 8　(3) 5　(4) 0
4 (1) ―　(2) ＋

1 딸기 6개와 0개를 합하면 모두 6개입니다.
　⇨ 6＋0＝6

2 꽃병에 있는 꽃 4송이에서 4송이를 빼면 꽃병에는 0송이가 남습니다.
　⇨ 4－4＝0

3 (1) 0＋(어떤 수)＝(어떤 수)
　(2) (어떤 수)＋0＝(어떤 수)
　(3) (어떤 수)－0＝(어떤 수)
　(4) (전체)－(전체)＝0

4 (1) (전체)－(전체)＝0이므로 ○ 안에는 ―가 들어갑니다.
　(2) 0＋(어떤 수)＝(어떤 수)이므로 ○ 안에는 ＋가 들어갑니다.

1 5	**2** 5	**3** 6
4 9	**5** 7	**6** 6
7 8	**8** 8	**9** 7
10 8	**11** 7	**12** 1
13 4	**14** 2	**15** 9
16 9	**17** 8	**18** 9
19 8	**20** 8	**21** 3
22 4	**23** 5	**24** 1
25 0	**26** 1	**27** 2
28 5	**29** 0	**30** 4
31 1	**32** 0	**33** 6
34 7	**35** 5	**36** 3
37 0	**38** 8	**39** 1
40 3	**41** 3	**42** 3

1 5＋2＝7
2 4 / 예
3 2 /
4 4, 3, 2, 1
5
6 (1) 6　(2) 9　　　　**7** (1) 0　(2) 5
8 예 1, 5, 6　　　　　**9** 5, 3, 2
10 ㉡
11 예 7, 3, 4 / 예 7, 2, 5
12 8　　　　　　　　　**13** 4－4＝0 / 0명
14 3 / 3 / 3 / 예 8, 5, 3

1 합은 '＋'로 나타냅니다.

2 ○를 2개 그리고 이어서 2개 더 그리면 ○는 모두 4개입니다. ⇨ 2＋2＝4

3 8개와 6개를 하나씩 연결하면 2개가 남습니다.
　⇨ 8－6＝2

4 빼는 수가 1씩 커지면 차는 1씩 작아집니다.

5 두 수의 순서를 바꾸어 더해도 합은 같습니다.

6 (1) 0＋(어떤 수)＝(어떤 수) ⇨ 0＋6＝6
　(2) (어떤 수)＋0＝(어떤 수) ⇨ 9＋0＝9

7 (1) (전체)－(전체)＝0 ⇨ 3－3＝0
　(2) (어떤 수)－0＝(어떤 수) ⇨ 5－0＝5

8 1＋5＝6, 2＋4＝6, 3＋3＝6, 4＋2＝6, 5＋1＝6과 같이 다양하게 합이 6인 덧셈식을 쓸 수 있습니다.
　참고 0＋6＝6, 6＋0＝6으로 쓴 경우도 정답으로 인정합니다.

9 ⬤모양은 **5**개이고, ⬛모양은 **3**개입니다.
⇨ **5**−**3**=**2**(개)

10 ㉠ 3+6=9 ㉡ 3+5=8 ㉢ 5+4=9
㉣ 0+9=9
⇨ 계산 결과가 다른 하나는 ㉡입니다.

11 • 학생 **7**명 중에서 앉아 있는 학생 **3**명을 빼면
서 있는 학생 **4**명이 남습니다. ⇨ **7**−**3**=**4**
• 학생 **7**명 중에서 안경을 쓴 학생 **2**명을 빼면
안경을 쓰지 않은 학생 **5**명이 남습니다.
⇨ **7**−**2**=**5**
(참고) **7**−**4**=**3**, **7**−**5**=**2**, **5**−**2**=**3**, **4**−**3**=**1**
등으로 뺄셈식을 쓸 수도 있으며 전체 **7**명인 상황
을 반드시 적용할 필요는 없습니다.

12 가장 큰 수는 **6**이고, 가장 작은 수는 **2**입니다.
⇨ **6**+**2**=**8**

13 (열차에 남아 있는 사람의 수)
=(열차에 타고 있던 사람의 수)
−(열차에서 내린 사람의 수)
=**4**−**4**=**0**(명)

14 **5**−**2**=**3**, **6**−**3**=**3**, **3**−**0**=**3**으로 차는 **3**입니
다.
⇨ 차가 **3**인 뺄셈식은 **8**−**5**=**3**, **9**−**6**=**3**,
4−**1**=**3** 등이 있습니다.

개념책 74~75쪽	응용유형 다잡기
1 (1) 4, 3, 2, 1 (2) 4가지	**2** 6가지
3 (1) 5병 (2) 7병	**4** 9개
5 (1) 큰, 작은 (2) 7, 3, 4	**6** 8, 2, 6
7 (1) 4점, 6점 (2) 원우	

---

1 (1) **5**는 **1**과 **4**, **2**와 **3**, **3**과 **2**, **4**와 **1**로 가르기
할 수 있습니다.
(2) 나누어 가지는 방법은 모두 **4**가지입니다.

2 **7**은 **1**과 **6**, **2**와 **5**, **3**과 **4**, **4**와 **3**, **5**와 **2**, **6**과
1로 가르기할 수 있습니다.
따라서 나누어 가지는 방법은 모두 **6**가지입니
다.

3 (1) (포도주스의 수)
=(오렌지주스의 수)+**3**
=**2**+**3**=**5**(병)
(2) (오렌지주스와 포도주스의 수)
=(오렌지주스의 수)+(포도주스의 수)
=**2**+**5**=**7**(병)

4 (동생이 먹은 귤의 수)
=(윤영이가 먹은 귤의 수)−**1**
=**5**−**1**=**4**(개)
⇨ (윤영이와 동생이 먹은 귤의 수)
=**5**+**4**=**9**(개)

5 (비법) **차가 가장 큰 뺄셈식**
㉠−㉡의 결과가 가장 크려면 가장 큰 수를 ㉠에
쓰고, 가장 작은 수를 ㉡에 써야 합니다.
(2) 뽑은 두 수는 가장 큰 수 **7**과 가장 작은 수 **3**이
므로 **7**−**3**=**4**입니다.

6 차가 가장 크게 되려면 가장 큰 수에서 가장 작
은 수를 빼야 합니다.
따라서 뽑은 두 수는 가장 큰 수 **8**과 가장 작은
수 **2**이므로 **8**−**2**=**6**입니다.

7 (1) • (민주가 얻은 점수)=**1**+**3**=**4**(점)
• (원우가 얻은 점수)=**2**+**4**=**6**(점)
(2) **4**<**6**이므로 점수를 더 많이 얻은 사람은 원
우입니다.

🖊 서술형 문제는 풀이를 꼭 확인하세요.

1 2, 4　　　　　　　　**2** 6, 1

3 8−2=6　　　　　　**4** 9

5 3, 3, 6

6 　　　**7** (　　)(×)

8

9 5, 6, 7, 8　　　　　**10** 2+5

11 +　　　　　　　　**12** ㉣

13 1개　　　　　　　 **14** 4번

15 📝 5+3=8 / 📝 8−4=4

16 6 / 4　　　　　　　**17** 5가지

18 7개　　　　　　　🖊**19** ㉡

🖊**20** 5명

---

1 6은 2와 4로 가르기할 수 있습니다.

2 7개와 6개를 하나씩 연결하면 1개가 남습니다.
⇨ 7−6=1

3 '빼기'는 '−'로, '같습니다'는 '='로 나타냅니다.

4 4와 5를 모으기하면 9가 됩니다.

6 • 딸기 4개와 3개를 합하면 모두 7개입니다.
⇨ 4+3=7
• 귤 8개에서 3개를 빼면 5개가 남습니다.
⇨ 8−3=5

7 • 3+6=9　　• 6−5=1

8 두 수의 순서를 바꾸어 더해도 합은 같습니다.

9 더하는 수가 1씩 커지면 합도 1씩 커집니다.

10 • 1+8=9　　• 9+0=9　　• 2+5=7

11 '='의 오른쪽 수가 '='의 왼쪽 두 수보다 크면
덧셈식이므로 '+'를 씁니다.

12 ㉠ 3+3=6　㉡ 8−5=3　㉢ 0+5=5
㉣ 6−6=0
⇨ 계산 결과가 가장 작은 것은 ㉣입니다.

13 (복숭아보다 더 많이 있는 참외의 수)
=(참외의 수)−(복숭아의 수)
=5−4=1(개)

14 (어제와 오늘 한 줄넘기의 수)
=(어제 한 줄넘기의 수)
＋(오늘 한 줄넘기의 수)
=4+0=4(번)

15 • 빨간색 의자 5개와 파란색 의자 3개를 합하면
의자는 모두 8개입니다. ⇨ 5+3=8
• 의자 8개 중에서 네모난 의자 4개를 빼면 동그
란 의자 4개가 남습니다. ⇨ 8−4=4

16 가장 큰 수는 5이고, 가장 작은 수는 1입니다.
⇨ 합: 5+1=6, 차: 5−1=4

17 6은 1과 5, 2와 4, 3과 3, 4와 2, 5와 1로
가르기할 수 있습니다.
따라서 나누어 가지는 방법은 5가지입니다.

18 (지아가 먹은 딸기의 수)
=(은우가 먹은 딸기의 수)+1
=3+1=4(개)
⇨ (은우와 지아가 먹은 딸기의 수)
=3+4=7(개)

🖊**19** 📝 9는 1과 8, 2와 7, 3과 6, 4와 5, 5와 4,
6과 3, 7과 2, 8과 1로 가르기할 수 있습니
다.」❶
따라서 9를 두 수로 잘못 가르기한 것은 ㉡입니
다.」❷

채점 기준	
❶ 9를 두 수로 가르기한 경우를 모두 쓰기	3점
❷ 9를 두 수로 잘못 가르기한 것을 찾아 기호 쓰기	2점

🖊**20** 📝 놀이터에 있던 학생 수에 더 온 학생 수를 더
하면 되므로 4＋1을 계산합니다.」❶
따라서 놀이터에 있는 학생은 모두 4+1=5(명)
입니다.」❷

채점 기준	
❶ 문제에 알맞은 식 만들기	2점
❷ 놀이터에 있는 학생 수 구하기	3점

4. 비교하기

개념책 82쪽 개념 ❶

1 깁니다 / 짧습니다
2 짧습니다 / 깁니다

개념책 84쪽 개념 ❷

1 가볍습니다 / 무겁습니다
2 무겁습니다 / 가볍습니다

개념책 83쪽 **기본유형 익히기**

1 (1) (　) (2) (　) (○)
　(○)
2 (1) (　) (2) (△) (　)
　(△)
3 (　)　　　4 (○) (△) (　)
　(　)
　(○)

1　(1) 왼쪽 끝이 맞추어져 있으므로 오른쪽 끝이 더 많이 나간 것이 더 깁니다.
　　⇨ 숟가락은 포크보다 더 깁니다.
　(2) 아래쪽 끝이 맞추어져 있으므로 위쪽 끝이 더 많이 나간 것이 더 깁니다.
　　⇨ 분홍색 색연필은 파란색 색연필보다 더 깁니다.

2　(1) 왼쪽 끝이 맞추어져 있으므로 오른쪽 끝이 더 적게 나간 것이 더 짧습니다.
　　⇨ 버스는 기차보다 더 짧습니다.
　(2) 위쪽 끝이 맞추어져 있으므로 아래쪽 끝이 더 적게 나간 것이 더 짧습니다.
　　⇨ 반바지는 긴바지보다 더 짧습니다.

3　왼쪽 끝이 맞추어져 있으므로 오른쪽 끝이 가장 많이 나간 것이 가장 깁니다.
　⇨ 자가 가장 깁니다.

4　아래쪽 끝이 맞추어져 있으므로 위쪽 끝이 가장 많이 나간 것이 가장 길고, 위쪽 끝이 가장 적게 나간 것이 가장 짧습니다.
　⇨ 지팡이가 가장 길고, 모종삽이 가장 짧습니다.

개념책 85쪽 **기본유형 익히기**

1 (1) (○) (　) (2) (　) (○)
2 (1) (　) (△) (2) (△) (　)
3 (○) (　) (　)
4 (　) (△) (○)

1　손으로 들어 보았을 때 힘이 더 많이 드는 것이 더 무겁습니다.
　(1) 무는 버섯보다 더 무겁습니다.
　(2) 축구공은 풍선보다 더 무겁습니다.
　참고 크기가 큰 것이 항상 더 무거운 것은 아닙니다.

2　손으로 들어 보았을 때 힘이 더 적게 드는 것이 더 가볍습니다.
　(1) 수학책은 국어사전보다 더 가볍습니다.
　(2) 파프리카는 수박보다 더 가볍습니다.

3　손으로 들기 힘든 코끼리가 가장 무겁습니다.

4　손으로 들기 힘든 피아노가 가장 무겁고, 손으로 들었을 때 힘이 가장 적게 드는 리코더가 가장 가볍습니다.

개념책 86쪽 개념 ❸

1 좁습니다 / 넓습니다
2 넓습니다 / 좁습니다

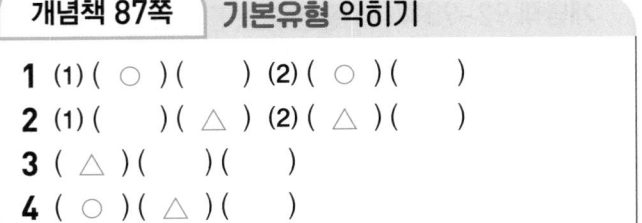

개념책 87쪽 **기본유형 익히기**

1 (1) (○) ( ) (2) (○) ( )
2 (1) ( ) (△) (2) (△) ( )
3 (△) ( ) ( )
4 (○) (△) ( )

1 겹쳤을 때 남는 부분이 있는 것이 더 넓습니다.
　(1) 엽서는 우표보다 더 넓습니다.
　(2) 500원짜리 동전은 100원짜리 동전보다 더
　　넓습니다.

2 겹쳤을 때 남는 부분이 없는 것이 더 좁습니다.
　(1) 오른쪽 색종이는 왼쪽 색종이보다 더 좁습니다.
　(2) 거울은 창문보다 더 좁습니다.

3 겹쳤을 때 남는 부분이 없는 것이 가장 좁습니다.
　⇨ 동화책이 가장 좁습니다.

4 겹쳤을 때 남는 부분이 가장 많은 것이 가장 넓고,
　남는 부분이 없는 것이 가장 좁습니다.
　⇨ 왼쪽 피자가 가장 넓고, 가운데 피자가 가장
　　좁습니다.

개념책 88쪽 **개념 ❹**

1 많습니다 / 적습니다
2 많습니다 / 적습니다

개념책 89쪽 **기본유형 익히기**

1 (1) (○) ( ) (2) ( ) (○)
2 (1) (△) ( ) (2) ( ) (△)
3 (1) ( ) (○) (2) (○) ( )
4 (△) ( ) (○)

1 그릇의 크기를 비교했을 때 더 큰 그릇이 담을
　수 있는 양이 더 많습니다.
　(1) 왼쪽 통은 오른쪽 통보다 담을 수 있는 양이
　　더 많습니다.
　(2) 욕조는 어항보다 담을 수 있는 양이 더 많습
　　니다.

2 그릇의 크기를 비교했을 때 더 작은 그릇이 담을
　수 있는 양이 더 적습니다.
　(1) 왼쪽 꽃병은 오른쪽 꽃병보다 담을 수 있는
　　양이 더 적습니다.
　(2) 종이컵은 페트병보다 담을 수 있는 양이 더
　　적습니다.

3 그릇의 모양과 크기가 같을 때 물의 높이가 더
　높은 그릇이 담긴 양이 더 많습니다.
　(1) 오른쪽 그릇은 왼쪽 그릇보다 담긴 양이 더
　　많습니다.
　(2) 왼쪽 그릇은 오른쪽 그릇보다 담긴 양이 더
　　많습니다.

4 가장 큰 그릇이 담을 수 있는 양이 가장 많고, 가
　장 작은 그릇이 담을 수 있는 양이 가장 적습니다.
　⇨ 주스 병이 담을 수 있는 양이 가장 많고,
　　우유갑이 담을 수 있는 양이 가장 적습니다.

개념책 90~91쪽 **실전유형 다지기**

🖋 서술형 문제는 풀이를 꼭 확인하세요.

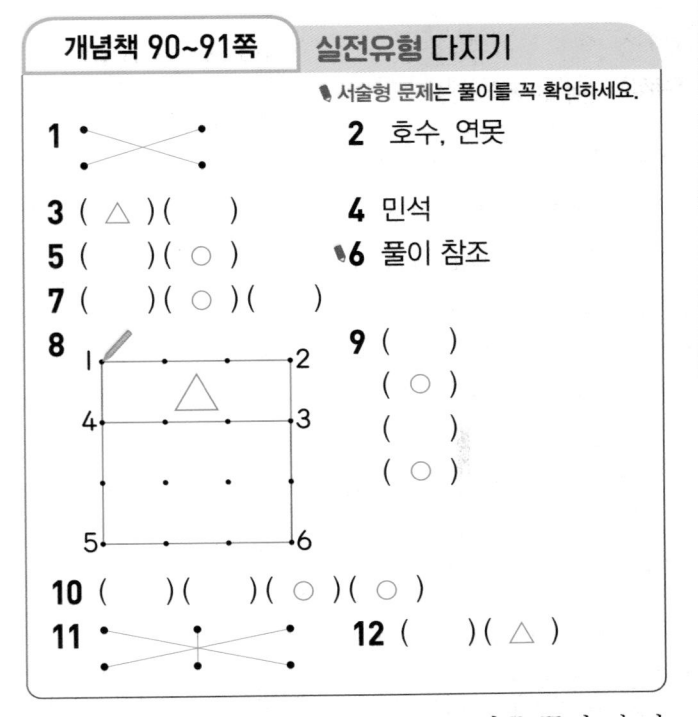

1 ･ ⤬ ･ 　**2** 호수, 연못
　･ ･
3 (△) ( ) 　**4** 민석
5 ( ) (○) 　🖋**6** 풀이 참조
7 ( ) (○) ( ) 　
8 　**9** ( )
　　　　　(○)
　　　　　( )
　　　　　(○)
10 ( ) ( ) (○) (○)
11 ･ ⤬ ･ 　**12** ( ) (△)
　･ ･

1 오른쪽 끝이 맞추어져 있으므로 왼쪽 끝이 더 많
　이 나간 것이 더 깁니다.

2 겹쳤을 때 남는 부분이 있는 것이 더 넓습니다.
　⇨ 호수는 연못보다 더 넓습니다.

3 물의 높이가 같을 때 그릇의 크기가 더 작은 그릇이 담긴 양이 더 적습니다.
⇨ 왼쪽 그릇은 오른쪽 그릇보다 담긴 양이 더 적습니다.

참고 그릇에 담긴 물의 양을 비교할 때 그릇의 폭과 상관없이 물의 높이로만 비교하는 실수를 하지 않도록 지도합니다.

4 시소에서는 아래로 내려간 쪽이 더 무겁습니다.
⇨ 민석이가 선아보다 더 무겁습니다.

5 아래쪽 끝이 맞추어져 있으므로 위쪽 끝이 더 많이 나간 것이 더 높습니다.
⇨ 오른쪽 모양이 왼쪽 모양보다 더 높습니다.

6 예 한쪽 끝이 맞추어져 있지 않으므로 오른쪽 끝만 비교하여 지우개가 풀보다 더 길다고 할 수 없습니다.」❶

채점 기준
❶ 길이를 잘못 비교한 이유 쓰기

7 컵의 모양과 크기가 같을 때 주스의 높이가 가장 높은 컵이 담긴 양이 가장 많습니다.
⇨ 가운데 컵이 담긴 양이 가장 많습니다.

8 1부터 6까지 순서대로 이어 만들어지는 두 모양에서 위쪽이 아래쪽보다 더 좁습니다.

9 왼쪽 끝이 맞추어져 있으므로 오른쪽 끝을 비교하면 연필보다 더 긴 것은 자, 색연필입니다.

10 저울이 오른쪽으로 기울어져 있으므로 오른쪽에 있는 쌓기나무는 2개보다 더 무겁습니다.
따라서 오른쪽에 들어갈 수 있는 쌓기나무는 3개, 4개입니다.

11 상자가 찌그러진 정도를 관찰하면 가장 많이 찌그러진 상자 위에는 가장 무거운 원숭이, 가장 적게 찌그러진 상자 위에는 가장 가벼운 쥐가 앉았을 것입니다.

12 바가지는 컵보다 담을 수 있는 양이 더 많습니다.
담을 수 있는 양이 더 많은 것이 어항에 물을 붓는 횟수가 더 적습니다.
따라서 물을 붓는 횟수가 더 적은 것은 바가지입니다.

| 개념책 92~93쪽 | 응용유형 다잡기 |

1 (1) 깁니다 (2) ㉯ **2** ㉯
3 (1) 공원 / 운동장 (2) 공원 **4** 감자밭
5 (1) 적은 (2) 윤아 **6** 지혜
7 (1) 성우 / 민재 (2) 민재, 성우, 수연

1 (2) 가장 긴 것은 가장 많이 구부러져 있는 ㉯입니다.

2 양쪽 끝이 맞추어져 있을 때 더 적게 구부러져 있으면 곧게 폈을 때 길이가 더 짧습니다.
따라서 가장 짧은 것은 가장 적게 구부러져 있는 ㉯입니다.

3 (1) • 운동장은 공원보다 더 좁으므로 운동장과 공원 중에서 더 넓은 곳은 공원입니다.
• 놀이터는 운동장보다 더 좁으므로 놀이터와 운동장 중에서 더 넓은 곳은 운동장입니다.
(2) 가장 넓은 곳은 공원입니다.

4 • 참외밭은 포도밭보다 더 넓으므로 참외밭과 포도밭 중에서 더 좁은 곳은 포도밭입니다.
• 포도밭은 감자밭보다 더 넓으므로 포도밭과 감자밭 중에서 더 좁은 곳은 감자밭입니다.
따라서 가장 좁은 곳은 감자밭입니다.

5 (2) 우유를 가장 많이 마신 사람은 남은 우유가 가장 적은 윤아입니다.

6 가장 적게 마신 사람은 남은 양이 가장 많은 사람입니다.
따라서 물을 가장 적게 마신 사람은 남은 물이 가장 많은 지혜입니다.

7 (1) • 왼쪽 그림에서 성우가 아래로 내려갔으므로 성우와 수연이 중에서 성우가 더 무겁습니다.
• 오른쪽 그림에서 민재가 아래로 내려갔으므로 성우와 민재 중에서 민재가 더 무겁습니다.
(2) 민재가 가장 무겁고, 수연이가 가장 가벼우므로 무거운 사람부터 차례대로 쓰면 민재, 성우, 수연입니다.

개념책 94~96쪽 단원 마무리

✎ 서술형 문제는 풀이를 꼭 확인하세요.

1 (○)
( )

2 (△)( )

3 (○)( ) 4 ( )(△)

5 비행기, 자전거 6 낮습니다

7 예

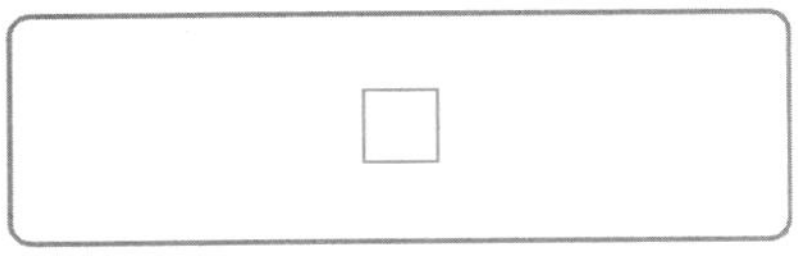

[□]

8 ( )(△)( ) 9 (○)( )( )

10 ( )(○)( ) 11 (○)( )( )

12 (○) 13 ( )(△)( )
( )

14 (○) 15 2개
(△) 16 ㉲
( ) 17 나팔꽃

18 다람쥐 ✎19 가

✎20 칠판

---

1 왼쪽 끝이 맞추어져 있으므로 오른쪽 끝이 더 많이 나간 것이 더 깁니다.

2 손으로 들어 보았을 때 힘이 더 적게 드는 것이 더 가볍습니다.

3 겹쳤을 때 남는 부분이 있는 것이 더 넓습니다.

4 그릇의 크기를 비교했을 때 더 작은 그릇이 담을 수 있는 양이 더 적습니다.

5 손으로 들어 보았을 때 힘이 더 많이 드는 것이 더 무겁습니다.

6 두 물건의 높이를 비교할 때에는 '더 높다', '더 낮다'로 나타냅니다.

8 손으로 들어 보았을 때 힘이 가장 적게 드는 것이 가장 가볍습니다.

9 가장 큰 그릇이 담을 수 있는 양이 가장 많습니다.

10 아래쪽 끝이 맞추어져 있으므로 위쪽 끝이 가장 많이 나간 것이 가장 높습니다.

11 컵의 모양과 크기가 같을 때 주스의 높이가 가장 높은 컵이 담긴 양이 가장 많습니다.

12 한쪽 끝을 맞추어 길이를 비교하면 우산보다 더 긴 것은 지팡이입니다.

13 겹쳤을 때 남는 부분이 가장 많은 것이 가장 넓고, 남는 부분이 없는 것이 가장 좁습니다.

14 오른쪽 끝이 맞추어져 있으므로 왼쪽 끝이 가장 많이 나간 것이 가장 길고, 왼쪽 끝이 가장 적게 나간 것이 가장 짧습니다.

15 의자보다 더 무거운 것은 책상, 자동차로 모두 2개입니다.

16 양쪽 끝이 맞추어져 있을 때 더 많이 구부러져 있으면 곧게 폈을 때 길이가 더 깁니다.
따라서 가장 긴 것은 가장 많이 구부러져 있는 ㉲입니다.

17 • 분꽃은 나팔꽃보다 키가 더 작으므로 분꽃과 나팔꽃 중에서 키가 더 큰 꽃은 나팔꽃입니다.
• 봉숭아는 분꽃보다 키가 더 작으므로 봉숭아와 분꽃 중에서 키가 더 큰 꽃은 분꽃입니다.
따라서 키가 가장 큰 꽃은 나팔꽃입니다.

18 • 왼쪽 그림에서 다람쥐가 위로 올라갔으므로 토끼와 다람쥐 중에서 다람쥐가 더 가볍습니다.
• 오른쪽 그림에서 토끼가 위로 올라갔으므로 토끼와 코끼리 중에서 토끼가 더 가볍습니다.
따라서 가장 가벼운 동물은 다람쥐입니다.

✎19 예 그릇의 모양과 크기가 같을 때 물의 높이가 더 낮은 그릇이 담긴 양이 더 적습니다.」 ❶
따라서 담긴 양이 더 적은 그릇은 가입니다.」 ❷

채점 기준	
❶ 그릇의 모양과 크기가 같을 때 담긴 양을 비교하는 방법 알아보기	3점
❷ 담긴 양이 더 적은 그릇 쓰기	2점

✎20 예 겹쳤을 때 남는 부분이 가장 많은 것이 가장 넓습니다.」 ❶
따라서 가장 넓은 것은 칠판입니다.」 ❷

채점 기준	
❶ 세 물건의 넓이를 비교하는 방법 알아보기	3점
❷ 가장 넓은 것 구하기	2점

5. 50까지의 수

개념책 100쪽 개념❶

1 10
2 (1) 10 (2) 8

2 (1) 6과 4를 모으기하면 10이 됩니다.
　(2) 10은 2와 8로 가르기할 수 있습니다.

개념책 101쪽 기본유형 익히기

1 (　)(○)(　)
2 5 / 10 / 5
3 (1) 1, 9 또는 9, 1　(2) 3, 7 또는 7, 3

1 귤은 7, 달걀은 10, 토마토는 9입니다.
　(참고) 여러 개의 사물과 '하나, 둘, 셋'과 같은 수 이름을 대응시켜 마지막 사물에 대응된 수 이름이 사물의 수가 된다는 것을 이해하게 합니다.

2 ・4와 6을 모으기하면 10이 됩니다.
　・5와 5를 모으기하면 10이 됩니다.

3 (1) 10은 1과 9로 가르기할 수 있습니다.
　(2) 10은 3과 7로 가르기할 수 있습니다.

개념책 102쪽 개념❷

1 3, 13
2 적습니다 / 작습니다

2 10개씩 묶음의 수가 1로 같으므로 낱개의 수를 비교하면 5는 7보다 작습니다.
　⇨ 15는 17보다 작습니다.

개념책 103쪽 기본유형 익히기

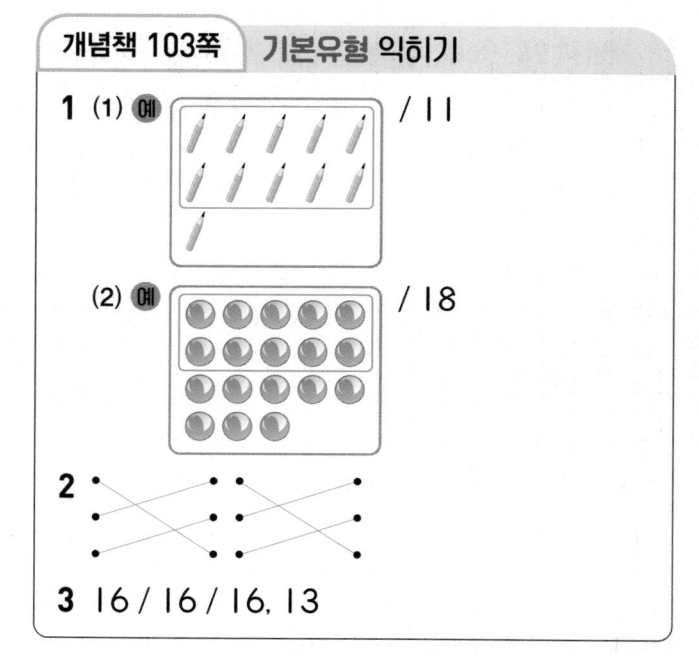

1 (1) 예 / 11
　(2) 예 / 18
2
3 16 / 16 / 16, 13

1 (1) 10개씩 묶어 보면 10개씩 묶음 1개와 낱개 1개이므로 수로 나타내면 11입니다.
　(2) 10개씩 묶어 보면 10개씩 묶음 1개와 낱개 8개이므로 수로 나타내면 18입니다.

2 ・10개씩 묶음 1개와 낱개 2개
　　⇨ 12(십이 또는 열둘)
　・10개씩 묶음 1개와 낱개 4개
　　⇨ 14(십사 또는 열넷)
　・10개씩 묶음 1개와 낱개 9개
　　⇨ 19(십구 또는 열아홉)

3 10개씩 묶음의 수가 1로 같으므로 낱개의 수를 비교하면 3은 6보다 작습니다.
　⇨ 13은 16보다 작습니다.

개념책 104쪽 개념❸

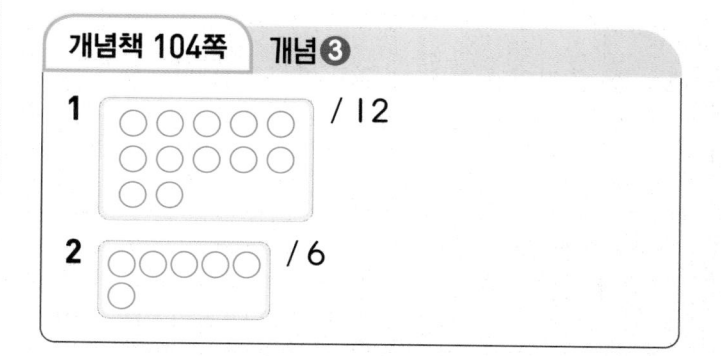

1 / 12
2 / 6

1 6과 6을 모으기하면 12가 됩니다.
2 14는 8과 6으로 가르기할 수 있습니다.

개념책 105쪽 **기본유형 익히기**

1 8, 7 / 15　　　　　**2** 17 / 8, 9

3 예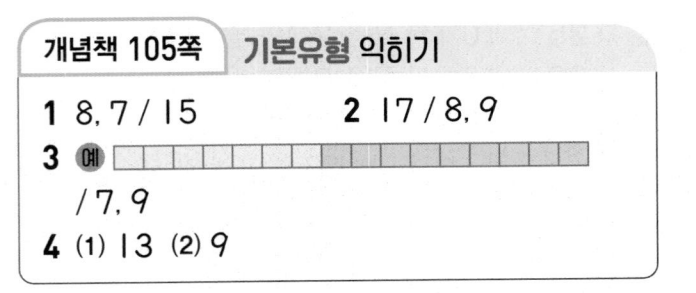
/ 7, 9

4 (1) 13　(2) 9

1　8과 7을 모으기하면 15가 됩니다.

2　17은 8과 9로 가르기할 수 있습니다.

3　16은 (1, 15), (2, 14), (3, 13), (4, 12), (5, 11), (6, 10), (7, 9), (8, 8)로 가르기할 수 있습니다.
　　참고 (0, 16), (16, 0)으로 가르기하는 것을 직접 다루지는 않지만 자연수와 0을 학습한 이후이므로 맞는 것으로 인정합니다.

4　(1) 7과 6을 모으기하면 13이 됩니다.
　　(2) 18은 9와 9로 가르기할 수 있습니다.

개념책 106~107쪽 **실전유형 다지기**

🖊 서술형 문제는 풀이를 꼭 확인하세요.

1　1　　　　　　**2** (1) 1, 8, 18　(2) 13
3　(1) 10　(2) 9　　**4** ○○○○○ / 5
5　(　)(○)(　)　**6** 십 / 열
7　17개
8
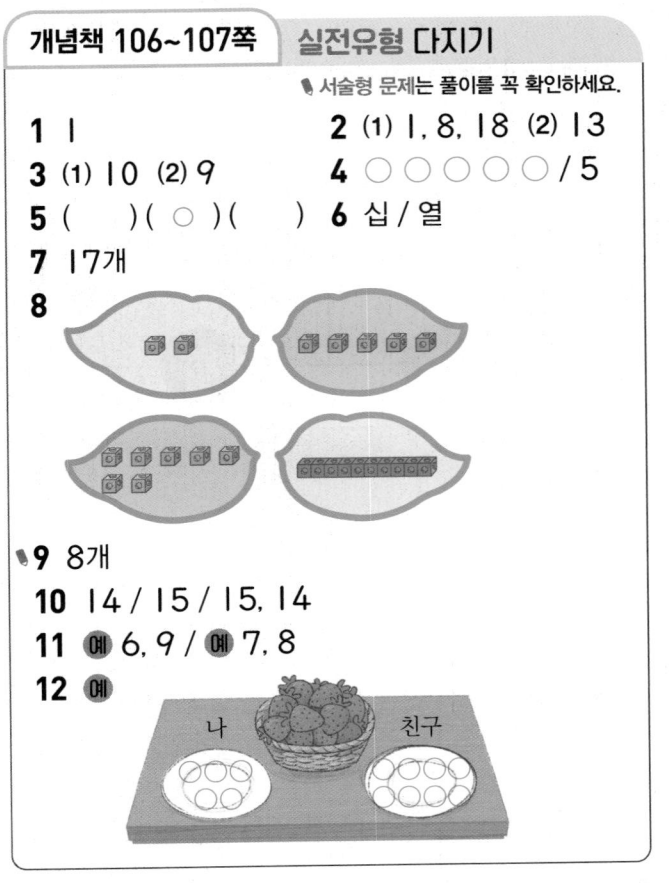

🖊**9**　8개
10　14 / 15 / 15, 14
11　예 6, 9 / 예 7, 8
12　예

2　(2) 10개씩 묶어 보면 10개씩 묶음 1개와 낱개 3개이므로 수로 나타내면 13입니다.

3　(1) 3과 7을 모으기하면 10이 됩니다.
　　(2) 10은 1과 9로 가르기할 수 있습니다.

4　5와 5를 모으기하면 10이 됩니다.

5　십이 ⇨ 12, 열둘 ⇨ 12
　　따라서 나타내는 수가 다른 하나는 14입니다.

6　10은 상황에 따라 '십' 또는 '열'이라고 읽습니다.
　　・10일 ⇨ 십 일
　　・10자루 ⇨ 열 자루

7　바구니에 들어 있는 귤은 10개씩 묶음 1개입니다. 따라서 10개씩 묶음 1개와 낱개 7개는 17이므로 귤은 모두 17개입니다.

8　2와 10, 5와 7을 모으기하면 12가 됩니다.

🖊**9**　❶ 예 14는 6과 8로 가르기할 수 있습니다.
　　❷ 예 배를 한 상자에 6개 담으면 다른 상자에는 8개 담아야 합니다.

10　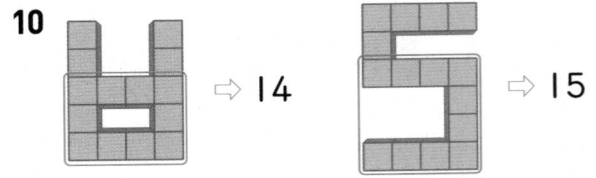

　　10개씩 묶음의 수가 1로 같으므로 낱개의 수를 비교하면 5는 4보다 큽니다.
　　⇨ 15는 14보다 큽니다.

11　15는 (1, 14), (2, 13), (3, 12), (4, 11), (5, 10), (6, 9), (7, 8)로 가르기할 수 있습니다.

12　친구가 나보다 딸기를 더 많이 가지는 경우는 다음과 같습니다.

내가 가지는 딸기 수	1	2	3	4	5	6
친구가 가지는 딸기 수	12	11	10	9	8	7

개념책 108쪽 **개념❹**

1　3, 30　　　　　**2** 많습니다 / 큽니다

2　10개씩 묶음의 수를 비교하면 4는 2보다 큽니다. ⇨ 40은 20보다 큽니다.

개념책 109쪽 기본유형 익히기

1 예 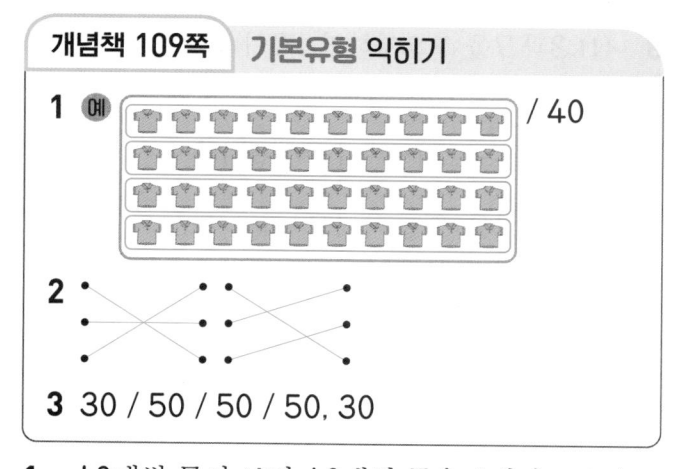 / 40

2

3 30 / 50 / 50 / 50, 30

1 10개씩 묶어 보면 10개씩 묶음 4개이므로 수로 나타내면 40입니다.

2 ·10개씩 묶음 4개 ⇨ 40(사십 또는 마흔)
 ·10개씩 묶음 2개 ⇨ 20(이십 또는 스물)
 ·10개씩 묶음 5개 ⇨ 50(오십 또는 쉰)

3 10개씩 묶음의 수를 비교하면 3은 5보다 작습니다. ⇨ 30은 50보다 작습니다.

개념책 110쪽 개념⑤

1 5, 35　　　　**2** 2, 6

2 10개씩 묶어 보면 10개씩 묶음 2개와 낱개 6개입니다.

(참고) 26을 10개씩 묶음 1개와 낱개 16개로 나타낸다면 이 단원에서는 50까지의 수와 연결 짓는 과정이 필요하므로 10개씩 묶음 2개와 낱개 6개로 나타낼 수 있도록 지도합니다.

개념책 111쪽 기본유형 익히기

1 예 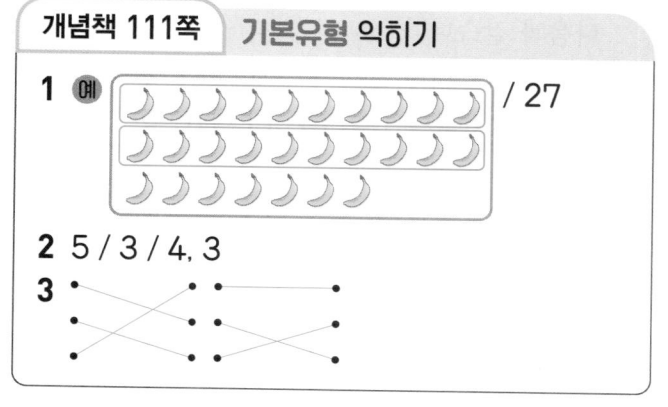 / 27

2 5 / 3 / 4, 3
3

1 10개씩 묶어 보면 10개씩 묶음 2개와 낱개 7개이므로 수로 나타내면 27입니다.

2 ·25 ⇨ 10개씩 묶음 2개와 낱개 5개
 ·39 ⇨ 10개씩 묶음 3개와 낱개 9개
 ·43 ⇨ 10개씩 묶음 4개와 낱개 3개

3 ·10개씩 묶음 4개와 낱개 1개
 ⇨ 41(사십일 또는 마흔하나)
 ·10개씩 묶음 2개와 낱개 8개
 ⇨ 28(이십팔 또는 스물여덟)
 ·10개씩 묶음 3개와 낱개 4개
 ⇨ 34(삼십사 또는 서른넷)

개념책 112쪽 개념⑥

1 (1) (위에서부터) 4, 5, 9 / 17 / 30
 / 33, 36, 37, 38 / 41, 42, 45, 48, 49
 (2) 36 / 38

1 (2) 37보다 1만큼 더 작은 수는 37 바로 앞의 수인 36이고, 37보다 1만큼 더 큰 수는 37 바로 뒤의 수인 38입니다.

개념책 113쪽 기본유형 익히기

1 (1) 24, 26　(2) 46, 50
2

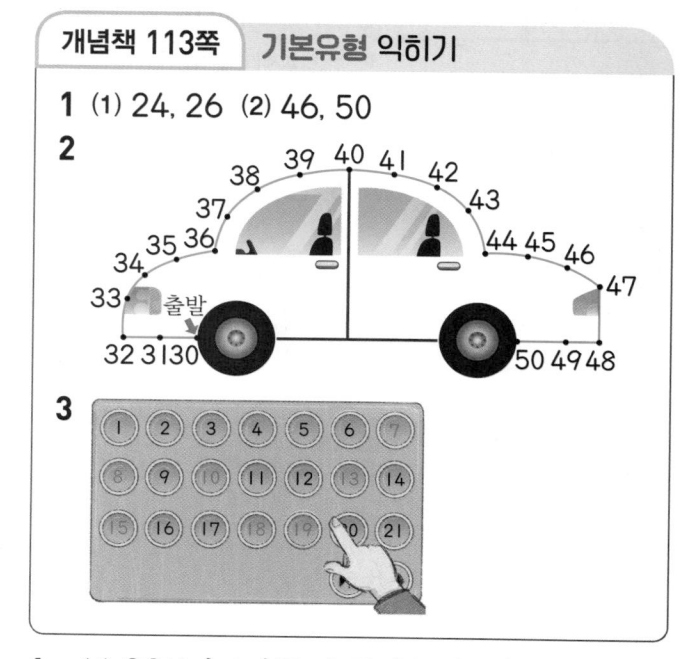

1 (1) 23보다 1만큼 더 큰 수는 24이고,
 25보다 1만큼 더 큰 수는 26입니다.
 (2) 47보다 1만큼 더 작은 수는 46이고,
 49보다 1만큼 더 큰 수는 50입니다.

2 30부터 50까지의 수를 순서대로 이어 그림을 완성합니다.

3 수의 순서를 생각하며 빈칸에 알맞은 수를 써넣습니다.

개념책 114쪽 개념 ❼

1 작습니다 / 큽니다
2 예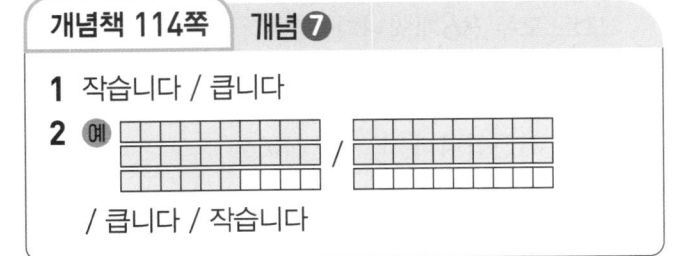
/ 큽니다 / 작습니다

1 10개씩 묶음의 수를 비교하면 2가 3보다 작습니다. ⇨ 28은 33보다 작습니다.

2 10개씩 묶음의 수가 2로 같으므로 낱개의 수를 비교하면 6이 1보다 큽니다.
⇨ 26은 21보다 큽니다.

개념책 115쪽 기본유형 익히기

1 30, 23 / 23, 30   **2** (1) 41 (2) 27
3 (1) 26 (2) 44   **4** (1) 43 (2) 37

1 10개씩 묶음의 수를 비교하면 3이 2보다 큽니다. ⇨ 30은 23보다 큽니다.

2 (1) 10개씩 묶음의 수를 비교하면 4가 3보다 큽니다. ⇨ 41은 36보다 큽니다.
(2) 10개씩 묶음의 수가 2로 같으므로 낱개의 수를 비교하면 7이 5보다 큽니다.
⇨ 27은 25보다 큽니다.

3 (1) 10개씩 묶음의 수를 비교하면 2가 3보다 작습니다. ⇨ 26은 35보다 작습니다.
(2) 10개씩 묶음의 수가 4로 같으므로 낱개의 수를 비교하면 4가 9보다 작습니다.
⇨ 44는 49보다 작습니다.

4 (1) 10개씩 묶음의 수를 비교하면 4가 가장 큽니다. ⇨ 43이 가장 큽니다.
(2) 10개씩 묶음의 수가 3으로 같으므로 낱개의 수를 비교하면 7이 가장 큽니다.
⇨ 37이 가장 큽니다.

개념책 116~117쪽 실전유형 다지기

✎ 서술형 문제는 풀이를 꼭 확인하세요.

1 (　) (　) (○)
2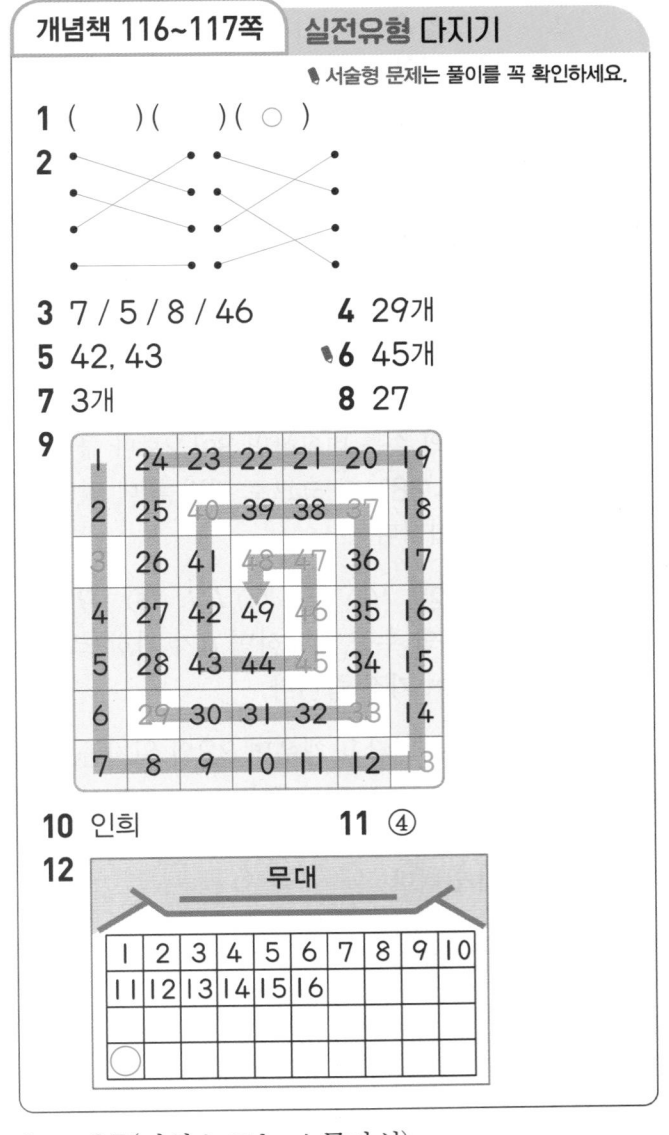
3 7 / 5 / 8 / 46   **4** 29개
5 42, 43   ✎**6** 45개
7 3개   **8** 27
9

1	24	23	22	21	20	19
2	25	40	39	38	37	18
3	26	41	48	47	36	17
4	27	42	49	46	35	16
5	28	43	44	45	34	15
6	29	30	31	32	33	14
7	8	9	10	11	12	13

10 인희   **11** ④
12

무대									
1	2	3	4	5	6	7	8	9	10
11	12	13	14	15	16				
○									

1 • 25(이십오 또는 스물다섯)
• 41(사십일 또는 마흔하나)
• 32(삼십이 또는 서른둘)

3 • 37 ⇨ 10개씩 묶음 3개와 낱개 7개
• 50 ⇨ 10개씩 묶음 5개와 낱개 0개
• 28 ⇨ 10개씩 묶음 2개와 낱개 8개
• 10개씩 묶음 4개와 낱개 6개 ⇨ 46

4 10개씩 묶음 2개와 낱개 9개 ⇨ 29개

5 41보다 1만큼 더 큰 수는 42이고,
44보다 1만큼 더 작은 수는 43입니다.

✎**6** ❶ 예 10개씩 4봉지는 10개씩 묶음 4개와 같습니다.
❷ 예 10개씩 묶음 4개와 낱개 5개는 45이므로 귤은 모두 45개입니다.

7 〔보기〕의 모양은 ▦ 10개로 만든 것이고, 주어진 ▦은 30개입니다.
따라서 30은 10개씩 묶음 3개이므로 〔보기〕의 모양을 3개 만들 수 있습니다.

8 10개씩 묶음의 수를 비교하면 2가 가장 작습니다.
⇨ 27이 가장 작습니다.

9 화살표 방향으로 수의 순서를 생각하며 빈칸에 알맞은 수를 써넣습니다.

10 10개씩 묶음의 수를 비교하면 3이 2보다 큽니다.
따라서 34가 28보다 크므로 감자를 더 많이 캔 사람은 인희입니다.

11 ① 31 ② 27 ③ 25 ④ 47 ⑤ 19
10개씩 묶음의 수를 비교하면 4가 가장 크므로 ④ 마흔일곱이 가장 큽니다.

12 수의 순서대로 빈칸을 채우면 32의 위치를 찾을 수 있습니다.
32보다 1만큼 더 작은 수는 31이므로 윤우의 자리는 31입니다.

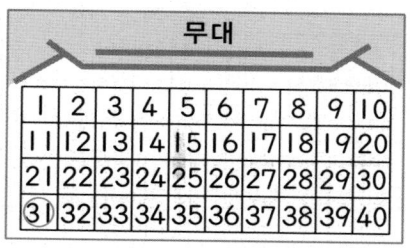

1 (2) 사탕은 10개씩 묶음 2개와 낱개 7개이므로 모두 27개입니다.

2 낱개 16개는 10개씩 묶음 1개와 낱개 6개입니다.
따라서 젤리는 10개씩 묶음 3개와 낱개 6개이므로 모두 36개입니다.

3 (2) 낱개의 수가 5이므로 두 조건을 만족하는 수는 15입니다.

4 30보다 크고 40보다 작은 수는 10개씩 묶음의 수가 3입니다.
따라서 낱개의 수가 1이므로 두 조건을 만족하는 수는 31입니다.

5 (2) 1, 2, 4를 큰 수부터 순서대로 쓰면 4, 2, 1입니다.
10개씩 묶음의 수에 가장 큰 수인 4를, 낱개의 수에 두 번째로 큰 수인 2를 놓으면 42입니다.

6 〔비법〕

> 가장 작은 수를 만들려면 10개씩 묶음의 수에 가장 작은 수를, 낱개의 수에 두 번째로 작은 수를 놓아야 합니다.

2, 3, 1을 작은 수부터 순서대로 쓰면 1, 2, 3입니다.
따라서 10개씩 묶음의 수에 가장 작은 수인 1을, 낱개의 수에 두 번째로 작은 수인 2를 놓으면 12입니다.

7 • 19와 42의 10개씩 묶음의 수를 비교하면 1이 4보다 작습니다.
⇨ 19는 42보다 작습니다.
• 26과 30의 10개씩 묶음의 수를 비교하면 2가 3보다 작습니다.
⇨ 26은 30보다 작습니다.
• 19와 26의 10개씩 묶음의 수를 비교하면 1이 2보다 작습니다.
⇨ 19는 26보다 작습니다.
• 42와 30의 10개씩 묶음의 수를 비교하면 4가 3보다 큽니다.
⇨ 42는 30보다 큽니다.

개념책 118~119쪽 응용유형 다잡기

1 (1) 1, 7 (2) 27개 **2** 36개
3 (1) 1 (2) 15 **4** 31
5 (1) 가장 큰 수, 두 번째로 큰 수 (2) 42
6 12
7 (위에서부터) 26 / 30 / 19, 26 / 30, 42

🖊 서술형 문제는 풀이를 꼭 확인하세요.

1 10

2 12

3

4 10

5 8

6 3, 5 / 35

7 21, 23

8 ④

9 (　)(○)

10 36

11 📦 8, 9

12 50개

13 37번

14 4봉지, 1개

15

11	10	9	8	7	6
12	27	26	25	24	5
13	28	35	34	23	4
14	29	36	33	22	3
15	30	31	32	21	2
16	17	18	19	20	1

16 42개

17 27

18 23

🖊**19** 39

🖊**20** 상희

---

7 20보다 1만큼 더 큰 수는 21이고,
22보다 1만큼 더 큰 수는 23입니다.

8 ④ 45(사십오 또는 마흔다섯)

9 ・11과 5를 모으기하면 16입니다.
・10과 9를 모으기하면 19입니다.

10 10개씩 묶음의 수를 비교하면 3이 1보다 크므로 30, 36이 18보다 큽니다.
30, 36의 10개씩 묶음의 수가 3으로 같으므로 낱개의 수를 비교하면 6이 0보다 큽니다.
따라서 36이 가장 큽니다.

11 17은 (1, 16), (2, 15), (3, 14), (4, 13), (5, 12), (6, 11), (7, 10), (8, 9)로 가르기할 수 있습니다.

12 10개씩 묶음 5개는 50입니다.
따라서 어머니께서 사 오신 달걀은 모두 50개입니다.

13 38보다 1만큼 더 작은 수는 37입니다.
따라서 은아 바로 앞에 서 있는 사람은 37번입니다.

14 41은 10개씩 묶음 4개와 낱개 1개입니다.
따라서 구슬 41개를 한 봉지에 10개씩 담으면 4봉지가 되고, 1개가 남습니다.

15 화살표 방향으로 수의 순서를 생각하며 빈칸에 알맞은 수를 써넣습니다.

16 낱개 12개는 10개씩 묶음 1개와 낱개 2개입니다.
따라서 초콜릿은 10개씩 묶음 4개와 낱개 2개이므로 모두 42개입니다.

17 20보다 크고 30보다 작은 수는 10개씩 묶음의 수가 2입니다.
따라서 낱개의 수가 7이므로 두 조건을 만족하는 수는 27입니다.

18 2, 4, 3을 작은 수부터 순서대로 쓰면 2, 3, 4입니다.
따라서 10개씩 묶음의 수에 가장 작은 수인 2를, 낱개의 수에 두 번째로 작은 수인 3을 놓으면 23입니다.

🖊**19** 📦 수로 나타내면 마흔다섯은 45, 사십오는 45입니다.」❶
따라서 나타내는 수가 다른 하나는 39입니다.」❷

채점 기준	
❶ 수로 나타내기	4점
❷ 나타내는 수가 다른 하나 찾아 쓰기	1점

🖊**20** 📦 26과 29는 10개씩 묶음의 수가 2로 같으므로 낱개의 수를 비교합니다. 낱개의 수는 9가 6보다 크므로 29가 26보다 큽니다.」❶
따라서 색종이를 더 많이 가지고 있는 사람은 상희입니다.」❷

채점 기준	
❶ 두 수의 크기 비교하기	3점
❷ 색종이를 더 많이 가지고 있는 사람 구하기	2점

1. 9까지의 수

복습책 4~7쪽 기초력 기르기

❶ 1, 2, 3, 4, 5 알아보기

1 다섯   **2** 셋   **3** 넷
4 2   **5** 4   **6** 1

❷ 6, 7, 8, 9 알아보기

1 아홉   **2** 여섯   **3** 일곱
4 6   **5** 8   **6** 9

❸ 순서 알아보기

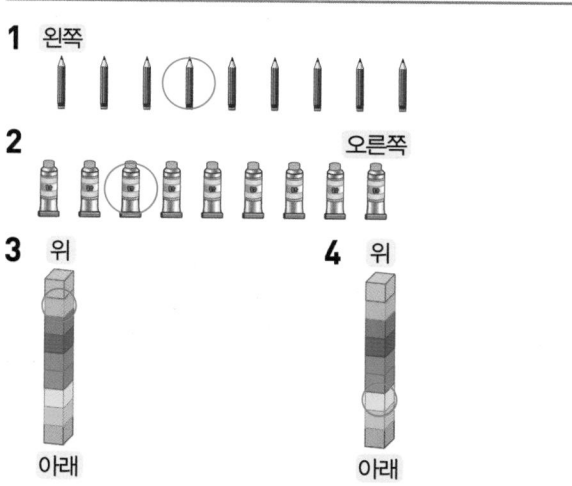

1 왼쪽

2 오른쪽

3 위 / 아래

4 위 / 아래

❹ 수의 순서

1 3, 4, 6, 8   **2** 2, 5, 7, 9
3 2, 4, 6, 7, 9   **4** 8, 7, 4
5 5, 2, 1   **6** 6, 5, 3

❺ 1만큼 더 큰 수와 1만큼 더 작은 수

1 1, 3   **2** 3, 5   **3** 4, 6
4 2, 4   **5** 7, 9   **6** 5, 7

❻ 0 알아보기

1 0   **2** 1, 0
3 0   **4** 0, 2

❼ 수의 크기 비교

1 많습니다 / 큽니다
2 적습니다 / 작습니다
3 많습니다 / 큽니다
4 7   **5** 5   **6** 9
7 7   **8** 8   **9** 4
10 5   **11** 1

복습책 8~9쪽 기본유형 익히기

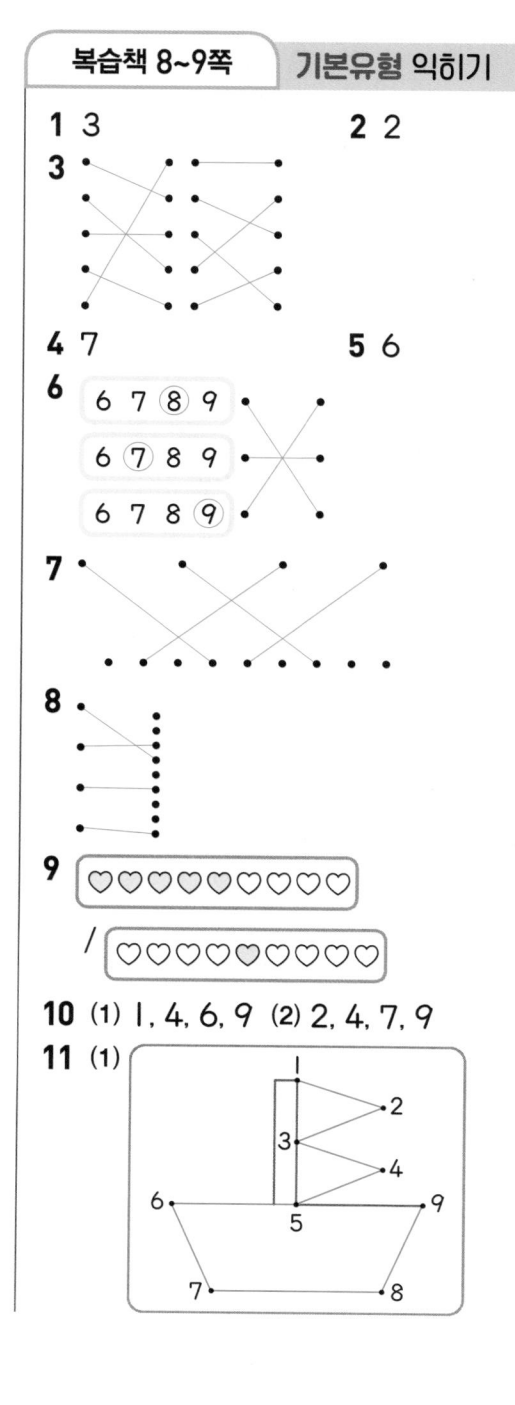

1 3   **2** 2

3

4 7   **5** 6

6 6 7 ⑧ 9
6 ⑦ 8 9
6 7 8 ⑨

7

8

9 ♡♡♡♡♡♡♡♡♡ / ♡♡♡♡♡♡♡♡

10 (1) 1, 4, 6, 9 (2) 2, 4, 7, 9

11 (1)

(2)

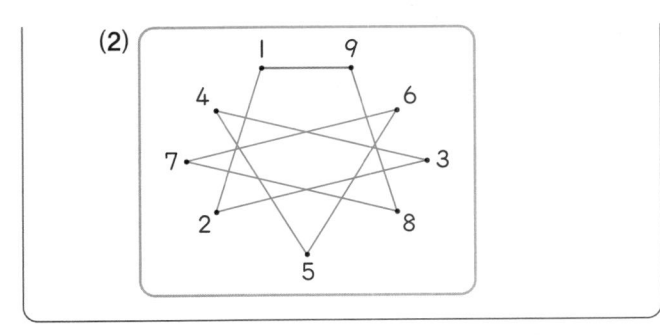

1 자전거의 수를 세어 보면 하나, 둘, 셋이므로 **3**입니다.

2 우유의 수를 세어 보면 하나, 둘이므로 **2**입니다.

4 탬버린의 수를 세어 보면 하나, 둘, 셋, 넷, 다섯, 여섯, 일곱이므로 **7**입니다.

5 돼지의 수를 세어 보면 하나, 둘, 셋, 넷, 다섯, 여섯이므로 **6**입니다.

6
- 사탕의 수를 세어 보면 하나, 둘, 셋, 넷, 다섯, 여섯, 일곱, 여덟이므로 **8**입니다. 8은 '여덟' 또는 '팔'이라고 읽습니다.
- 초콜릿의 수를 세어 보면 하나, 둘, 셋, 넷, 다섯, 여섯, 일곱이므로 **7**입니다. 7은 '일곱' 또는 '칠'이라고 읽습니다.
- 아이스크림의 수를 세어 보면 하나, 둘, 셋, 넷, 다섯, 여섯, 일곱, 여덟, 아홉이므로 **9**입니다. 9는 '아홉' 또는 '구'라고 읽습니다.

7 왼쪽에서부터 첫째, 둘째, 셋째, 넷째, 다섯째, 여섯째, 일곱째, 여덟째, 아홉째입니다.

8
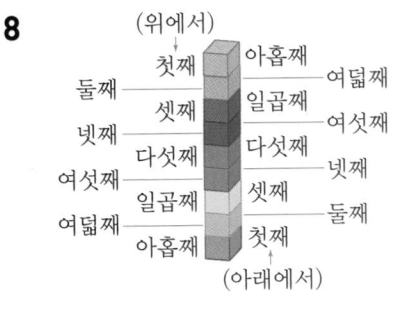

9 다섯은 개수를 나타내므로 **5**개에 색칠하고, 다섯째는 순서를 나타내므로 다섯째에 있는 **1**개에만 색칠합니다.

10 **1**부터 **9**까지의 수를 순서대로 쓰면 **1**, **2**, **3**, **4**, **5**, **6**, **7**, **8**, **9**입니다.

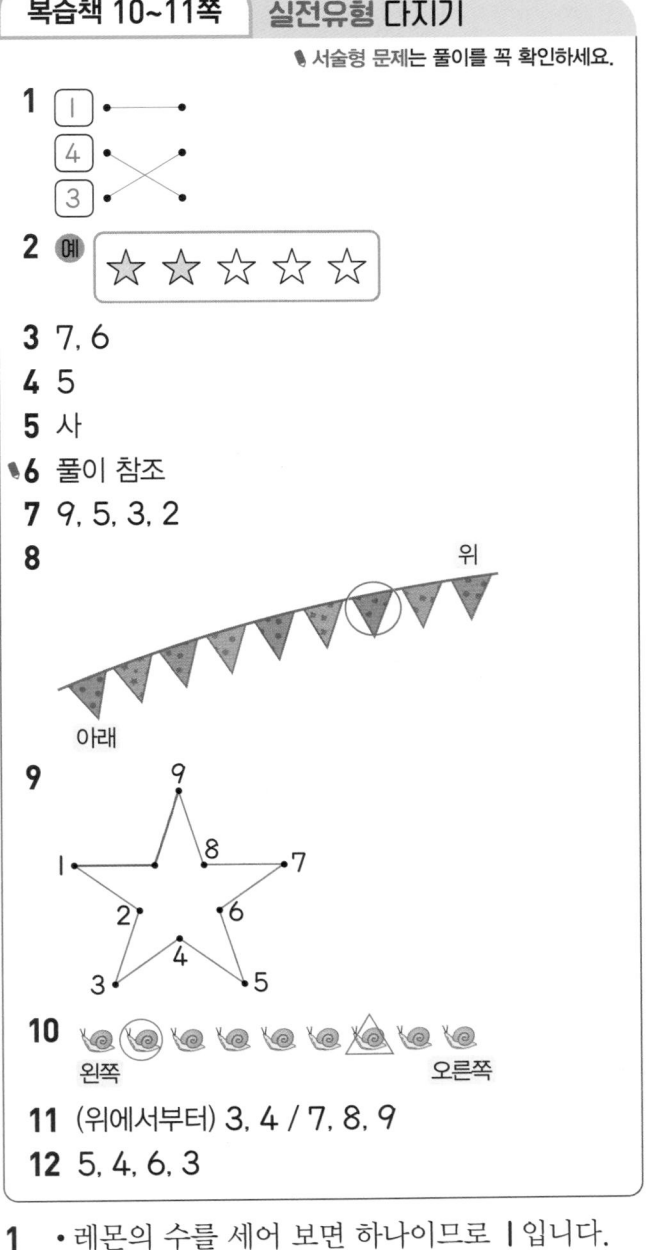

복습책 10~11쪽 **실전유형 다지기**

🖋 서술형 문제는 풀이를 꼭 확인하세요.

1

2 예

3 7, 6
4 5
5 사
🖋**6** 풀이 참조
7 9, 5, 3, 2
8
9
10
11 (위에서부터) 3, 4 / 7, 8, 9
12 5, 4, 6, 3

1
- 레몬의 수를 세어 보면 하나이므로 **1**입니다. 1은 '하나' 또는 '일'이라고 읽습니다.
- 토마토의 수를 세어 보면 넷이므로 **4**입니다. 4는 '넷' 또는 '사'라고 읽습니다.
- 감의 수를 세어 보면 셋이므로 **3**입니다. 3은 '셋' 또는 '삼'이라고 읽습니다.

2 2는 둘이므로 둘까지 세면서 색칠합니다.

3
- 젖소의 수를 세어 보면 일곱이므로 **7**마리입니다.
- 양의 수를 세어 보면 여섯이므로 **6**마리입니다.

4 물고기의 수를 세어 보면 다섯이므로 **5**입니다.

5 4는 '넷' 또는 '사'라고 읽습니다.

6 예 케이크가 I개 있습니다. ①

> **채점 기준**
> ❶ 물건의 수를 I, 2, 3, 4, 5로 설명하기

7 9부터 순서를 거꾸로 하여 쓰면 9, 8, 7, 6, 5, 4, 3, 2, I입니다.

8

아홉째
여덟째
일곱째
여섯째
다섯째
넷째
셋째
둘째
(아래) 첫째

9 I, 2, 3, 4, 5, 6, 7, 8, 9의 순서대로 점을 잇습니다.

10

아홉째 여덟째 일곱째 여섯째 다섯째 넷째 셋째 둘째 첫째 (오른쪽)

(왼쪽) 첫째 둘째 셋째 넷째 다섯째 여섯째 일곱째 여덟째 아홉째

11 수를 순서대로 쓰면 I, 2, 3, 4, 5, 6, 7, 8, 9입니다.

12 무지개는 다섯째에 있으므로 5, 사과는 넷째에 있으므로 4, 눈사람은 여섯째에 있으므로 6, 바다는 셋째에 있으므로 3입니다.

복습책 12~13쪽　**기본유형 익히기**

1 (1) 9 (2) 6 (3) 6
2 (　) (○) (　)
3 (왼쪽에서부터) I, 3
4 I, 0
5 0, I, 2
6 •　　•
　　✕
　•　　•
7 (1) 많습니다 / 4, 큽니다
　　(2) 적습니다 / 6, 작습니다

---

8 (1) 예 ○○○○○○○○
　　　예 ○○○○○○○○○○
　　　/ 작습니다 / 큽니다
　　(2) 예 ○○○○○○○
　　　예 ○○○○○
　　　/ 큽니다 / 작습니다
9 7
10 ① ② 3 4 5 6 7 8 9

1 (1) 8보다 I만큼 더 큰 수는 8 바로 뒤의 수인 9입니다.
　　(2) 7보다 I만큼 더 작은 수는 7 바로 앞의 수인 6입니다.
　　(3) 5보다 I만큼 더 큰 수는 5 바로 뒤의 수인 6입니다.

2 3보다 I만큼 더 작은 수는 2이므로 2를 나타내는 것을 찾습니다.

3 •2보다 I만큼 더 작은 수는 2 바로 앞의 수인 I입니다.
　　•2보다 I만큼 더 큰 수는 2 바로 뒤의 수인 3입니다.

4 새가 하나이면 I, 아무것도 없으면 0입니다.

5 배구공이 아무것도 없으면 0, 하나이면 I, 둘이면 2입니다.

6 복숭아가 하나이면 I, 둘이면 2, 아무것도 없으면 0입니다.

8 (1) ○의 수를 비교하면 9는 8보다 많습니다.
　　　따라서 8은 9보다 작고, 9는 8보다 큽니다.
　　(2) ○의 수를 비교하면 7은 5보다 많습니다.
　　　따라서 7은 5보다 크고, 5는 7보다 작습니다.

9 수를 순서대로 썼을 때 7은 3보다 뒤에 있는 수입니다.
　　⇨ 7은 3보다 큽니다.

10 I, 2는 3보다 앞에 있는 수입니다.
　　⇨ I, 2는 3보다 작은 수입니다.

🖊 서술형 문제는 풀이를 꼭 확인하세요.

1 2, 1, 0 　　　　**2** 8

3 9, 4 / 4, 9 　　**4** 5, 7

5

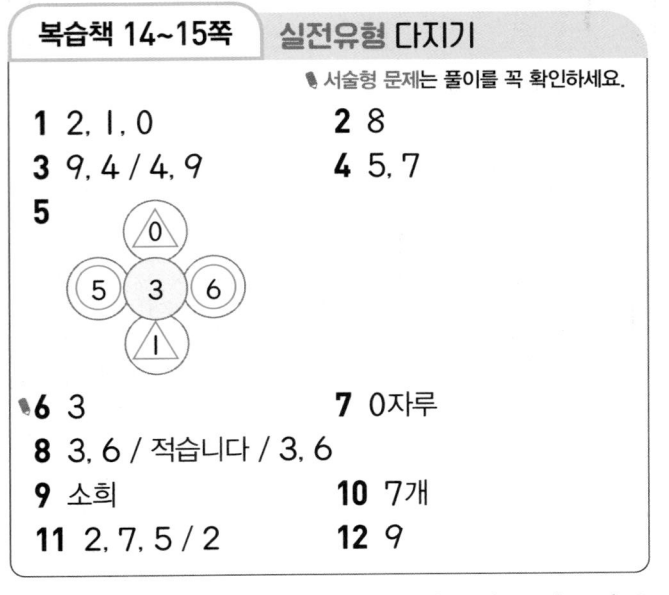

🖊**6** 3 　　　　　　**7** 0자루

8 3, 6 / 적습니다 / 3, 6

9 소희 　　　　　**10** 7개

11 2, 7, 5 / 2 　　**12** 9

---

1 꽃이 둘이면 2, 하나이면 1, 아무것도 없으면 0
입니다.

2 7보다 1만큼 더 큰 수는 8입니다.

3 • 수의 순서를 보면 9는 4보다 뒤에 있습니다.
　　⇨ 9는 4보다 큽니다.
　• 수의 순서를 보면 4는 9보다 앞에 있습니다.
　　⇨ 4는 9보다 작습니다.

4 5보다 1만큼 더 큰 수, 7보다 1만큼 더 작은 수
는 6입니다.

5 3보다 작은 수는 0과 1이고, 3보다 큰 수는 5
와 6입니다.

🖊**6** 예 모자의 수는 넷이므로 4입니다.」❶
수를 순서대로 썼을 때 4보다 1만큼 더 작은 수
는 4 바로 앞의 수이므로 3입니다.」❷

채점 기준
❶ 모자의 수 세기
❷ 모자의 수보다 1만큼 더 작은 수 구하기

7 연필꽂이에 초록색 색연필은 없으므로 0자루입
니다.

8 멜론의 수를 세어 보면 3, 감의 수를 세어 보면
6입니다.
　⇨ 멜론은 감보다 적고, 3은 6보다 작습니다.

9 수를 순서대로 썼을 때 5는 2보다 뒤에 있는 수
이므로 5는 2보다 큽니다.
　⇨ 사탕을 더 많이 가지고 있는 사람은 소희입니다.

10 8보다 1만큼 더 작은 수는 7이므로 진아가 어
제 캔 감자는 7개입니다.

11 거북의 수를 세어 보면 2, 물고기의 수를 세어
보면 7, 조개의 수를 세어 보면 5입니다.
　⇨ 2, 7, 5를 순서대로 쓰면 2, 5, 7이므로 가
　　장 작은 수는 2입니다.

12 주어진 수 카드의 수를 순서대로 쓰면 3, 6, 9
이므로 가장 큰 수는 9입니다.

---

1 2 　　　　　　　**2** 일곱째

3 6 　　　　　　　**4** 주희

---

1 • □보다 1만큼 더 큰 수는 3입니다
　• 3보다 1만큼 더 작은 수는 □입니다.
　따라서 3보다 1만큼 더 작은 수는 2이므로 □
　안에 알맞은 수는 2입니다.

2

　　　　　　　　　　　　　　　둘째　첫째
(앞) ○ ○ ○ ○ ○ ○ ● ○ (뒤)
　첫째 둘째 셋째 넷째 다섯째 여섯째 일곱째

따라서 민아는 앞에서 일곱째에 서 있습니다.

3 수 카드의 수를 순서대로 쓰면 1, 3, 4, 6, 7이
므로 큰 수부터 차례대로 쓰면 7, 6, 4, 3, 1입
니다.

7	6	4	3	1
첫째	둘째	셋째	넷째	다섯째

4 • 수빈: 초코 쿠키 여덟 개 ⇨ 8
　• 주희: 딸기 퐁당 여섯 개 ⇨ 6
　• 이준: 우유 비스킷 아홉 개 ⇨ 9
　8, 6, 9를 순서대로 쓰면 6, 8, 9이므로 가장 작
　은 수는 6입니다.
　따라서 이긴 친구는 주희입니다.

2. 여러 가지 모양

복습책 18~19쪽 | 기초력 기르기

① 여러 가지 모양 찾기

1 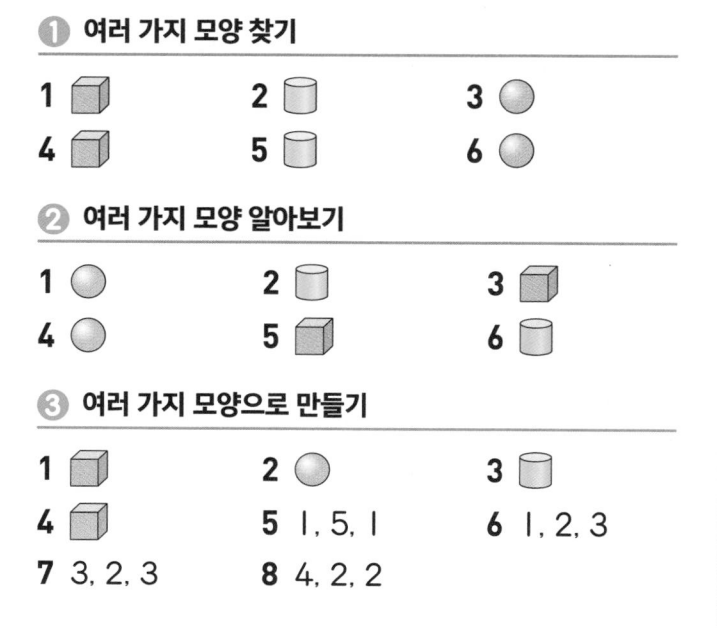 2 3 4 5 6

② 여러 가지 모양 알아보기

1 2 3 4 5 6

③ 여러 가지 모양으로 만들기

1 2 3
4 5 1, 5, 1 6 1, 2, 3
7 3, 2, 3 8 4, 2, 2

복습책 20~21쪽 | 기본유형 익히기

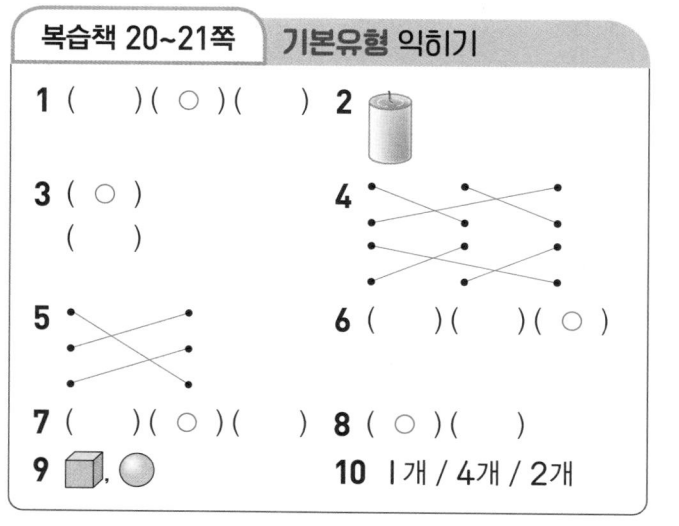

1 ( )(○)( ) 2
3 (○)
  ( )
4
5
6 ( )( )(○)
7 ( )(○)( ) 8 (○)( )
9 ,
10 1개 / 4개 / 2개

2 케이크는 모양입니다.
 따라서 케이크와 같은 모양의 물건은 양초입니다.

3 • 배구공, 야구공, 농구공 ⇨ 모양
 • 주사위, 지우개 ⇨ 모양, 통조림통 ⇨ 모양

4 • 상자는 모양, 페인트 통은 모양, 수박은
  모양입니다.
 • 모양은 축구공, 모양은 책, 모양은
  보온병입니다.

6 설명하는 물건은 평평한 부분은 있고 둥근 부분은
 없으므로 모양입니다.
 따라서 설명하는 물건은 루빅큐브입니다.

7 쌓을 수 없는 모양은 평평한 부분이 없는 모양
 이므로 쌓을 수 없는 물건은 골프공입니다.

8 왼쪽 모양은 모양으로만 만든 것이고, 오른쪽
 모양은 모양과 모양으로 만든 것입니다.

복습책 22~23쪽 | 실전유형 다지기

✎ 서술형 문제는 풀이를 꼭 확인하세요.

1
2 ①, ⑤ / ③, ④ / ②, ⑥
3 ( )(○)( )
4
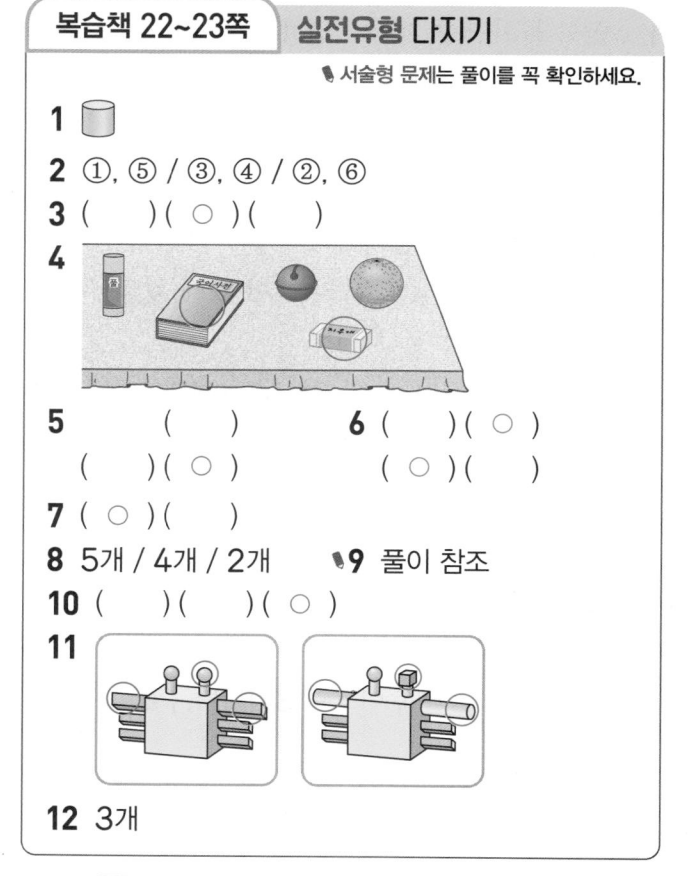
5 ( ) 6 ( )(○)
 ( )(○)   (○)( )
7 (○)( )
8 5개 / 4개 / 2개 ✎9 풀이 참조
10 ( )( )(○)
11
12 3개

2 • 모양은 과자 상자, 서랍장입니다.
 • 모양은 보온병, 음료수 캔입니다.
 • 모양은 털실 뭉당이, 테니스공입니다.

5 평평한 부분과 둥근 부분이 보이므로 모양입
 니다. ⇨ 통조림통

6 잘 쌓을 수 있고 잘 굴러가지 않는 모양은 모
 양입니다. ⇨ 신발 상자, 전자레인지

7 🔲 모양을 왼쪽 모양은 **3**개, 오른쪽 모양은 **2**개 사용했습니다.

9 **예** ⚪ 모양은 평평한 부분이 없고, 모든 부분이 둥글어서 잘 굴러가므로 의자에 앉아 있기 어렵습니다.」❶

> **채점 기준**
> ❶ 의자가 ⚪ 모양으로 바뀐다면 어떤 일이 생길지 쓰기

10 🔲 모양을 **4**개, 🔵 모양을 **1**개, ⚪ 모양을 **2**개 사용하여 만든 것을 찾습니다.

12 • 🔲 모양: 과자 상자, 휴지 상자 ➡ **2**개
　　• 🔵 모양: 쓰레기통, 음료수 캔, 페인트 통 ➡ **3**개
　　• ⚪ 모양: 수박 ➡ **1**개
따라서 가장 많은 모양은 🔵 모양으로 **3**개입니다.

복습책 24쪽 **응용유형 다잡기**

1 2개　　　　　**2** 🔵

3 ⚪

4
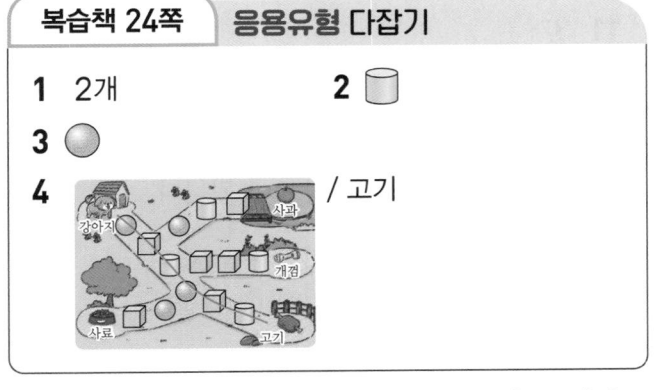
/ 고기

1 둥근 부분이 있고, 여러 방향으로 잘 굴러가는 모양은 ⚪ 모양입니다.
따라서 ⚪ 모양의 물건을 찾아보면 테니스공, 구슬로 모두 **2**개입니다.

2 🔲 모양을 **5**개, 🔵 모양을 **7**개, ⚪ 모양을 **1**개 사용했습니다.
따라서 가장 많이 사용한 모양은 🔵 모양입니다.

3 • 배구공, 풍선은 ⚪ 모양이고, 휴지 상자는 🔲 모양입니다.
　　• 수박은 ⚪ 모양이고, 롤케이크, 건전지는 🔵 모양입니다.
따라서 공통으로 있는 모양은 ⚪ 모양입니다.

4 《규칙》에 맞게 모양 순서대로 길을 따라 선을 그어 보면 강아지는 고기를 먹게 됩니다.

---

3. 덧셈과 뺄셈

복습책 26~30쪽 기초력 기르기

① 그림을 보고 모으기와 가르기

1 4　　　　　**2** 6
3 3　　　　　**4** 4

② 9까지의 수의 모으기와 가르기

1 3　　　　　**2** 8
3 5　　　　　**4** 9
5 1　　　　　**6** 5
7 1　　　　　**8** 6

③ 이야기 만들기

1 5　　　　　**2** 5
3 6

④ 덧셈 알아보기

1 3 / 1, 3　　　　　**2** 5 / 2, 5
3 7 / 3, 7 / 3, 7

⑤ 덧셈하기

1 5 / **예**
⚪	⚪	⚪	⚪	⚪

2 8 / **예**
⚪	⚪	⚪	⚪	⚪
⚪	⚪	⚪		

3 7 / 7　　　　　**4** 9 / 9
5 4　　　　　**6** 9
7 5　　　　　**8** 8
9 8　　　　　**10** 7
11 9　　　　　**12** 6

⑥ 뺄셈 알아보기

1 5 / 3, 5　　　　　**2** 5 / 2, 5
3 3 / 3, 3 / 3, 3

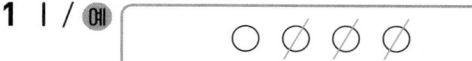

⑦ 뺄셈하기

1 l / 예

○ ⌀ ⌀ ⌀

2 3 / 예

○ ○ ○ ⌀ ⌀ ⌀ ⌀

3 2 / 2	**4** 6 / 6	**5** 2	**6** 2
7 l	**8** 4	**9** 2	**10** 2
11 4	**12** 2		

⑧ 0이 있는 덧셈과 뺄셈

1 2	**2** 8	**3** l	**4** 3
5 3	**6** 0	**7** 8	**8** 0

복습책 31~32쪽 **기본유형 익히기**

1 2 / 5 **2** 3, 3
3 (1) 5 / 7 (2) 6, 3 또는 3, 6
4 (1) 5 / 9 (2) 5 **5** (1) 9 (2) 7
6 (1) 5 (2) 2 **7** (○)( )
8 모두 **9** 더 많습니다
10 예 사람은 모두 7명 있습니다.

3 (1) 2와 5를 모으기하면 7이 됩니다.
(2) 9는 6과 3 또는 3과 6으로 가르기할 수 있습니다.

4 (1) 4와 5를 모으기하면 9가 됩니다.
(2) 8은 5와 3으로 가르기할 수 있습니다.

5 (1) 2와 7을 모으기하면 9입니다.
(2) 4와 3을 모으기하면 7입니다.

6 (1) 6은 l과 5로 가르기할 수 있습니다.
(2) 4는 2와 2로 가르기할 수 있습니다.

7 • 3과 2를 모으기하면 5가 됩니다.
• 2와 4를 모으기하면 6이 됩니다.

10 참고 '의자에 앉아 있는 사람 수와 바닥에 앉아 있는 사람 수를 비교하면 의자에 앉아 있는 사람이 3명 더 많습니다.'와 같은 뺄셈 이야기도 만들 수 있습니다.

복습책 33~34쪽 **실전유형 다지기**

1 (1) 4 (2) 8 **2** (1) 2 (2) l
3 ( )(×)( )
4
•　　　•
•　　　•
•　　　•
5 예 3, 4 / 예 5, 2
6 4 / 예 ●○○○○○○, 3, 3
／ 예 ●●○○○○○, 4, 2
／ 예 ●●●○○○○, 5, l
7 예 어른이 4명 있고, 어린이가 3명 있으므로 사람은 모두 7명입니다.
8 예 안경을 쓰지 않은 사람 5명은 안경을 쓴 사람 2명보다 3명 더 많습니다.
9 예

l	6	4
4	2	5
3	l	7

10 ㉡

11 3개
12 5, 4 또는 6, 3 또는 7, 2 또는 8, l

1 (1) 3과 l을 모으기하면 4가 됩니다.
(2) 2와 6을 모으기하면 8이 됩니다.

2 (1) 3은 l과 2로 가르기할 수 있습니다.
(2) 5는 4와 l로 가르기할 수 있습니다.

3 8은 l과 7, 2와 6, 3과 5, 4와 4, 5와 3, 6과 2, 7과 l로 가르기할 수 있습니다.

4 l과 8, 3과 6, 4와 5를 모으기하면 9가 됩니다.

5 • 서 있는 고양이 3마리와 앉아 있는 고양이 4마리로 가르기할 수 있으므로 7은 3과 4로 가르기할 수 있습니다.
• 검은색 고양이 5마리, 흰색 고양이 2마리로 가르기할 수 있으므로 7은 5와 2로 가르기할 수 있습니다.

6 6은 l과 5, 2와 4, 3과 3, 4와 2, 5와 l로 가르기할 수 있습니다.
참고 6과 0의 가르기를 찾은 경우도 정답으로 인정합니다.

9 모으기하여 7이 되는 두 수는 l과 6, 2와 5, 3과 4, 4와 3, 5와 2, 6과 l입니다.

10 두 수를 모으기한 수는 다음과 같습니다.

 ㉠ 8 ㉡ 9 ㉢ 8 ㉣ 8

 ⇨ 두 수를 모으기한 수가 다른 하나는 ㉡입니다.

11 8은 5와 3으로 가르기할 수 있습니다.

 따라서 공깃돌을 왼손에 5개를 쥐었으므로 오른손에는 3개를 쥐었습니다.

12 1과 8, 2와 7, 3과 6, 4와 5, 5와 4, 6과 3, 7과 2, 8과 1을 모으기하면 9입니다.

 따라서 이 중에서 오른쪽 수 카드의 수가 왼쪽 수 카드의 수보다 더 작은 경우는 5와 4, 6과 3, 7과 2, 8과 1입니다.

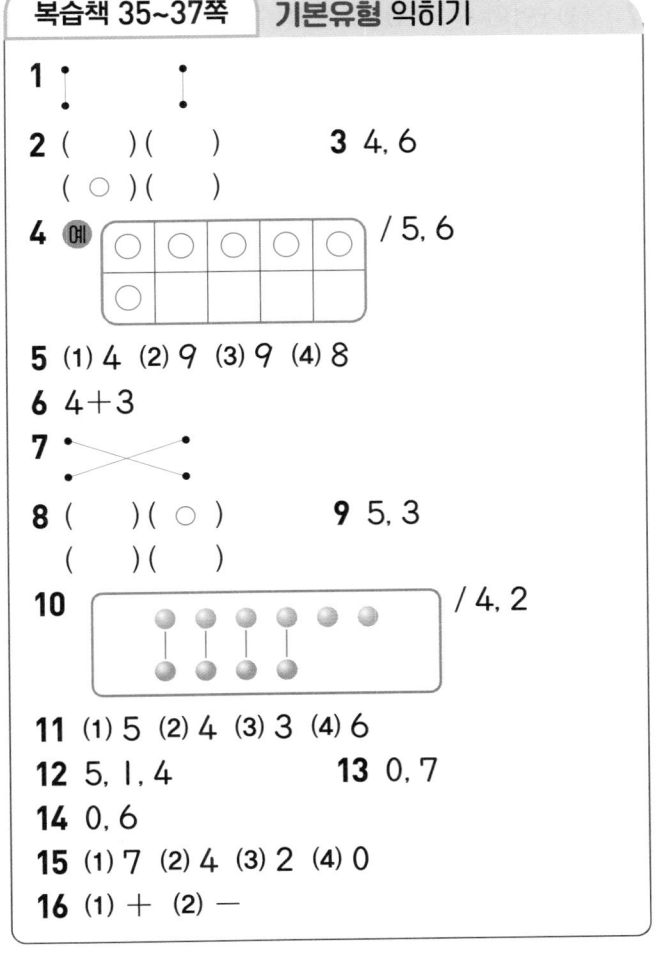

복습책 35~37쪽 | **기본유형 익히기**

1 :

2 ( )( )
 (○)( )

3 4, 6

4 (예)
 / 5, 6

5 (1) 4 (2) 9 (3) 9 (4) 8

6 4+3

7 ✕

8 ( )(○)
 ( )( )

9 5, 3

10
 / 4, 2

11 (1) 5 (2) 4 (3) 3 (4) 6

12 5, 1, 4   **13** 0, 7

14 0, 6

15 (1) 7 (2) 4 (3) 2 (4) 0

16 (1) + (2) −

---

1 ・귤 2개에서 1개를 더 추가하면 귤은 모두 3개입니다.

 ・바구니에 딸기 2개와 레몬 2개가 있으므로 모두 4개입니다.

---

2 파란색 연필 5자루와 노란색 연필 2자루를 합하면 모두 7자루입니다. ⇨ 5+2=7

3 초록색 사과 2개와 빨간색 사과 4개를 합하면 모두 6개입니다.

 ⇨ 2+4=6

4 ○를 1개 그리고 이어서 5개 더 그리면 ○는 모두 6개입니다.

 ⇨ 1+5=6

5 (1) 3과 1을 모으기하면 4가 됩니다.

  ⇨ 3+1=4

 (2) 2와 7을 모으기하면 9가 됩니다.

  ⇨ 2+7=9

 (3) 6과 3을 모으기하면 9가 됩니다.

  ⇨ 6+3=9

 (4) 7과 1를 모으기하면 8이 됩니다.

  ⇨ 7+1=8

6 ・2+6=8   ・4+3=7   ・6+2=8

 두 수의 순서를 바꾸어 더해도 합은 같습니다.

 ⇨ 합이 다른 덧셈식은 4+3입니다.

7 ・풍선 7개에서 풍선 1개가 터지면 풍선 6개가 남습니다.

 ・야구 글러브 4개와 야구공 3개를 하나씩 연결하면 야구 글러브 1개가 남습니다.

8 옷 3벌 중에서 1벌이 떨어지면 2벌이 남습니다.

 ⇨ 3−1=2

9 귤 8개 중에서 5개를 먹으면 3개가 남습니다.

 ⇨ 8−5=3

10 6개와 4개를 하나씩 연결하면 2개가 남습니다.

 ⇨ 6−4=2

11 (1) 9는 4와 5로 가르기할 수 있습니다.

  ⇨ 9−4=5

 (2) 7은 3과 4로 가르기할 수 있습니다.

  ⇨ 7−3=4

 (3) 6은 3과 3으로 가르기할 수 있습니다.

  ⇨ 6−3=3

 (4) 8은 2와 6으로 가르기할 수 있습니다.

  ⇨ 8−2=6

12 5개에서 Ⅰ개를 지우면 4개가 남습니다.
⇨ 5−Ⅰ=4

13 쿠키 0개와 쿠키 7개를 합하면 모두 7개입니다.
⇨ 0+7=7

14 음료수 6개에서 0개를 빼면 6개가 남습니다.
⇨ 6−0=6

15 (1) 0+(어떤 수)=(어떤 수)
(2) (어떤 수)+0=(어떤 수)
(3) (어떤 수)−0=(어떤 수)
(4) (전체)−(전체)=0

16 (1) 0+(어떤 수)=(어떤 수)이므로 ◯ 안에는
   +가 들어갑니다.
(2) (전체)−(전체)=0이므로 ◯ 안에는 −가
   들어갑니다.

복습책 38~39쪽 | **실전유형 다지기**

1 2+7=9
2 5 / 예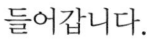
3 4 /
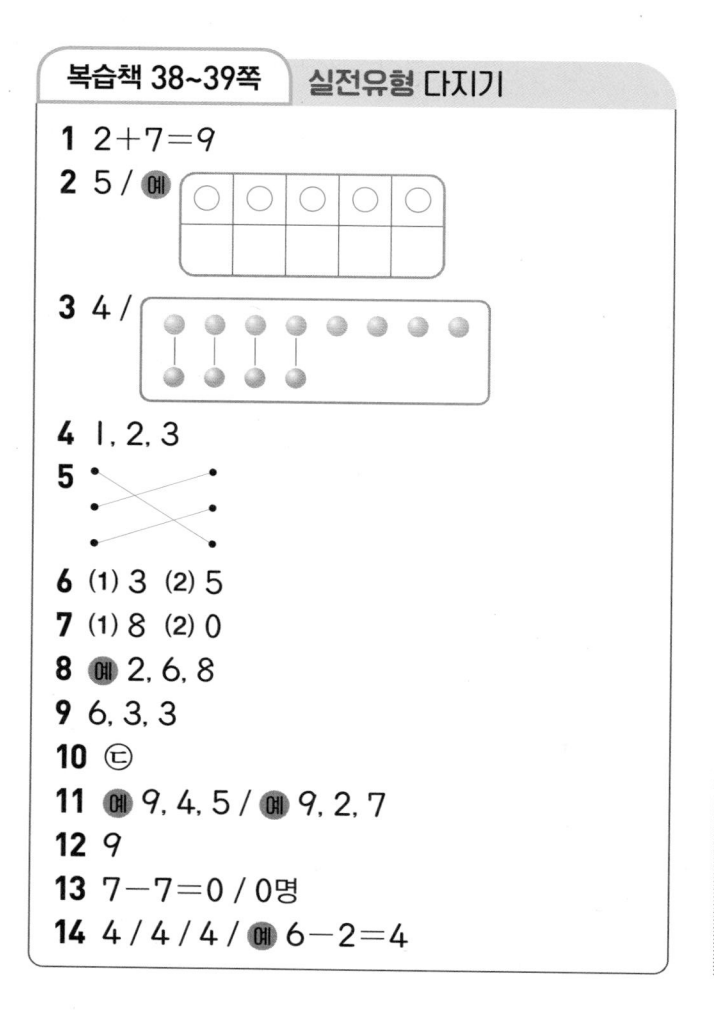
4 Ⅰ, 2, 3
5
6 (1) 3 (2) 5
7 (1) 8 (2) 0
8 예 2, 6, 8
9 6, 3, 3
10 ㉢
11 예 9, 4, 5 / 예 9, 2, 7
12 9
13 7−7=0 / 0명
14 4 / 4 / 4 / 예 6−2=4

---

1 더하기는 '+'로 나타냅니다.

2 ◯를 4개 그리고 이어서 Ⅰ개 더 그리면 ◯는 모
두 5개입니다.
⇨ 4+Ⅰ=5

3 8개와 4개를 하나씩 연결하면 4개가 남습니다.
⇨ 8−4=4

4 빼는 수가 Ⅰ씩 작아지면 차는 Ⅰ씩 커집니다.

5 두 수의 순서를 바꾸어 더해도 합은 같습니다.

6 (1) 0+(어떤 수)=(어떤 수) ⇨ 0+3=3
(2) (어떤 수)+0=(어떤 수) ⇨ 5+0=5

7 (1) (어떤 수)−0=(어떤 수) ⇨ 8−0=8
(2) (전체)−(전체)=0 ⇨ 7−7=0

8 Ⅰ+7=8, 2+6=8, 3+5=8, 4+4=8,
5+3=8, 6+2=8, 7+Ⅰ=8과 같이 다양
하게 합이 8인 덧셈식을 쓸 수 있습니다.
참고 0+8=8, 8+0=8로 쓴 경우도 정답으로
인정합니다.

9 ⬚모양은 6개이고, ⬚모양은 3개입니다.
⇨ 6−3=3(개)

10 ㉠ Ⅰ+6=7 ㉡ 4+3=7 ㉢ 3+5=8
㉣ 5+2=7
⇨ 계산 결과가 다른 하나는 ㉢입니다.

11 •학생 9명 중에서 남학생 4명을 빼면 여학생
5명이 남습니다.
⇨ 9−4=5
•학생 9명 중에서 공기놀이를 하는 학생 2명을
빼면 책을 보는 학생 7명이 남습니다.
⇨ 9−2=7
참고 9−Ⅰ=8 등으로 뺄셈식을 쓸 수도 있습니다.

12 가장 큰 수는 8이고, 가장 작은 수는 Ⅰ입니다.
⇨ 8+Ⅰ=9

13 (놀이터에 남아 있는 사람의 수)
　　=(놀이터에서 놀고 있던 사람의 수)
　　　－(집에 간 사람의 수)
　　=7－7=0(명)

14 9－5=4, 8－4=4, 4－0=4이므로 차는
　　4입니다.
　　➡ 차가 4인 뺄셈식은 6－2=4, 5－1=4,
　　　7－3=4가 있습니다.

복습책 40쪽	응용유형 다잡기
1 5가지	**2** 8개
3 9, 2, 7	**4** 서연

1 6은 1과 5, 2와 4, 3과 3, 4와 2, 5와 1로
　　가르기할 수 있습니다. 따라서 나누어 가지는 방
　　법은 모두 5가지입니다.

2 (배구공의 수)
　　=(축구공의 수)+2=3+2=5(개)
　　➡ (축구공과 배구공의 수)
　　　=(축구공의 수)+(배구공의 수)
　　　=3+5=8(개)

3 〔비법〕 **차가 가장 큰 뺄셈식**
　　⟦㉠－㉡의 결과가 가장 크려면 가장 큰 수를 ㉠에
　　쓰고, 가장 작은 수를 ㉡에 써야 합니다.⟧

　　차가 가장 크게 되려면 가장 큰 수에서 가장 작
　　은 수를 빼야 합니다.
　　따라서 뽑은 두 수는 가장 큰 수 9와 가장 작은
　　수 2이므로 9－2=7입니다.

4 • (서연이가 얻은 점수)=1+4=5(점)
　　• (은우가 얻은 점수)=2+2=4(점)
　　5>4이므로 점수를 더 많이 얻은 사람은 서연
　　입니다.

---

4. 비교하기

❶ 길이의 비교

1 (○)　　　　**2** (　)(○)
　(　)
3 (　)　　**4** (△)　　　**5** (　)
　(△)　　　(　)　　　　(○)
　　　　　　　　　　　　　(△)

❷ 무게의 비교

1 (○)(　)　　　　**2** (　)(○)
3 (△)(　)　　　　**4** (　)(△)
5 (○)(△)(　)

❸ 넓이의 비교

1 (　)(○)　　　　**2** (○)(　)
3 (　)(△)　　　　**4** (△)(　)
5 (　)(△)(○)

❹ 담을 수 있는 양의 비교

1 (　)(○)　　　　**2** (○)(　)
3 (　)(△)　　　　**4** (　)(△)
5 (○)(　)(△)

---

1 (○)　　　　　　**2** (　)(△)
　(　)
3 (　)　　　　　　**4** (△)
　(△)　　　　　　　(　)
　(　)　　　　　　　(○)
5 (○)(　)　　　　**6** (　)(△)
7 (　)(　)(△)　**8** (　)(△)(○)
9 (○)(　)　　　**10** (△)(　)
11 (　)(　)(○)　**12** (　)(○)(△)
13 (○)(　)　　　**14** (△)(　)
15 (　)(△)　　　**16** (△)(　)(○)

1 붓은 크레파스보다 더 깁니다.

2 숟가락은 국자보다 더 짧습니다.

3 탁구채가 가장 짧습니다.

4 왼쪽 끝이 맞추어져 있으므로 오른쪽 끝이 가장 많이 나간 것이 가장 길고, 오른쪽 끝이 가장 적게 나간 것이 가장 짧습니다.
⇨ 붓이 가장 길고, 연필이 가장 짧습니다.

5 피아노는 바이올린보다 더 무겁습니다.

6 야구공은 농구공보다 더 가볍습니다.

7 컵이 가장 가볍습니다.

8 버스가 가장 무겁고, 자전거가 가장 가볍습니다.

9 왼쪽 베개는 오른쪽 베개보다 더 넓습니다.

10 접시는 시계보다 더 좁습니다.

11 스케치북이 가장 넓습니다.

12 겹쳤을 때 가장 많이 남는 것이 가장 넓고, 남는 부분이 없는 것이 가장 좁습니다.
⇨ 가운데 색종이가 가장 넓고, 오른쪽 색종이가 가장 좁습니다.

13 세숫대야는 바가지보다 담을 수 있는 양이 더 많습니다.

14 왼쪽 컵은 오른쪽 컵보다 담을 수 있는 양이 더 적습니다.

15 그릇의 모양과 크기가 같을 때 물의 높이가 더 낮은 그릇이 담긴 양이 더 적습니다.
⇨ 오른쪽 그릇이 담긴 양이 더 적습니다.

16 오른쪽 통이 담을 수 있는 양이 가장 많고, 왼쪽 통이 담을 수 있는 양이 가장 적습니다.

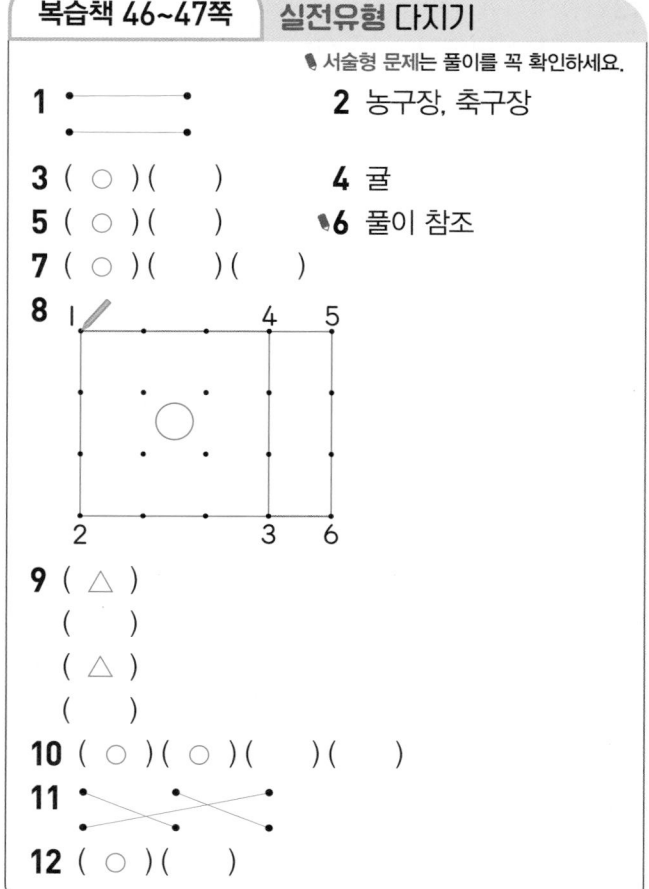

복습책 46~47쪽　　실전유형 **다지기**

🖋 서술형 문제는 풀이를 꼭 확인하세요.

1 •———• •———•

2 농구장, 축구장

3 (○)( )
4 귤

5 (○)( )
🖋**6** 풀이 참조

7 (○)( )( )

8
```
1 ↗        4  5
   ┌────┬────┐
   │    │    │
   │  ○ │    │
   │    │    │
   └────┴────┘
2        3  6
```

9 (△)
( )
(△)
( )

10 (○)(○)( )( )

11 • •
      ╲╱
      ╱╲
    • •

12 (○)( )

3 왼쪽 그릇이 오른쪽 그릇보다 담긴 양이 더 많습니다.

4 저울에서는 아래로 내려간 쪽이 더 무겁습니다.
⇨ 귤이 사과보다 더 가볍습니다.

5 왼쪽 모양이 오른쪽 모양보다 더 높습니다.

🖋**6** **예** 한쪽 끝이 맞추어져 있지 않으므로 위쪽 끝만 비교하여 빗이 양초보다 더 길다고 할 수 없습니다.」❶

> **채점 기준**
> ❶ 길이를 잘못 비교한 이유 쓰기

7 컵의 모양과 크기가 같을 때 우유의 높이가 가장 높은 컵이 담긴 양이 가장 많습니다.
⇨ 왼쪽 컵이 담긴 양이 가장 많습니다.

8 1부터 6까지 순서대로 이어 만들어지는 두 모양에서 왼쪽이 오른쪽보다 더 넓습니다.

9 왼쪽 끝이 맞추어져 있으므로 오른쪽 끝을 비교하면 옥수수보다 더 짧은 것은 파프리카, 당근입니다.

10 저울이 왼쪽으로 기울어져 있으므로 오른쪽에 있는 쌓기나무는 **3**개보다 더 가볍습니다. 따라서 오른쪽에 들어갈 수 있는 쌓기나무는 **1**개, **2**개입니다.

11 상자가 찌그러진 정도를 관찰하면 가장 많이 찌그러진 상자 위에는 가장 무거운 곰이, 가장 적게 찌그러진 상자 위에는 가장 가벼운 참새가 앉았을 것입니다.

12 종이컵은 냄비보다 담을 수 있는 양이 더 적습니다. 담을 수 있는 양이 더 적은 것이 항아리에 물을 붓는 횟수가 더 많습니다. 따라서 물을 붓는 횟수가 더 많은 것은 종이컵입니다.

복습책 48쪽	응용유형 다잡기
1 ㉮	**2** 야구장
3 동주	**4** 지영, 영태, 재희

1 양쪽 끝이 맞추어져 있을 때 더 많이 구부러져 있으면 곧게 폈을 때 길이가 더 깁니다. 따라서 가장 긴 것은 가장 많이 구부러져 있는 ㉮입니다.

2 •축구장은 야구장보다 더 좁으므로 축구장과 야구장 중에서 더 넓은 곳은 야구장입니다.
  •농구장은 축구장보다 더 좁으므로 농구장과 축구장 중에서 더 넓은 곳은 축구장입니다.
  따라서 가장 넓은 곳은 야구장입니다.

3 가장 적게 마신 사람은 남은 양이 가장 많은 사람입니다.
  따라서 주스를 가장 적게 마신 사람은 남은 주스가 가장 많은 동주입니다.

4 •왼쪽 그림에서 지영이가 아래로 내려갔으므로 영태와 지영이 중에서 지영이가 더 무겁습니다.
  •오른쪽 그림에서 영태가 아래로 내려갔으므로 영태와 재희 중에서 영태가 더 무겁습니다.
  따라서 지영이가 가장 무겁고, 재희가 가장 가벼우므로 무거운 사람부터 차례대로 쓰면 지영, 영태, 재희입니다.

---

5. 50까지의 수

❶ 10 알아보기

1 10		**2** 8	
3 10		**4** 3	
5 9		**6** 6	
7 7		**8** 5	

❷ 십몇 알아보기

1 12	**2** 17
3 15	**4** 19
5 십육	**6** 십삼
7 열넷	**8** 열하나

❸ 11부터 19까지의 수의 모으기와 가르기

1 13	**2** 15
3 14	**4** 15
5 13	**6** 18
7 17	**8** 12
9 16	**10** 14
11 6	**12** 9
13 8	**14** 7
15 6	**16** 8
17 9	**18** 8
19 10	**20** 4

❹ 10개씩 묶어 세기

1 20	**2** 50
3 40	**4** 30
5 이십	**6** 사십
7 쉰	**8** 서른

❺ 50까지의 수 세기

1 23	**2** 37
3 39	**4** 46
5 이십일	**6** 사십팔
7 스물다섯	**8** 서른둘

⑥ 수의 순서

1 17, 19	**2** 21, 23
3 33, 36	**4** 48, 49
5 26, 27	**6** 14, 15
7 37, 40	**8** 42, 45

⑦ 수의 크기 비교

1 41	**2** 32
3 47	**4** 24
5 19	**6** 38
7 22	**8** 33
9 43	**10** 37
11 19	**12** 21

복습책 54~55쪽 **기본유형 익히기**

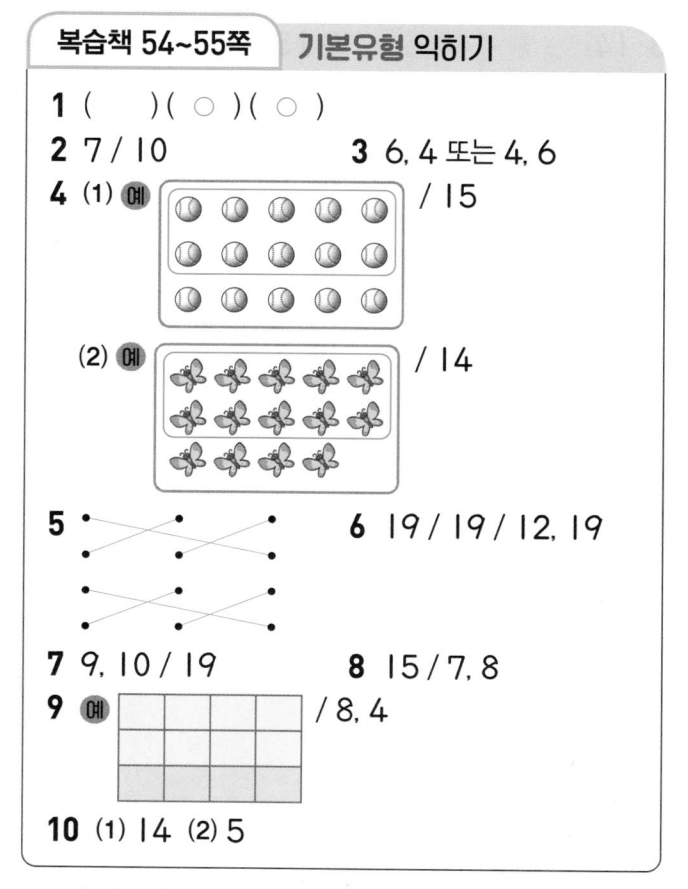

1 ( ) (○) (○)

2 7 / 10　　　**3** 6, 4 또는 4, 6

4 (1) 예 / 15

(2) 예 / 14

5 　　　**6** 19 / 19 / 12, 19

7 9, 10 / 19　　　**8** 15 / 7, 8

9 예 / 8, 4

10 (1) 14 (2) 5

2 3과 7을 모으기하면 10이 됩니다.

3 10은 6과 4로 가르기할 수 있습니다.

4 (1) 10개씩 묶어 보면 10개씩 묶음 1개와 낱개
5개이므로 수로 나타내면 15입니다.

(2) 10개씩 묶어 보면 10개씩 묶음 1개와 낱개
4개이므로 수로 나타내면 14입니다.

5 • 10개씩 묶음 1개와 낱개 1개
  ⇨ 11(십일 또는 열하나)
• 10개씩 묶음 1개와 낱개 3개
  ⇨ 13(십삼 또는 열셋)
• 10개씩 묶음 1개와 낱개 8개
  ⇨ 18(십팔 또는 열여덟)

6 10개씩 묶음의 수가 1로 같으므로 낱개의 수를
비교하면 9는 2보다 큽니다. ⇨ 19는 12보다
큽니다.

9 12는 (1, 11), (2, 10), (3, 9), (4, 8), (5, 7),
(6, 6)으로 가르기할 수 있습니다.
참고 (0, 12), (12, 0)으로 가르기하는 것을 직접
다루지는 않지만 자연수와 0을 학습한 이후이므로
맞는 것으로 인정합니다.

10 (1) 11과 3을 모으기하면 14가 됩니다.
(2) 17은 12와 5로 가르기할 수 있습니다.

복습책 56~57쪽 **실전유형 다지기**

🖊 서술형 문제는 풀이를 꼭 확인하세요.

1 9　　　**2** (1) 1, 6, 16 (2) 18

3 (1) 10 (2) 3　　　**4** ○○○○○ / 4

5 ( ) (○) ( )　　**6** 열 / 십

7 12개

8

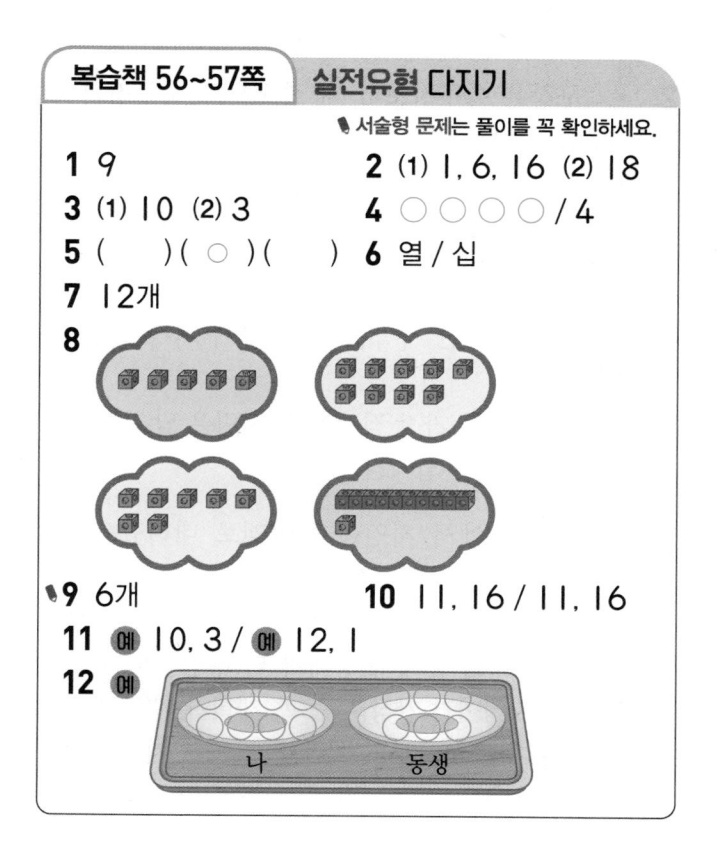

9 6개　　　**10** 11, 16 / 11, 16

11 예 10, 3 / 예 12, 1

12 예

2 (2) 10개씩 묶어 보면 10개씩 묶음 1개와 낱개 8개이므로 수로 나타내면 18입니다.

3 (1) 9와 1을 모으기하면 10이 됩니다.
(2) 10을 7과 3으로 가르기할 수 있습니다.

5 열입곱 ⇨ 17, 십구 ⇨ 19
따라서 나타내는 수가 다른 하나는 십구입니다.

6 10은 상황에 따라 '십' 또는 '열'이라고 읽습니다.
• 10명 ⇨ 열 명
• 10 대 7 ⇨ 십 대 칠

7 바구니에 들어 있는 참외는 10개씩 묶음 1개입니다.
따라서 10개씩 묶음 1개와 낱개 2개는 12이므로 참외는 모두 12개입니다.

8 5와 11, 9와 7을 모으기하면 16이 됩니다.

9 예 15는 9와 6으로 가르기할 수 있습니다.」❶
따라서 과자를 한 접시에 9개 담으면 다른 접시에는 6개 담아야 합니다.」❷

채점 기준
❶ 15는 9와 몇으로 가르기할 수 있는지 알아보기
❷ 다른 접시에 담아야 하는 과자의 수 구하기

10

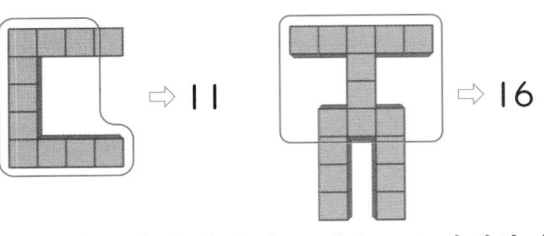

⇨ 11   ⇨ 16

10개씩 묶음의 수가 1로 같으므로 낱개의 수를 비교하면 1은 6보다 작습니다.
⇨ 11은 16보다 작습니다.

11 13은 (1, 12), (2, 11), (3, 10), (4, 9), (5, 8), (6, 7)로 가르기할 수 있습니다.

12 내가 동생보다 사탕을 더 많이 가지는 경우는 다음과 같습니다.

내가 가지는 사탕 수	8	9	10	11	12	13
동생이 가지는 사탕 수	6	5	4	3	2	1

1 예 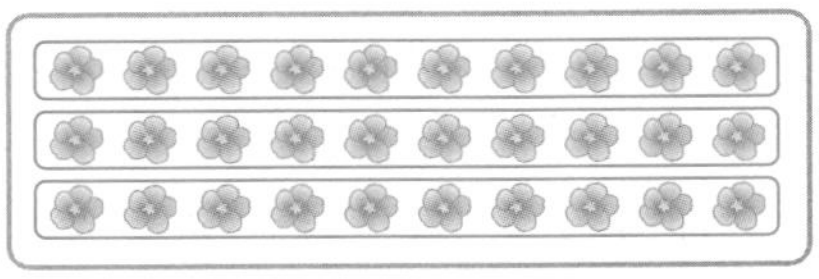
/ 30

2

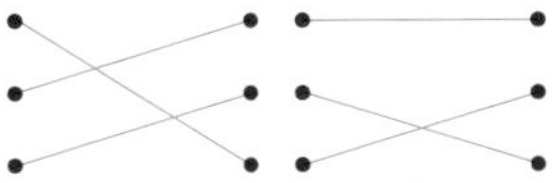

3 20, 40 / 20 / 40, 20

4 예 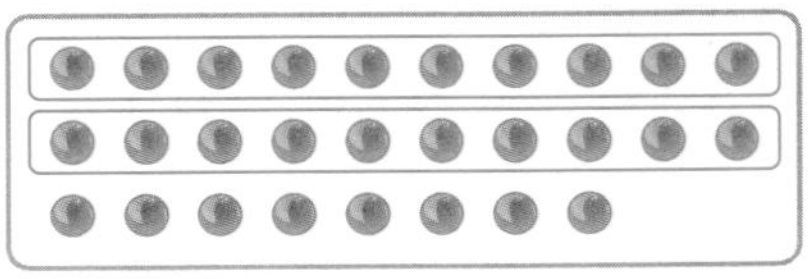
/ 28

5 4 / 1 / 3, 6

6

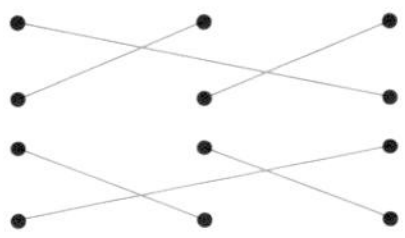

7 (1) 31, 33 (2) 20, 24

8
출발 ⇨ 30
49 48 44
50 45 43
47 46 42
31   41
32   40
33   39
34 35 36 37 38

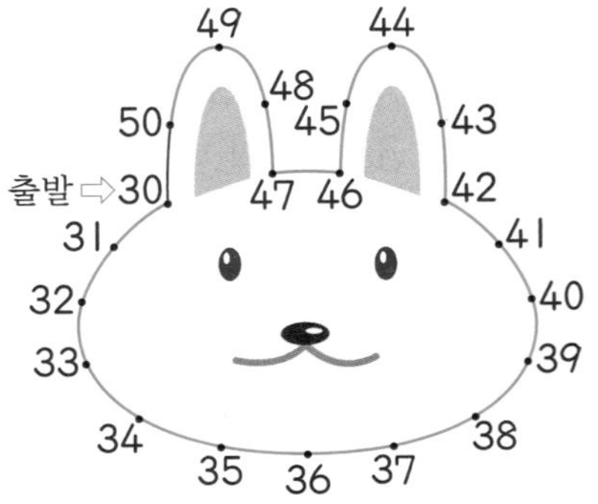

9
17	18	19	20
13	14	15	16
9	10	11	12
5	6	7	8
1	2	3	4

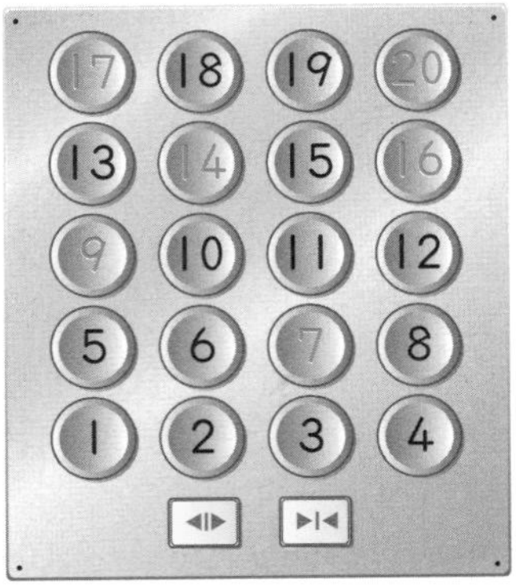

10 41, 37 / 37, 41

11 31

12 15

13 28

1 10개씩 묶어 보면 10개씩 묶음 3개이므로 수로 나타내면 30입니다.

2 ·10개씩 묶음 3개 ⇨ 30(삼십 또는 서른)
· 10개씩 묶음 5개 ⇨ 50(오십 또는 쉰)
· 10개씩 묶음 4개 ⇨ 40(사십 또는 마흔)

3 10개씩 묶음의 수를 비교하면 2는 4보다 작습니다. ⇨ 20은 40보다 작습니다.

4 10개씩 묶어 보면 10개씩 묶음 2개와 낱개 8개이므로 수로 나타내면 28입니다.

5 ·49 ⇨ 10개씩 묶음 4개와 낱개 9개
· 21 ⇨ 10개씩 묶음 2개와 낱개 1개
· 36 ⇨ 10개씩 묶음 3개와 낱개 6개

6 ·10개씩 묶음 4개와 낱개 5개
⇨ 45(사십오 또는 마흔다섯)
· 10개씩 묶음 2개와 낱개 7개
⇨ 27(이십칠 또는 스물일곱)
· 10개씩 묶음 3개와 낱개 2개
⇨ 32(삼십이 또는 서른둘)

7 (1) 30보다 1만큼 더 큰 수는 31이고, 32보다 1만큼 더 큰 수는 33입니다.
(2) 21보다 1만큼 더 작은 수는 20이고, 23보다 1만큼 더 큰 수는 24입니다.

8 30부터 50까지의 수를 순서대로 이어 그림을 완성합니다.

9 수의 순서를 생각하며 빈칸에 알맞은 수를 써넣습니다.

10 10개씩 묶음의 수를 비교하면 4가 3보다 큽니다.
⇨ 41은 37보다 큽니다.

11 10개씩 묶음의 수를 비교하면 3이 2보다 큽니다.
⇨ 31은 27보다 큽니다.

12 10개씩 묶음의 수가 1로 같으므로 낱개의 수를 비교하면 5가 8보다 작습니다.
⇨ 15는 18보다 작습니다.

13 10개씩 묶음의 수가 2로 같으므로 낱개의 수를 비교하면 8이 가장 큽니다.
⇨ 28이 가장 큽니다.

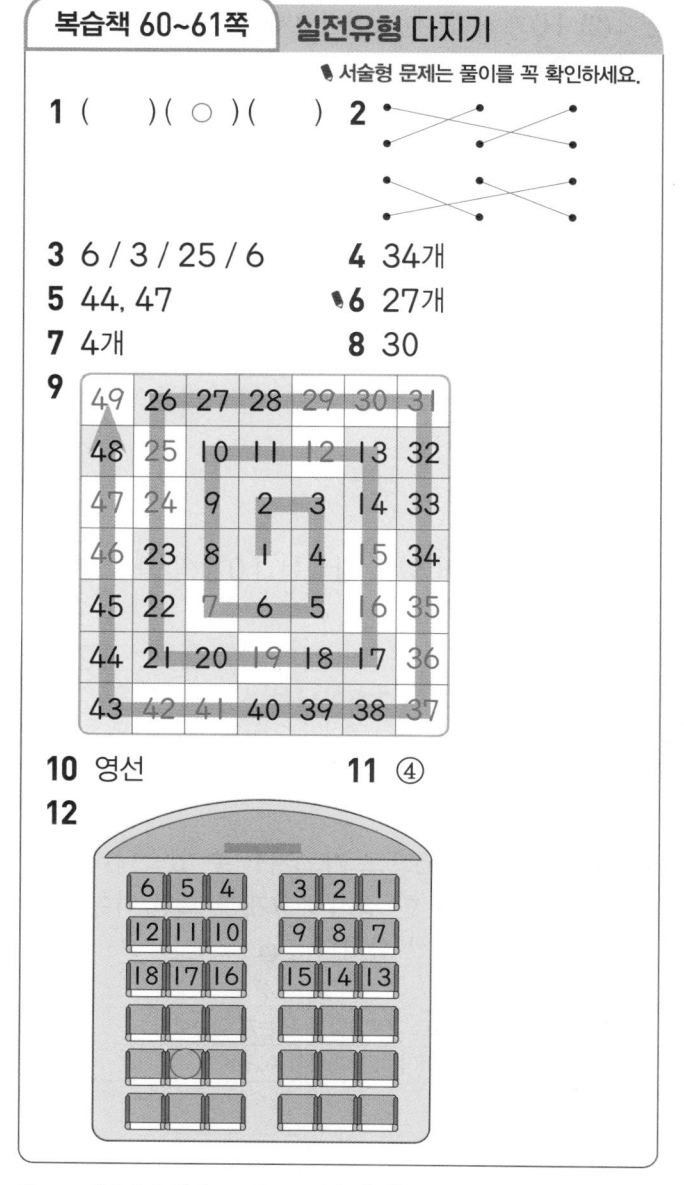

복습책 60~61쪽 **실전유형 다지기**

🖋 서술형 문제는 풀이를 꼭 확인하세요.

1 ( )(○)( ) **2**

3 6 / 3 / 25 / 6   **4** 34개
5 44, 47   **6** 27개
7 4개   **8** 30
9

49	26	27	28	29	30	31
48	25	10	11	12	13	32
47	24	9	2	3	14	33
46	23	8	1	4	15	34
45	22	7	6	5	16	35
44	21	20	19	18	17	36
43	42	41	40	39	38	37

10 영선   **11** ④
12

1 ·26(이십육 또는 스물여섯)
· 33(삼십삼 또는 서른셋)
· 45(사십오 또는 마흔다섯)

2 · 삼십 — 30 — 서른
· 사십 — 40 — 마흔
· 오십 — 50 — 쉰

3 · 16 ⇨ 10개씩 묶음 1개와 낱개 6개
· 30 ⇨ 10개씩 묶음 3개
· 10개씩 묶음 2개와 낱개 5개 ⇨ 25
· 46 ⇨ 10개씩 묶음 4개와 낱개 6개

4 10개씩 묶음 3개와 낱개 4개 ⇨ 34개

5 45보다 1만큼 더 작은 수는 44이고, 46보다 1만큼 더 큰 수는 47입니다.

6 예 「10개씩 2상자는 10개씩 묶음 2개와 같습니다.」❶
따라서 10개씩 묶음 2개와 낱개 7개는 27이므로 컵은 모두 27개입니다.」❷

7 〈보기〉의 모양은 ▥ 10개로 만든 것이고, 주어진 ▥은 40개입니다.
따라서 40은 10개씩 묶음 4개이므로
〈보기〉의 모양을 4개 만들 수 있습니다.

8 10개씩 묶음의 수를 비교하면 3이 가장 큽니다.
⇨ 30이 가장 큽니다.

9 화살표 방향으로 수의 순서를 생각하며 빈칸에 알맞은 수를 써넣습니다.

10 10개씩 묶음의 수를 비교하면 4가 3보다 큽니다.
따라서 44는 37보다 크므로 칭찬 붙임딱지를 더 많이 모은 사람은 영선입니다.

11 ① 25 ② 38 ③ 42 ④ 19 ⑤ 31
10개씩 묶음의 수를 비교하면 1이 가장 작으므로
④ 열아홉이 가장 작습니다.

12

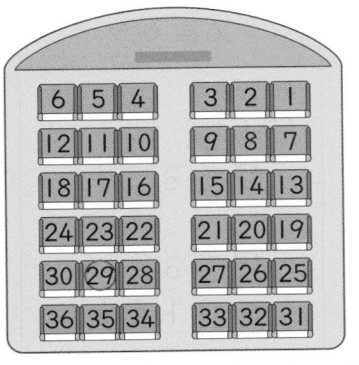

수의 순서대로 빈칸을 채우면 28의 위치를 찾을 수 있습니다.
28보다 1만큼 더 큰 수는 29이므로 지훈이의 자리는 29입니다.

1 45개
2 23
3 43
4 (위에서부터) 16 / 32 / 16, 29 / 32, 40

1 낱개 15개는 10개씩 묶음 1개와 낱개 5개입니다.
따라서 초콜릿은 10개씩 묶음 4개와 낱개 5개이므로 모두 45개입니다.

2 20보다 크고 30보다 작은 수는 10개씩 묶음의 수가 2입니다.
따라서 낱개의 수가 3이므로 두 조건을 만족하는 수는 23입니다.

3 비법

가장 큰 수를 만들려면 10개씩 묶음의 수에 가장 큰 수를, 낱개의 수에 두 번째로 큰 수를 놓아야 합니다.

3, 4, 1을 큰 수부터 순서대로 쓰면 4, 3, 1입니다.
따라서 10개씩 묶음의 수에 가장 큰 수인 4를, 낱개의 수에 두 번째로 큰 수인 3을 놓으면 43입니다.

4 ·29와 40의 10개씩 묶음의 수를 비교하면
2가 4보다 작습니다.
⇨ 29는 40보다 작습니다.
·32와 16의 10개씩 묶음의 수를 비교하면
3이 1보다 큽니다.
⇨ 32가 16보다 큽니다.
·29와 16의 10개씩 묶음의 수를 비교하면
2가 1보다 큽니다.
⇨ 29가 16보다 큽니다.
·40과 32의 10개씩 묶음의 수를 비교하면
4가 3보다 큽니다.
⇨ 40이 32보다 큽니다.

1. 9까지의 수

평가책 2~4쪽	단원 평가 1회

🖊 서술형 문제는 풀이를 꼭 확인하세요.

1 예

2 예

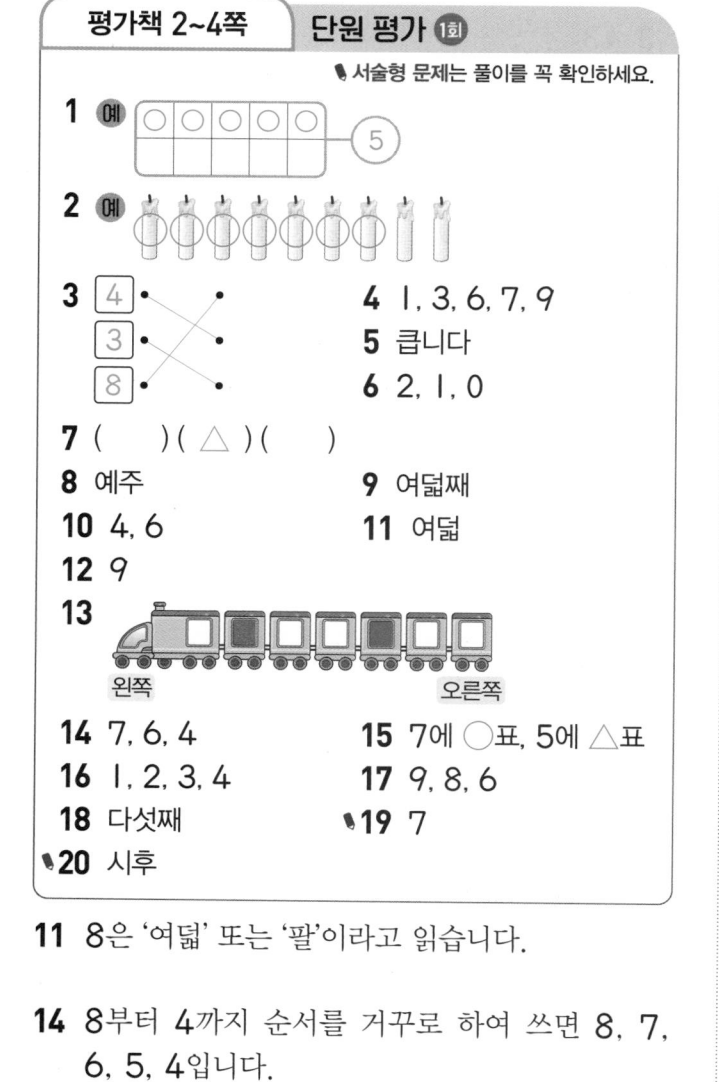

3 4 •　•
　　3 •　•
　　8 •　•

4 1, 3, 6, 7, 9
5 큽니다
6 2, 1, 0

7 (　)(△)(　)

8 예주　　　　　**9** 여덟째
10 4, 6　　　　**11** 여덟
12 9
13

왼쪽　　　　　오른쪽

14 7, 6, 4　　　**15** 7에 ○표, 5에 △표
16 1, 2, 3, 4　　**17** 9, 8, 6
18 다섯째　　　　🖊**19** 7
🖊**20** 시후

---

11 8은 '여덟' 또는 '팔'이라고 읽습니다.

14 8부터 4까지 순서를 거꾸로 하여 쓰면 8, 7, 6, 5, 4입니다.

15 6보다 1만큼 더 큰 수는 7이고, 1만큼 더 작은 수는 5입니다.

16 수를 순서대로 썼을 때 5보다 앞에 있는 수를 찾으면 1, 2, 3, 4입니다.

17 주어진 수를 순서대로 쓰면 6, 8, 9이므로 큰 수부터 차례대로 쓰면 9, 8, 6입니다.

18
넷째 셋째 둘째 첫째
(앞) ○ ○ ○ ○ ● ○ ○ ○ (뒤)
첫째 둘째 셋째 넷째 다섯째
재민이는 앞에서 다섯째에 서 있습니다.

🖊**19** 예 아기 토끼 1마리가 태어났으므로 토끼의 수는 6보다 1만큼 더 큰 수입니다.」❶
따라서 6보다 1만큼 더 큰 수는 7이므로 토끼의 수는 7입니다.」❷

채점 기준	
❶ 토끼의 수가 6보다 1만큼 더 큰 수임을 알기	2점
❷ 토끼의 수 구하기	3점

🖊**20** 예 수를 순서대로 썼을 때 8은 7보다 뒤에 있는 수이므로 8은 7보다 큽니다.」❶
따라서 딸기를 더 많이 먹은 사람은 시후입니다.」❷

채점 기준	
❶ 7과 8의 크기 비교하기	3점
❷ 딸기를 더 많이 먹은 사람 구하기	2점

평가책 5~7쪽	단원 평가 2회

🖊 서술형 문제는 풀이를 꼭 확인하세요.

1 （선잇기）　　**2** 4 / 넷, 사
3 8, 7

4 첫째

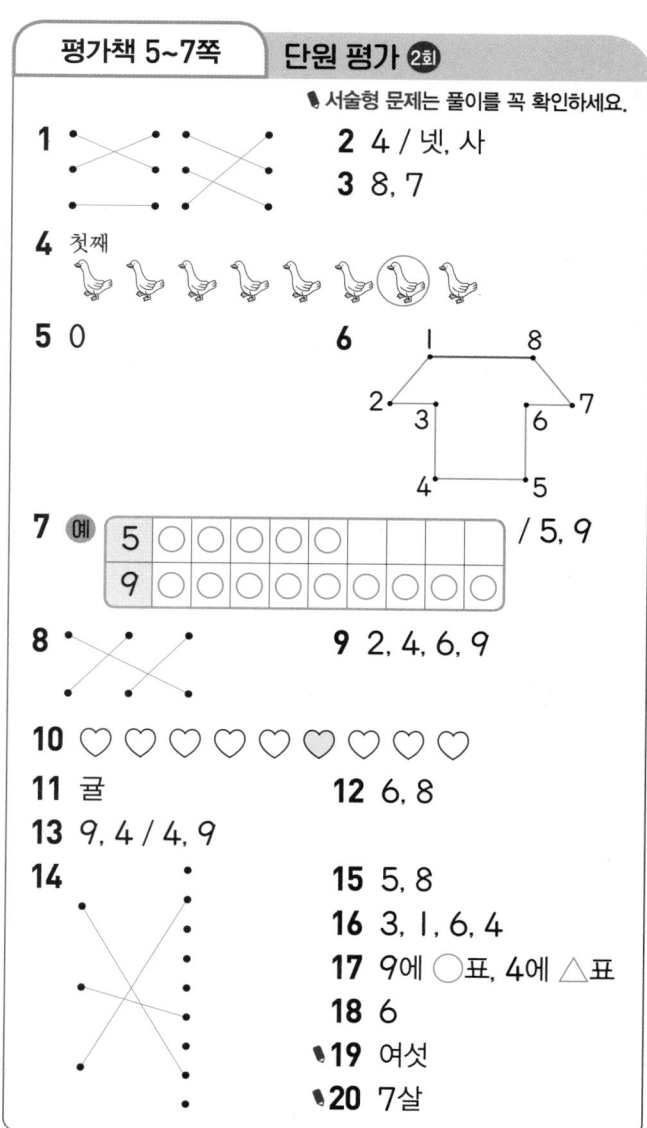

5 0　　　　　**6** （점잇기）

7 예 5 ○○○○○ / 5, 9
　　　　9 ○○○○○

8 （선잇기）　**9** 2, 4, 6, 9

10 ♡♡♡♡♡♥♡♡♡

11 귤　　　　**12** 6, 8
13 9, 4 / 4, 9
14 （선잇기）　**15** 5, 8
　　　　　　　　16 3, 1, 6, 4
　　　　　　　　17 9에 ○표, 4에 △표
　　　　　　　　18 6
　　　　　　　🖊**19** 여섯
　　　　　　　🖊**20** 7살

5 1보다 1만큼 더 작은 수는 1 바로 앞의 수인 0입니다.

7 ○의 수를 비교하면 5는 9보다 적습니다.
따라서 5는 9보다 작습니다.

8 빵이 둘이면 2, 하나면 1, 아무것도 없으면 0입니다.

9 1부터 9까지의 수를 순서대로 쓰면 1, 2, 3, 4, 5, 6, 7, 8, 9입니다.

10 ♡ ♡ ♡ ♡ ♡ ♥ ♡ ♡ ♡
첫째 | 셋째 | 다섯째 | 일곱째 | 아홉째
　　둘째　넷째　여섯째　여덟째

11 멜론의 수를 세어 보면 2, 귤의 수를 세어 보면 5, 자두의 수를 세어 보면 7입니다.

12 꽃의 수를 세어 보면 7입니다.
7보다 1만큼 더 작은 수는 6이고, 1만큼 더 큰 수는 8입니다.

13 • 수의 순서를 보면 9는 4보다 뒤에 있습니다.
　⇨ 9는 4보다 큽니다.
• 수의 순서를 보면 4는 9보다 앞에 있습니다.
　⇨ 4는 9보다 작습니다.

15 수를 순서대로 썼을 때 3보다 뒤에 있는 수를 찾으면 5, 8입니다.

16 코끼리는 셋째에 있으므로 3, 강아지는 첫째에 있으므로 1, 토끼는 여섯째에 있으므로 6, 고양이는 넷째에 있으므로 4입니다.

17 주어진 수를 순서대로 쓰면 4, 7, 9이므로 가장 큰 수는 9이고, 가장 작은 수는 4입니다.

18 수 카드의 수를 순서대로 쓰면 2, 4, 5, 6, 8이므로 작은 수부터 차례대로 쓰면 2, 4, 5, 6, 8입니다.

2	4	5	6	8
첫째	둘째	셋째	넷째	다섯째

✎19 예 칠은 7이고, 여섯은 6입니다.」❶
따라서 수를 순서대로 썼을 때 6이 7보다 앞에 있는 수이므로 더 작은 수는 여섯입니다.」❷

채점 기준	
❶ 수로 각각 나타내기	2점
❷ 더 작은 수 쓰기	3점

✎20 예 재훈이는 동생보다 한 살 더 많으므로 동생은 재훈이보다 한 살 더 적습니다.」❶
8보다 1만큼 더 작은 수는 7이므로 동생의 나이는 7살입니다.」❷

채점 기준	
❶ 동생이 재훈이보다 한 살 더 적음을 알기	2점
❷ 동생의 나이 구하기	3점

평가책 8~9쪽	서술형 평가

● 풀이를 꼭 확인하세요.

1 4　　　　　**2** 여섯째
3 빵　　　　**4** 2

1 ❶ 예 사탕의 수는 다섯이므로 5입니다.」 2점
❷ 예 수를 순서대로 썼을 때 5보다 1만큼 더 작은 수는 5 바로 앞의 수이므로 4입니다.」 3점

2 ❶ 예 왼쪽에서 둘째에 있는 동물은 토끼입니다.」 2점
❷ 예 토끼는 오른쪽에서부터 첫째, 둘째, 셋째, 넷째, 다섯째, 여섯째이므로 오른쪽에서 여섯째에 있습니다.」 3점

3 예 수를 순서대로 썼을 때 7은 5보다 뒤에 있는 수이므로 7은 5보다 큽니다.」❶
따라서 수진이가 더 많이 산 것은 빵입니다.」❷

채점 기준	
❶ 5와 7의 크기 비교하기	3점
❷ 수진이가 더 많이 산 것 구하기	2점

4 예 여섯부터 순서를 거꾸로 하여 수를 읽어 보면 여섯, 다섯, 넷, 셋, 둘이므로 ㉠에 알맞은 말은 둘입니다.」❶
따라서 둘을 수로 나타내면 2이므로 ㉠에 알맞은 말을 수로 나타내면 2입니다.」❷

채점 기준	
❶ ㉠에 알맞은 말 구하기	3점
❷ ㉠에 알맞은 말을 수로 나타내기	2점

2. 여러 가지 모양

| 평가책 10~12쪽 | 단원 평가 1회 |

🖊 서술형 문제는 풀이를 꼭 확인하세요.

1 (　)(　)(○)　**2** (○)(　)(　)

3 (　)(○)(　)　**4** 🛢️

5 ·———·　　　　　·
　　×
　·———·　　　　　·

6 3개

7 2개　　　　　**8** 🛢️

9 (　)(　)(○)　**10** 🛢️

11 ⚪　　　　　**12** 📦, 🛢️

13 6개　　　　　**14** 📦

15 (○)(　)(　)　**16** (○)(　)

17 2개 / 7개 / 4개　**18** 5개

🖊**19** 풀　　　　　🖊**20** 풀이 참조

10 세우면 쌓을 수 있으므로 평평한 부분이 있고, 눕히면 잘 굴러가므로 둥근 부분도 있습니다.
따라서 평평한 부분과 둥근 부분이 모두 있는 모양이므로 🛢️ 모양입니다.

11 여러 방향으로 잘 굴러가므로 둥근 부분이 있고, 쌓을 수 없으므로 평평한 부분이 없습니다.
따라서 둥근 부분만 있는 모양이므로 ⚪ 모양입니다.

12 📦 모양과 🛢️ 모양을 사용하여 만든 것입니다.

13 🛢️ 모양을 6개 사용했습니다.

14 왼쪽 모양은 📦 모양과 ⚪ 모양을 사용했고, 오른쪽 모양은 📦 모양과 🛢️ 모양을 사용했습니다.
따라서 두 모양을 만드는 데 모두 사용한 모양은 📦 모양입니다.

15 평평한 부분이 없는 모양은 ⚪ 모양입니다.
⇨ 구슬

16 왼쪽 모양은 📦 모양을 2개, 🛢️ 모양을 4개, ⚪ 모양을 1개 사용했고, 오른쪽 모양은 📦 모양을 2개, 🛢️ 모양을 1개, ⚪ 모양을 4개 사용했습니다.

17 📦 모양을 2개, 🛢️ 모양을 7개, ⚪ 모양을 4개 사용했습니다.

18 📦 모양을 3개, 🛢️ 모양을 1개, ⚪ 모양을 5개 사용했습니다.
따라서 가장 많이 사용한 모양은 ⚪ 모양으로 5개입니다.

🖊**19** 예 축구공, 풍선은 ⚪ 모양이고, 풀은 🛢️ 모양입니다.」❶
따라서 모양이 나머지와 다른 하나는 풀입니다.」❷

채점 기준	
❶ 물건의 모양 각각 알아보기	3점
❷ 모양이 나머지와 다른 하나 찾기	2점

🖊**20** 📦 모양」❶
예 📦 모양은 둥근 부분이 없으므로 어느 방향으로도 잘 굴러가지 않습니다.」❷

채점 기준	
❶ 어느 방향으로도 잘 굴러가지 않는 모양 알아보기	2점
❷ 위 ❶의 이유 쓰기	3점

| 평가책 13~15쪽 | 단원 평가 2회 |

🖊 서술형 문제는 풀이를 꼭 확인하세요.

1 (　)(　)(×)　**2** (　)(×)(　)

3 3개　　　　　**4** 2개

5 ·———·　　　　　·
　　×
　·———·　　　　　·

6 🛢️

7 🛢️　　　　　**8** 3개

9 (　)
(○)　　　　　**10** (　)(○)

11 (　)(　)(○)　**12** (○)(　)(○)

13 (　)(　)(○)　**14** (○)(　)

15 3개　　　　　**16** ⚪

17 2개　　　　　**18** 3개

🖊**19** 수호　　　　　🖊**20** 2개

12 쌓을 수 있는 모양은 평평한 부분이 있는 ⬜ 모양과 ⬭ 모양입니다.

따라서 쌓을 수 있는 물건은 분유 통과 선물 상자입니다.

13 뾰족한 부분이 없는 모양은 ⬭ 모양과 ⚪ 모양입니다. 이 중에서 평평한 부분이 있는 모양은 ⬭ 모양입니다. ⇨ 딸기잼 통

14 ⬜ 모양을 2개, ⬭ 모양을 2개, ⚪ 모양을 1개 사용하여 만든 것을 찾습니다.

15 • ⬜ 모양: 필통, 액자 ⇨ 2개
• ⬭ 모양: 케이크, 김밥, 통조림통 ⇨ 3개
• ⚪ 모양: 털실 뭉치 ⇨ 1개
따라서 가장 많은 모양은 ⬭ 모양으로 3개입니다.

16 • 수조는 ⬜ 모양이고, 구슬은 ⚪ 모양입니다.
• 배구공은 ⚪ 모양이고, 필통은 ⬜ 모양입니다.
따라서 공통으로 가지고 있는 모양은 ⚪ 모양입니다.

17 ⬜ 모양을 5개, ⬭ 모양을 2개, ⚪ 모양을 3개 사용했습니다.
따라서 가장 적게 사용한 모양은 ⬭ 모양으로 2개입니다.

18 ⬜ 모양을 5개, ⬭ 모양을 1개, ⚪ 모양을 2개 사용했습니다.
따라서 ⚪ 모양이 1개 남았으므로 은주가 처음에 가지고 있던 ⚪ 모양은 3개입니다.

19 예 ⚪ 모양을 지우는 2개, 수호는 4개 사용했습니다.」❶
따라서 ⚪ 모양을 더 많이 사용한 사람은 수호입니다.」❷

채점 기준	
❶ ⚪ 모양을 각각 몇 개 사용했는지 구하기	3점
❷ ⚪ 모양을 더 많이 사용한 사람 구하기	2점

20 예 잘 쌓을 수 있지만 잘 굴러가지 않는 모양은 ⬜ 모양입니다.」❶
따라서 ⬜ 모양의 물건은 국어사전, 과자 상자로 모두 2개입니다.」❷

채점 기준	
❶ 잘 쌓을 수 있지만 잘 굴러가지 않는 모양은 어떤 모양인지 알아보기	3점
❷ 잘 쌓을 수 있지만 잘 굴러가지 않는 물건은 모두 몇 개인지 구하기	2점

평가책 16~17쪽 **서술형 평가**

● 풀이를 꼭 확인하세요.

1 ⬜ 모양　　**2** 수박
3 풀이 참조　　**4** ⬭ 모양

1 ❶ 예 음료수 캔과 연필꽂이는 ⬭ 모양이고, 탁구공은 ⚪ 모양입니다.」[3점]

❷ 예 찾을 수 없는 모양은 ⬜ 모양입니다.」[2점]

2 ❶ 예 배구공은 둥근 부분만 보이므로 ⚪ 모양입니다.」[2점]

❷ 예 배구공과 같은 모양의 물건은 수박입니다.」[3점]

3 은우」❶
예 ⚪ 모양은 평평한 부분이 없으므로 잘 쌓을 수 없습니다.」❷

채점 기준	
❶ 잘못 설명한 사람 구하기	2점
❷ 위 ❶의 이유 쓰기	3점

4 예 ⬜ 모양을 5개, ⬭ 모양을 4개, ⚪ 모양을 2개 사용했습니다.」❶
따라서 4개를 사용한 모양은 ⬭ 모양입니다.」❷

채점 기준	
❶ ⬜, ⬭, ⚪ 모양을 각각 몇 개 사용했는지 구하기	3점
❷ 4개를 사용한 모양은 무엇인지 구하기	2점

3. 덧셈과 뺄셈

평가책 18~20쪽 **단원 평가 1회**

🖊 서술형 문제는 풀이를 꼭 확인하세요.

1 2, 3 / 5
2 4, 3, 7 또는 3, 4, 7
3 2+6=8
4 4
5 (선 연결)
6 2, 3 / 3, 2 / 4, 1
7 (선 연결)
8 (1) 7 (2) 5
9 3, 2, 1
10 ( ) (×)
11 ㉣
12 ㅡ
13 ㉢, ㉣
14 ㉢, ㉣, ㉡, ㉠
15 0개
16 8송이
17 8, 3, 5
18 2장
19 현아, 5개
20 7

6 5는 1과 4, 2와 3, 3과 2, 4와 1로 가르기할 수 있습니다.
참고 5와 0의 가르기를 찾은 경우도 정답으로 인정합니다.

12 '='의 오른쪽 수가 '='의 가장 왼쪽의 수보다 더 작으므로 뺄셈식입니다.

13 ㉠ 9−6=3 ⇨ □=3
㉡ 3+4=7 ⇨ □=7
㉢ 5−3=2 ⇨ □=2
㉣ 2+0=2 ⇨ □=2

14 ㉠ 3+5=8 ㉡ 9−2=7
㉢ 0+4=4 ㉣ 6−0=6

15 (남은 복숭아의 수)
=(처음에 있던 복숭아의 수)−(먹은 복숭아의 수)
=8−8=0(개)

16 (꽃병에 꽂혀 있는 장미의 수)
=(빨간색 장미의 수)+(흰색 장미의 수)
=2+6=8(송이)

17 ◯ 모양은 8개이고, ⬜ 모양은 3개입니다.
⇨ 8−3=5(개)

18 (동생에게 주고 남은 색종이의 수)
=6−3=3(장)
⇨ (남은 색종이의 수)=3−1=2(장)

19 예 「9는 4보다 크므로 현아가 귤을 더 많이 먹었습니다.」❶
따라서 현아가 귤을 9−4=5(개) 더 많이 먹었습니다.」❷

채점 기준	
❶ 누가 귤을 더 많이 먹었는지 구하기	2점
❷ 귤을 몇 개 더 많이 먹었는지 구하기	3점

20 예 「1과 3을 모으기하면 4가 되므로 ㉠=4 이고, 9는 6과 3으로 가르기할 수 있으므로 ㉡=3입니다.」❶
따라서 ㉠과 ㉡에 알맞은 두 수의 합은 4+3=7 입니다.」❷

채점 기준	
❶ ㉠과 ㉡에 알맞은 수 각각 구하기	2점
❷ ㉠과 ㉡에 알맞은 두 수의 합 구하기	3점

평가책 21~23쪽 **단원 평가 2회**

🖊 서술형 문제는 풀이를 꼭 확인하세요.

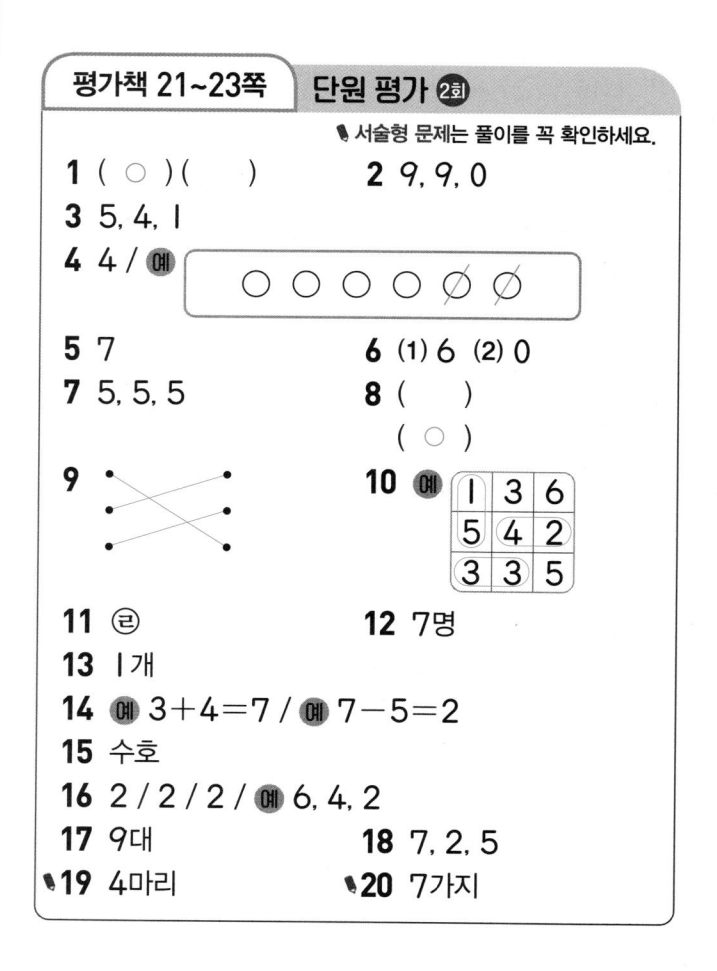

1 (◯) ( )
2 9, 9, 0
3 5, 4, 1
4 4 / 예
5 7
6 (1) 6 (2) 0
7 5, 5, 5
8 ( )
(◯)
9 (선 연결)
10 예
1	3	6
5	4	2
3	3	5
11 ㉣
12 7명
13 1개
14 예 3+4=7 / 예 7−5=2
15 수호
16 2 / 2 / 2 / 예 6, 4, 2
17 9대
18 7, 2, 5
19 4마리
20 7가지

6 (1) (어떤 수)−0=(어떤 수) ⇨ 6−0=6

(2) (전체)−(전체)=0 ⇨ 5−5=0

13 (남은 빵의 수)

=(처음에 있던 빵의 수)−(먹은 빵의 수)

=5−4=1(개)

14 • 자전거를 타고 가는 학생 3명과 걸어가는 학생 4명을 합하면 학생은 모두 7명입니다.

⇨ 3+4=7

• 학생 7명 중에서 남학생 5명을 빼면 여학생은 2명입니다. ⇨ 7−5=2

15 나온 점의 수의 합을 구하면 민지가 2+2=4이고, 수호가 4+1=5입니다.

따라서 5가 4보다 크므로 놀이에서 이긴 사람은 수호입니다.

16 3−1=2, 4−2=2, 5−3=2로 차는 2입니다.

⇨ 차가 2인 뺄셈식은 6−4=2, 7−5=2, 8−6=2, 2−0=2 등이 있습니다.

17 (재범이가 가지고 있는 장난감 자동차의 수)

=5−1=4(대)

⇨ (두 사람이 가지고 있는 장난감 자동차의 수)

=5+4=9(대)

18 차가 가장 크게 되려면 가장 큰 수에서 가장 작은 수를 빼야 합니다.

따라서 뽑은 두 수는 가장 큰 수 7과 가장 작은 수 2입니다.

⇨ 7−2=5

✎19 〔예〕 처음에 있던 벌의 수에서 날아간 벌의 수를 빼면 되므로 6−2를 계산합니다.」❶

따라서 남은 벌은 6−2=4(마리)입니다.」❷

채점 기준	
❶ 문제에 알맞은 식 만들기	2점
❷ 남은 벌의 수 구하기	3점

✎20 〔예〕 8은 1과 7, 2와 6, 3과 5, 4와 4, 5와 3, 6과 2, 7과 1로 가르기할 수 있습니다.」❶

따라서 나누어 가지는 방법은 모두 7가지입니다.」❷

채점 기준	
❶ 8을 가르기한 경우를 모두 구하기	3점
❷ 사탕 8개를 나누어 가지는 방법이 몇 가지인지 구하기	2점

평가책 24~25쪽	서술형 평가

● 풀이를 꼭 확인하세요.

1 ㉡   **2** 3개

3 8마리   **4** 2개

1 ❶ 〔예〕 ㉠ 1과 4를 모으기하면 5, ㉡ 2와 2를 모으기하면 4, ㉢ 3과 2를 모으기하면 5가 됩니다.」 3점

❷ 〔예〕 모으기하여 5가 되는 두 수가 아닌 것은 ㉡입니다.」 2점

2 ❶ 〔예〕 처음에 있던 오이의 수에서 따 먹은 오이의 수를 빼면 되므로 5−2를 계산합니다.」 2점

❷ 〔예〕 남은 오이는 5−2=3(개)입니다.」 3점

3 〔예〕 흰색 강아지의 수와 검은색 강아지의 수를 더하면 되므로 3+5를 계산합니다.」❶

따라서 강아지는 모두 3+5=8(마리)입니다.」❷

채점 기준	
❶ 문제에 알맞은 식 만들기	2점
❷ 전체 강아지의 수 구하기	3점

4 〔예〕 6은 4와 2로 가르기할 수 있습니다.」❶

따라서 인형을 동생이 4개를 가지면 주희는 2개를 가지게 됩니다.」❷

채점 기준	
❶ 문제에 맞게 6을 두 수로 가르기	3점
❷ 주희가 가지게 되는 인형의 수 구하기	2점

4. 비교하기

평가책 26~28쪽
단원 평가 1회

🖊 서술형 문제는 풀이를 꼭 확인하세요.

1 (△)
( )
2 (○)( )
3 ( )(○)
4 (○)( )
5 가볍습니다
6 망치, 우산
7 📝

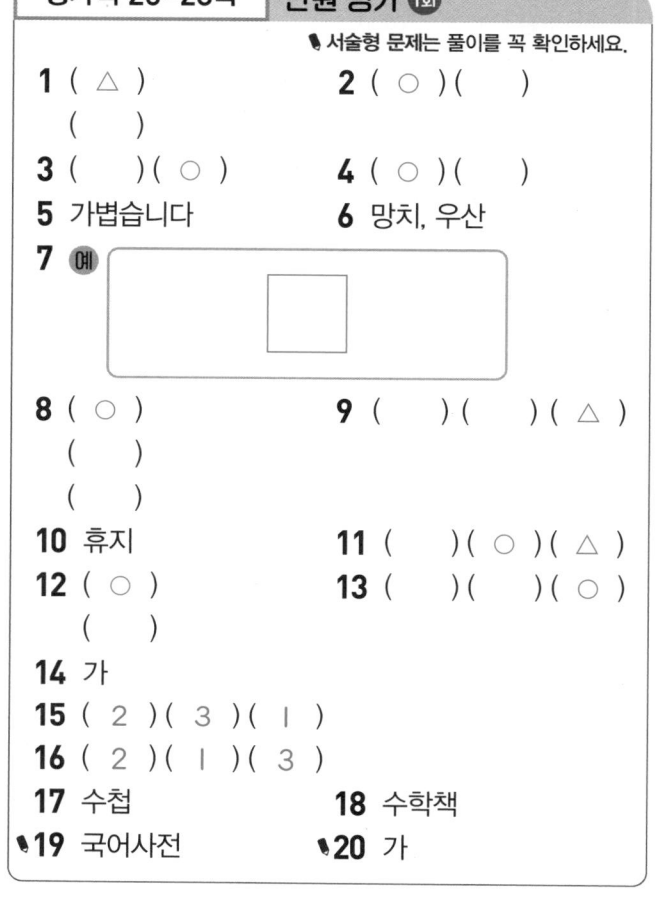

8 (○)
( )
( )
9 ( )( )(△)
10 휴지
11 ( )(○)(△)
12 (○)
( )
13 ( )( )(○)
14 가
15 (2)(3)(1)
16 (2)(1)(3)
17 수첩
18 수학책
🖊**19** 국어사전
🖊**20** 가

11 그릇의 크기가 가장 큰 것이 담을 수 있는 양이 가장 많고, 가장 작은 것이 담을 수 있는 양이 가장 적습니다.

12 한쪽 끝을 맞추어 길이를 비교하면 색연필보다 더 긴 것은 붓입니다.

13 주전자보다 더 큰 그릇을 찾으면 냄비입니다.

14 종이컵은 유리컵보다 더 가볍습니다.
따라서 종이컵이 들어 있는 상자는 유리컵이 들어 있는 상자보다 더 가볍습니다.

15 겹쳤을 때 남는 부분이 많을수록 넓습니다.

16 그릇의 모양과 크기가 같으므로 물의 높이가 높을수록 담긴 양이 많습니다.

17 • 과학책과 수첩 중에서 더 좁은 것은 수첩입니다.
• 동화책과 과학책 중에서 더 좁은 것은 과학책입니다.
따라서 가장 좁은 것은 수첩입니다.

18 저울에서는 아래로 내려간 쪽이 더 무겁습니다.
• 연필과 필통 중에서 필통이 더 무겁습니다.
• 수학책과 필통 중에서 수학책이 더 무겁습니다.
따라서 가장 무거운 것은 수학책입니다.

🖊**19** 📝 접은 종이 위에 무거운 물건을 올려놓으면 접은 종이가 무너지고, 가벼운 물건을 올려놓으면 접은 종이가 그대로 있습니다.」❶
따라서 더 무거운 것은 국어사전입니다.」❷

채점 기준	
❶ 접은 종이 위에 물건을 올려놓으면 어떻게 되는지 알기	3점
❷ 더 무거운 물건 구하기	2점

🖊**20** 📝 아래쪽 끝이 맞추어져 있으므로 위쪽 끝이 더 적게 나간 것이 더 낮습니다.」❶
따라서 더 낮게 쌓은 모양은 가입니다.」❷

채점 기준	
❶ 높이를 비교하는 방법 알아보기	3점
❷ 더 낮게 쌓은 모양 쓰기	2점

평가책 29~31쪽
단원 평가 2회

🖊 서술형 문제는 풀이를 꼭 확인하세요.

1 ( )(△)
2 ( )(△)
3 ( )(○)
4 ✕
5 ( )(△)( )
6 수박
7 초록색
8 (△)
(○)
( )
9 배추
10
11 지우개
12 교실
13 병
14 나
15 (2)(1)(3)
16 3개
17 유미
18 영재
🖊**19** 나
🖊**20** 붓

8 왼쪽 끝이 맞추어져 있으므로 오른쪽 끝이 가장 많이 나간 것이 가장 길고, 오른쪽 끝이 가장 적게 나간 것이 가장 짧습니다.

9 저울에서는 아래로 내려간 쪽이 더 무겁습니다.

10 겹쳤을 때 남는 부분이 없는 모양에 색칠합니다.

11 가벼울수록 고무줄은 적게 늘어나므로 가장 가벼운 것은 지우개입니다.

12 운동장은 우리 학교 강당보다 더 넓고,
교실은 우리 학교 강당보다 더 좁습니다.

13 병에 가득 담긴 물이 컵을 가득 채우고 넘쳤으므로 병에 물을 더 많이 담을 수 있습니다.

14 쌀은 솜보다 더 무거우므로 더 무거운 병은 나입니다.

15 가운데 줄자를 펼치면 가장 깁니다.

16 동화책보다 더 무거운 것은 자전거, 볼링공, 의자로 모두 **3**개입니다.

17 지우는 유미보다 더 낮은 층에 살고 있고, 도진이보다 더 높은 층에 살고 있습니다.

| 유미 |
| 지우 |
| 도진 |

따라서 가장 높은 층에 살고 있는 사람은 유미입니다.

18 먹고 남은 피자가 가장 좁은 사람이 피자를 가장 많이 먹은 것입니다.
따라서 피자를 가장 많이 먹은 사람은 먹고 남은 피자가 가장 좁은 영재입니다.

✎19 예 물의 높이가 같으므로 그릇의 크기가 더 작은 그릇이 담긴 양이 더 적습니다.」 ❶
따라서 담긴 양이 더 적은 그릇은 나입니다.」 ❷

채점 기준	
❶ 물의 높이가 같을 때 담긴 양을 비교하는 방법 알아보기	3점
❷ 담긴 양이 더 적은 그릇 쓰기	2점

✎20 예 연필은 머리핀보다 더 길고, 붓은 연필보다 더 길므로 긴 것부터 차례대로 쓰면 붓, 연필, 머리핀입니다.」 ❶
따라서 가장 긴 것은 붓입니다.」 ❷

채점 기준	
❶ 연필, 머리핀, 붓의 길이 비교하기	3점
❷ 가장 긴 것 구하기	2점

평가책 32~33쪽	서술형 평가

● 풀이를 꼭 확인하세요.

1 참새   **2** 달력
3 주전자   **4** 풀이 참조

1 ❶ 예 시소에서는 가벼운 쪽이 위로 올라가고 무거운 쪽이 아래로 내려갑니다.」 3점
❷ 예 더 가벼운 것은 참새입니다.」 2점

2 ❶ 예 겹쳤을 때 남는 부분이 가장 많은 것이 가장 넓습니다.」 3점
❷ 예 가장 넓은 것은 달력입니다.」 2점

3 예 그릇의 크기를 비교했을 때 더 큰 그릇이 담을 수 있는 양이 더 많습니다.」 ❶
따라서 담을 수 있는 양이 더 많은 것은 주전자입니다.」 ❷

채점 기준	
❶ 담을 수 있는 양을 비교하는 방법 알아보기	3점
❷ 담을 수 있는 양이 더 많은 것 구하기	2점

4 예 • 사슴은 원숭이보다 더 무겁습니다.」 ❶
• 원숭이의 꼬리는 사슴의 꼬리보다 더 깁니다.」 ❷

채점 기준	
❶ 비교하는 말을 사용하여 한 가지 쓰기	1개 2점,
❷ 비교하는 말을 사용하여 다른 한 가지 쓰기	2개 5점

5. 50까지의 수

🖊 서술형 문제는 풀이를 꼭 확인하세요.

1 10 　　　　　　　　**2** 6, 16
3 10 　　　　　　　　**4** 사십칠
5 15 / 7, 8 　　　　　**6** ✕ (선 잇기)
7 43, 44 　　　　　　**8** 12
9 17 　　　　　　　　**10** 27
11 (위에서부터) 28 / 29, 32 / 36, 37
12 열 / 십 　　　　　　**13** 40, 31, 29
14 23개 　　　　　　　**15** 22번
16 4개 　　　　　　　 **17** ⑤
18 43 　　　　　　　🖊**19** 삼십, 서른
🖊**20** 송화

13 10개씩 묶음의 수를 비교하면 4가 가장 크고 2가 가장 작습니다.
따라서 큰 수부터 순서대로 쓰면 40, 31, 29 입니다.

14 10개씩 묶음 2개와 낱개 3개 ⇨ 23개

16 주어진 콩은 10개씩 묶음 4개입니다.
따라서 콩 주머니를 4개 만들 수 있습니다.

17 ① 21 ② 19 ③ 36 ④ 31 ⑤ 46
10개씩 묶음의 수를 비교하면 4가 가장 크므로
⑤ 마흔여섯이 가장 큽니다.

18 1, 3, 4를 큰 수부터 순서대로 쓰면 4, 3, 1입니다.
따라서 10개씩 묶음의 수에 가장 큰 수인 4를,
낱개의 수에 두 번째로 큰 수인 3을 놓으면 43 입니다.

🖊**19** 📋 29보다 1만큼 더 큰 수는 30이므로 ㉠에
알맞은 수는 30입니다. ❶
따라서 30은 삼십 또는 서른이라고 읽습니다. ❷

채점 기준	
❶ ㉠에 알맞은 수 구하기	2점
❷ ㉠에 알맞은 수를 두 가지로 읽기	3점

🖊**20** 📋 21과 24는 10개씩 묶음의 수가 2로 같으므로 낱개의 수를 비교합니다. 낱개의 수는 4가 1보다 크므로 24가 21보다 큽니다. ❶
따라서 사탕을 더 많이 가지고 있는 사람은 송화입니다. ❷

채점 기준	
❶ 두 수의 크기 비교하기	3점
❷ 사탕을 더 많이 가지고 있는 사람 구하기	2점

🖊 서술형 문제는 풀이를 꼭 확인하세요.

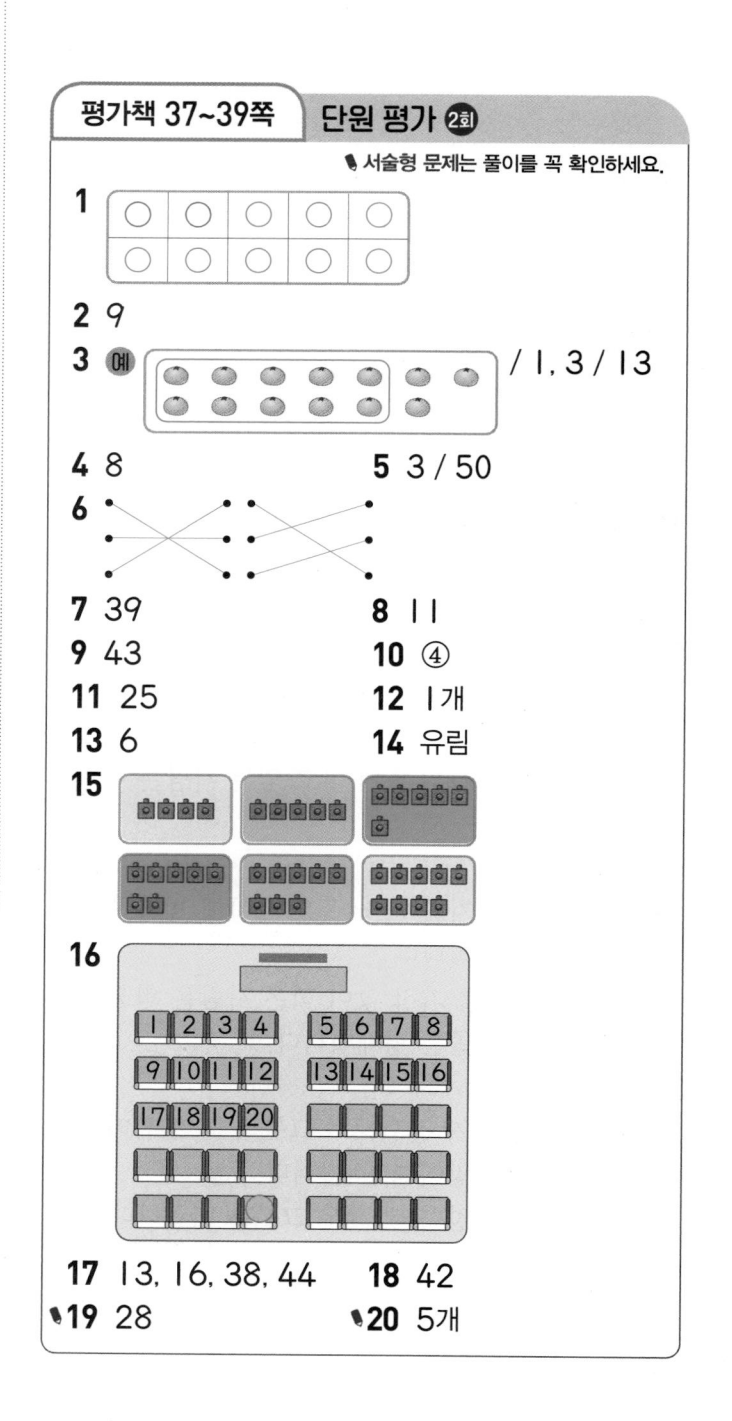

1 (빈 칸 표)
2 9
3 📋 / 1, 3 / 13
4 8 　　　　　　　　**5** 3 / 50
6 (선 잇기)
7 39 　　　　　　　 **8** 11
9 43 　　　　　　　 **10** ④
11 25 　　　　　　　 **12** 1개
13 6 　　　　　　　　**14** 유림
15 (자물쇠 그림)
16 (번호판 그림 1~20)
17 13, 16, 38, 44 　 **18** 42
🖊**19** 28 　　　　　　🖊**20** 5개

12 구슬은 10개씩 묶음 2개가 있습니다.
따라서 구슬 30개는 10개씩 묶음 3개이므로 10개씩 묶음 1개가 더 있어야 합니다.

13 12는 (1, 11), (2, 10), (3, 9), (4, 8), (5, 7), (6, 6)으로 가르기할 수 있습니다. 이 중에서 같은 두 수로 가르기한 것은 (6, 6)입니다.

14 19보다 1만큼 더 큰 수는 20입니다.

15 (4, 9), (5, 8), (6, 7)을 모으기하면 13이 됩니다.

16

1	2	3	4	5	6	7	8
9	10	11	12	13	14	15	16
17	18	19	20	21	22	23	24
25	26	27	28	29	30	31	32
33	34	35	36	37	38	39	40

17 10개씩 묶음의 수를 비교하면 16, 13이 44, 38보다 작습니다.
10개씩 묶음의 수가 같은 16, 13의 낱개의 수를 비교하면 13이 16보다 작습니다. 44, 38의 10개씩 묶음의 수를 비교하면 38이 44보다 작습니다.
따라서 작은 수부터 순서대로 쓰면 13, 16, 38, 44입니다.

18 40보다 크고 50보다 작은 수는 10개씩 묶음의 수가 4입니다.
따라서 낱개의 수가 2이므로 두 조건을 만족하는 수는 42입니다.

19 ⑩ 10개씩 묶음 2개와 낱개 9개인 수는 29이므로 ㉠은 29입니다.」❶
따라서 29보다 1만큼 더 작은 수는 28입니다.」❷

채점 기준

❶ ㉠이 나타내는 수 알아보기	2점
❷ ㉠보다 1만큼 더 작은 수 구하기	3점

20 ⑩ 50은 10개씩 묶음 5개입니다.」❶
따라서 10명씩 짝을 지었다면 모둠을 5개 만들 수 있습니다.」❷

채점 기준

❶ 50은 10개씩 묶음 몇 개인지 알아보기	3점
❷ 만들 수 있는 모둠의 수 구하기	2점

평가책 40~41쪽	서술형 평가

●풀이를 꼭 확인하세요.

1 8개 **2** 은희
3 33 **4** 48개

1 ❶ ⑩ 13은 5와 8로 가르기할 수 있습니다.」3점

❷ ⑩ 귤을 한 접시에 5개 담으면 다른 접시에는 8개 담아야 합니다.」2점

2 ❶ ⑩ 40과 30의 10개씩 묶음의 수를 비교하면 4가 3보다 크므로 40은 30보다 큽니다.」3점

❷ ⑩ 구슬을 더 많이 가지고 있는 사람은 은희입니다.」2점

3 ⑩ 서른둘을 수로 나타내면 32입니다.」❶
따라서 서른둘보다 1만큼 더 큰 수를 수로 나타내면 33입니다.」❷

채점 기준

❶ 서른둘을 수로 나타내기	2점
❷ 서른둘보다 1만큼 더 큰 수를 수로 나타내기	3점

4 ⑩ 낱개 18개는 10개씩 묶음 1개와 낱개 8개입니다.」❶
따라서 탁구공은 10개씩 묶음 4개와 낱개 8개이므로 모두 48개입니다.」❷

채점 기준

❶ 낱개 18개는 10개씩 묶음 몇 개와 낱개 몇 개인지 알아보기	2점
❷ 탁구공은 모두 몇 개인지 구하기	3점

평가책 42~44쪽	학업 성취도 평가 1회

🖊 서술형 문제는 풀이를 꼭 확인하세요.

1 여섯, 육 **2** 2, 4

3 가볍습니다 **4** 10

5 ( )(○)( ) **6** 9, 6, 5

7 (선으로 이은 그림) **8** (○)( )

9 2개 **10** (원기둥 모양)

11 9개 **12** ( )
( )
(△)

13 (2)(1)(3)

14 9 **15** 2개 / 5개 / 2개

16 41에 ○표, 17에 △표

17 7, 6, 1 / 7, 1, 6 **18** (상자 모양) 모양, 4개

🖊**19** 23개 🖊**20** 용재

17 세 수 중 가장 큰 수에서 다른 한 수를 빼면 나머지 수가 됩니다.
⇨ $7-6=1$, $7-1=6$

18 왼쪽 모양은 (상자) 모양 3개와 (공) 모양 3개를 사용했고, 오른쪽 모양은 (상자) 모양 1개와 (원기둥) 모양 5개를 사용했습니다.
따라서 두 모양을 만드는 데 공통으로 사용한 것은 (상자) 모양이고, 모두 $3+1=4$(개) 사용했습니다.

🖊**19** 예 10개씩 2상자는 10개씩 묶음 2개와 같습니다.』❶
따라서 10개씩 묶음 2개와 낱개 3개는 23이므로 구슬은 모두 23개입니다.』❷

채점 기준	
❶ 상자에 담은 구슬은 10개씩 묶음 몇 개인지 알아보기	3점
❷ 구슬은 모두 몇 개인지 구하기	2점

🖊**20** 예 수를 순서대로 썼을 때 8은 5보다 뒤에 있는 수이므로 8은 5보다 큽니다.』❶
따라서 색종이를 더 많이 가지고 있는 사람은 용재입니다.』❷

채점 기준	
❶ 5와 8의 크기 비교하기	3점
❷ 색종이를 더 많이 가지고 있는 사람 구하기	2점

평가책 45~47쪽	학업 성취도 평가 2회

🖊 서술형 문제는 풀이를 꼭 확인하세요.

1 5 **2** (선으로 이은 그림)

3 1, 4, 5, 7, 8 **4** ( )( )(○)

5 9 **6** ( )( )(○)

7 2 **8** ( )
(○)

9 (상자 모양), (원기둥 모양)

10 ●●●○○○○○○○ / 7

11 ④

12 예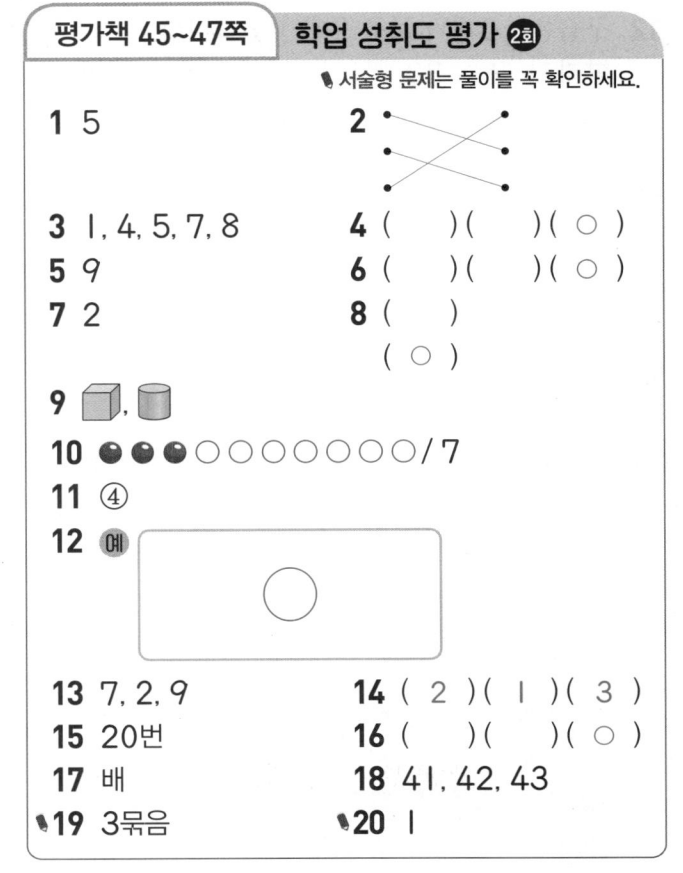

13 7, 2, 9 **14** (2)(1)(3)

15 20번 **16** ( )( )(○)

17 배 **18** 41, 42, 43

🖊**19** 3묶음 🖊**20** 1

17 • 배와 사과 중에서 배가 더 무겁습니다.
• 귤과 사과 중에서 사과가 더 무겁습니다.
따라서 가장 무거운 것은 배입니다.

18 10개씩 묶음 4개와 낱개 4개인 수는 44입니다.
따라서 주어진 수 중에서 44보다 작은 수는 41, 42, 43입니다.

🖊**19** 예 30은 10개씩 묶음 3개입니다.』❶
따라서 10송이씩 묶는다면 3묶음을 만들 수 있습니다.』❷

채점 기준	
❶ 30은 10개씩 묶음 몇 개인지 구하기	3점
❷ 만들 수 있는 묶음의 수 구하기	2점

🖊**20** 예 5는 1과 4로 가르기할 수 있으므로 ㉠=4이고, 5와 3을 모으기하면 8이 되므로 ㉡=3입니다.』❶
따라서 ㉠과 ㉡에 알맞은 두 수의 차는 $4-3=1$입니다.』❷

채점 기준	
❶ ㉠과 ㉡에 알맞은 수 각각 구하기	3점
❷ ㉠과 ㉡에 알맞은 두 수의 차 구하기	2점

개념+유형 복습책

초등 수학

1·1

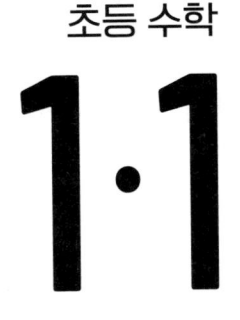

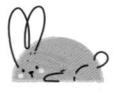

복습책에서는

개념책의 문제를 1:1로 복습합니다.

1) 9까지의 수 3

2) 여러 가지 모양 17

3) 덧셈과 뺄셈 25

4) 비교하기 41

5) 50까지의 수 49

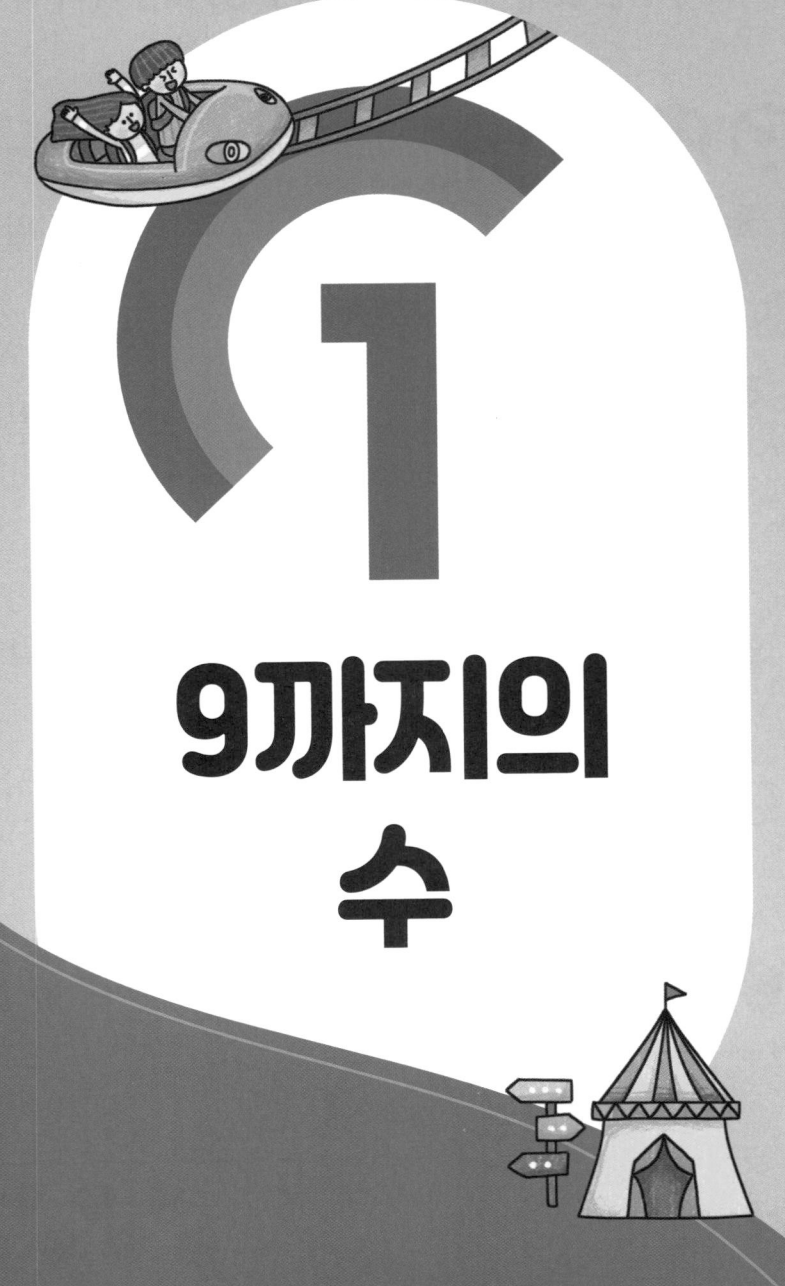

1

9까지의 수

기초력 기르기

① 1, 2, 3, 4, 5 알아보기

(1~3) 수를 세어 바르게 읽은 것에 ◯표 하세요.

1
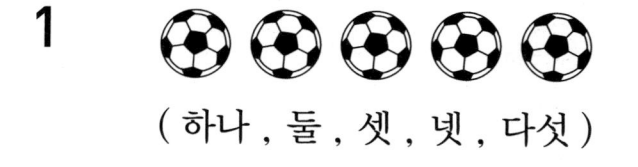

(하나 , 둘 , 셋 , 넷 , 다섯)

2

(하나 , 둘 , 셋 , 넷 , 다섯)

3
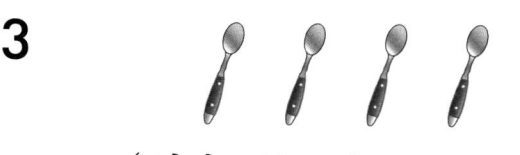

(하나 , 둘 , 셋 , 넷 , 다섯)

(4~6) 수를 세어 ◯ 안에 알맞은 수를 써넣으세요.

4
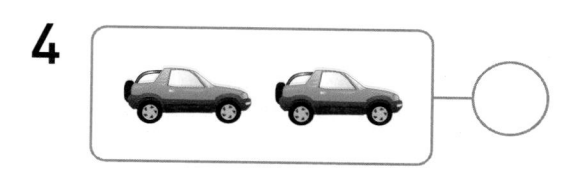

5
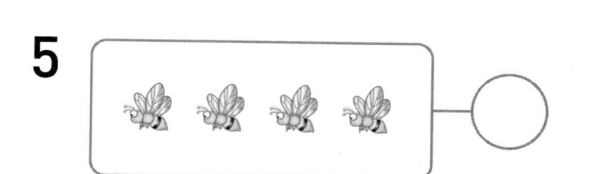

6
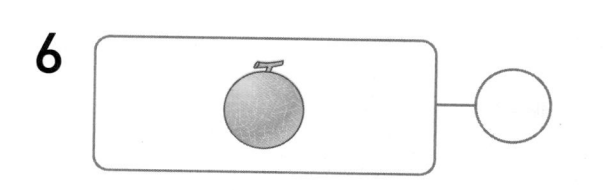

② 6, 7, 8, 9 알아보기

(1~3) 수를 세어 바르게 읽은 것에 ◯표 하세요.

1
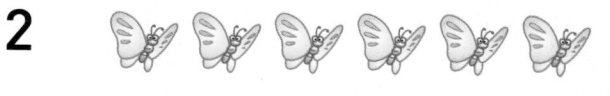

(여섯 , 일곱 , 여덟 , 아홉)

2

(여섯 , 일곱 , 여덟 , 아홉)

3

(여섯 , 일곱 , 여덟 , 아홉)

(4~6) 수를 세어 ◯ 안에 알맞은 수를 써넣으세요.

4
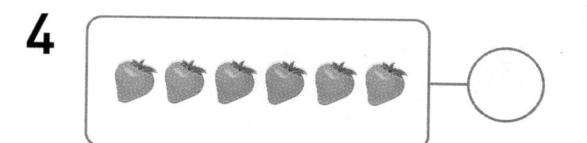

5
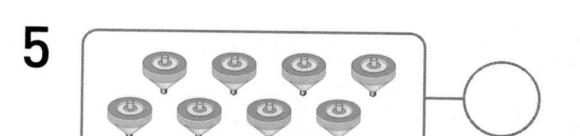

6
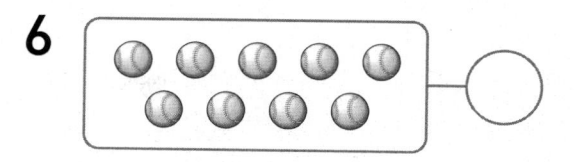

③ 순서 알아보기

(1~4) 순서에 맞는 그림에 ◯표 하세요.

1
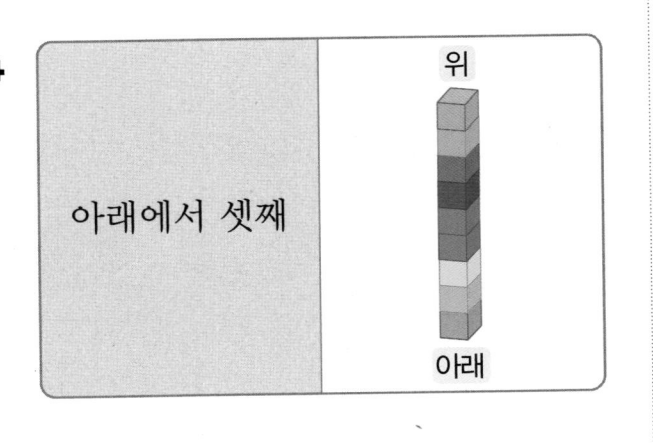
왼쪽에서 넷째
왼쪽

2
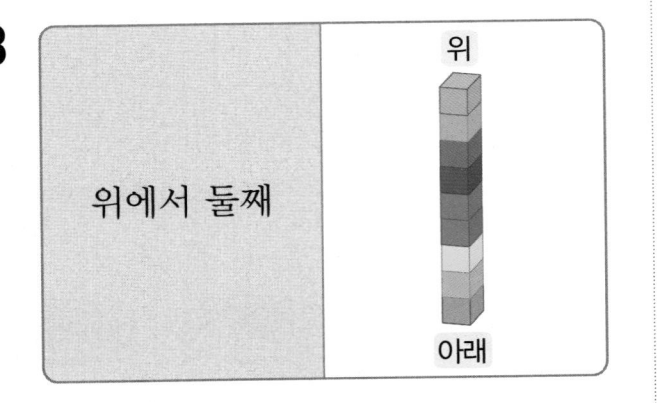
오른쪽에서 일곱째
오른쪽

3
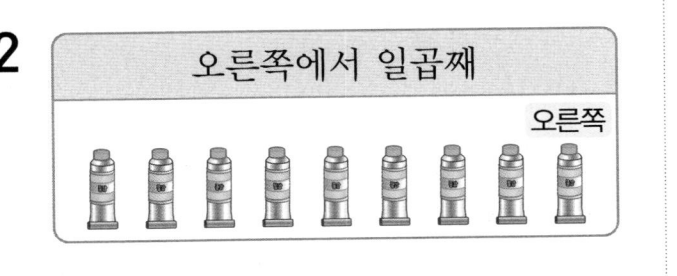
위에서 둘째
위
아래

4
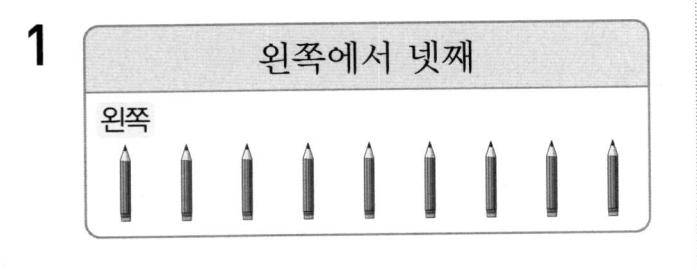
아래에서 셋째
위
아래

④ 수의 순서

(1~3) 순서에 알맞게 빈칸에 수를 써넣으세요.

1
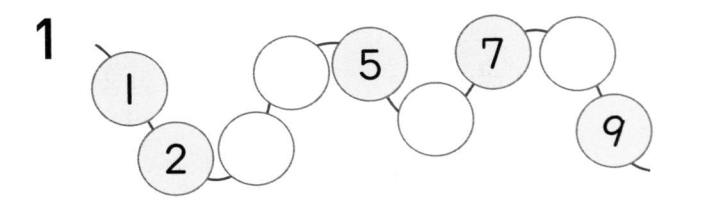

2
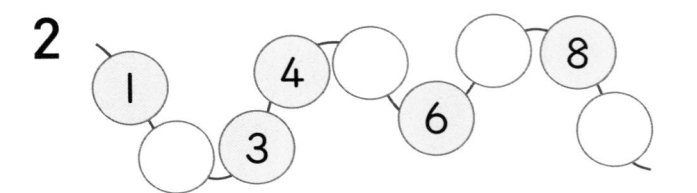

3
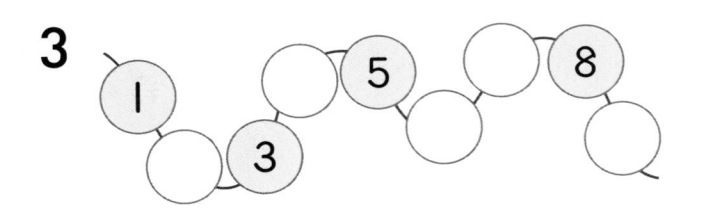

(4~6) 순서를 거꾸로 하여 빈칸에 수를 써넣으세요.

4
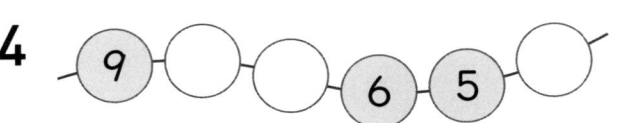

5
6
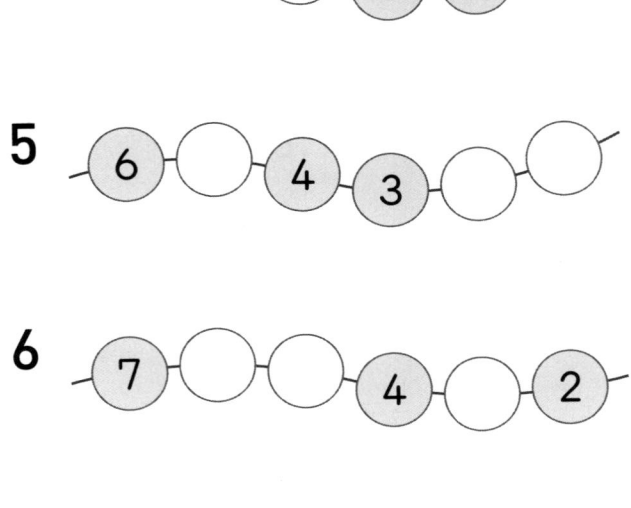

5 | 만큼 더 큰 수와 | 만큼 더 작은 수

(1~6) 빈칸에 | 만큼 더 큰 수와 | 만큼 더 작은 수를 써넣으세요.

1
| 만큼 더 작은 수 [ ] 2 | 만큼 더 큰 수 [ ]

2
| 만큼 더 작은 수 [ ] 4 | 만큼 더 큰 수 [ ]

3
| 만큼 더 작은 수 [ ] 5 | 만큼 더 큰 수 [ ]

4
| 만큼 더 작은 수 [ ] 3 | 만큼 더 큰 수 [ ]

5
| 만큼 더 작은 수 [ ] 8 | 만큼 더 큰 수 [ ]

6
| 만큼 더 작은 수 [ ] 6 | 만큼 더 큰 수 [ ]

6 0 알아보기

(1~4) 물건의 수를 세어 □ 안에 알맞은 수를 써넣으세요.

1 의 수

2 | [ ]

2 의 수

2   [ ]   [ ]

3 의 수

[ ] | 2

4 의 수

[ ] | [ ]

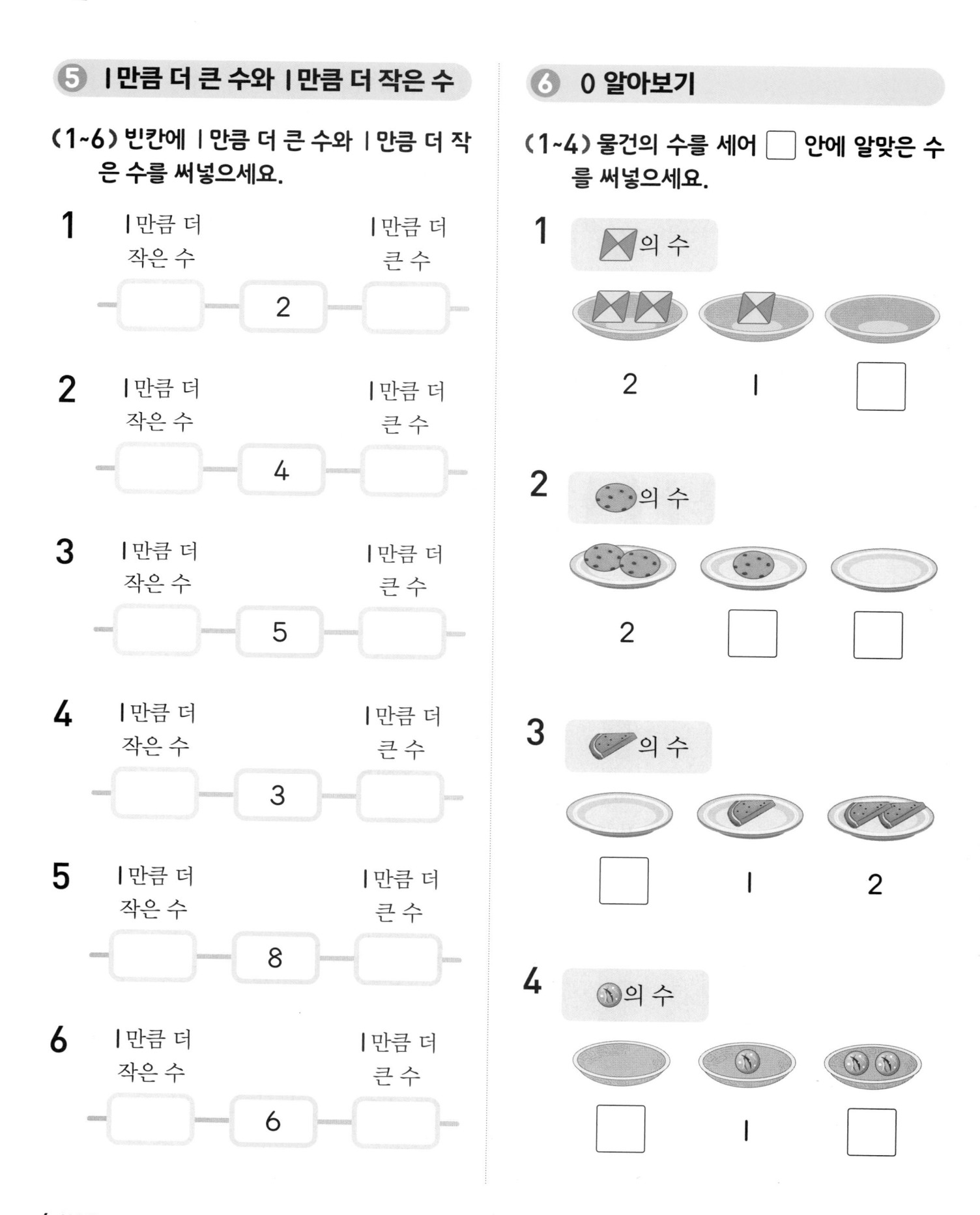

7 수의 크기 비교

(1~3) 그림을 보고 알맞은 말에 ◯표 하세요.

1

🔒는 🔑보다

(많습니다 , 적습니다).

⇨ 6은 4보다 (큽니다 , 작습니다).

2

🍓는 🥕보다

(많습니다 , 적습니다).

⇨ 2는 5보다 (큽니다 , 작습니다).

3

🐬는 🐢보다

(많습니다 , 적습니다).

⇨ 4는 3보다 (큽니다 , 작습니다).

(4~7) 더 큰 수에 ◯표 하세요.

4 | 6 | 7 |

5 | 5 | 3 |

6 | 6 | 9 |

7 | 7 | 2 |

(8~11) 더 작은 수에 △표 하세요.

8 | 9 | 8 |

9 | 4 | 6 |

10 | 8 | 5 |

11 | l | 7 |

❶ l, 2, 3, 4, 5 알아보기

1 수를 세어 알맞은 수에 ◯표 하세요.

l 2 3 4 5

2 수를 세어 ◯ 안에 알맞은 수를 써넣으세요.

3 알맞게 선으로 이어 보세요.

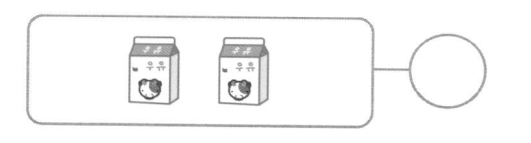

♡ · · 셋 · · 3

♡♡ · · 하나 · · 4
♡♡

♡♡ · · 다섯 · · l
♡♡♡

♡ ♡ · · 넷 · · 2

♡ ♡ ♡ · · 둘 · · 5

❷ 6, 7, 8, 9 알아보기

4 수를 세어 알맞은 수에 ◯표 하세요.

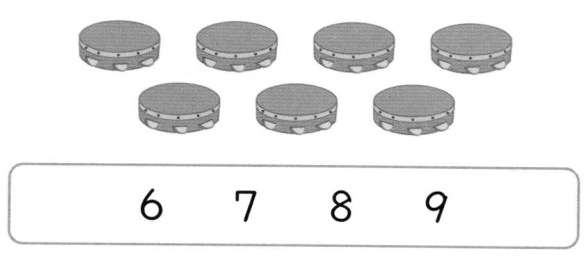

6　7　8　9

5 수를 세어 ◯ 안에 알맞은 수를 써넣으세요.

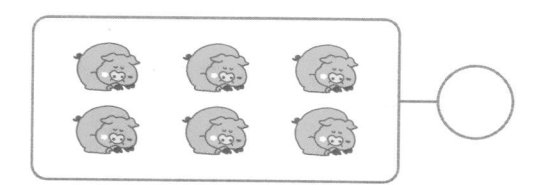

6 알맞은 수에 ◯표 하고, 선으로 이어 보세요.

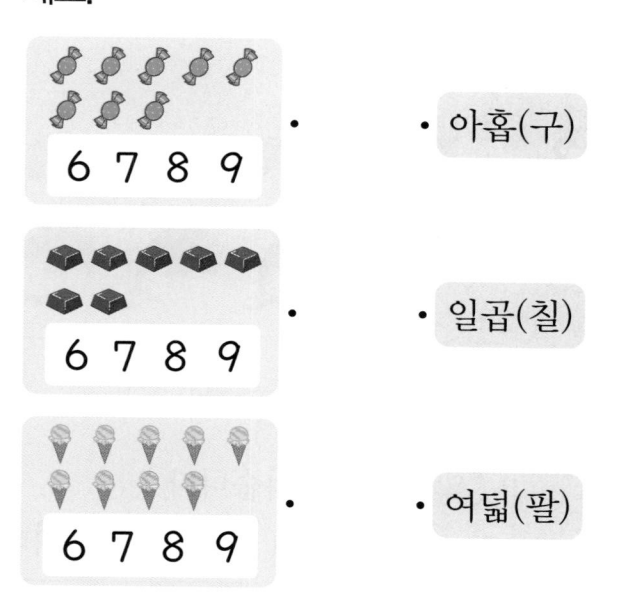

6 7 8 9 · · 아홉(구)

6 7 8 9 · · 일곱(칠)

6 7 8 9 · · 여덟(팔)

③ 순서 알아보기

7 순서에 알맞게 선으로 이어 보세요.

| 4 | 7 | 2 | 5 |

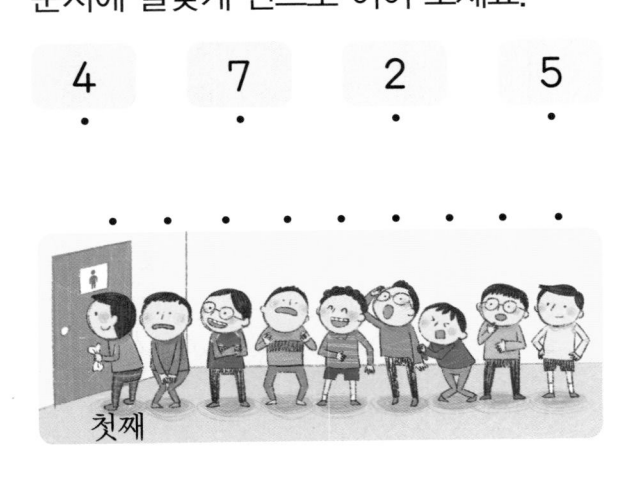

첫째

8 알맞게 선으로 이어 보세요.

아래에서 여섯째 •

위에서 셋째 •

아래에서 넷째 •

위에서 아홉째 •

위

아래

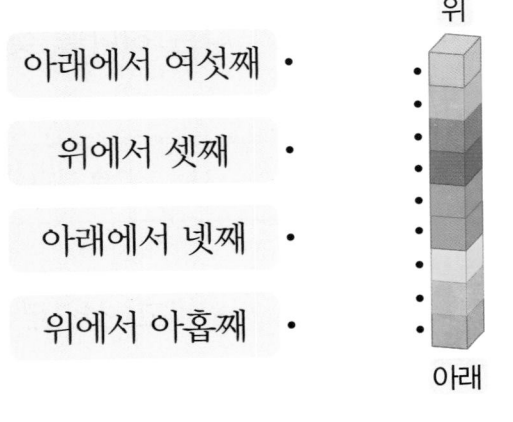

9 〈보기〉와 같이 색칠해 보세요.

〈보기〉

셋(삼) △△△△△△△△△

셋째 △△△△△△△△△

다섯(오) ♡♡♡♡♡♡♡♡♡

다섯째 ♡♡♡♡♡♡♡♡♡

④ 수의 순서

10 순서에 알맞게 빈칸에 수를 써넣으세요.

(1)
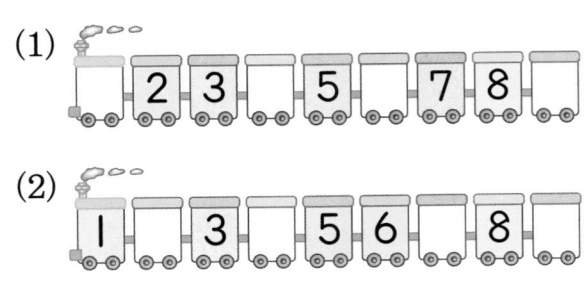
2 3 5 7 8

(2)
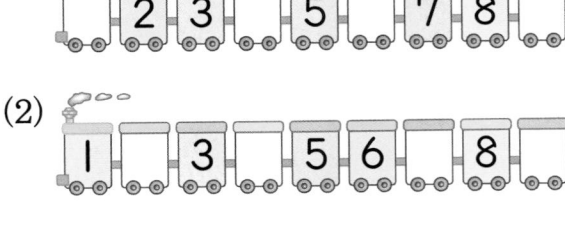
1 3 5 6 8

11 수를 순서대로 선으로 이어 보세요.

(1)
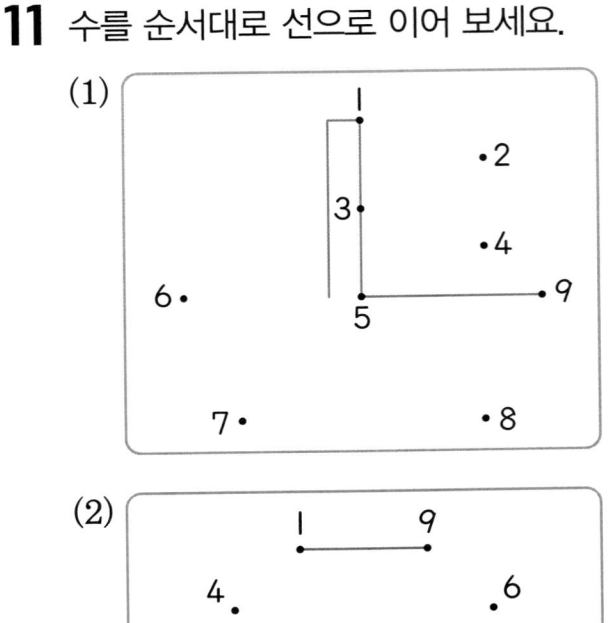

1
2
3
4
6 · 9
5
7 · 8

(2)

1 9
4 6
7 3
2 8
5

1 ☐ 안에 알맞은 수를 써넣고, 선으로 이어 보세요.

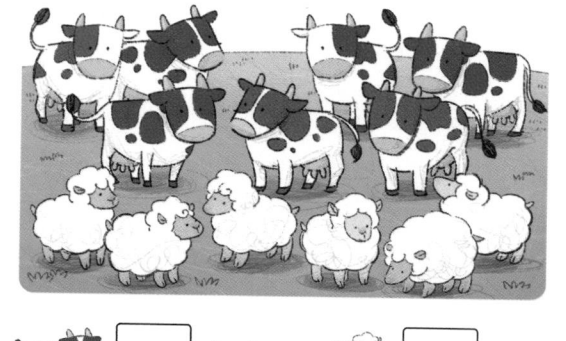

・ ・ 하나(일)

・ ・ 셋(삼)

・ ・ 넷(사)

2 수만큼 색칠해 보세요.

2 ☆ ☆ ☆ ☆ ☆

3 수를 세어 ☐ 안에 알맞은 수를 써넣으세요.

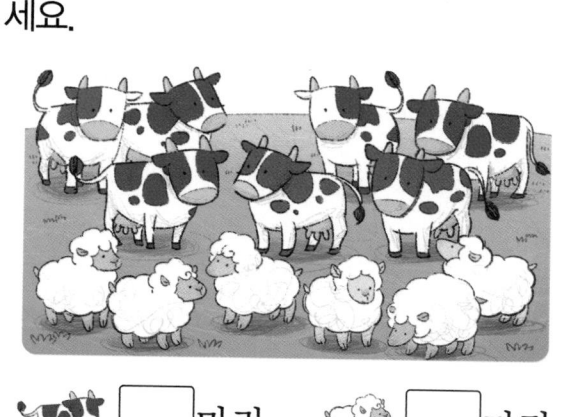

🐄 ☐마리, 🐑 ☐마리

4 그림에 맞게 수를 고쳐 ☐ 안에 알맞게 써넣으세요.

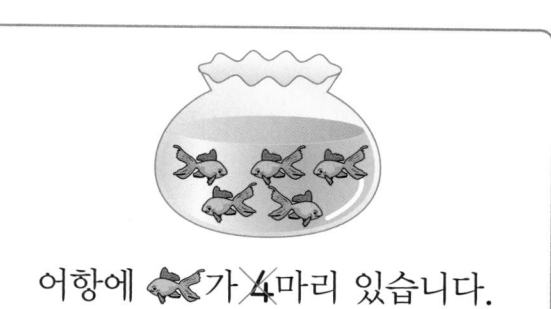

어항에 🐟가 4마리 있습니다.

⇨ ☐

5 나타내는 수가 <u>다른</u> 하나를 찾아 ◯표 하세요.

다섯   사   오   5

서술형

6 그림을 보고 서희가 이야기한 것처럼 물건의 수를 1, 2, 3, 4, 5로 설명해 보세요.

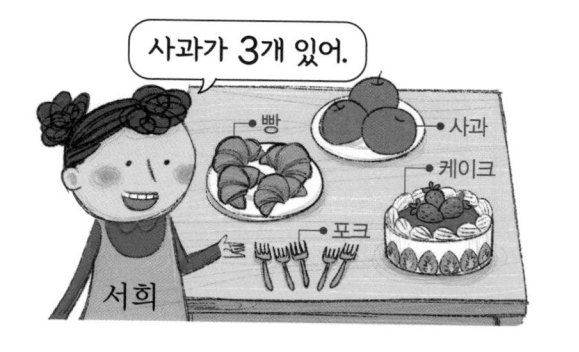

사과가 3개 있어.

빵   사과   케이크   포크   서희

답 _____

_____

7 순서를 거꾸로 하여 빈칸에 수를 써넣으세요.

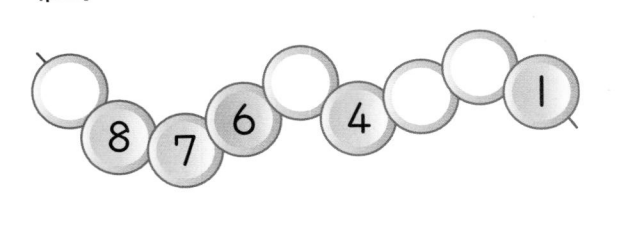

8 아래에서 일곱째인 깃발에 ◯표 하세요.

위

아래

9 수를 순서대로 선으로 이어 보세요.

```
          9
              8      7
  1
      2        6
          4
  3              5
```

10 왼쪽에서 둘째에 있는 달팽이에 ◯표 하고, 오른쪽에서 셋째에 있는 달팽이에 △표 하세요.

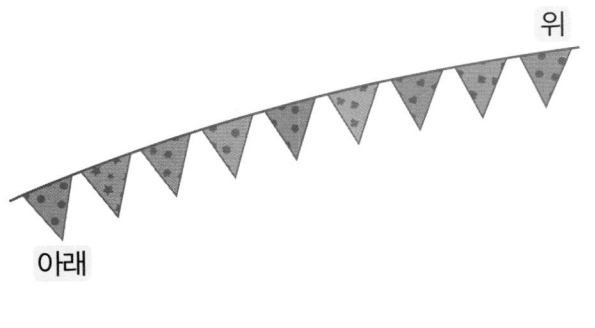

왼쪽   오른쪽

11 수의 순서에 맞게 ☐ 안에 수를 써넣으세요.

| 1 | 2 | | | 5 |
| 6 | | | | |

(수학 익힘 유형)

12 (보기)의 순서에 맞게 ☐ 안에 수를 써넣으세요.

(보기)

| 2 | | 1 | | | |

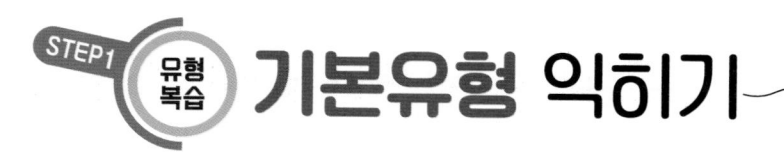
⑤ |만큼 더 큰 수와 |만큼 더 작은 수

1 ☐ 안에 알맞은 수를 써넣으세요.

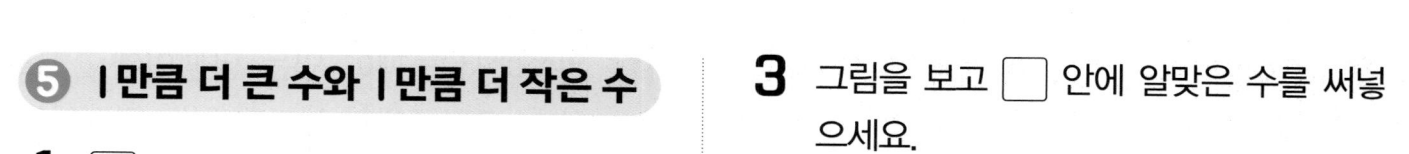

(1) 8보다 |만큼 더 큰 수는 ☐ 입니다.

(2) 7보다 |만큼 더 작은 수는 ☐ 입니다.

(3) 5보다 |만큼 더 큰 수는 ☐ 입니다.

2 3보다 |만큼 더 작은 수를 나타내는 것을 찾아 ◯표 하세요.

(   ) (   ) (   )

3 그림을 보고 ☐ 안에 알맞은 수를 써넣으세요.

|만큼 더 작은 수

|만큼 더 큰 수

2

⑥ 0 알아보기

4 둥지 안의 새의 수를 세어 ☐ 안에 알맞은 수를 써넣으세요.

2   ☐   ☐

5 상자에 담긴 배구공의 수를 세어 ☐ 안에 알맞은 수를 써넣으세요.

☐   ☐   ☐

6 알맞게 선으로 이어 보세요.

🍑	·	·	1
🍑🍑	·	·	0
(빈 칸)	·	·	2

7 수의 크기 비교

7 그림을 보고 두 수의 크기를 비교해 보세요.

(1)

🍓는 🍎보다

(많습니다 , 적습니다).

➡ [ ]는 1보다

(큽니다 , 작습니다).

(2)

🍞은 🧁보다

(많습니다 , 적습니다).

➡ 3은 [ ]보다

(큽니다 , 작습니다).

8 수만큼 ◯를 그리고, 알맞은 말에 ◯표 하세요.

(1) 8 [   ]

9 [   ]

• 8은 9보다 (큽니다 , 작습니다).
• 9는 8보다 (큽니다 , 작습니다).

(2) 7 [   ]

5 [   ]

• 7은 5보다 (큽니다 , 작습니다).
• 5는 7보다 (큽니다 , 작습니다).

9 더 큰 수에 ◯표 하세요.

3	7

10 3보다 작은 수를 모두 찾아 △표 하세요.

① ② ③ ④ ⑤ ⑥ ⑦ ⑧ ⑨

1 꽃의 수를 세어 ☐ 안에 알맞은 수를 써 넣으세요.

☐ ☐ ☐

2 ☐ 안에 알맞은 수를 써넣으세요.

빵을 |개 더 만들면 빵의 수는 **7**보다 |만큼 더 큰 수인 ☐ 이 됩니다.

3 수의 순서를 보고 **4**와 **9**의 크기를 비교해 보세요.

① ② ③ ④ ⑤ ⑥ ⑦ ⑧ ⑨

· ☐ 는 ☐ 보다 큽니다.
· ☐ 는 ☐ 보다 작습니다.

4 ☐ 안에 알맞은 수를 써넣으세요.

① ② ③ ④ ⑤ ⑥ ⑦ ⑧ ⑨

6은 ☐ 보다 |만큼 더 큰 수이고, ☐ 보다 |만큼 더 작은 수입니다.

(수학 익힘 유형)

5 가운데 수보다 작은 수에 △표, 가운데 수보다 큰 수에 ◯표 하세요.

0
5 **3** 6 ← 가운데 수
1

서술형

6 모자의 수보다 |만큼 더 작은 수는 얼마인지 풀이 과정을 쓰고 답을 구해 보세요.

풀이

답

7 연필꽂이에 꽂혀 있는 색연필 중 초록색 색연필은 몇 자루일까요?

( )

8 ⬜ 안에 알맞은 수를 써넣고, 알맞은 말에 ◯표 하세요.

⬜ 🍅 ⬜

🍈은 🍅보다

(많습니다 , 적습니다).

⇨ ⬜ 은 ⬜ 보다 작습니다.

9 사탕을 종완이는 2개, 소희는 5개 가지고 있습니다. 사탕을 더 많이 가지고 있는 사람은 누구일까요?

( )

10 진아는 오늘 감자를 8개 캤습니다. 어제는 오늘보다 1개 더 적게 캤다면 어제 캔 감자는 몇 개일까요?

( )

11 ⬜ 안에 알맞은 수를 써넣으세요.

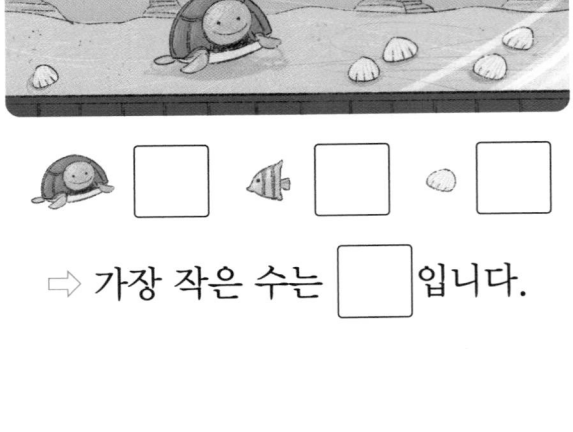

🐢 ⬜   🐠 ⬜   🐚 ⬜

⇨ 가장 작은 수는 ⬜ 입니다.

12 수 카드 중에서 가장 큰 수를 찾아 ◯표 하세요.

9   3   6

1 ☐ 안에 알맞은 수를 써넣으세요.

> ☐보다 1만큼 더 큰 수는 3입니다.

2 8명이 박물관 매표소에 한 줄로 서 있습니다. 민아는 뒤에서 둘째에 서 있을 때, 앞에서 몇째에 서 있는지 구해 보세요.

( )

3 수 카드를 큰 수부터 놓을 때, 왼쪽에서 둘째에 놓이는 수를 구해 보세요.

| 1 | 6 | 7 | 4 | 3 |

( )

놀이 수학

4 상자에 쓰여 있는 수가 가장 작은 과자를 먹은 친구가 이기는 놀이를 하고 있습니다. 이긴 친구는 누구인지 구해 보세요.

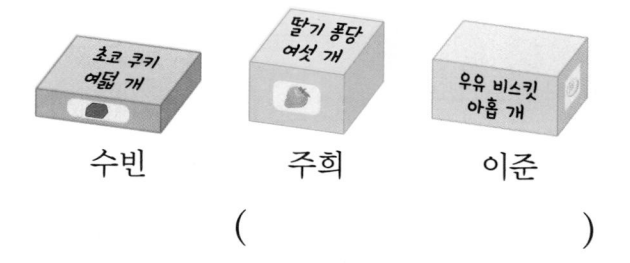

초코 쿠키 여덟 개 — 수빈
딸기 퐁당 여섯 개 — 주희
우유 비스킷 아홉 개 — 이준

( )

실력 확인 [평가책] 단원 평가 2~7쪽 | 서술형 평가 8~9쪽

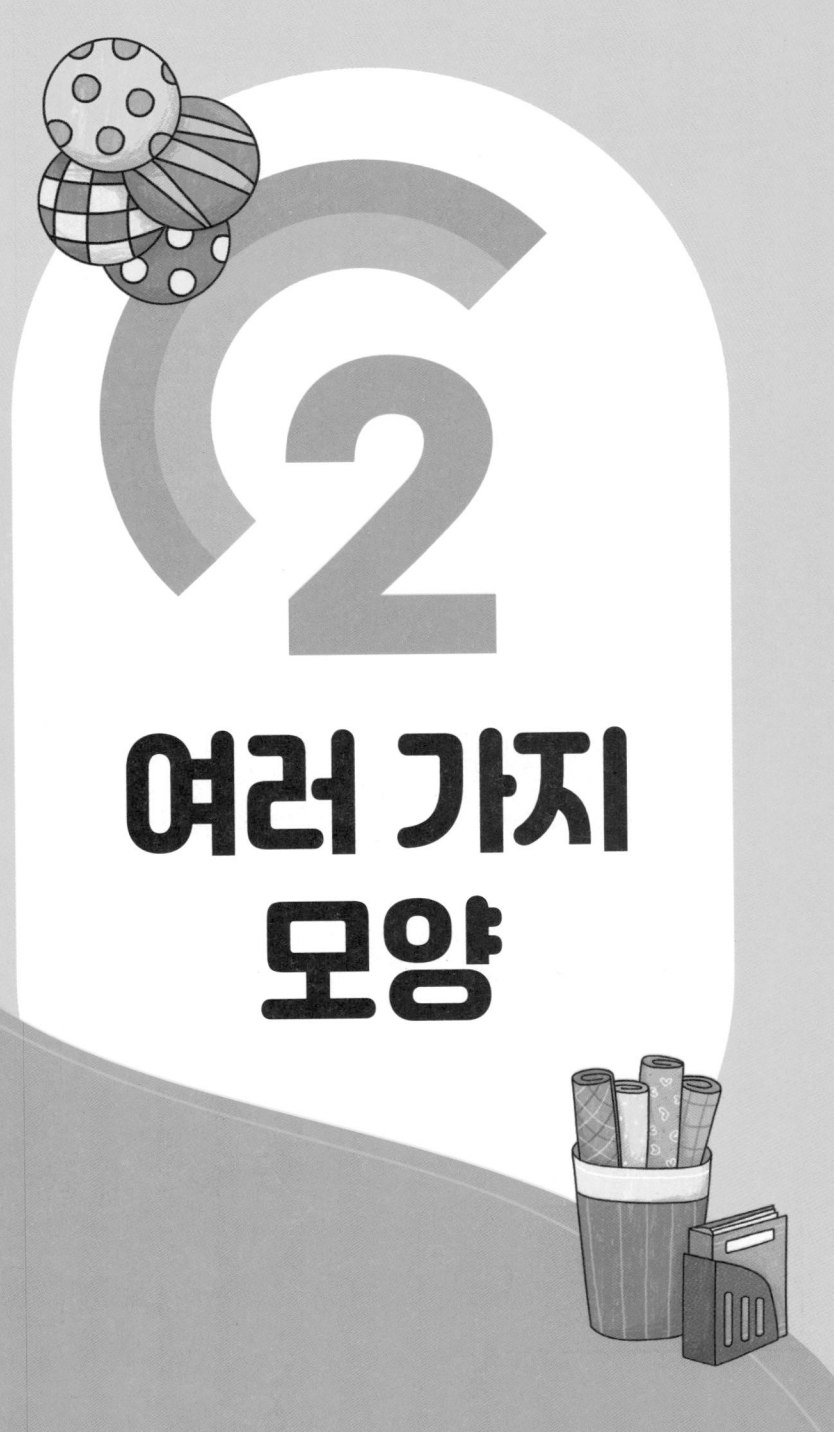

2

여러 가지
모양

개념 복습 기초력 기르기

① 여러 가지 모양 찾기

(1~6) 왼쪽과 같은 모양을 찾아 ◯표 하세요.

1

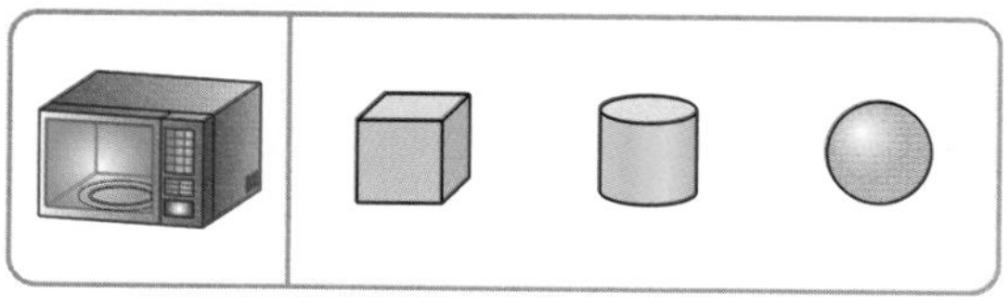

2

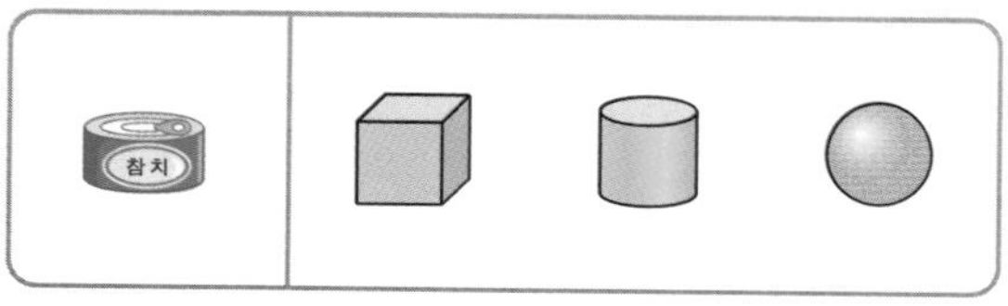

3

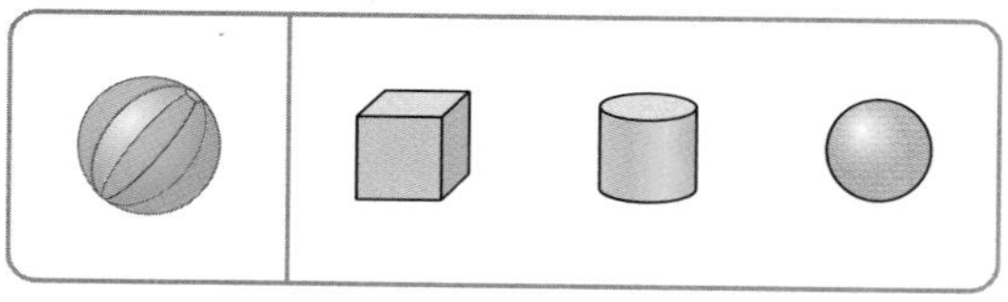

4

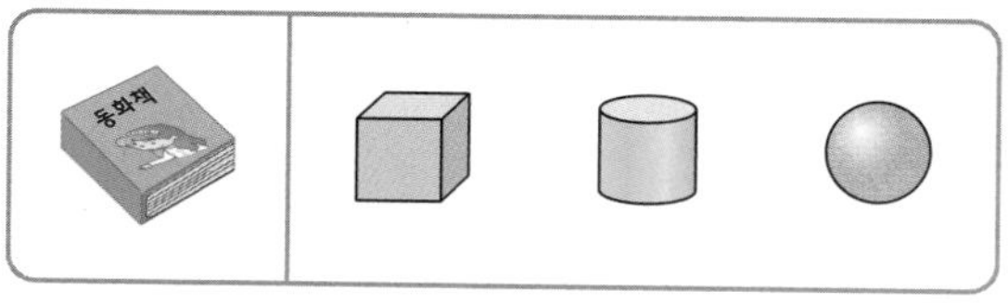

5

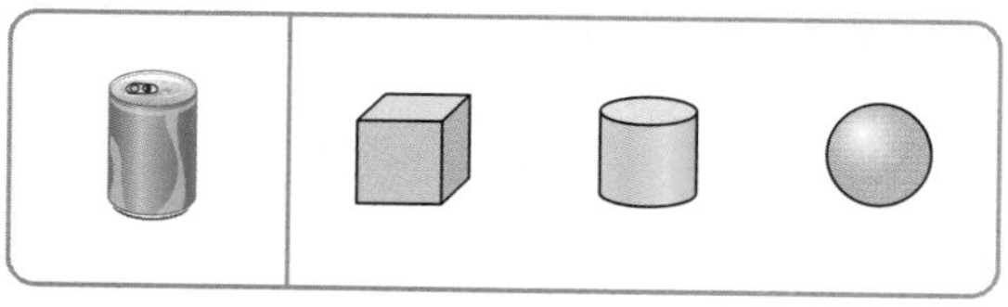

6

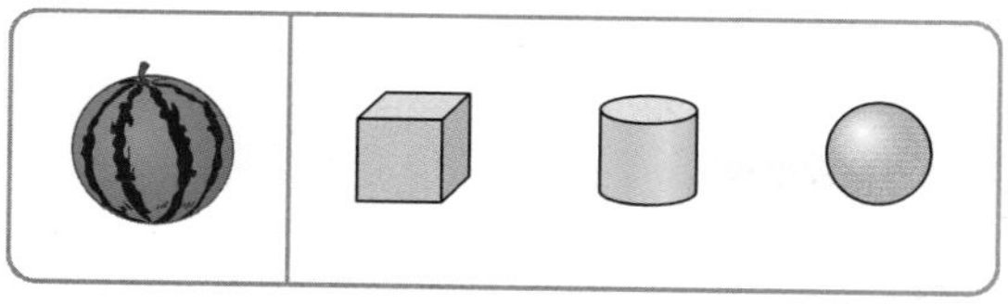

② 여러 가지 모양 알아보기

(1~6) 설명하는 모양을 찾아 ◯표 하세요.

1 평평한 부분이 없습니다.

( )

2 둥근 부분과 평평한 부분이 다 있습니다.

( )

3 모든 부분이 평평합니다.

( )

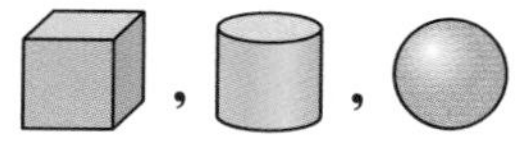

4 둥근 부분만 있습니다.

( )

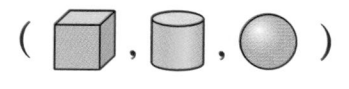

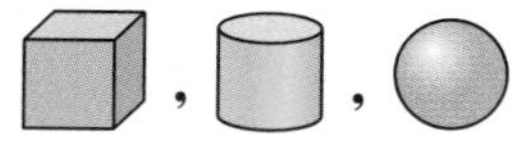

5 뾰족한 부분이 있습니다.

( )

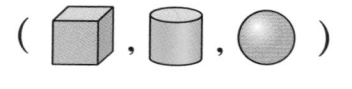

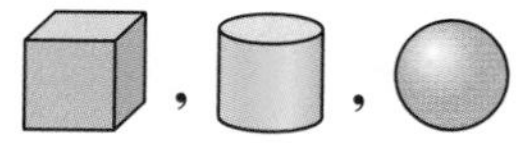

6
- 세우면 쌓을 수 있습니다.
- 눕히면 잘 굴러갑니다.

( )

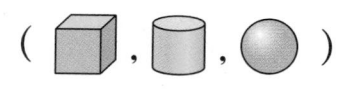

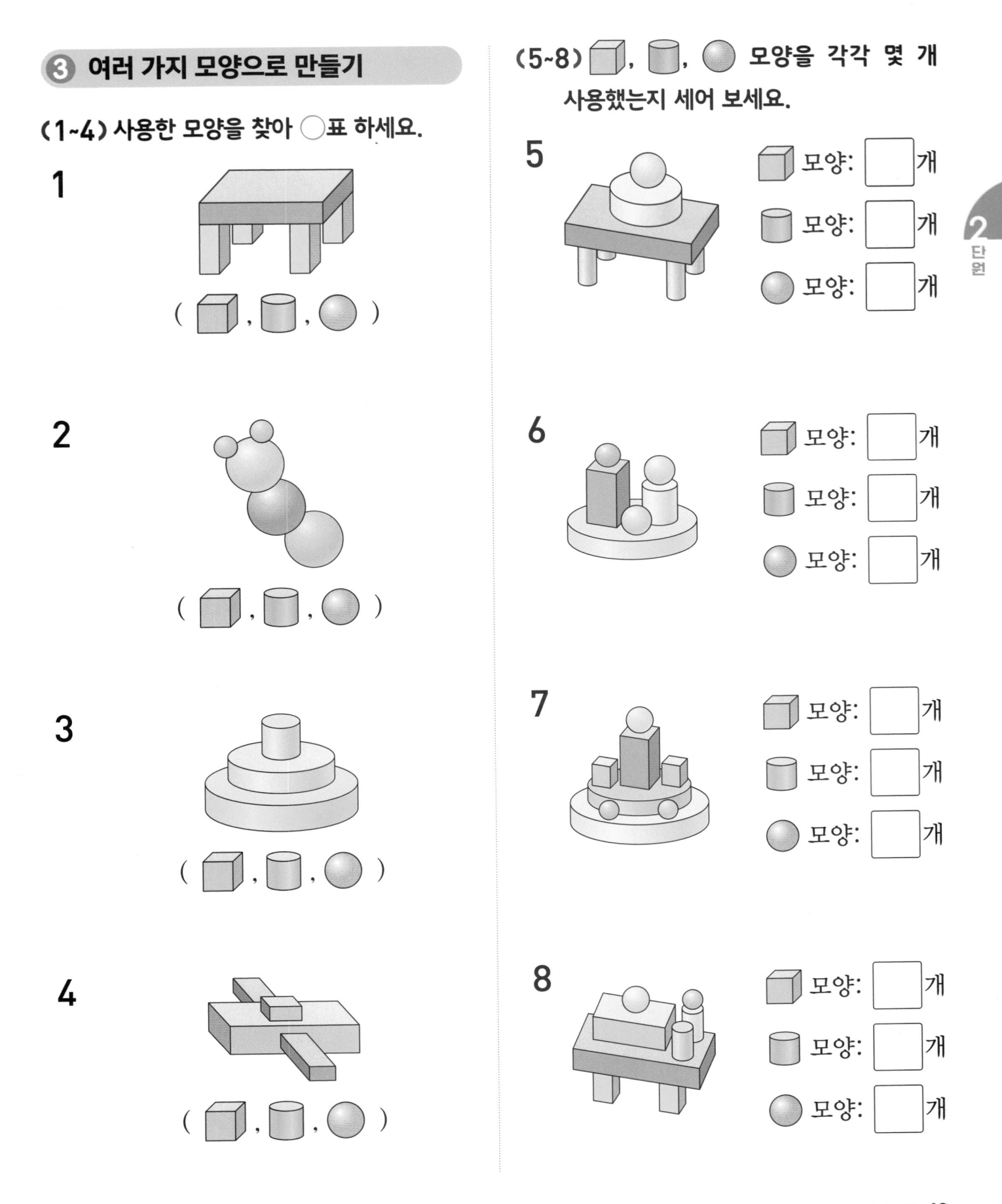

③ 여러 가지 모양으로 만들기

(1~4) 사용한 모양을 찾아 ◯표 하세요.

1

(⬛ , ⬤ , ●)

2

(⬛ , ⬤ , ●)

3

(⬛ , ⬤ , ●)

4

(⬛ , ⬤ , ●)

(5~8) ⬛ , ⬤ , ● 모양을 각각 몇 개 사용했는지 세어 보세요.

5

⬛ 모양: ☐ 개

⬤ 모양: ☐ 개

● 모양: ☐ 개

6

⬛ 모양: ☐ 개

⬤ 모양: ☐ 개

● 모양: ☐ 개

7

⬛ 모양: ☐ 개

⬤ 모양: ☐ 개

● 모양: ☐ 개

8

⬛ 모양: ☐ 개

⬤ 모양: ☐ 개

● 모양: ☐ 개

1 여러 가지 모양 찾기

1 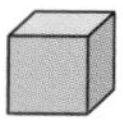 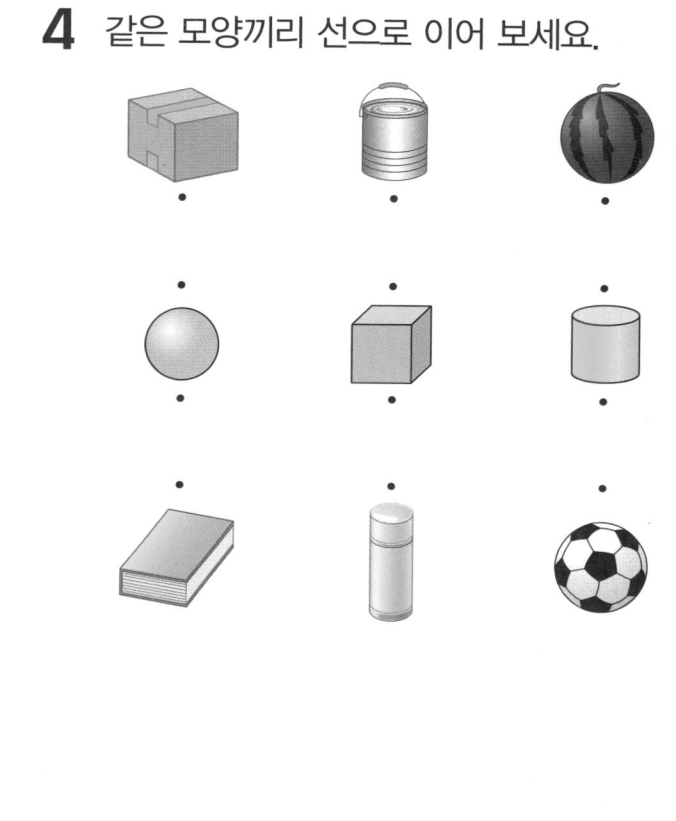 모양을 찾아 ◯표 하세요.

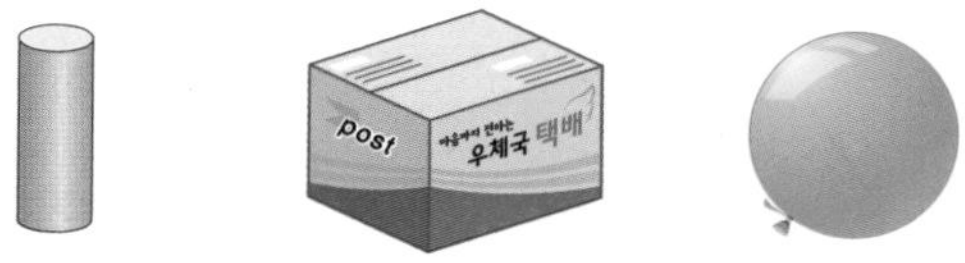

(   ) (   ) (   )

2 케이크와 같은 모양의 물건을 찾아 ◯표 하세요.

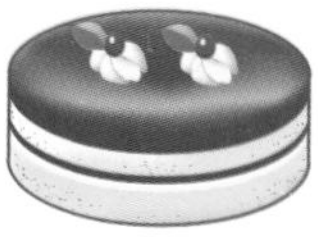

케이크

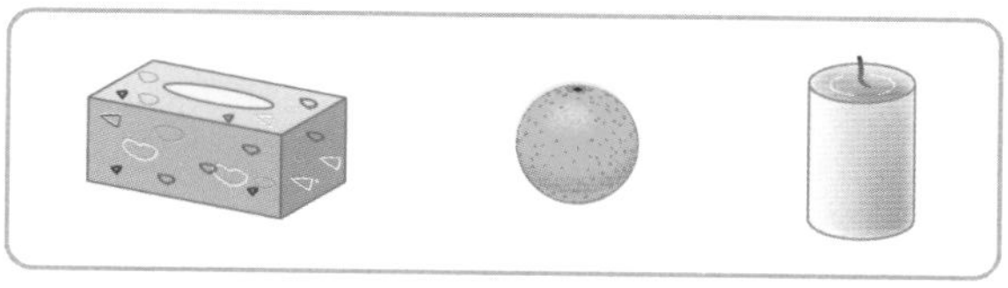

3 같은 모양끼리 모은 것에 ◯표 하세요.

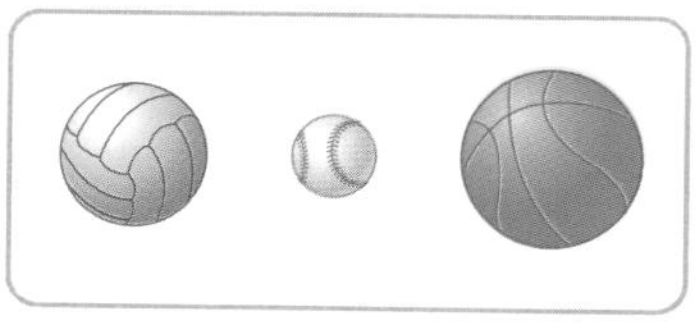

(   )

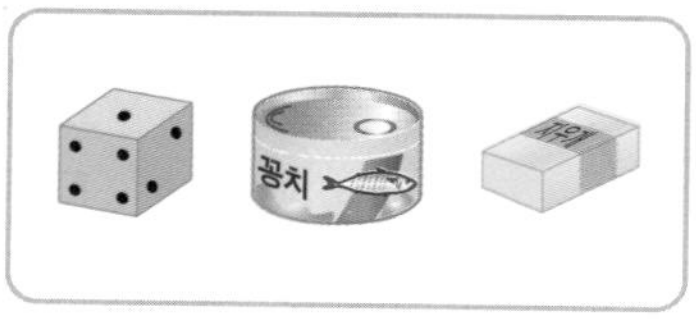

(   )

4 같은 모양끼리 선으로 이어 보세요.

2 여러 가지 모양 알아보기

5 알맞은 것끼리 선으로 이어 보세요.

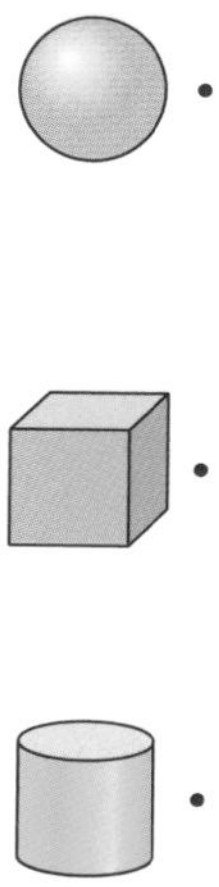

어느 쪽으로도 잘 쌓을 수 있습니다.

평평한 부분과 둥근 부분이 있습니다.

여러 방향으로 잘 굴러갑니다.

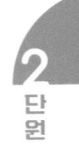

6 설명하는 모양의 물건을 찾아 ◯표 하세요.

> 평평한 부분은 있고 둥근 부분은 없습니다.

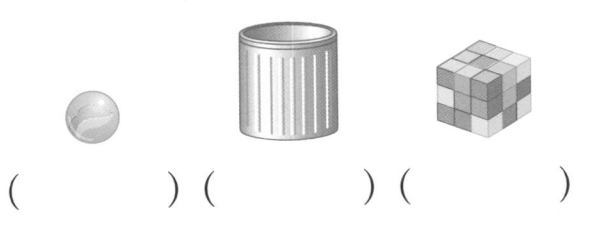

(   ) (   ) (   )

7 쌓을 수 <u>없는</u> 물건을 찾아 ◯표 하세요.

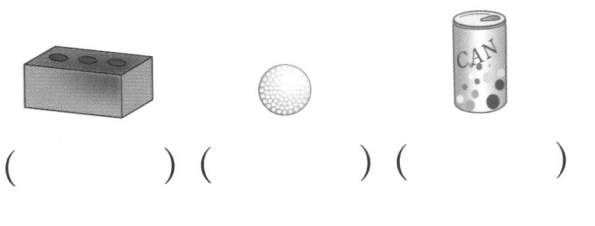

(   ) (   ) (   )

③ 여러 가지 모양으로 만들기

8 ⬭ 모양으로만 만든 것에 ◯표 하세요.

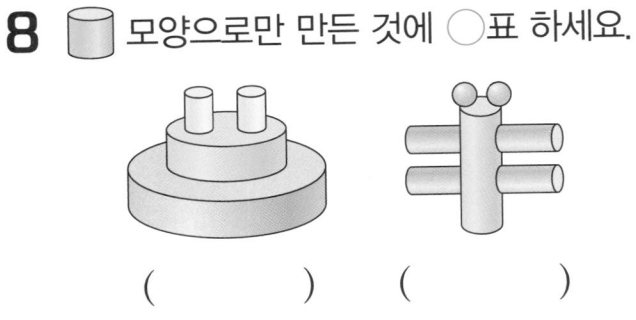

(   ) (   )

9 사용한 모양을 모두 찾아 ◯표 하세요.

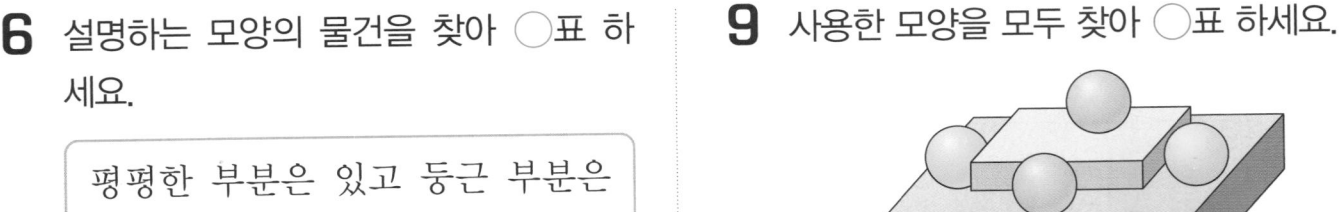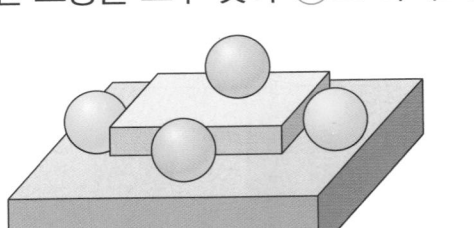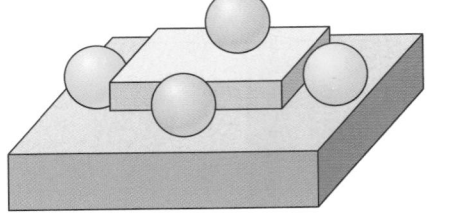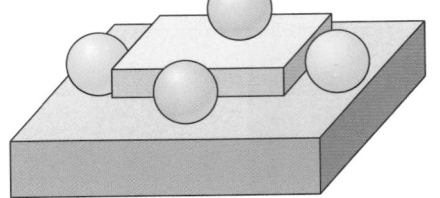

(⬛ , ⬭ , ◯)

10 ⬛, ⬭, ◯ 모양을 각각 몇 개 사용했는지 세어 보세요.

⬛ 모양 (   )

⬭ 모양 (   )

◯ 모양 (   )

STEP2 실전유형 다지기

1 아래 모양을 모아 놓은 것은 어떤 모양을 모은 것인가요? 모양을 찾아 ○표 하세요.

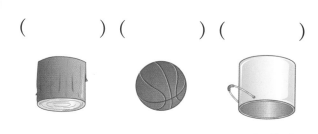

(⬜ , ⬛ , ⚪)

2 같은 모양끼리 모아 놓아 빈칸에 알맞은 모양의 번호를 써넣으세요.

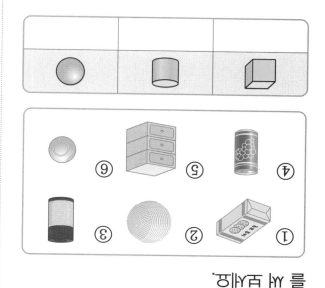

3 모양이 나머지와 다른 하나를 찾아 ○표 하세요.

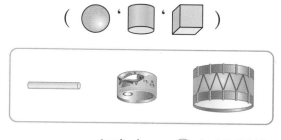

( ) ( ) ( )

4 모양을 모두 찾아 ○표 하세요.

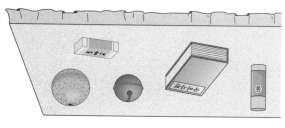

5 〈보기〉의 모양과 같은 모양의 물건을 찾아 ○표 하세요.

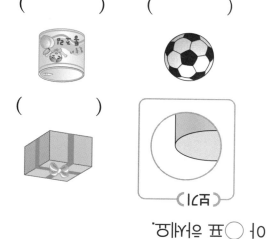

( ) ( )

6 잘 쌓을 수 있고 잘 굴러가지 않는 물건을 모두 찾아 ○표 하세요.

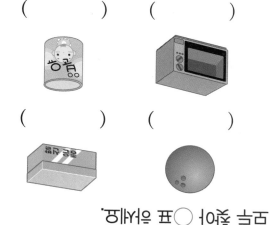

( ) ( )

( ) ( )

7 모양을 더 많이 사용한 것에 ◯표 하세요.

(   )   (   )

8 , , 모양을 각각 몇 개 사용했는지 세어 보세요.

모양 (   )

모양 (   )

모양 (   )

9 오른쪽과 같은 모양의 의자가 ◯ 모양으로 바뀐다면 어떤 일이 생길지 써 보세요.   **서술형**

답 _____

10 〈보기〉의 모양을 모두 사용하여 만든 것을 찾아 ◯표 하세요.

〈보기〉

(   )   (   )   (   )

〈 수학 익힘 유형 〉

11 서로 다른 부분을 모두 찾아 ◯표 하세요.

12 , , ◯ 모양 중에서 가장 많은 모양은 몇 개일까요?

(   )

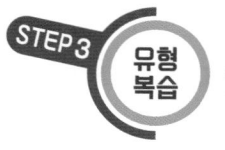
1 설명하는 모양과 같은 모양의 물건은 모두 몇 개인지 구해 보세요.

> • 둥근 부분이 있습니다.
> • 여러 방향으로 잘 굴러갑니다.

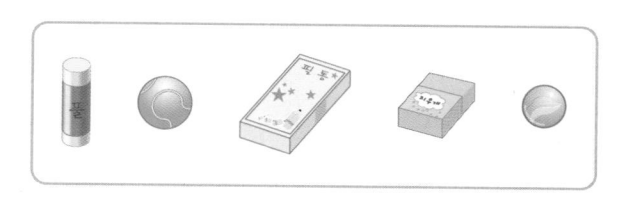

(   )

2 ⬜, ⬛, ⚪ 모양 중에서 가장 많이 사용한 모양을 찾아 ○표 하세요.

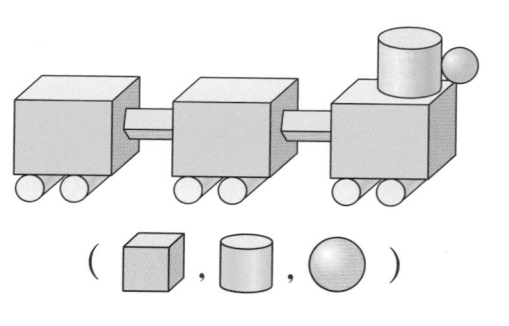

(⬜ , ⬛ , ⚪)

3 ㉮와 ㉯에 공통으로 있는 모양을 찾아 ○표 하세요.

㉮ [배구공, 티슈상자, 풍선]

㉯ [돗자리, 수박, 캔]

(⬜ , ⬛ , ⚪)

(수학 익힘 유형)

4 (규칙)에 맞게 모양 순서대로 길을 따라 선을 그어 보고, 강아지는 어떤 간식을 먹게 되는지 써 보세요.

(규칙)

⚪ ⇨ ⬜ ⇨ ⬛ ⇨ ⚪ ⇨ ⬜ ⇨ ⬛

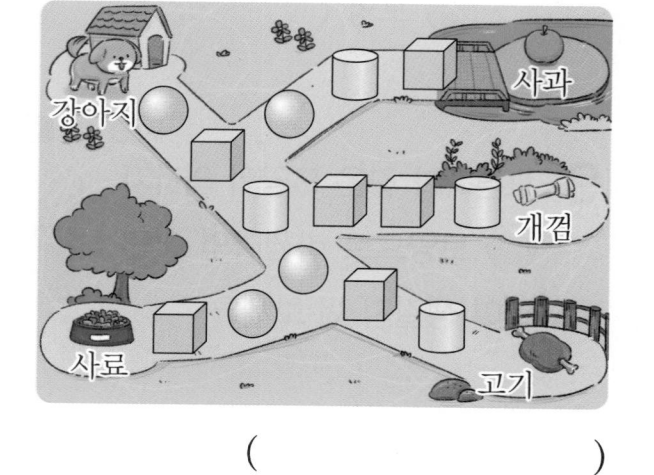

(   )

실력 확인   [평가책] 단원 평가 10~15쪽 | 서술형 평가 16~17쪽

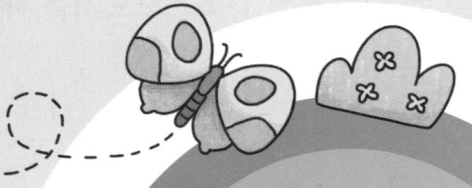

3

덧셈과
뺄셈

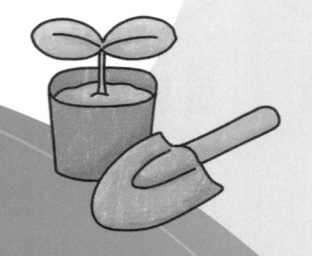

개념복습 기초력 기르기

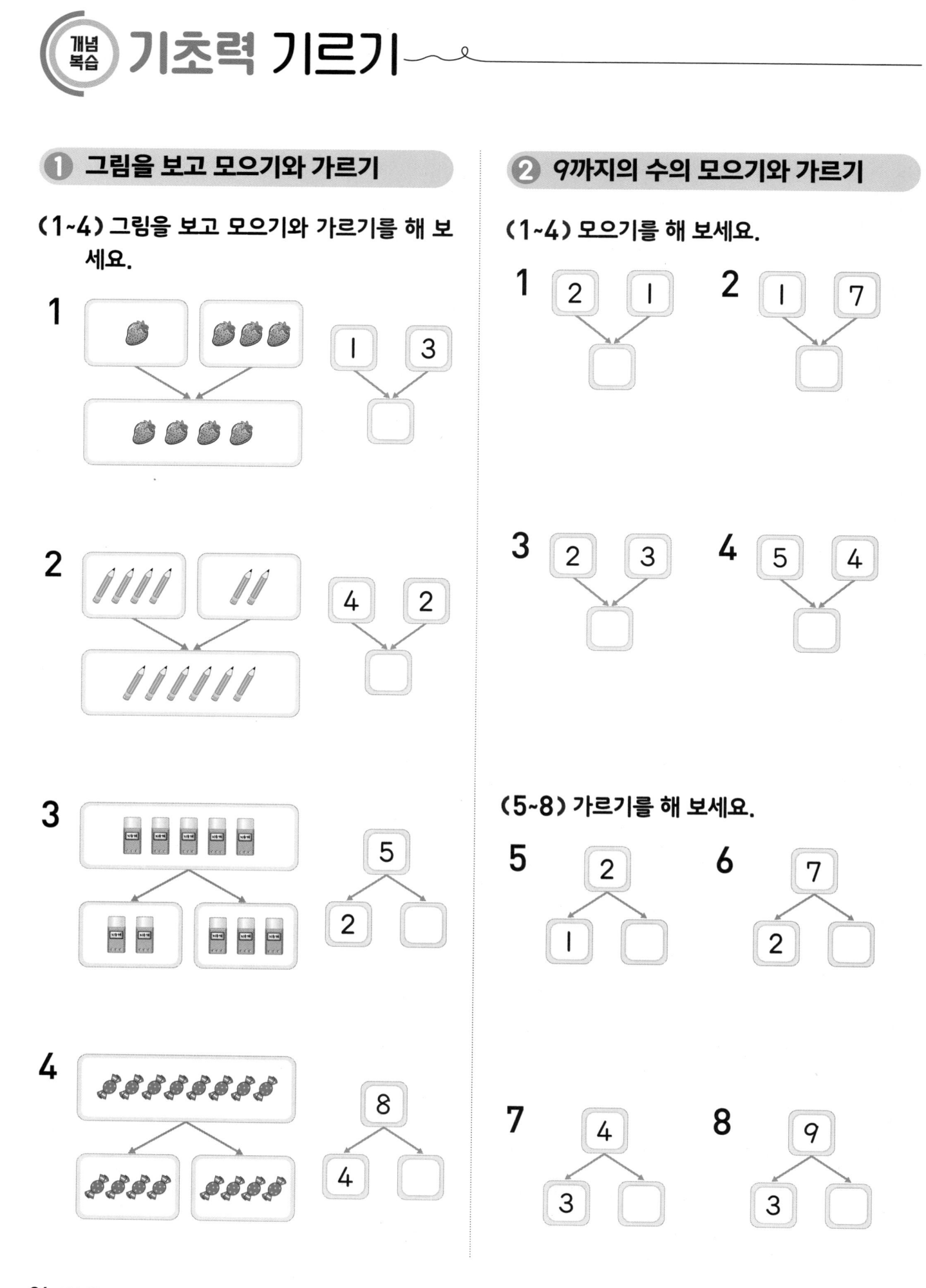

1 그림을 보고 모으기와 가르기

(1~4) 그림을 보고 모으기와 가르기를 해 보세요.

1

2

3

4

2 9까지의 수의 모으기와 가르기

(1~4) 모으기를 해 보세요.

1

2

3

4

(5~8) 가르기를 해 보세요.

5

6

7

8

③ 이야기 만들기

(1~3) 그림을 보고 덧셈이나 뺄셈 이야기를 만들어 보세요.

1

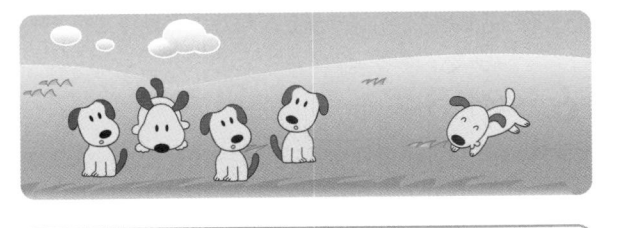

강아지 4마리가 놀고 있었는데 1마리가 더 와서 모두 □마리가 되었습니다.

2

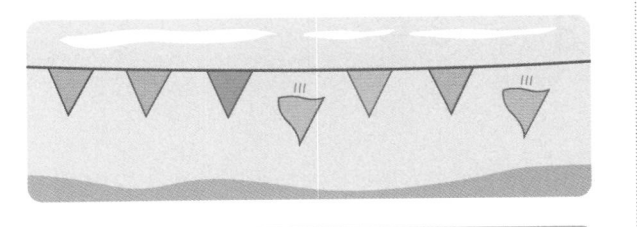

깃발 7개 중에서 2개가 떨어져서 □개가 남았습니다.

3

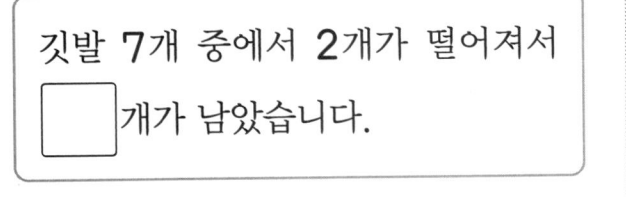

빨간색 장난감 차 2대와 파란색 장난감 차 4대를 모으면 모두 □대입니다.

④ 덧셈 알아보기

(1~3) 그림에 알맞은 덧셈식을 쓰고 읽어 보세요.

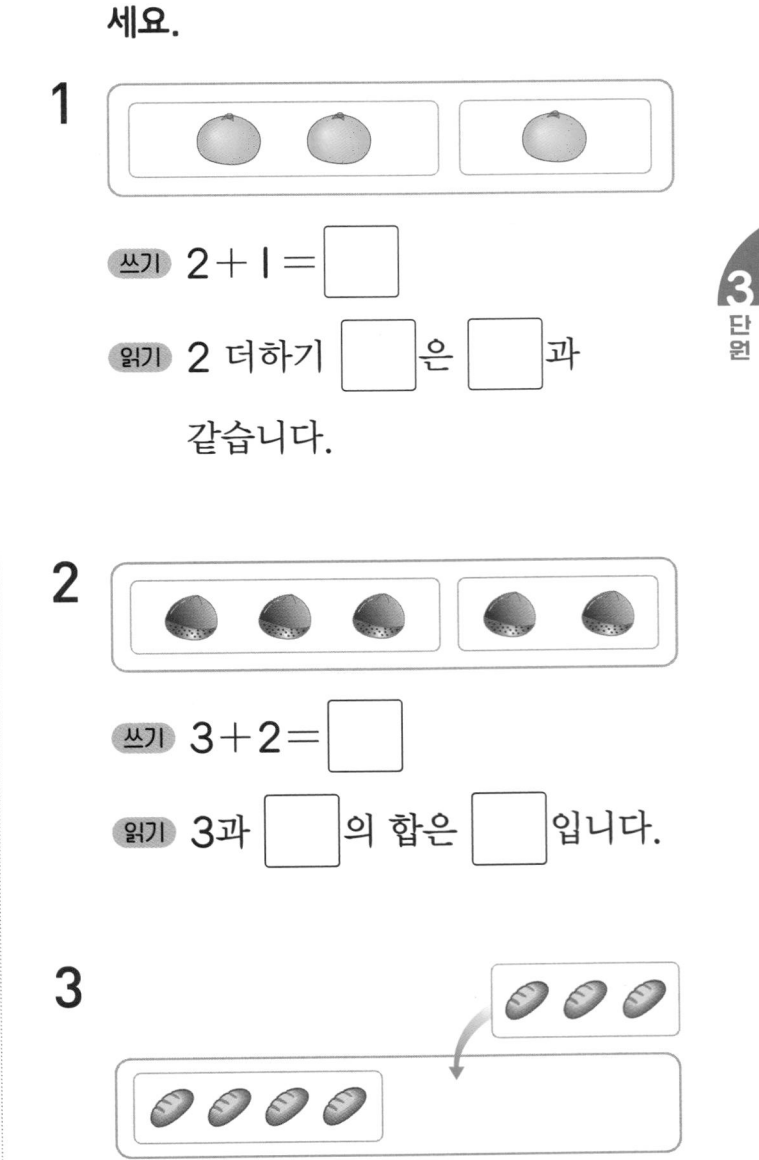

1

쓰기 2+1=□

읽기 2 더하기 □은 □과 같습니다.

2

쓰기 3+2=□

읽기 3과 □의 합은 □입니다.

3

쓰기 4+3=□

읽기 • 4 더하기 □은 □과 같습니다.

• 4와 □의 합은 □입니다.

❺ 덧셈하기

(1~2) ◯를 그려 덧셈을 해 보세요.

1 1+4= ☐

2 3+5= ☐

(3~4) 모으기를 이용하여 덧셈을 해 보세요.

3 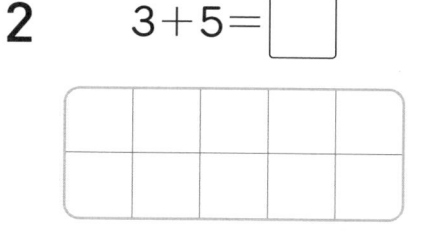 ⇨ 2+5= ☐

4 7 2 ⇨ 7+2= ☐

(5~12) 덧셈을 해 보세요.

5 1+3= ☐

6 4+5= ☐

7 2+3= ☐

8 5+3= ☐

9 2+6= ☐

10 4+3= ☐

11 8+1= ☐

12 1+5= ☐

6 뺄셈 알아보기

(1~3) 그림에 알맞은 뺄셈식을 쓰고 읽어 보세요.

1

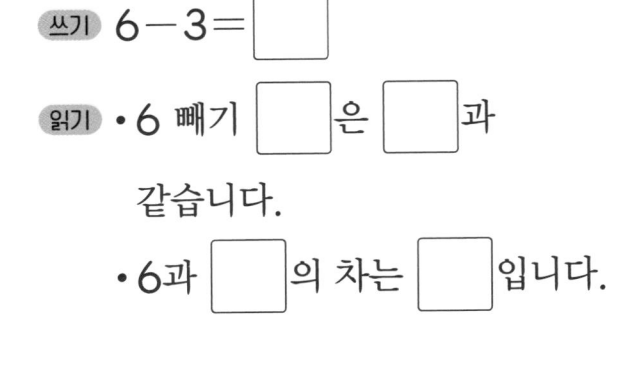

�기 $8-3=\boxed{}$

읽기 8 빼기 $\boxed{}$ 은 $\boxed{}$ 와

같습니다.

2

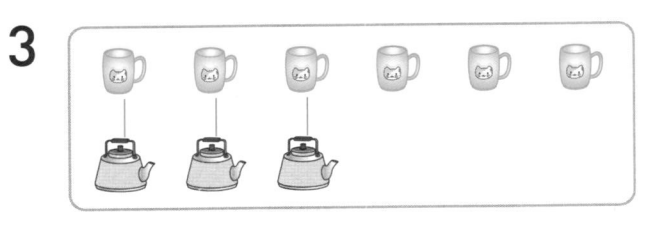

쓰기 $7-2=\boxed{}$

읽기 7과 $\boxed{}$ 의 차는 $\boxed{}$ 입니다.

3

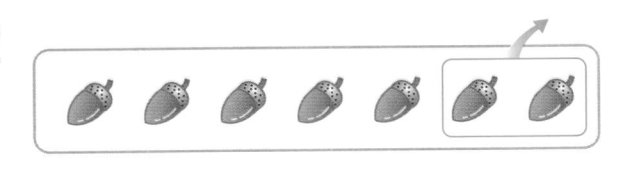

쓰기 $6-3=\boxed{}$

읽기 •6 빼기 $\boxed{}$ 은 $\boxed{}$ 과

같습니다.

•6과 $\boxed{}$ 의 차는 $\boxed{}$ 입니다.

7 뺄셈하기

(1~2) /으로 지워 뺄셈을 해 보세요.

1 $4-3=\boxed{}$

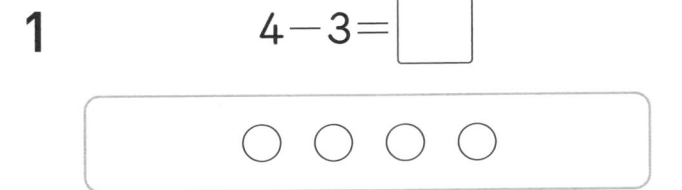

2 $7-4=\boxed{}$

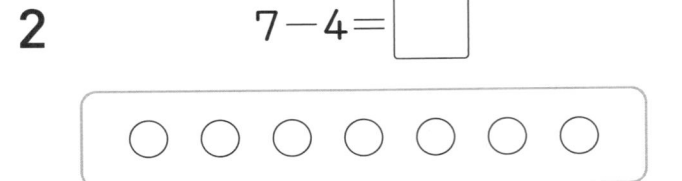

(3~4) 가르기를 이용하여 뺄셈을 해 보세요.

3

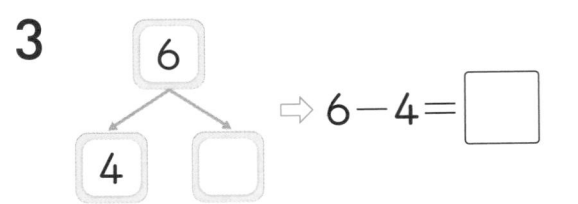

$\Rightarrow 6-4=\boxed{}$

4

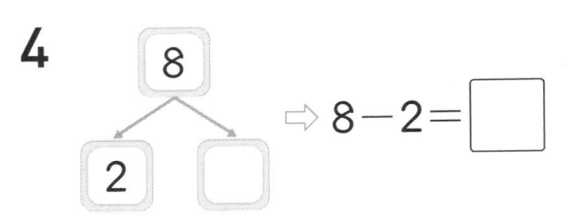

$\Rightarrow 8-2=\boxed{}$

(5~12) 뺄셈을 해 보세요.

5 5−3=☐

6 3−1=☐

7 6−5=☐

8 8−4=☐

9 4−2=☐

10 9−7=☐

11 7−3=☐

12 8−6=☐

8 0이 있는 덧셈과 뺄셈

(1~4) 덧셈을 해 보세요.

1 2+0=☐

2 0+8=☐

3 0+1=☐

4 3+0=☐

(5~8) 뺄셈을 해 보세요.

5 3−0=☐

6 2−2=☐

7 8−0=☐

8 5−5=☐

1 그림을 보고 모으기와 가르기

1 그림을 보고 모으기를 해 보세요.

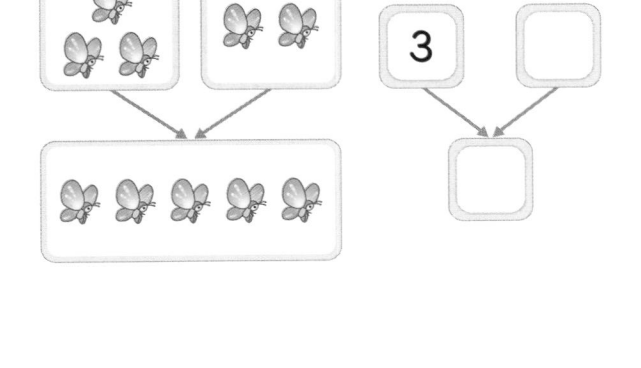

2 그림을 보고 가르기를 해 보세요.

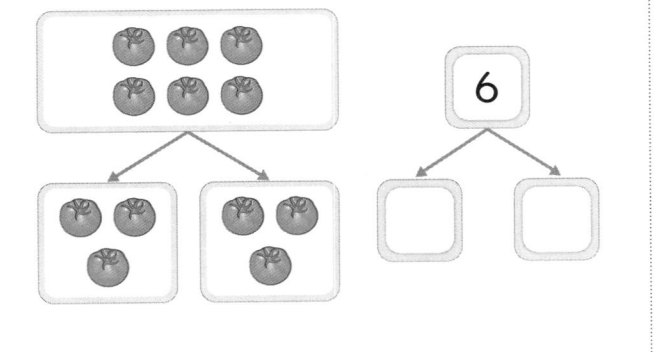

3 그림을 보고 모으기와 가르기를 해 보세요.

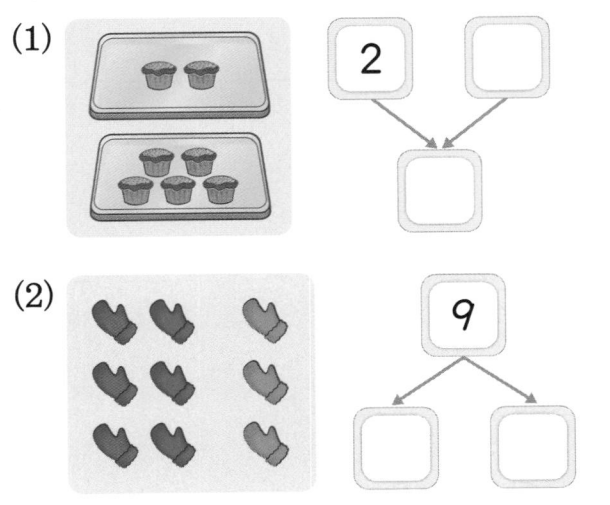

2 9까지의 수의 모으기와 가르기

4 모으기와 가르기를 해 보세요.

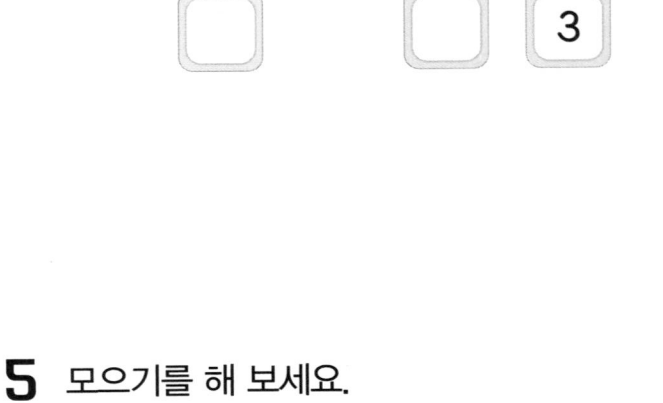

5 모으기를 해 보세요.

(1) [2] [7] → [ ]　　(2) [4] [3] → [ ]

6 가르기를 해 보세요.

(1) [6] → [1] [ ]　　(2) [4] → [2] [ ]

7 두 수를 모으기하면 5가 되는 것에 ◯표 하세요.

3, 2	2, 4
( )	( )

❸ 이야기 만들기

(8~10) 〔보기〕의 낱말을 이용하여 이야기를 만들어 보세요.

〔보기〕

더 많습니다	모두	가르면
더 적습니다		남습니다

8 그림을 보고 덧셈 이야기를 만들어 보세요.

우산을 쓴 학생 3명, 비옷을 입은 학생 2명을 합하면 학생은 ☐ 5명입니다.

9 그림을 보고 뺄셈 이야기를 만들어 보세요.

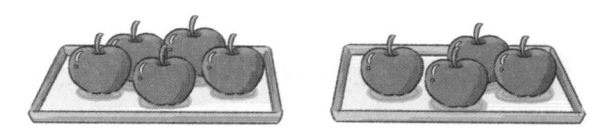

사과가 왼쪽 쟁반에 5개, 오른쪽 쟁반에 4개 있으므로 왼쪽 쟁반에 사과가 Ⅰ개 ☐ .

10 그림을 보고 덧셈 또는 뺄셈 이야기를 만들어 보세요.

의자에 앉아 있는 사람 5명과 바닥에 앉아 있는 사람 2명이 있습니다.

_____

_____

1 모으기를 해 보세요.

(1) 3 1

(2) 2 6

2 가르기를 해 보세요.

(1) 3
    1 □

(2) 5
    4 □

3 구슬 8개를 2봉지에 나누어 담았습니다. 잘못 나눈 것을 찾아 ✕표 하세요.

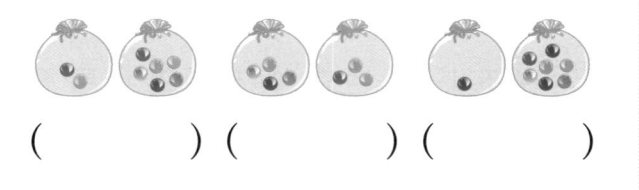

(   ) (   ) (   )

4 모으기를 하여 9가 되는 두 수를 선으로 이어 보세요.

1 ·　　　　　· 5

3 ·　　　　　· 8

4 ·　　　　　· 6

5 그림을 보고 두 가지 방법으로 가르기를 해 보세요.

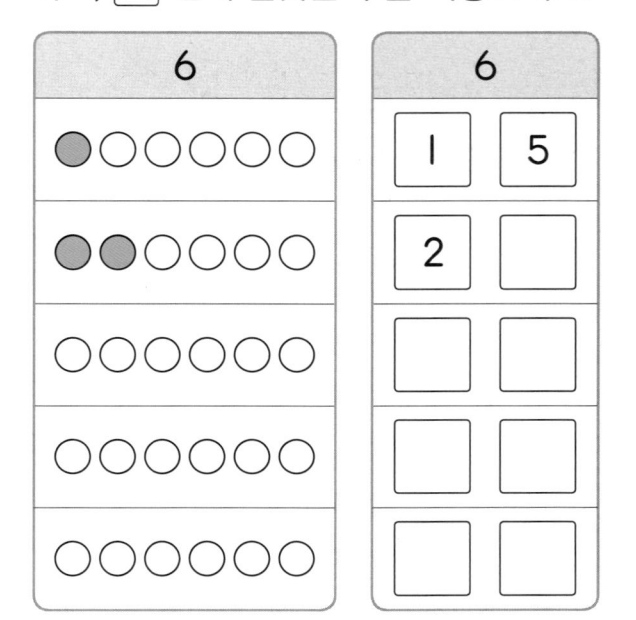

7 → □ □

7 → □ □

6 6을 가르기를 하려고 합니다. ◯에 색칠하고, □ 안에 알맞은 수를 써넣으세요.

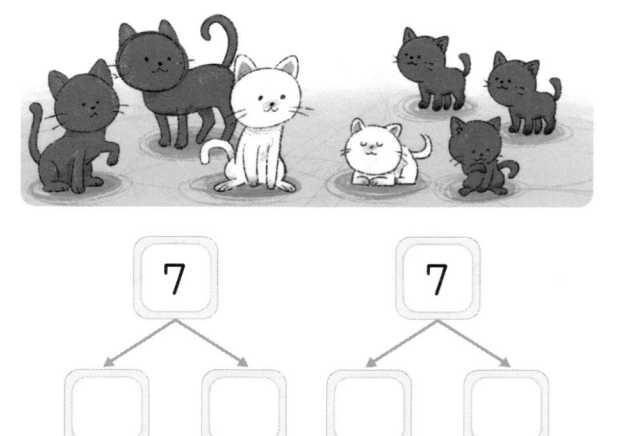

6

1	5
2	□
□	□
□	□
□	□

(7~8) 그림을 보고 이야기를 만들어 보려고 합니다. 물음에 답하세요.

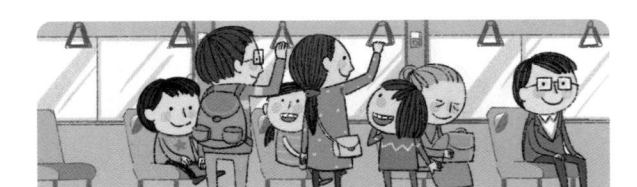

7 덧셈 이야기를 만들어 보세요.

_____

_____

_____

8 뺄셈 이야기를 만들어 보세요.

_____

_____

_____

9 모으기를 하여 7이 되도록 두 수를 묶어 보세요.

1	6	4
4	2	5
3	1	7

10 두 수를 모으기한 수가 <u>다른</u> 하나를 찾아 기호를 써 보세요.

| ㉠ (4, 4) | ㉡ (6, 3) |
| ㉢ (3, 5) | ㉣ (7, 1) |

( )

11 지수는 공깃돌 8개를 양손에 나누어 쥐었습니다. 공깃돌을 왼손에 5개를 쥐었다면 오른손에는 몇 개를 쥐었을까요?

( )

《 수학 익힘 유형 》

12 〈조건〉을 보고 수 카드의 수를 알맞게 써넣으세요.

〈조건〉
• 두 수를 모으기하면 **9**입니다.
• 오른쪽 수 카드의 수가 더 작습니다.

□ □

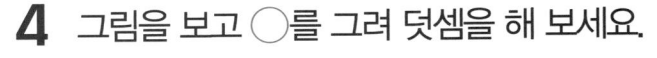
4 덧셈 알아보기

1 알맞은 것끼리 선으로 이어 보세요.

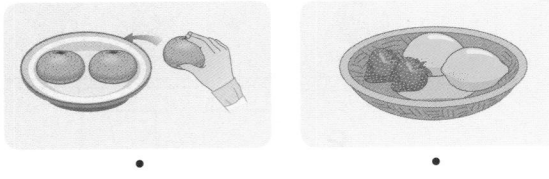

2 그림을 보고 알맞은 덧셈식에 ◯표 하세요.

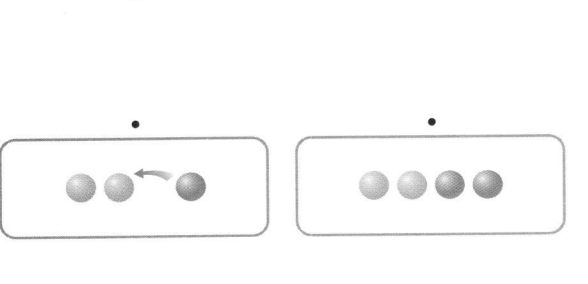

3+2=5	5+3=8
( )	( )

5+2=7	4+2=6
( )	( )

3 덧셈식을 써 보세요.

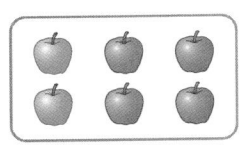 2+☐=☐

5 덧셈하기

4 그림을 보고 ◯를 그려 덧셈을 해 보세요.

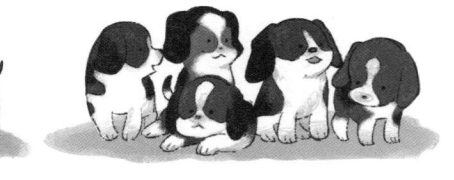

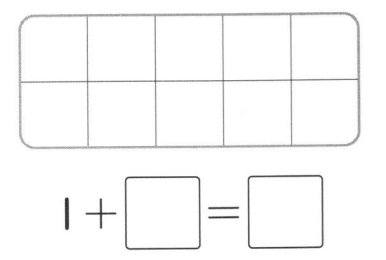

1+☐=☐

5 덧셈을 해 보세요.

(1) 3+1=☐ (2) 2+7=☐

(3) 6+3=☐ (4) 7+1=☐

6 합이 <u>다른</u> 덧셈식을 찾아 ◯표 하세요.

2+6	4+3	6+2

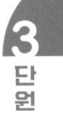

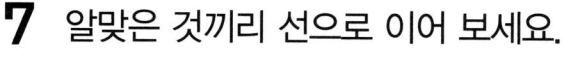

6 뺄셈 알아보기

7 알맞은 것끼리 선으로 이어 보세요.

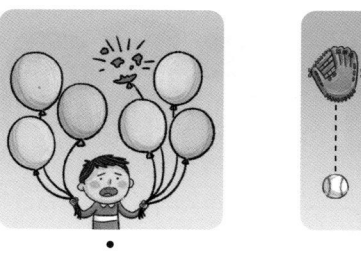

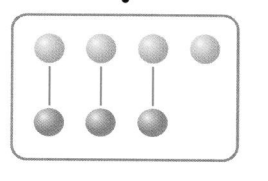

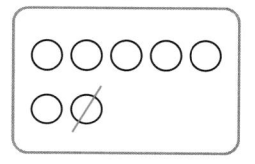

8 그림을 보고 알맞은 뺄셈식에 ◯표 하세요.

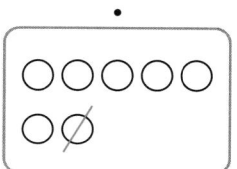

5−3=2	3−1=2
( )	( )
4−2=2	6−4=2
( )	( )

9 뺄셈식을 써 보세요.

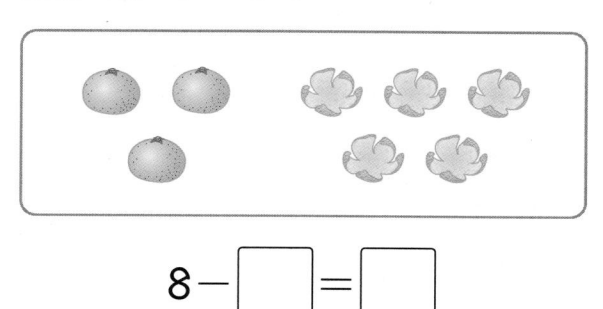

8 − ☐ = ☐

7 뺄셈하기

10 그림을 보고 하나씩 연결하여 뺄셈을 해 보세요.

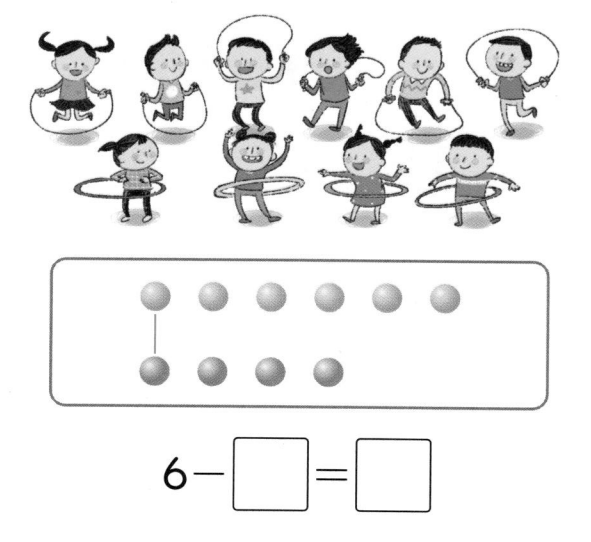

6 − ☐ = ☐

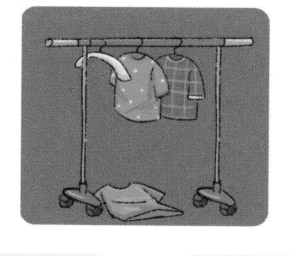

11 뺄셈을 해 보세요.

(1) $9-4=$ ☐ (2) $7-3=$ ☐

(3) $6-3=$ ☐ (4) $8-2=$ ☐

12 그림을 보고 알맞은 뺄셈식을 써 보세요.

○ ○ ○ ○ ⊘

☐ $-$ ☐ $=$ ☐

8 0이 있는 덧셈과 뺄셈

13 그림을 보고 덧셈을 해 보세요.

☐ $+7=$ ☐

14 그림을 보고 뺄셈을 해 보세요.

$6-$ ☐ $=$ ☐

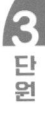

15 덧셈과 뺄셈을 해 보세요.

(1) $0+7=$ ☐ (2) $4+0=$ ☐

(3) $2-0=$ ☐ (4) $9-9=$ ☐

16 ○ 안에 $+$, $-$를 알맞게 써넣으세요.

(1) 0 ○ $3=3$

(2) 5 ○ $5=0$

1 덧셈식으로 나타내 보세요.

> 2 더하기 7은 9와 같습니다.

(   )

2 식에 알맞게 ◯를 그려 덧셈을 해 보세요.

$4+1=$ ☐

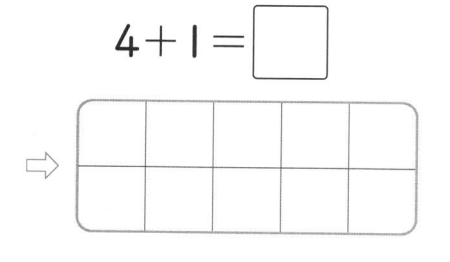

3 식에 알맞게 그림을 그려 뺄셈을 해 보세요.

$8-4=$ ☐

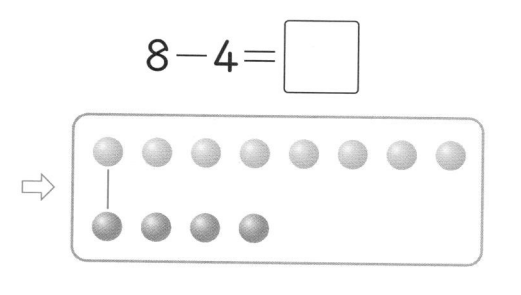

4 뺄셈을 해 보세요.

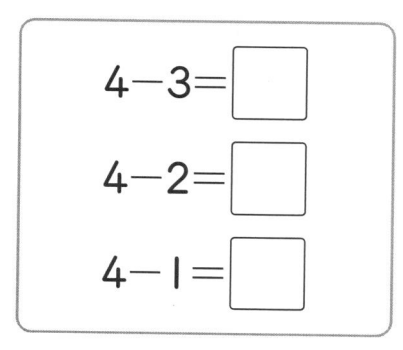

$4-3=$ ☐

$4-2=$ ☐

$4-1=$ ☐

5 합이 같은 것끼리 선으로 이어 보세요.

$9+0$ ·

$3+2$ ·

$1+3$ ·

· $2+3$

· $3+1$

· $0+9$

6 덧셈을 해 보세요.

(1) $0+3=$ ☐

(2) $5+0=$ ☐

7 뺄셈을 해 보세요.

(1) $8-0=$ ☐

(2) $7-7=$ ☐

8 그림을 보고 덧셈식을 써 보세요.

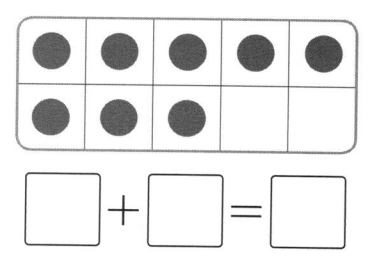

☐ $+$ ☐ $=$ ☐

9 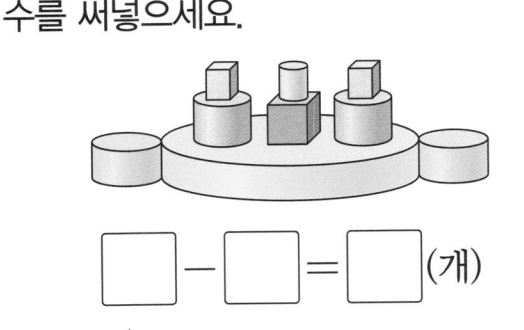 모양은 ⬜ 모양보다 몇 개 더 많은 지 알아보려고 합니다. ⬜ 안에 알맞은 수를 써넣으세요.

《 수학 익힘 유형 》

$$\boxed{} - \boxed{} = \boxed{} \text{(개)}$$

10 계산 결과가 다른 하나를 찾아 기호를 써 보세요.

㉠ 1+6	㉡ 4+3
㉢ 3+5	㉣ 5+2

(   )

《 수학 유형 》

11 그림을 보고 뺄셈식을 2개 써 보세요.

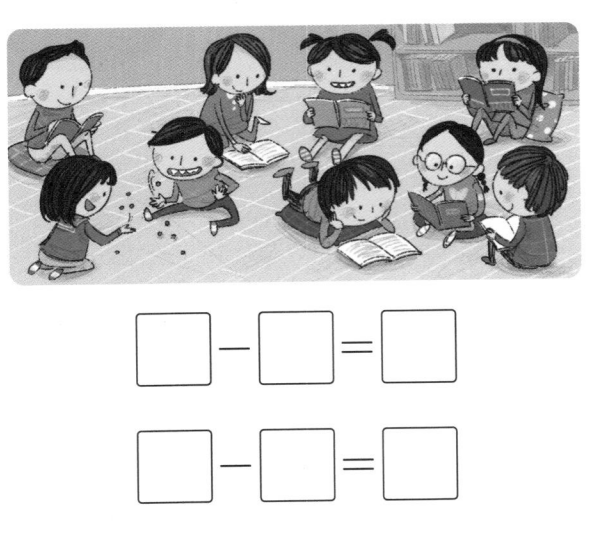

$$\boxed{} - \boxed{} = \boxed{}$$

$$\boxed{} - \boxed{} = \boxed{}$$

12 3장의 수 카드 중에서 가장 큰 수와 가장 작은 수의 합을 구해 보세요.

$$\boxed{6} \quad \boxed{8} \quad \boxed{1}$$

(   )

13 7명이 놀고 있던 놀이터에서 7명 모두 집에 갔습니다. 놀이터에 남아 있는 사람은 몇 명일까요?

식 _____

답 _____

14 뺄셈을 하고, 차가 같은 뺄셈식을 써 보세요.

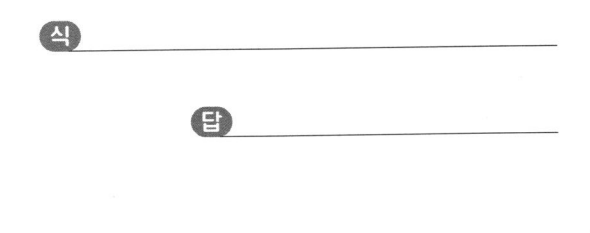

$$9 - 5 = \boxed{} \qquad 8 - 4 = \boxed{}$$

$$4 - 0 = \boxed{} \qquad \boxed{} - \boxed{} = \boxed{}$$

1 지호와 정아가 단추 6개를 나누어 가지려고 합니다. 나누어 가지는 방법은 모두 몇 가지인지 구해 보세요.(단, 지호와 정아는 단추를 한 개씩은 가집니다.)

(   )

2 축구공이 3개 있고, 배구공은 축구공보다 2개 더 많이 있습니다. 축구공과 배구공은 모두 몇 개인지 구해 보세요.

(   )

3 4장의 수 카드 중에서 2장을 뽑아 두 수의 차를 구하려고 합니다. 차가 가장 크게 되는 뺄셈식을 만들고 차를 구해 보세요.

9   **7**   **4**   **2**

☐ − ☐ = ☐

놀이 수학

4 서연이와 은우가 과녁 맞히기 놀이를 하고 있습니다. 두 사람이 다음과 같이 과녁을 맞혔습니다. 점수를 더 많이 얻은 사람은 누구인지 구해 보세요.

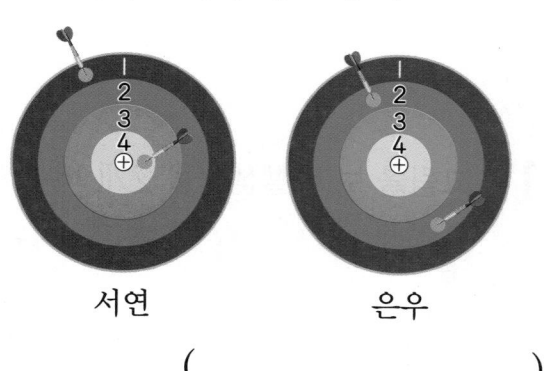

서연   은우

(   )

실력 확인   [평가책] 단원 평가 18~23쪽 | 서술형 평가 24~25쪽

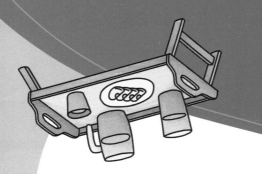

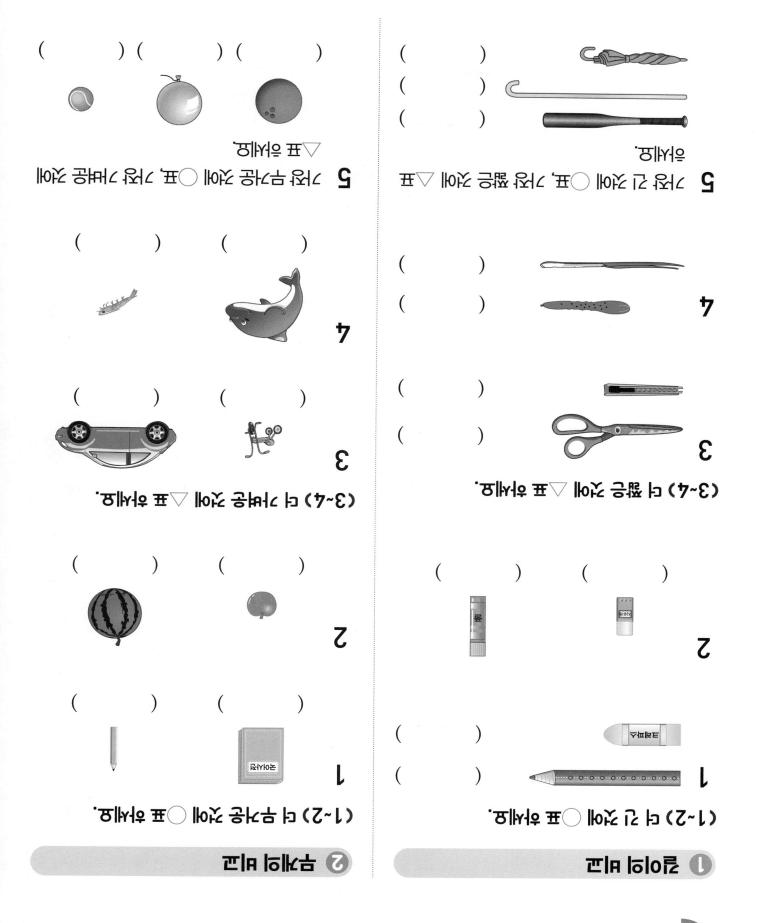

개념 가볍게 기르기

개념 학습

① 길이의 비교

(1~2) 더 긴 것에 ○표 하세요.

1 (　　　)　(　　　)

2 (　　　)　(　　　)

(3~4) 더 짧은 것에 △표 하세요.

3 (　　　)　(　　　)

4 (　　　)　(　　　)

5 가장 긴 것에 ○표, 가장 짧은 것에 △표 하세요.

(　　　)
(　　　)
(　　　)

② 무게의 비교

(1~2) 더 무거운 것에 ○표 하세요.

1 (　　　)　(　　　)

2 (　　　)　(　　　)

(3~4) 더 가벼운 것에 △표 하세요.

3 (　　　)　(　　　)

4 (　　　)　(　　　)

5 가장 무거운 것에 ○표, 가장 가벼운 것에 △표 하세요.

(　　　)　(　　　)　(　　　)

❸ 넓이의 비교

(1~2) 더 넓은 것에 ○표 하세요.

1

( )　　　　( )

2

( )　　　　( )

(3~4) 더 좁은 것에 △표 하세요.

3

( )　　　　( )

4

( )　　　　( )

5 가장 넓은 것에 ○표, 가장 좁은 것에 △표 하세요.

( )　　( )　　( )

❹ 담을 수 있는 양의 비교

(1~2) 담을 수 있는 양이 더 많은 것에 ○표 하세요.

1

( )　　　　( )

2

( )　　　　( )

(3~4) 담을 수 있는 양이 더 적은 것에 △표 하세요.

3

( )　　　　( )

4

( )　　　　( )

5 담을 수 있는 양이 가장 많은 것에 ○표, 가장 적은 것에 △표 하세요.

( )　　( )　　( )

4단원

① 길이의 비교

1 더 긴 것에 ○표 하세요.

( )
( )

2 더 짧은 것에 △표 하세요.

( ) ( )

3 가장 짧은 것에 △표 하세요.

( )
( )
( )

4 가장 긴 것에 ○표, 가장 짧은 것에 △표 하세요.

( )
( )
( )

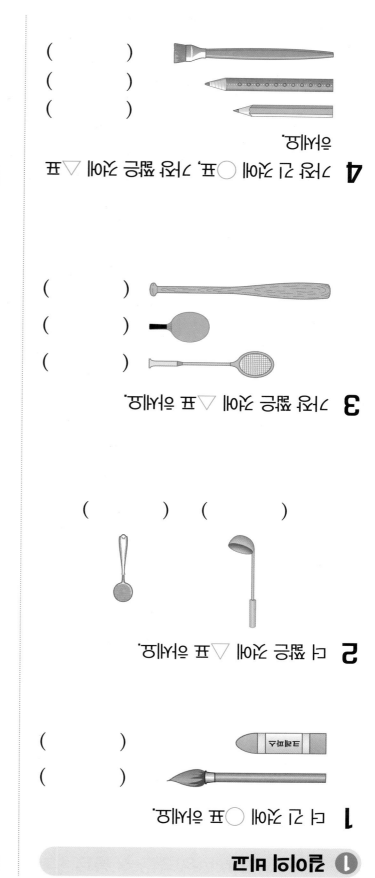

② 무게의 비교

5 더 무거운 것에 ○표 하세요.

( ) ( )

6 더 가벼운 것에 △표 하세요.

( ) ( )

7 가장 가벼운 것에 △표 하세요.

( ) ( ) ( )

8 가장 무거운 것에 ○표, 가장 가벼운 것에 △표 하세요.

( ) ( ) ( )

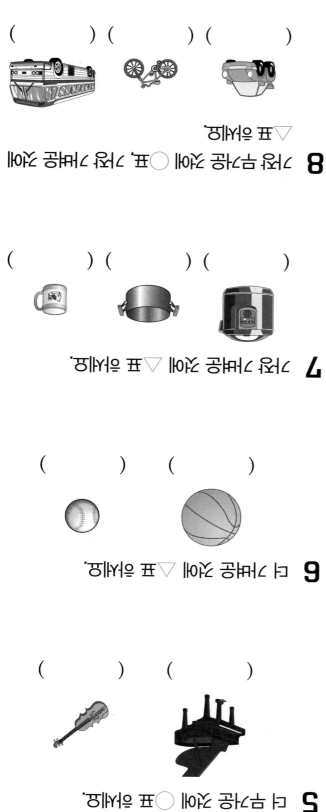

STEP1 개념익힘 **기준량을 알아보기**

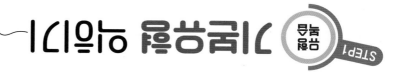

③ 넓이의 비교

9 더 넓은 것에 ◯표 하세요.

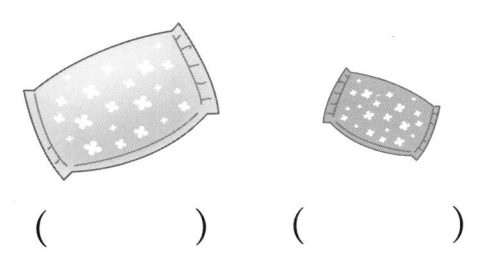

(   )   (   )

10 더 좁은 것에 △표 하세요.

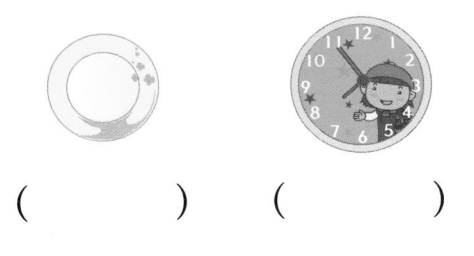

(   )   (   )

11 가장 넓은 것에 ◯표 하세요.

(   ) (   ) (   )

12 가장 넓은 것에 ◯표, 가장 좁은 것에 △표 하세요.

(   ) (   ) (   )

④ 담을 수 있는 양의 비교

13 담을 수 있는 양이 더 많은 것에 ◯표 하세요.

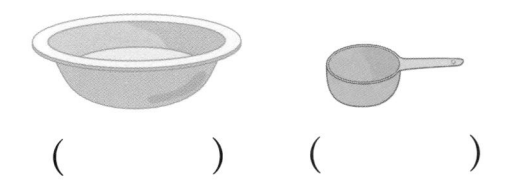

(   )   (   )

14 담을 수 있는 양이 더 적은 것에 △표 하세요.

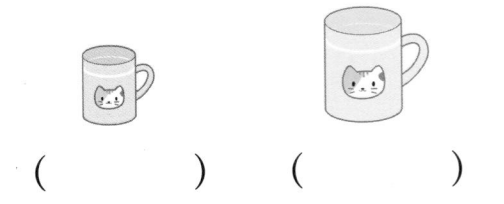

(   )   (   )

15 담긴 양이 더 적은 것에 △표 하세요.

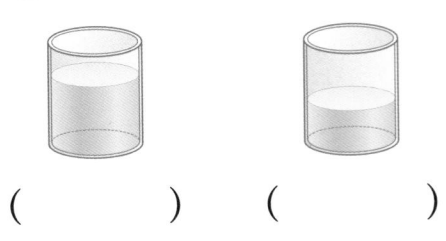

(   )   (   )

16 담을 수 있는 양이 가장 많은 것에 ◯표, 가장 적은 것에 △표 하세요.

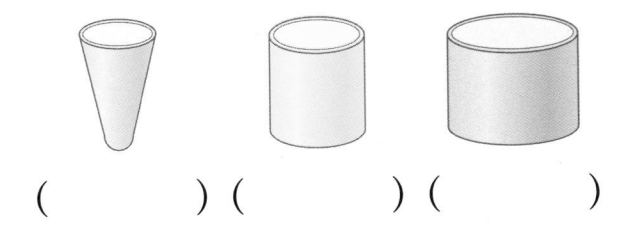

(   ) (   ) (   )

1 알맞게 선으로 이어 보세요.

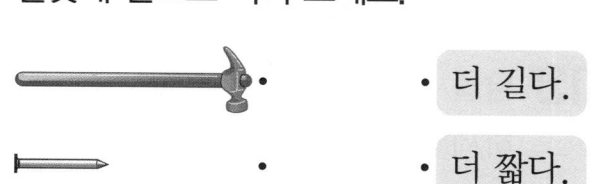

· 더 길다.

· 더 짧다.

2 농구장과 축구장의 넓이를 비교하려고 합니다. ☐ 안에 알맞은 말을 써넣으세요.

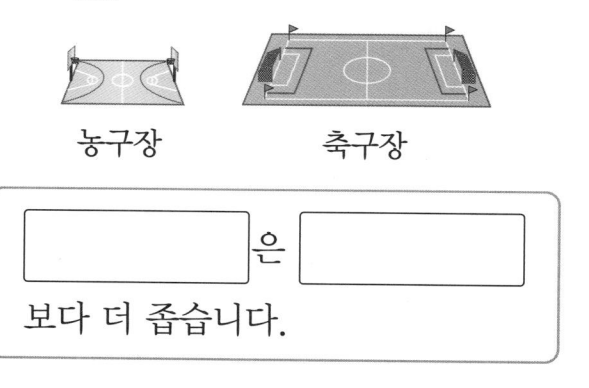

농구장   축구장

	은	

보다 더 좁습니다.

3 담긴 양이 더 많은 것에 ◯표 하세요.

(   )   (   )

4 귤과 사과를 저울에 올렸습니다. 더 가벼운 과일은 무엇일까요?

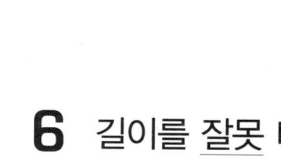

귤   사과

(   )

5 더 높게 쌓은 모양에 ◯표 하세요.

(   )   (   )

(개념 확인) 서술형

6 길이를 <u>잘못</u> 비교한 이유를 써 보세요.

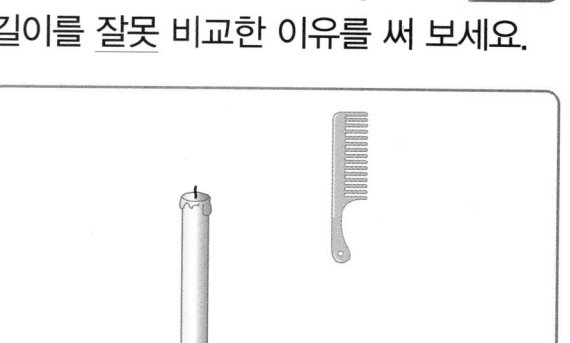

빗이 양초보다 위쪽 끝이 더 많이 나갔으므로 빗이 더 깁니다.

이유

_____

_____

_____

7 담긴 양이 가장 많은 것에 ◯표 하세요.

(   ) (   ) (   )

《 수학 익힘 유형 》

8 1부터 6까지 순서대로 이어 보고 더 넓은 쪽에 ◯표 하세요.

```
1       4   5


2       3   6
```

9 옥수수보다 더 짧은 것에 모두 △표 하세요.

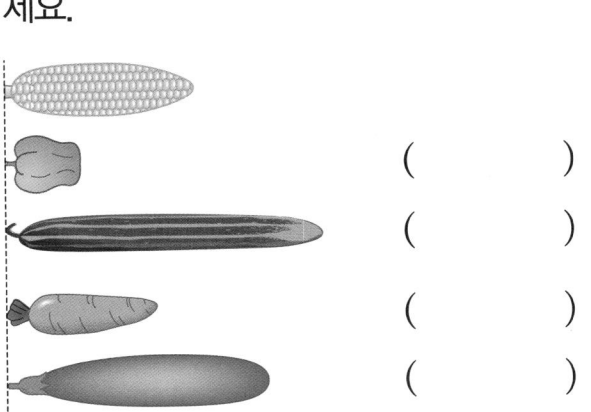

(   )
(   )
(   )
(   )

《 수학 익힘 유형 》

10 ?에 들어갈 수 있는 쌓기나무를 모두 찾아 ◯표 하세요.

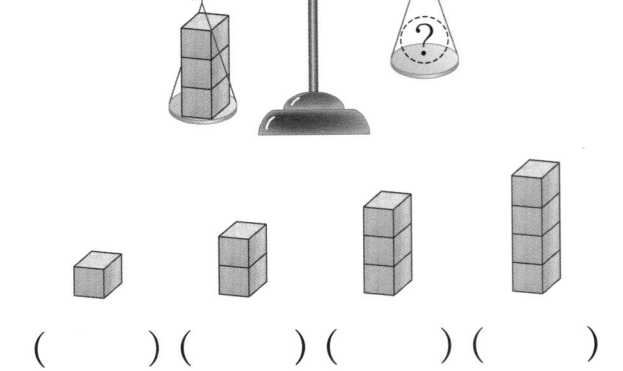

(   ) (   ) (   ) (   )

11 상자 위에 앉았던 동물이 무엇일지 선으로 이어 보세요.

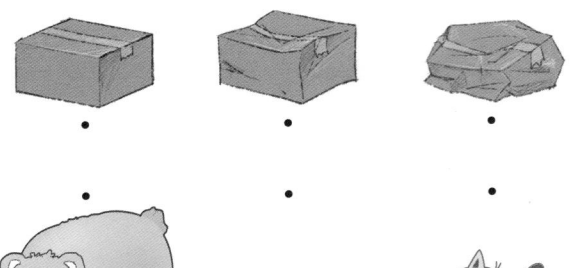

12 종이컵과 냄비로 크기가 같은 항아리에 각각 물을 가득 채우려고 합니다. 항아리에 물을 붓는 횟수가 더 많은 것에 ◯표 하세요.(단, 종이컵과 냄비에 각각 물을 가득 담아 붓습니다.)

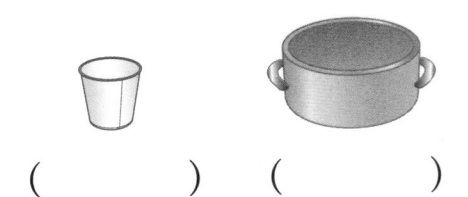

(   ) (   )

1 ㉮, ㉯, ㉰ 중 가장 긴 것을 찾아 써 보세요.

㉮ 〰〰〰〰〰〰〰〰
㉯ 〜〜〜〜〜〜〜
㉰ ─────────

(   )

2 축구장, 야구장, 농구장 중 가장 넓은 곳은 어디인지 써 보세요.

> • 축구장은 야구장보다 더 좁습니다.
> • 농구장은 축구장보다 더 좁습니다.

(   )

3 세 사람이 똑같은 컵에 가득 들어 있던 주스를 각각 마시고 남은 것입니다. 주스를 가장 적게 마신 사람을 찾아 이름을 써 보세요.

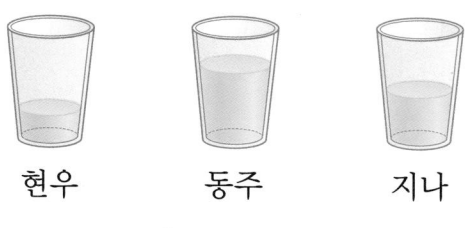

현우   동주   지나

(   )

놀이 수학   〈 수학 익힘 유형 〉

4 세 사람이 시소를 타고 있습니다. 무거운 사람부터 차례대로 이름을 써 보세요.

영태   지영   영태   재희

(   )

실력 확인   [평가책] 단원 평가 26~31쪽 | 서술형 평가 32~33쪽

5

50까지의
수

기초력 기르기

1 10 알아보기

(1~4) 모으기를 해 보세요.

1 9 1 → □

2 2 □ → 10

3 4 6 → □

4 7 □ → 10

(5~8) 가르기를 해 보세요.

5 10 → 1, □

6 10 → □, 4

7 10 → 3, □

8 10 → □, 5

2 십몇 알아보기

(1~4) □ 안에 알맞은 수를 써넣으세요.

1 10개씩 묶음 1개와 낱개 2개는 □입니다.

2 10개씩 묶음 1개와 낱개 7개는 □입니다.

3 10개씩 묶음 1개와 낱개 5개는 □입니다.

4 10개씩 묶음 1개와 낱개 9개는 □입니다.

(5~8) 수를 바르게 읽은 것에 ◯표 하세요.

5 16 (십육 , 십칠)

6 13 (십이 , 십삼)

7 14 (열셋 , 열넷)

8 11 (열하나 , 열다섯)

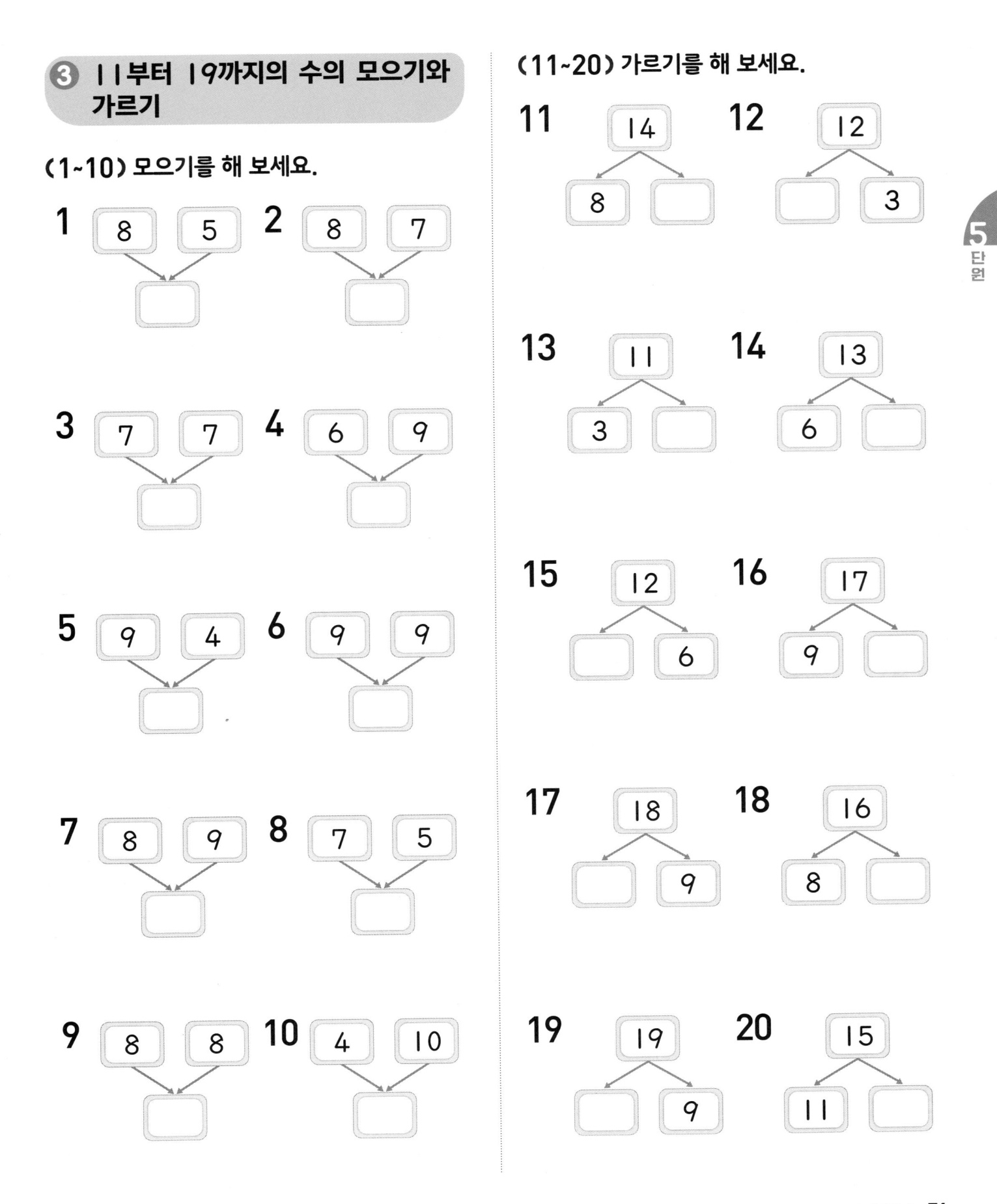

3 **Ⅰ Ⅰ부터 Ⅰ9까지의 수의 모으기와 가르기**

(1~10) 모으기를 해 보세요.

1 8 5

2 8 7

3 7 7

4 6 9

5 9 4

6 9 9

7 8 9

8 7 5

9 8 8

10 4 10

(11~20) 가르기를 해 보세요.

11 14 8 ☐

12 12 ☐ 3

13 11 3 ☐

14 13 6 ☐

15 12 ☐ 6

16 17 9 ☐

17 18 ☐ 9

18 16 8 ☐

19 19 ☐ 9

20 15 11 ☐

④ 10개씩 묶어 세기

(1~4) ☐ 안에 알맞은 수를 써넣으세요.

1 10개씩 묶음 2개는 [ ]입니다.

2 10개씩 묶음 5개는 [ ]입니다.

3 10개씩 묶음 4개는 [ ]입니다.

4 10개씩 묶음 3개는 [ ]입니다.

(5~8) 수를 바르게 읽은 것에 ◯표 하세요.

5 20 (삼십 , 이십)

6 40 (사십 , 오십)

7 50 (쉰 , 스물)

8 30 (마흔 , 서른)

⑤ 50까지의 수 세기

(1~4) ☐ 안에 알맞은 수를 써넣으세요.

1 10개씩 묶음 2개와 낱개 3개는 [ ]입니다.

2 10개씩 묶음 3개와 낱개 7개는 [ ]입니다.

3 10개씩 묶음 3개와 낱개 9개는 [ ]입니다.

4 10개씩 묶음 4개와 낱개 6개는 [ ]입니다.

(5~8) 수를 바르게 읽은 것에 ◯표 하세요.

5 21 (이십일 , 이십삼)

6 48 (사십육 , 사십팔)

7 25 (스물다섯 , 스물여섯)

8 32 (서른넷 , 서른둘)

❻ 수의 순서

(1~8) 빈칸에 알맞은 수를 써넣으세요.

1 15 16 ☐ 18 ☐

2 20 ☐ 22 ☐ 24

3 ☐ 34 35 ☐ 37

4 46 47 ☐ ☐ 50

5 25 ☐ ☐ 28 29

6 11 12 13 ☐ ☐

7 ☐ 38 39 ☐ 41

8 41 ☐ 43 44 ☐

❼ 수의 크기 비교

(1~4) 더 큰 수에 ◯표 하세요.

1 41 39   **2** 26 32

3 47 46   **4** 24 21

(5~8) 더 작은 수에 △표 하세요.

5 32 19   **6** 38 46

7 22 25   **8** 37 33

(9~10) 가장 큰 수를 찾아 ◯표 하세요.

9 24 43 39

10 37 31 35

(11~12) 가장 작은 수를 찾아 △표 하세요.

11 49 29 19

12 21 23 25

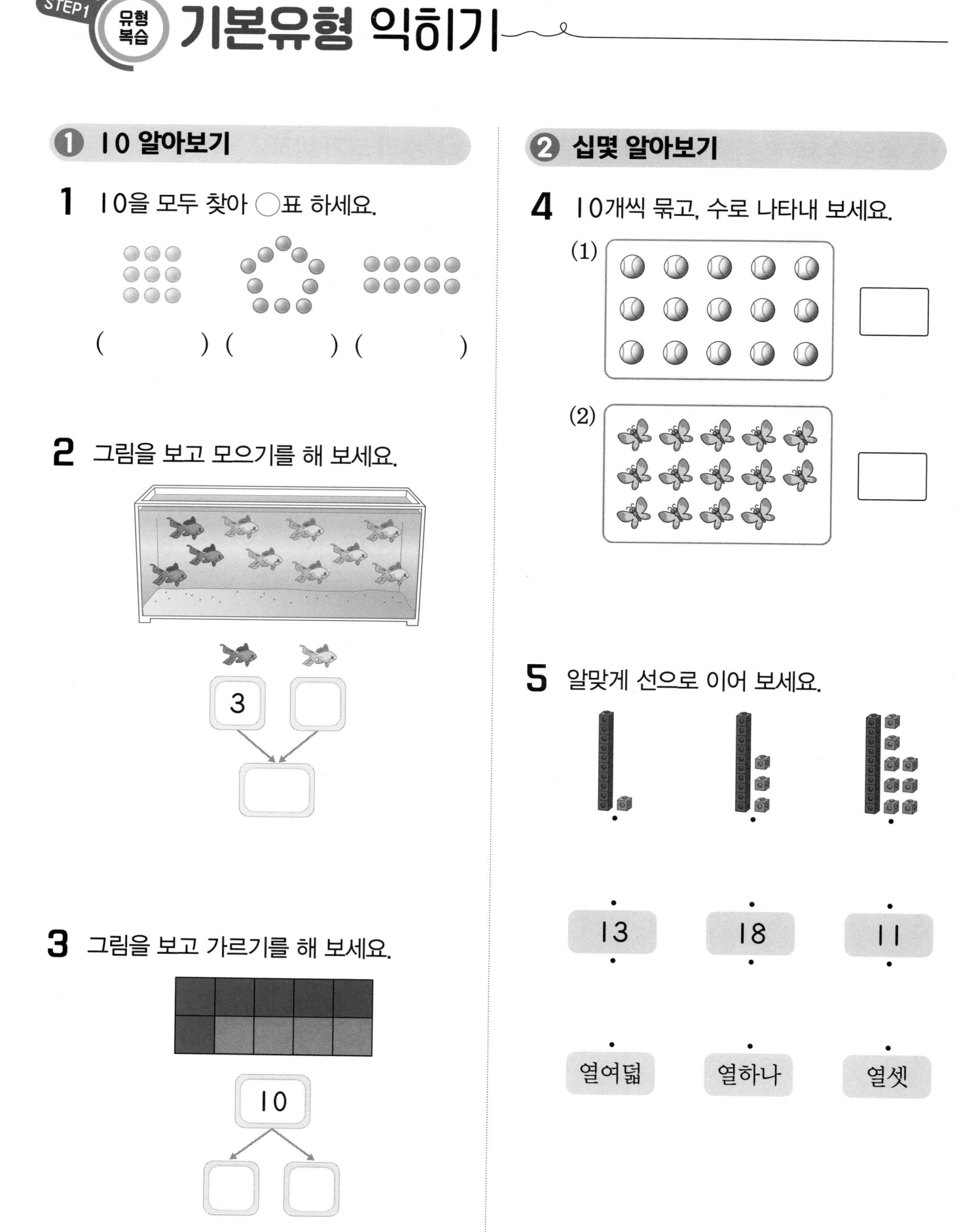

1 10 알아보기

1 10을 모두 찾아 ◯표 하세요.

(   ) (   ) (   )

2 그림을 보고 모으기를 해 보세요.

3

3 그림을 보고 가르기를 해 보세요.

10

2 십몇 알아보기

4 10개씩 묶고, 수로 나타내 보세요.

(1)

(2)

5 알맞게 선으로 이어 보세요.

13   18   11

열여덟   열하나   열셋

6 그림을 보고 ☐ 안에 알맞은 수를 써넣으세요.

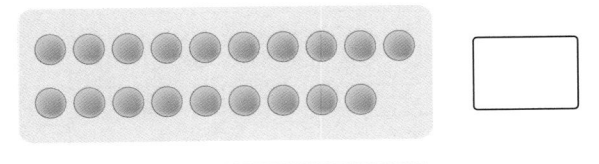

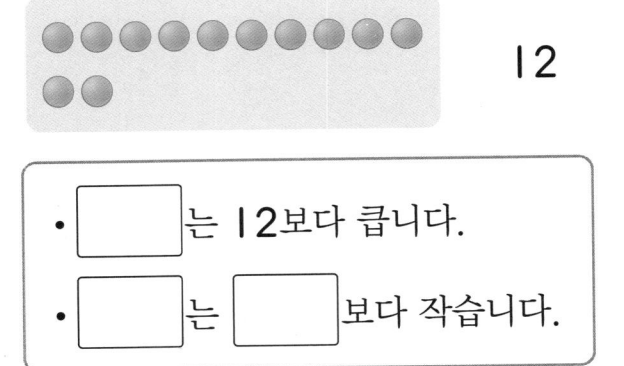

12

- ☐ 는 12보다 큽니다.

- ☐ 는 ☐ 보다 작습니다.

③ **11부터 19까지의 수의 모으기와 가르기**

7 모으기를 해 보세요.

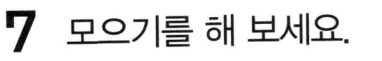

8 가르기를 해 보세요.

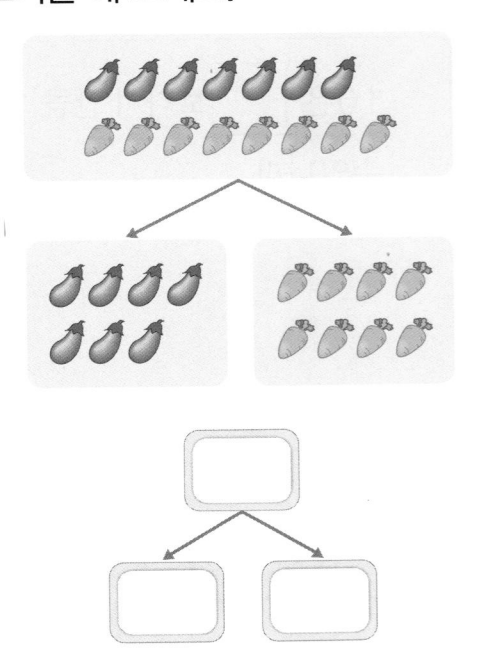

9 12칸을 두 가지 색으로 색칠하고, 가르기를 해 보세요.

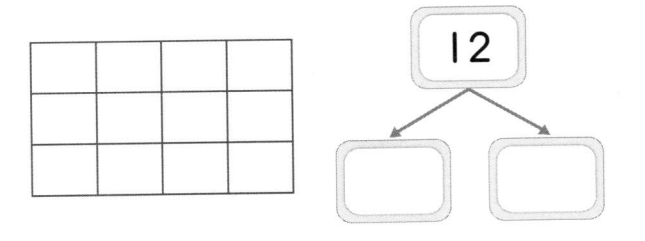

12

10 모으기와 가르기를 해 보세요.

(1)

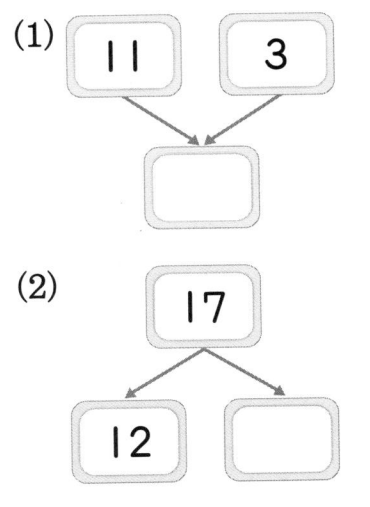

11   3

(2)

17

12

1 ☐ 안에 알맞은 수를 써넣으세요.

> 10은 ☐ 보다 1만큼 더 큰 수입니다.

2 그림을 보고 ☐ 안에 알맞은 수를 써넣으세요.

(1)

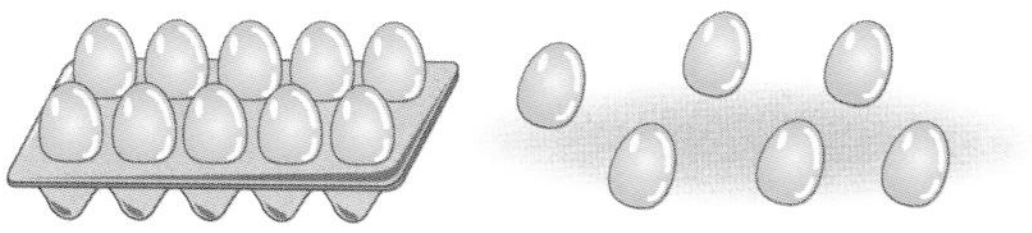

달걀은 10개씩 묶음이 ☐ 개, 낱개가 ☐ 개이므로 ☐ 개 있습니다.

(2)

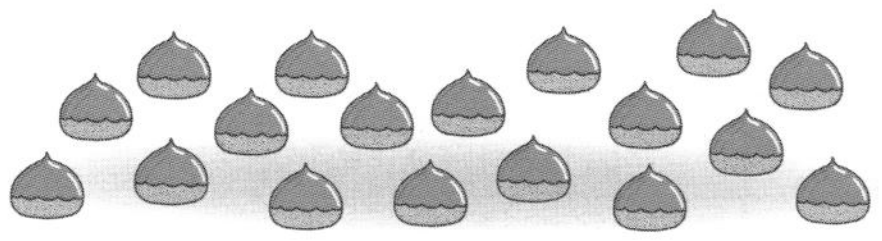

밤은 ☐ 개 있습니다.

3 모으기와 가르기를 해 보세요.

(1) 9 1 → ☐

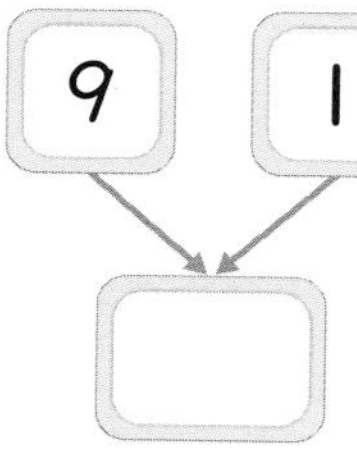

(2) 10 → 7 ☐

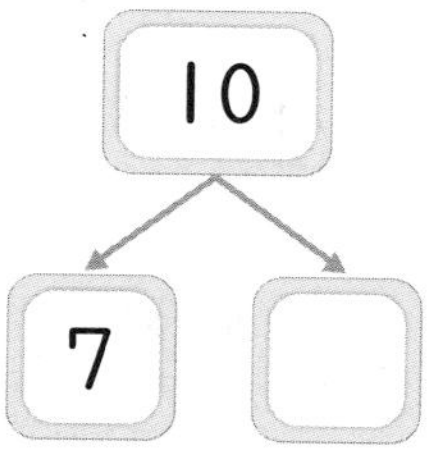

4 10이 되도록 ○를 그리고, ☐ 안에 알맞은 수를 써넣으세요.

○ ○ ○ ○ ○ ○

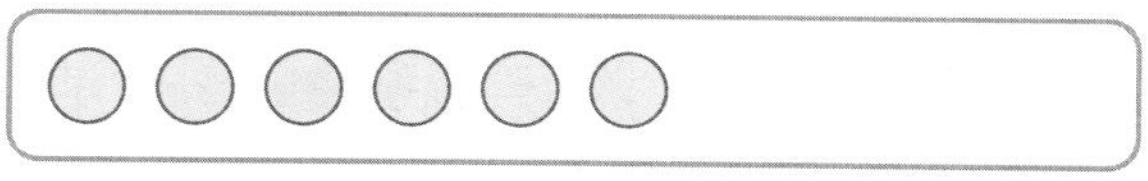

6과 ☐ 를 모으기하면 10이 됩니다.

5 나타내는 수가 <u>다른</u> 하나를 찾아 ○표 하세요.

열일곱	십구	17
( )	( )	( )

6 10을 알맞게 읽은 것에 ○표 하세요.

> • 친구 10(열 , 십)명이 모여 축구를 합니다.
> • 10(열 , 십) 대 7로 경기에 이겼습니다.

7 참외가 바구니에 I0개 들어 있고, 접시에 2개 놓여 있습니다. 참외는 모두 몇 개일까요?

(   )

8 모으기를 하여 I6이 되는 것끼리 같은 색으로 칠해 보세요.

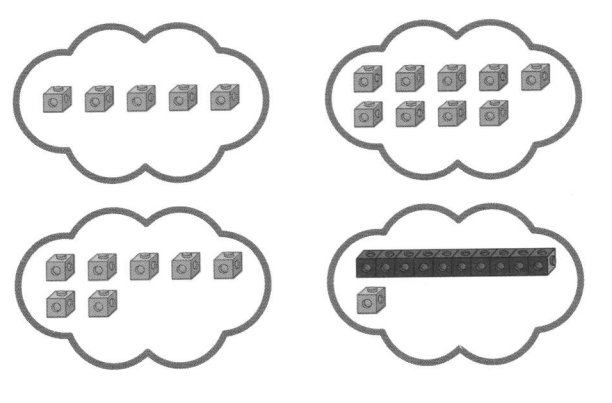

9 과자 I5개를 두 접시에 나누어 담으려고 합니다. 과자를 한 접시에 9개 담으면 다른 접시에는 몇 개 담아야 하는지 풀이 과정을 쓰고 답을 구해 보세요.

풀이 _____

_____

_____

답 _____

10 블록의 수를 세어 빈칸에 써넣고, ☐ 안에 알맞은 수를 써넣으세요.

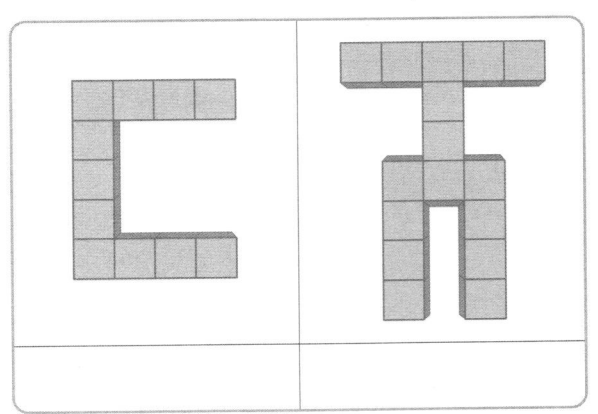

☐ 은 ☐ 보다 작습니다.

(수학 유형)

11 서로 다른 두 가지 방법으로 가르기를 해 보세요.

I3   I3

12 사탕 I4개를 동생과 나누어 가지려고 합니다. 내가 동생보다 사탕을 더 많이 가지도록 ◯로 나타내 보세요.

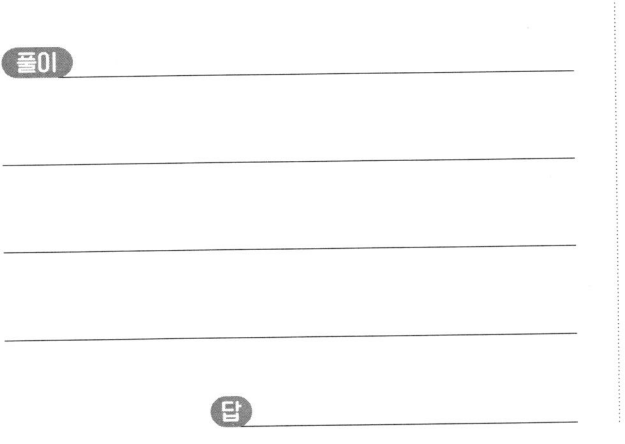

나   동생

④ 10개씩 묶어 세기

1 10개씩 묶고, 수로 나타내 보세요.

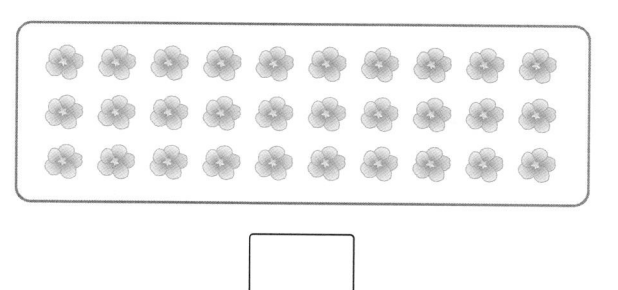

2 알맞게 선으로 이어 보세요.

・   ・ 50 ・   ・ 쉰

・   ・ 40 ・   ・ 삼십

・   ・ 30 ・   ・ 마흔

3 그림을 보고 ☐ 안에 알맞은 수를 써넣으세요.

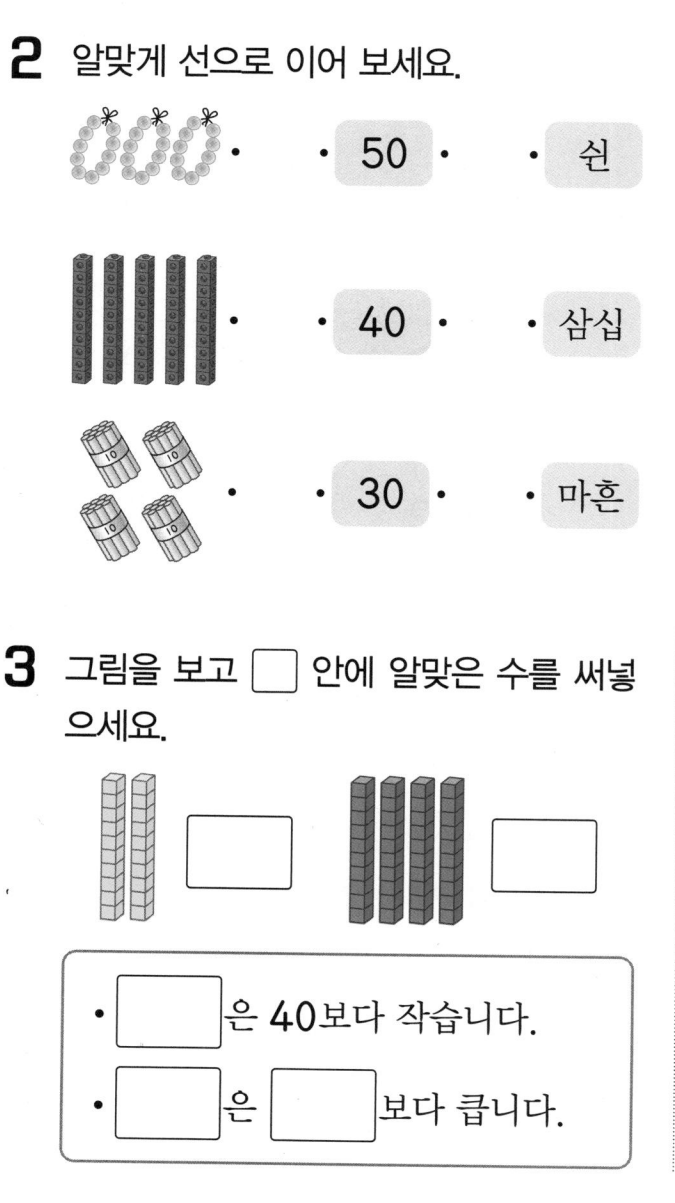

・ ☐ 은 40보다 작습니다.

・ ☐ 은 ☐ 보다 큽니다.

⑤ 50까지의 수 세기

4 10개씩 묶고, 수로 나타내 보세요.

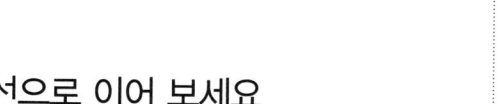

5 빈칸에 알맞은 수를 써넣으세요.

수	10개씩 묶음	낱개
49		9
21	2	
36		

6 알맞게 선으로 이어 보세요.

・   ・   ・

27   32   45

・   ・   ・

마흔다섯   스물일곱   서른둘

6 수의 순서

7 빈칸에 알맞은 수를 써넣으세요.

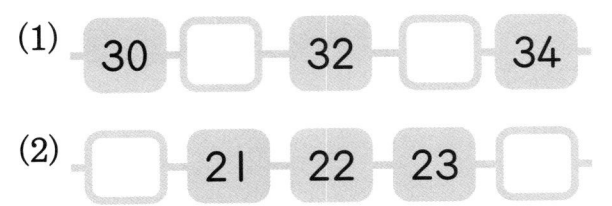

(1) 30 ☐ 32 ☐ 34

(2) ☐ 21 22 23 ☐

8 수를 순서대로 이어 그림을 완성해 보세요.

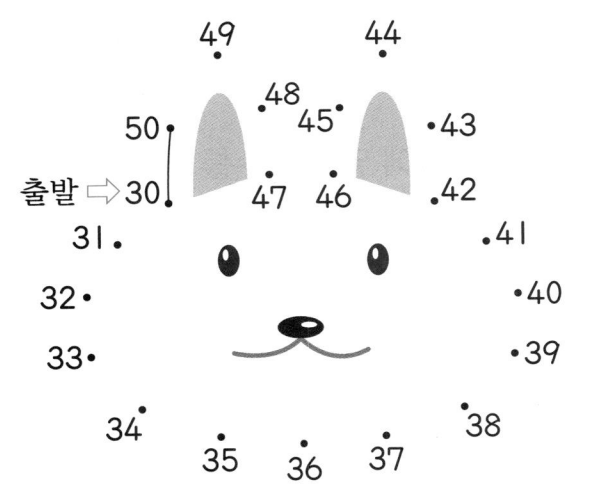

9 수를 순서대로 써 보세요.

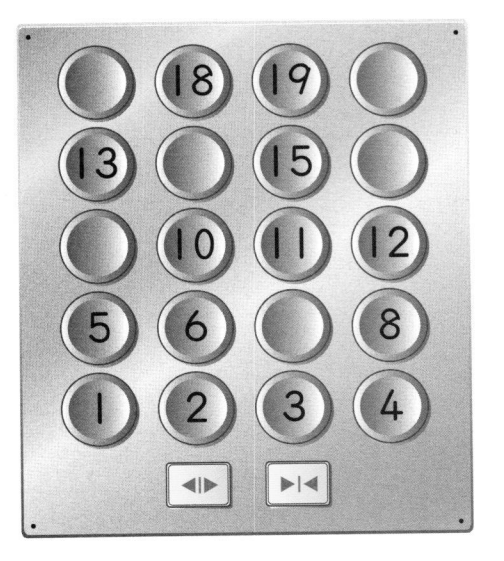

7 수의 크기 비교

10 그림을 보고 ☐ 안에 알맞은 수를 써넣으세요.

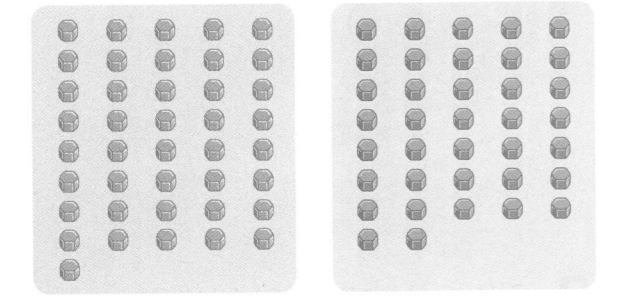

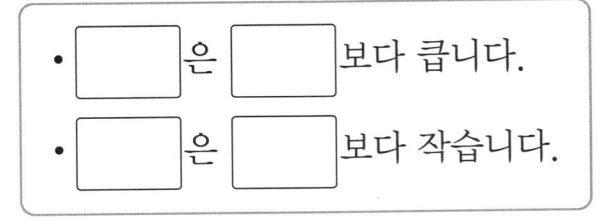

· ☐ 은 ☐ 보다 큽니다.

· ☐ 은 ☐ 보다 작습니다.

11 더 큰 수에 ◯표 하세요.

27   31

12 더 작은 수에 △표 하세요.

15   18

13 가장 큰 수를 찾아 ◯표 하세요.

23   28   26

1 수를 바르게 읽은 것을 찾아 ◯표 하세요.

26	33	45
스물육	서른셋	사십다섯

(   ) (   ) (   )

2 알맞게 선으로 이어 보세요.

삼십   사십   오십

40   50   30

서른   마흔   쉰

3 빈칸에 알맞은 수를 써넣으세요.

수	10개씩 묶음	낱개
16	1	
30		0
	2	5
46	4	

4 ◻은 몇 개인지 세어 보세요.

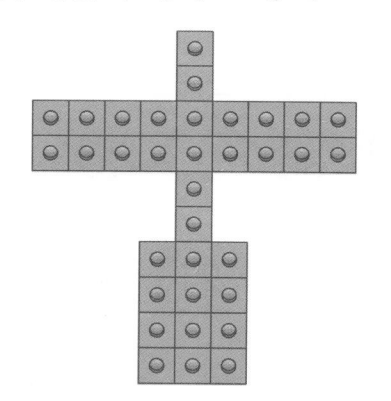

(   )

5 ◻ 안에 알맞은 수를 써넣으세요.

◻ 45 46 ◻ 48

6 ^{서술형}
컵을 한 상자에 10개씩 담으니 2상자가 되고 낱개 7개가 남았습니다. 컵은 모두 몇 개인지 풀이 과정을 쓰고 답을 구해 보세요.

풀이 _____

_____

_____

_____

답 _____

7 ▦으로 (보기)의 모양을 몇 개 만들 수 있을까요?

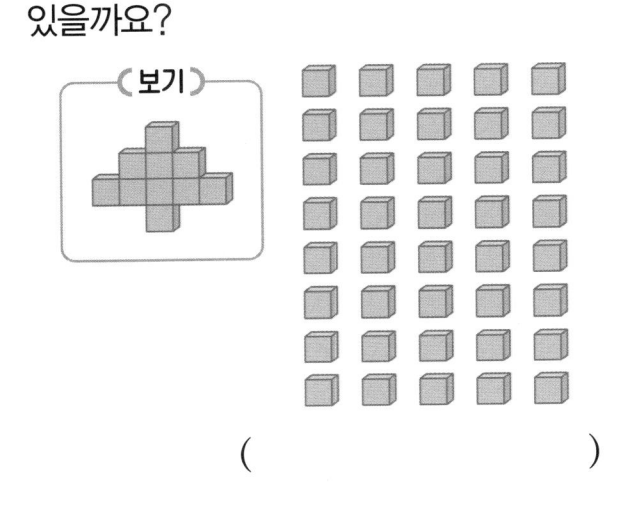

(　　　　　)

8 가장 큰 수를 찾아 ◯표 하세요.

| 22 | 30 | 17 |

9 수를 순서대로 써 보세요.

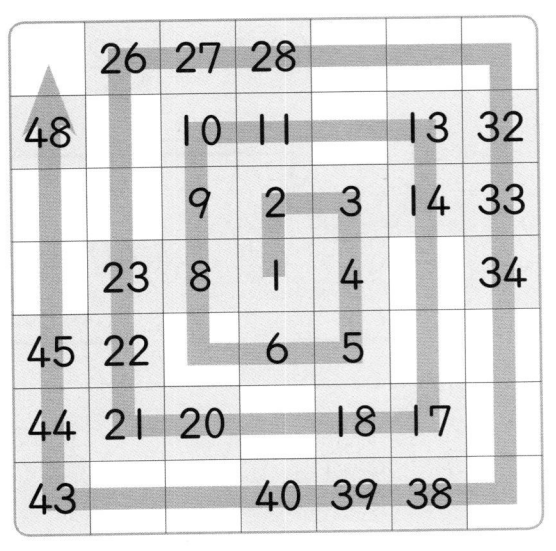

10 칭찬 붙임딱지를 재원이는 37장, 영선이는 44장 모았습니다. 칭찬 붙임딱지를 더 많이 모은 사람은 누구일까요?

(　　　　　)

11 가장 작은 수는 어느 것인가요? (　　)

① 이십오　　　② 삼십팔
③ 마흔둘　　　④ 열아홉
⑤ 삼십일

《 수학 익힘 유형 》

12 태희의 자리 번호는 28번입니다. 지훈이의 자리 번호는 태희보다 1만큼 더 큽니다. 지훈이의 자리를 찾아 ◯표 하세요.

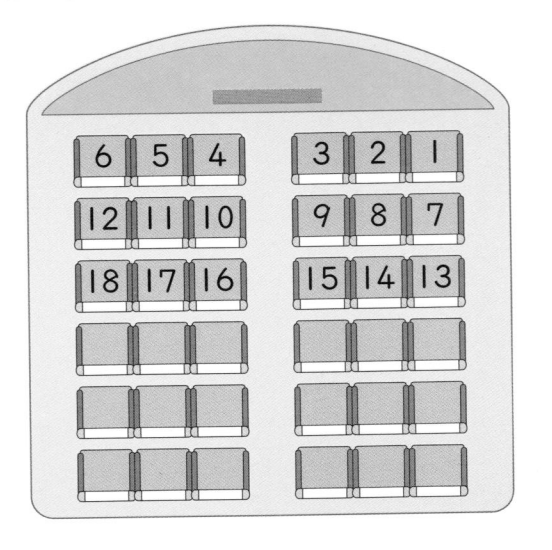

1 초콜릿이 10개씩 묶음 3개와 낱개 15개가 있습니다. 초콜릿은 모두 몇 개인지 구해 보세요.

( )

3 수 카드 3장 중에서 2장을 뽑아 한 번씩만 사용하여 가장 큰 수를 만들어 보세요.

| 3 | 4 | 1 |

( )

2 두 조건을 만족하는 수를 구해 보세요.

- 20보다 크고 30보다 작은 수입니다.
- 낱개의 수는 3입니다.

( )

놀이 수학 (수학 유형)

4 수 놀이의 (규칙)대로 화살표를 따라 수를 쓰면 네 수를 작은 수부터 순서대로 나열할 수 있습니다. 수의 크기를 비교하여 놀이판을 완성해 보세요.

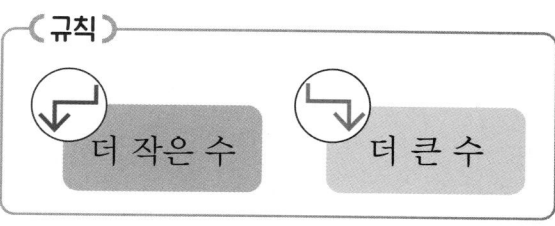

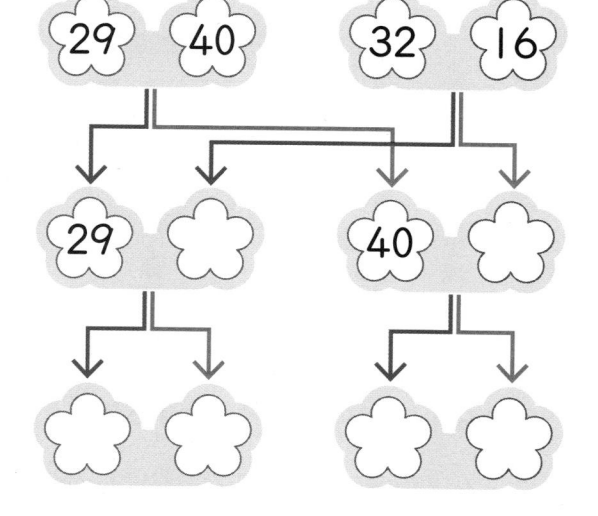

실력 확인 [평가책] 단원 평가 34~39쪽 | 서술형 평가 40~41쪽

개념+유형

평가책

초등 수학

1·1

단원 평가 / 서술형 평가

1. 9까지의 수 —————————— 2 / 8

2. 여러 가지 모양 —————————— 10 / 16

3. 덧셈과 뺄셈 —————————— 18 / 24

4. 비교하기 —————————— 26 / 32

5. 50까지의 수 —————————— 34 / 40

학업 성취도 평가

● 1회 / 2회 —————————— 42 / 45

1 펭귄의 수만큼 ○를 그리고, ○ 안에 알맞은 수를 써넣으세요.

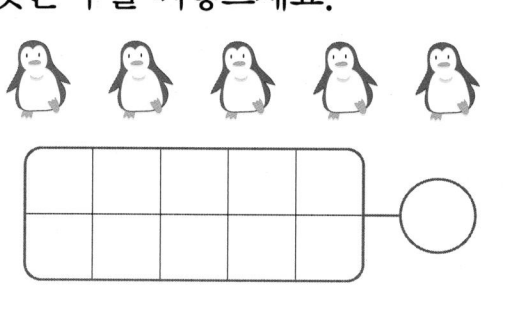

2 수만큼 초에 ○표 하세요.

7

3 ☐ 안에 알맞은 수를 써넣고, 선으로 이어 보세요.

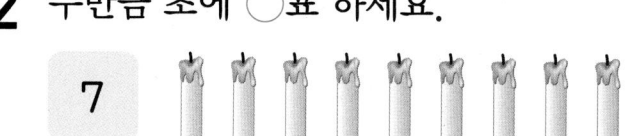 ☐ · · 여덟(팔)

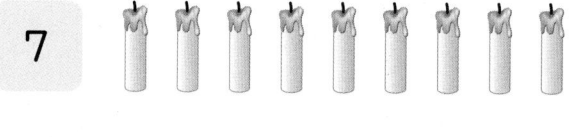 ☐ · · 넷(사)

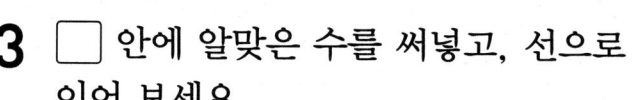 ☐ · · 셋(삼)

4 순서에 알맞게 빈칸에 수를 써넣으세요.

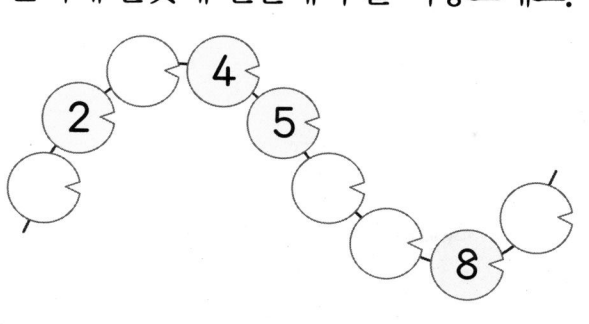

5 그림을 보고 알맞은 말에 ○표 하세요.

6   9

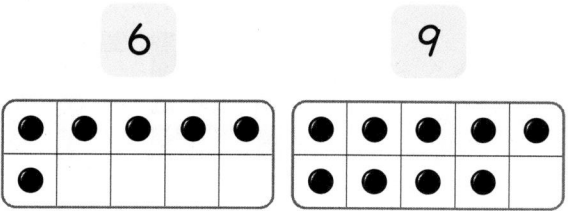

9는 6보다 (큽니다 , 작습니다).

● **시험에 꼭 나오는 문제**

6 꽃의 수를 세어 ☐ 안에 알맞은 수를 써넣으세요.

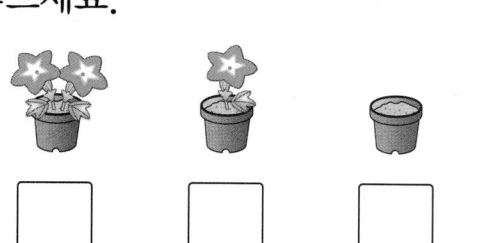

☐   ☐   ☐

7 5보다 1만큼 더 작은 수를 나타내는 것을 찾아 △표 하세요.

(   ) (   ) (   )

(8~9) 우찬이와 친구들이 음료수를 사려고 한 줄로 서 있습니다. 물음에 답하세요.

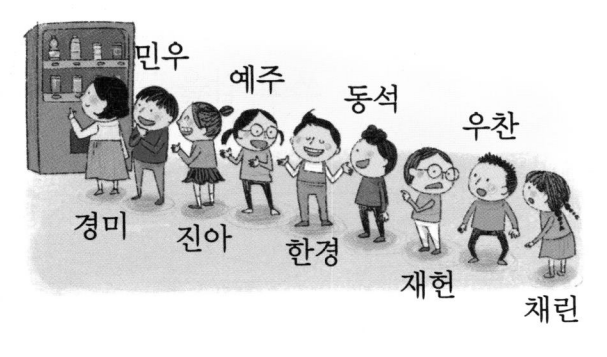

8 넷째에 서 있는 친구는 누구일까요?

( )

9 우찬이는 몇째에 서 있을까요?

( )

10 ☐ 안에 알맞은 수를 써넣으세요.

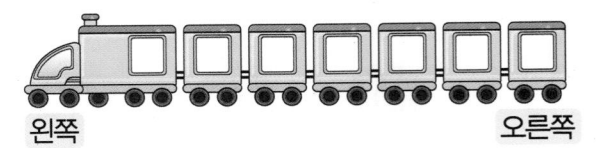

5는 ☐ 보다 Ⅰ만큼 더 큰 수이고,
☐ 보다 Ⅰ만큼 더 작은 수입니다.

11 나타내는 수가 다른 하나를 찾아 ○표 하세요.

| 7 | 일곱 | 여덟 | 칠 |

12 고양이의 수보다 Ⅰ만큼 더 큰 수에 ○표 하세요.

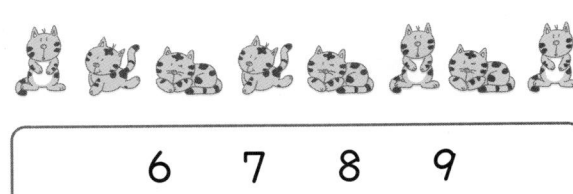

| 6 7 8 9 |

13 기차의 왼쪽에서 둘째 칸에는 빨간색, 오른쪽에서 셋째 칸에는 파란색으로 칠해 보세요.

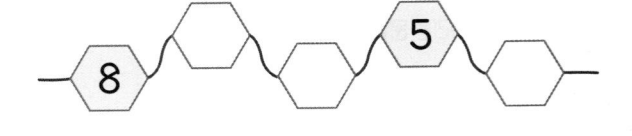

왼쪽   오른쪽

● **잘 틀리는 문제**

14 순서를 거꾸로 하여 빈칸에 수를 써넣으세요.

8   5

● **시험에 꼭 나오는 문제**

15 6보다 Ⅰ만큼 더 큰 수에 ○표, Ⅰ만큼 더 작은 수에 △표 하세요.

| 4 5 9 8 7 |

16 1부터 9까지의 수 중에서 5보다 작은 수를 모두 써 보세요.

1 2 3 4 5 6 7 8 9

( )

17 큰 수부터 차례대로 써 보세요.

9 6 8

( )

● 잘 틀리는 문제
18 8명이 한 줄로 서 있습니다. 재민이가 뒤에서 넷째에 서 있을 때, 앞에서 몇째에 서 있는지 구해 보세요.

( )

● **서술형 문제**

19 준수네 농장에 토끼가 6마리 있었습니다. 아기 토끼 1마리가 태어났다면 농장에 있는 토끼의 수는 얼마인지 풀이 과정을 쓰고 답을 구해 보세요.

풀이 _____

_____

_____

_____

답 _____

20 딸기를 로미는 7개, 시후는 8개 먹었습니다. 딸기를 더 많이 먹은 사람은 누구인지 풀이 과정을 쓰고 답을 구해 보세요.

풀이 _____

_____

_____

_____

답 _____

1 수를 세어 알맞게 선으로 이어 보세요.

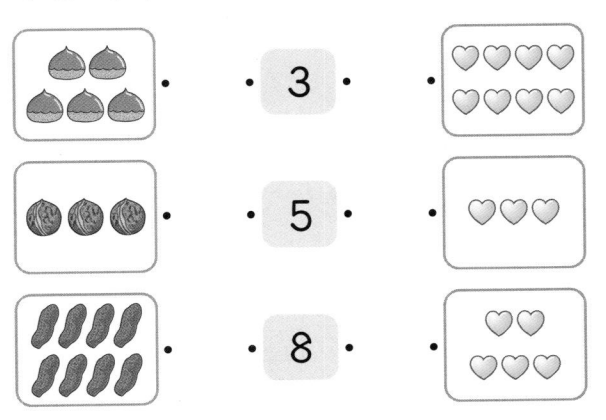

2 수를 세어 ◯ 안에 알맞은 수를 써넣고 읽어 보세요.

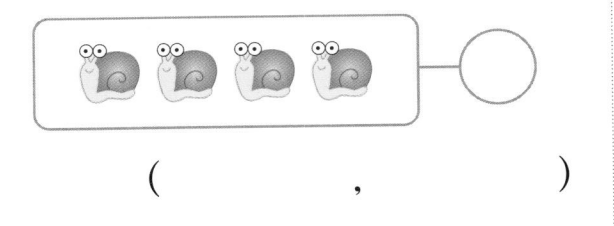

(,   )

3 공깃돌의 색깔별로 수를 세어 ☐ 안에 알맞은 수를 써넣으세요.

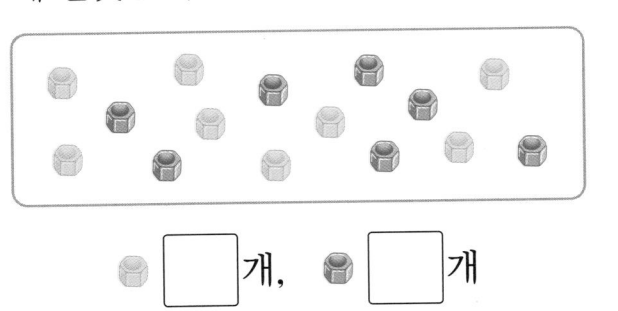

◯ ☐개, ◯ ☐개

4 일곱째에 있는 오리에 ◯표 하세요.

첫째

5 ☐ 안에 알맞은 수를 써넣으세요.

0   1   2   3

1보다 1만큼 더 작은 수는 ☐입니다.

6 수를 순서대로 선으로 이어 보세요.

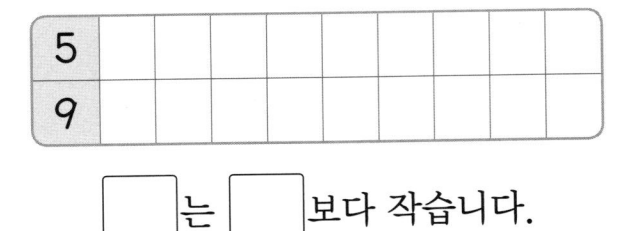

7 수만큼 ◯를 그리고, ☐ 안에 알맞은 수를 써넣으세요.

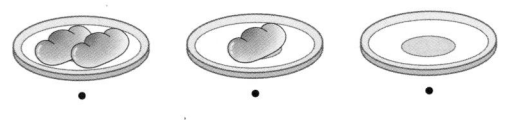

☐는 ☐보다 작습니다.

🔴 시험에 꼭 나오는 문제

8 알맞게 선으로 이어 보세요.

1   0   2

9 순서에 알맞게 빈칸에 수를 써넣으세요.

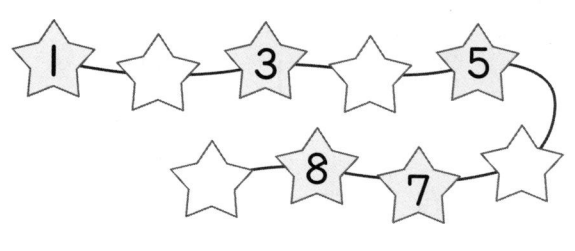

10 왼쪽에서 여섯째에 색칠해 보세요.

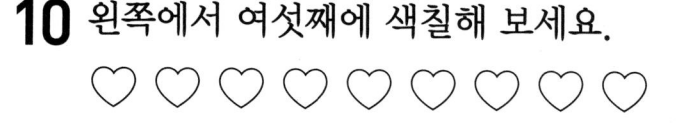

11 멜론, 귤, 자두 중에서 수가 5인 것은 어느 것일까요?

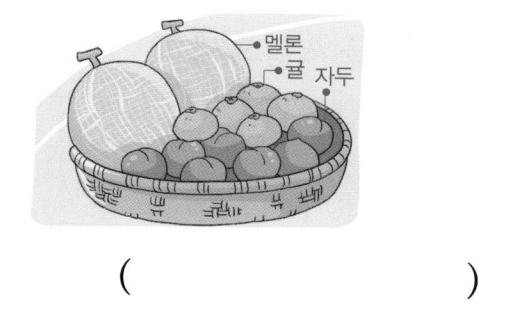

( )

🌑 **시험에 꼭 나오는 문제**

12 꽃의 수보다 1만큼 더 작은 수를 왼쪽에 쓰고, 1만큼 더 큰 수를 오른쪽에 써 보세요.

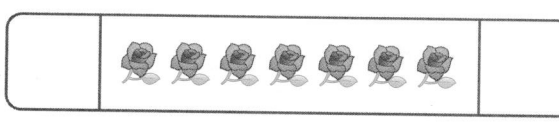

13 수의 순서를 보고 4와 9의 크기를 비교해 보세요.

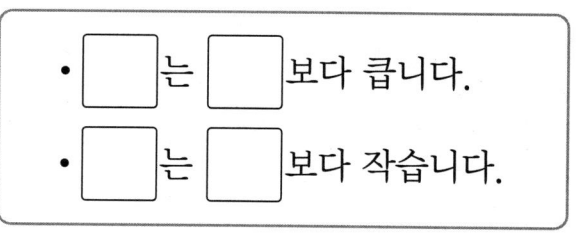

- ☐ 는 ☐ 보다 큽니다.
- ☐ 는 ☐ 보다 작습니다.

14 알맞게 선으로 이어 보세요.

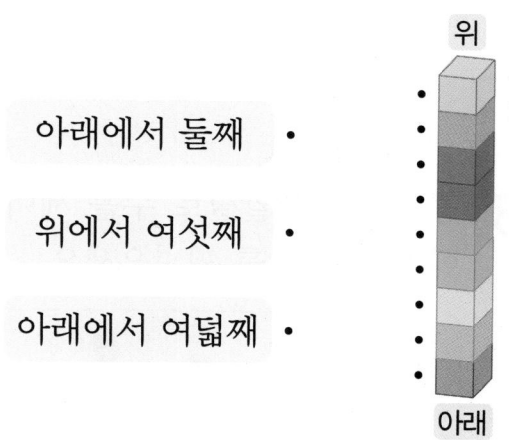

아래에서 둘째 •

위에서 여섯째 •

아래에서 여덟째 •

🌑 **잘 틀리는 문제**

15 3보다 큰 수를 모두 찾아 써 보세요.

| 0 | 2 | 3 | 5 | 8 |

( )

16 (보기)의 순서에 맞게 ☐ 안에 수를 써넣으세요.

(보기)

		5			2

17 가장 큰 수에 ◯표, 가장 작은 수에 △표 하세요.

7	9	4

● 잘 틀리는 문제

18 수 카드를 작은 수부터 놓을 때, 왼쪽에서 넷째에 놓이는 수를 구해 보세요.

5	4	2	6	8

( )

● 서술형 문제

19 더 작은 수는 무엇인지 풀이 과정을 쓰고 답을 구해 보세요.

칠	여섯

풀이 _____

_____

_____

답 _____

20 재훈이는 8살입니다. 재훈이는 동생보다 한 살 더 많습니다. 동생의 나이는 몇 살인지 풀이 과정을 쓰고 답을 구해 보세요.

풀이 _____

_____

_____

_____

답 _____

연습 1 사탕의 수보다 1만큼 더 작은 수를 쓰려고 합니다. 풀이 과정을 쓰고 답을 구해 보세요. |5점|

❶ 사탕의 수 알아보기

풀이 _____

_____

❷ 사탕의 수보다 1만큼 더 작은 수 쓰기

풀이 _____

_____

답 _____

연습 2 왼쪽에서 둘째에 있는 동물은 오른쪽에서 몇째에 있는지 풀이 과정을 쓰고 답을 구해 보세요. |5점|

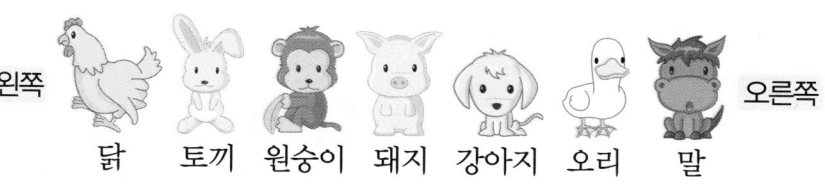

왼쪽   닭   토끼   원숭이   돼지   강아지   오리   말   오른쪽

❶ 왼쪽에서 둘째에 있는 동물은 무엇인지 구하기

풀이 _____

_____

❷ 왼쪽에서 둘째에 있는 동물은 오른쪽에서 몇째에 있는지 구하기

풀이 _____

_____

답 _____

실전 3 수진이는 가게에서 초콜릿 5개, 빵 7개를 샀습니다. 초콜릿과 빵 중에서 수진이가 더 많이 산 것은 무엇인지 풀이 과정을 쓰고 답을 구해 보세요. |5점|

풀이 _____

_____

_____

답 _____

실전 4 순서를 거꾸로 하여 수를 읽었을 때 ㉠에 알맞은 말을 수로 나타내면 얼마인지 구하려고 합니다. 풀이 과정을 쓰고 답을 구해 보세요. |5점|

| 여섯 | 다섯 | | | ㉠ |

풀이 _____

_____

_____

답 _____

1 ▢ 모양을 찾아 ◯표 하세요.

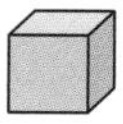

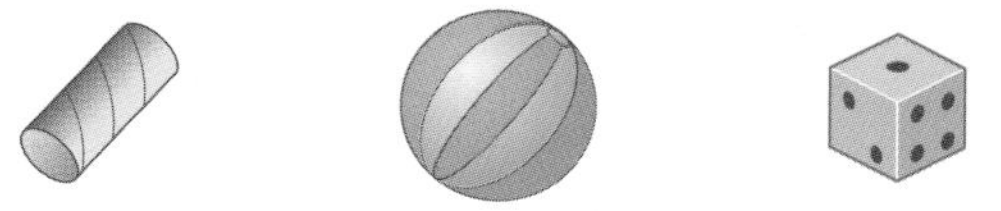

(   ) (   ) (   )

2 ▢ 모양을 찾아 ◯표 하세요.

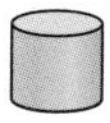

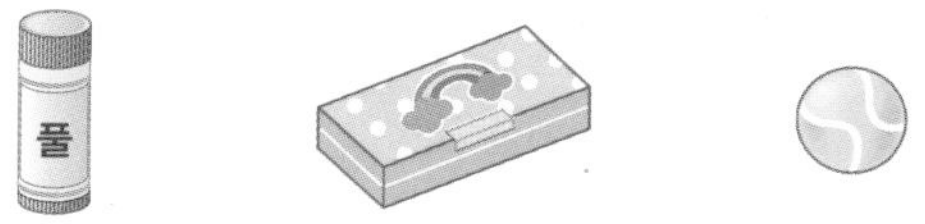

(   ) (   ) (   )

3 ◯ 모양을 찾아 ◯표 하세요.

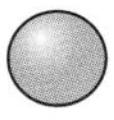

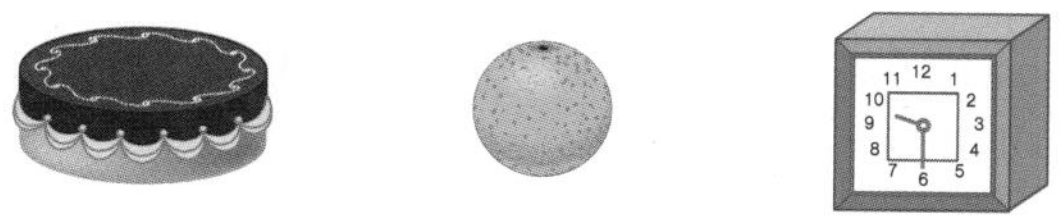

(   ) (   ) (   )

4 어떤 모양을 모아 놓은 것인지 알맞은 모양을 찾아 ◯표 하세요.

(▢ , ▢ , ◯)

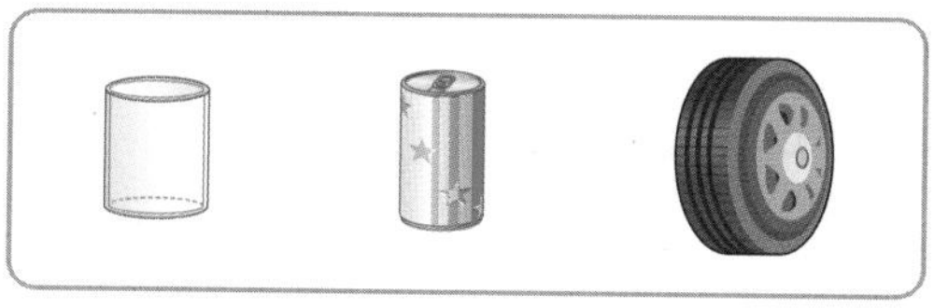

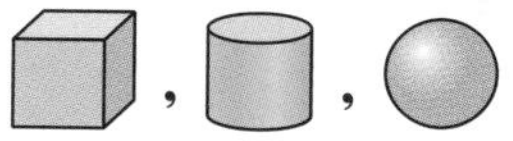

5 같은 모양끼리 선으로 이어 보세요.

·   ·

·   ·

·   ·

(6~8) 그림을 보고 물음에 답하세요.

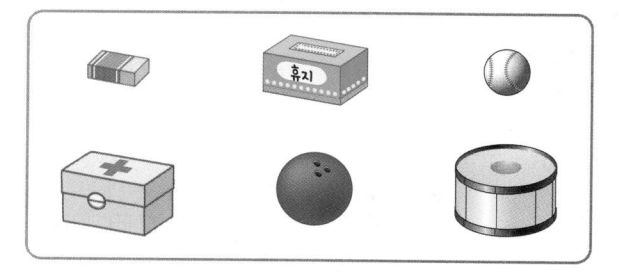

6 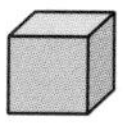 ▢ 모양은 모두 몇 개일까요?

(   )

🔵 시험에 꼭 나오는 문제

7 ◯ 모양은 모두 몇 개일까요?

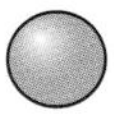

(   )

8 ▢, ▢, ◯ 모양 중에서 가장 적은 모양을 찾아 ◯표 하세요.

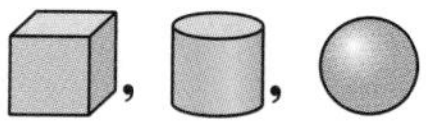

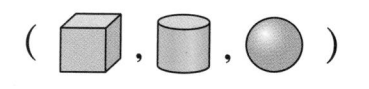

(▢ , ▢ , ◯)

9 주사위와 같은 모양의 물건을 찾아 ◯표 하세요.

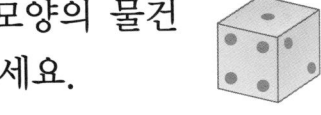

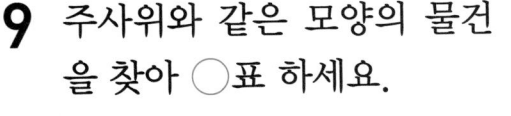

(   ) (   ) (   )

(10~11) 설명하는 모양을 찾아 ◯표 하세요.

10
> • 세우면 쌓을 수 있습니다.
> • 눕히면 잘 굴러갑니다.

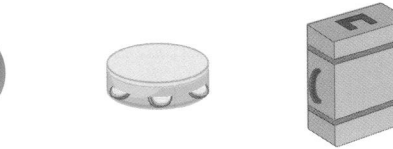
(, ,   )

11
> • 여러 방향으로 잘 굴러갑니다.
> • 쌓을 수 없습니다.

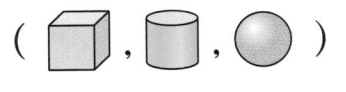
(, ,   )

● 시험에 꼭 나오는 문제

12 사용한 모양을 모두 찾아 ◯표 하세요.

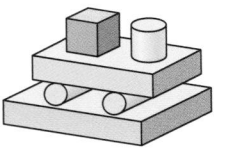

(, ,   )

13 모양을 몇 개 사용했는지 세어 보세요.

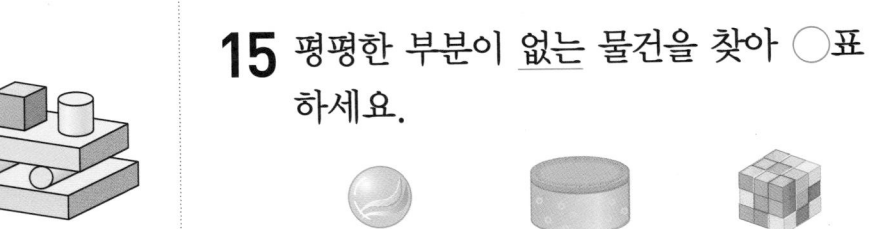

(   )

● 잘 틀리는 문제

14 두 모양을 만드는 데 모두 사용한 모양을 찾아 ◯표 하세요.

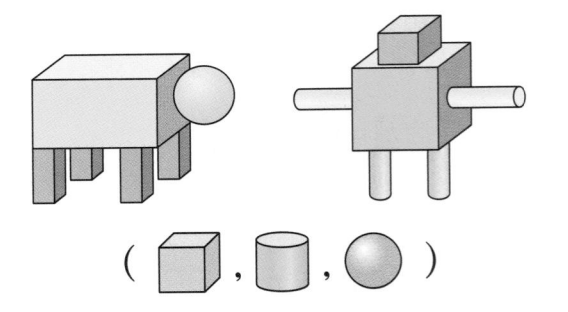

(, ,   )

15 평평한 부분이 <u>없는</u> 물건을 찾아 ◯표 하세요.

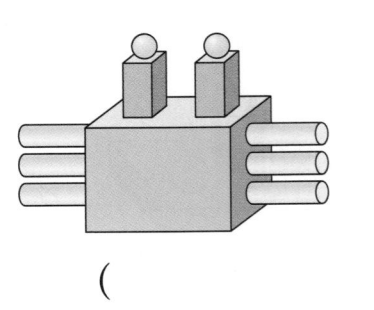

(   ) (   ) (   )

16 ⬜ 모양을 2개, ⬛ 모양을 4개, ⬤ 모양을 1개 사용한 것에 ◯표 하세요.

(   )   (   )

17 ⬜, ⬛, ⬤ 모양을 각각 몇 개 사용했는지 세어 보세요.

⬜ 모양 (   )

⬛ 모양 (   )

⬤ 모양 (   )

● 잘 틀리는 문제

18 ⬜, ⬛, ⬤ 모양 중에서 가장 많이 사용한 모양은 몇 개일까요?

(   )

● **서술형 문제**

19 모양이 나머지와 <u>다른</u> 하나를 찾아 쓰려고 합니다. 풀이 과정을 쓰고 답을 구해 보세요.

| 축구공 | 풀 | 풍선 |

풀이

답

20 다음과 같이 기울인 평평한 나무에 ⬜, ⬛, ⬤ 모양을 각각 굴렸을 때 어느 방향으로도 잘 굴러가지 <u>않는</u> 모양을 알아보고, 그 이유를 써 보세요.

답

1 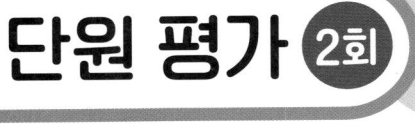 모양이 <u>아닌</u> 것을 찾아 ✕표 하세요.

(   ) (   ) (   )

2 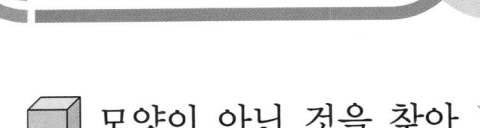 모양이 <u>아닌</u> 것을 찾아 ✕표 하세요.

(   ) (   ) (   )

(3~4) 그림을 보고 물음에 답하세요.

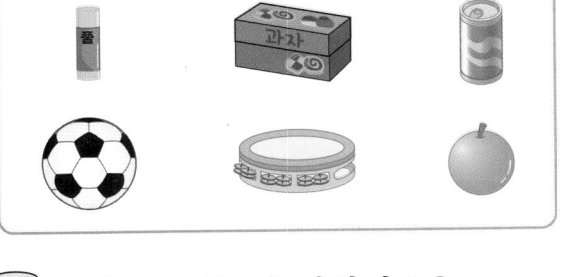

3 🥫 모양은 모두 몇 개일까요?

(   )

4 ⚪ 모양은 모두 몇 개일까요?

(   )

5 모양에 알맞은 물건을 찾아 선으로 이어 보세요.

6 설명하는 모양을 찾아 ◯표 하세요.

> 한쪽 방향으로만 잘 굴러가서 바퀴로 이용하기에 알맞습니다.

(▢ , ⬭ , ⚪)

● 시험에 **꼭** 나오는 문제

7 사용한 모양을 찾아 ◯표 하세요.

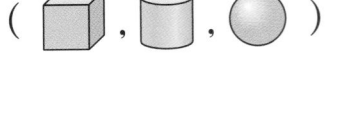

(▢ , ⬭ , ⚪)

8 ▢ 모양을 몇 개 사용했는지 세어 보세요.

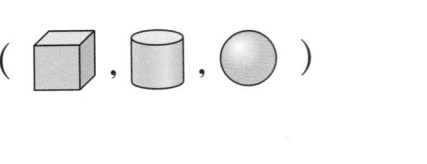

(   )

9 상자 안에 있는 모양에 대한 설명으로 옳은 것에 ◯표 하세요.

| 잘 굴러가지 않습니다. | (|) |

| 쌓을 수 없습니다. | (|) |

10 ⬭ 모양을 3개 사용한 것에 ◯표 하세요.

(   )   (   )

11 어느 방향으로 굴려도 잘 굴러가지 않는 물건을 찾아 ◯표 하세요.

(   ) (   ) (   )

● 시험에 꼭 나오는 문제

12 쌓을 수 있는 물건을 모두 찾아 ◯표 하세요.

(   ) (   ) (   )

● 잘 틀리는 문제

13 설명하는 모양과 같은 모양의 물건을 찾아 ◯표 하세요.

| • 뾰족한 부분이 없습니다.
• 평평한 부분이 있습니다. |

(   ) (   ) (   )

14 오른쪽 모양을 모두 사용하여 만든 것에 ◯표 하세요.

(   )   (   )

15 ⬜, ⬭, ⚫ 모양 중에서 가장 많은 모양은 몇 개일까요?

(   )

16 두 사람이 공통으로 가지고 있는 모양을 찾아 ◯표 하세요.

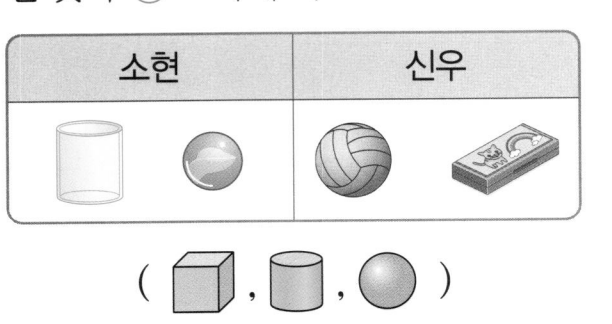

소현	신우

(⬜ , ⬛ , ⚫)

17 ⬜, ⬛, ⚫ 모양 중에서 가장 적게 사용한 모양은 몇 개일까요?

(   )

● 잘 **틀리는 문제**

18 은주가 모양을 만들었더니 ⚫ 모양이 1개 남았습니다. 은주가 처음에 가지고 있던 ⚫ 모양은 몇 개일까요?

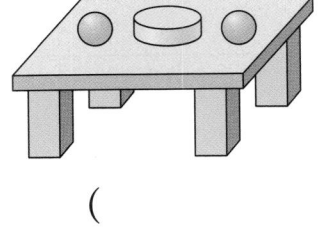

(   )

● **서술형 문제**

19 ⚫ 모양을 더 많이 사용한 사람은 누구인지 풀이 과정을 쓰고 답을 구해 보세요.

지우   수호

(풀이)

_____

_____

_____

(답)

20 잘 쌓을 수 있지만 잘 굴러가지 않는 물건은 모두 몇 개인지 풀이 과정을 쓰고 답을 구해 보세요.

(풀이)

_____

_____

_____

(답)

연습 **1** 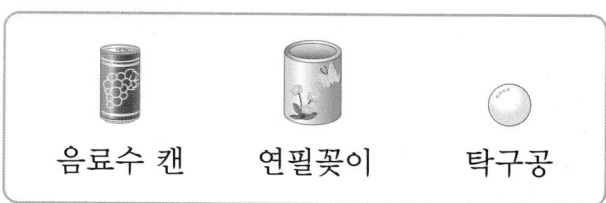 모양 중에서 찾을 수 <u>없는</u> 모양은 어느 것인지 풀이 과정을 쓰고 답을 구해 보세요. |5점|

음료수 캔　　　연필꽂이　　　탁구공

❶ 물건의 모양을 각각 알아보기

풀이 _____

❷ 찾을 수 <u>없는</u> 모양 알아보기

풀이 _____

답 _____

연습 **2** 배구공과 같은 모양의 물건은 무엇인지 풀이 과정을 쓰고 답을 구해 보세요. |5점|

배구공　　　지우개　　　물통　　　수박

❶ 배구공의 모양 알아보기

풀이 _____

❷ 배구공과 같은 모양의 물건 찾기

풀이 _____

답 _____

실전 3 잘못 설명한 사람은 누구인지 쓰고, 그 이유를 써 보세요. | 5점 |

> • 한별: ⬤ 모양은 눕히면 잘 굴러갑니다.
>
> • 은우: ⬤ 모양은 잘 쌓을 수 있습니다.

답 _____

_____

_____

실전 4 ⬛, ⬤, ⬤ 모양 중에서 모양을 만드는 데 4개를 사용한 모양은 무엇인지 풀이 과정을 쓰고 답을 구해 보세요. | 5점 |

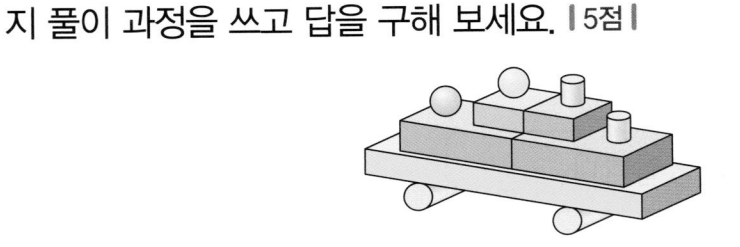

풀이 _____

_____

_____

답 _____

1 그림을 보고 모으기를 해 보세요.

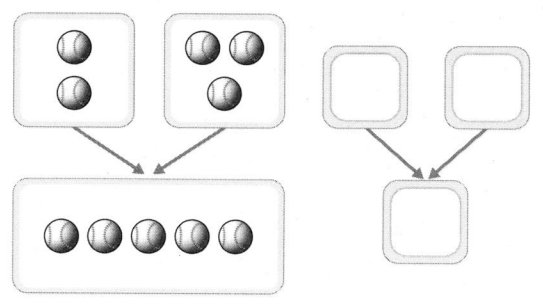

2 그림을 보고 덧셈식을 써 보세요.

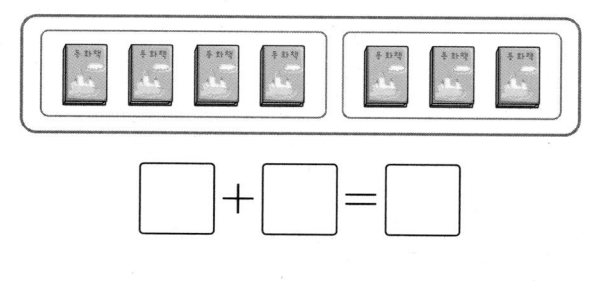

$$\Box + \Box = \Box$$

3 덧셈식으로 나타내 보세요.

2와 6의 합은 8입니다.

(   )

4 가르기를 해 보세요.

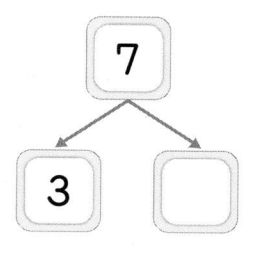

5 그림에 알맞은 식을 찾아 선으로 이어 보세요.

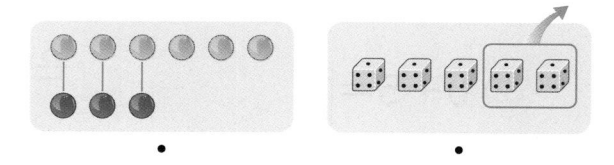

$5-2=3$ $4-2=2$ $6-3=3$

6 5를 가르기를 하려고 합니다. □ 안에 알맞은 수를 써넣으세요.

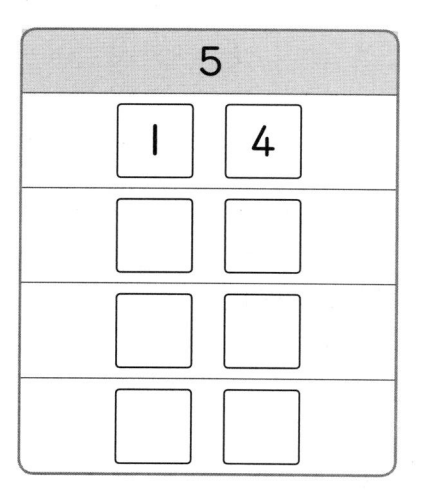

7 모으기를 하여 9가 되는 두 수를 선으로 이어 보세요.

2 ·   · 4

3 ·   · 7

5 ·   · 6

8 덧셈을 해 보세요.

(1) $7+0=\boxed{}$

(2) $0+5=\boxed{}$

9 뺄셈을 해 보세요.

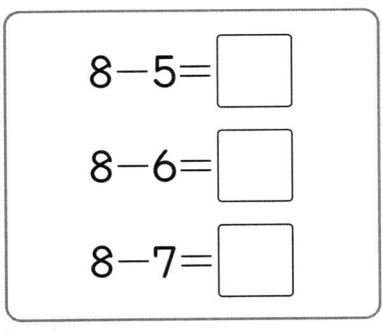

$8-5=\boxed{}$

$8-6=\boxed{}$

$8-7=\boxed{}$

10 잘못 계산한 것에 ✕표 하세요.

| $2+7=9$ | $4-2=1$ |

(   )   (   )

● 시험에 꼭 나오는 문제

11 두 수를 모으기한 수가 다른 하나를 찾아 기호를 써 보세요.

ㄱ (1, 7)   ㄴ (3, 5)
ㄷ (4, 4)   ㄹ (6, 3)

(   )

● 시험에 꼭 나오는 문제

12 ◯ 안에 +, −를 알맞게 써넣으세요.

$6 \bigcirc 2 = 4$

13 □ 안에 알맞은 수가 2인 것을 모두 찾아 기호를 써 보세요.

ㄱ $9-6=\boxed{}$ ㄴ $3+4=\boxed{}$
ㄷ $5-3=\boxed{}$ ㄹ $2+0=\boxed{}$

(   )

● 잘 틀리는 문제

14 계산 결과가 작은 것부터 차례대로 기호를 써 보세요.

ㄱ $3+5$ ㄴ $9-2$
ㄷ $0+4$ ㄹ $6-0$

(   )

15 복숭아 8개 중에서 8개를 먹었습니다. 남은 복숭아는 몇 개일까요?

(   )

16 꽃병에 빨간색 장미 2송이와 흰색 장미 6송이가 꽂혀 있습니다. 꽃병에 꽂혀 있는 장미는 모두 몇 송이일까요?

(   )

● 잘 틀리는 문제

17 ⬤ 모양은 ⬜ 모양보다 몇 개 더 많은지 알아보려고 합니다. ☐ 안에 알맞은 수를 써넣으세요.

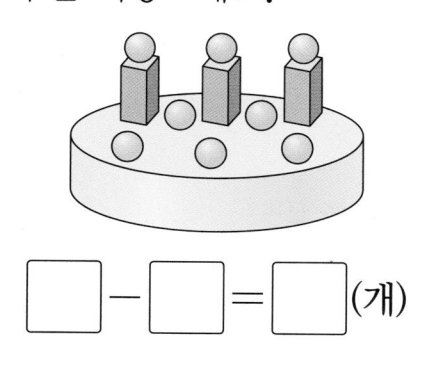

☐ − ☐ = ☐ (개)

18 영서는 색종이를 6장 가지고 있었습니다. 이 중에서 3장을 동생에게 주고 1장을 사용하였습니다. 영서에게 남은 색종이는 몇 장일까요?

(   )

● **서술형 문제**

19 귤을 현아는 9개, 지훈이는 4개 먹었습니다. 누가 귤을 몇 개 더 많이 먹었는지 차례대로 쓰려고 합니다. 풀이 과정을 쓰고 답을 구해 보세요.

(풀이)

_____

_____

_____

(답) _____ , _____

20 ㉠과 ㉡에 알맞은 두 수의 합을 구하려고 합니다. 풀이 과정을 쓰고 답을 구해 보세요.

| 1 | 3 | | 9 |
↓ ↓   ↓   ↓
| ㉠ | | 6 | ㉡ |

(풀이)

_____

_____

_____

(답) _____

1 모으기를 바르게 한 것에 ◯표 하세요.

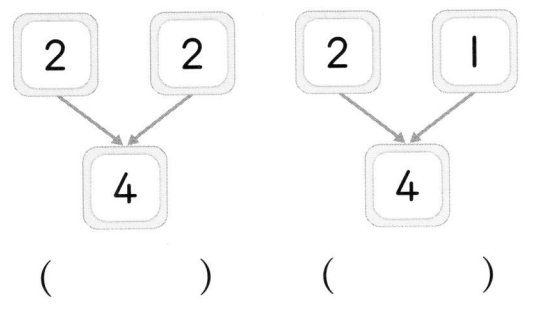

(　　　)　　(　　　)

2 그림을 보고 알맞은 뺄셈식을 써 보세요.

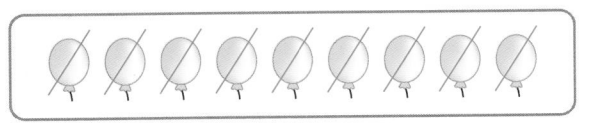

□ − □ = □

3 7을 두 수로 가르기하려고 합니다. □ 안에 알맞은 수를 써넣으세요.

2와 □

3과 □

6과 □

4 식에 알맞게 /으로 지워 뺄셈을 해 보세요.

6 − 2 = □

◯ ◯ ◯ ◯ ◯ ◯

5 덧셈을 해 보세요.

6 + 1 = □

6 뺄셈을 해 보세요.

(1) 6 − 0 = □

(2) 5 − 5 = □

7 뺄셈을 해 보세요.

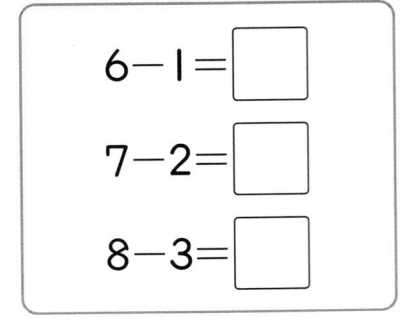

6 − 1 = □

7 − 2 = □

8 − 3 = □

● 시험에 꼭 나오는 문제

8 □ 안에 ＋, −를 알맞게 써넣으려고 합니다. □ 안에 ＋를 써넣어야 하는 것에 ◯표 하세요.

7 □ 3 = 4　　(　　　)

3 □ 2 = 5　　(　　　)

9 합이 같은 것끼리 선으로 이어 보세요.

2+7 ·   · 3+4

4+3 ·   · 1+5

5+1 ·   · 7+2

10 모으기를 하여 6이 되도록 두 수를 묶어 보세요.

1	3	6
5	4	2
3	3	5

🔵 잘 **틀리는 문제**

11 4+4와 계산 결과가 <u>다른</u> 하나를 찾아 기호를 써 보세요.

| ㉠ 1+7 | ㉡ 8−0 |
| ㉢ 0+8 | ㉣ 9−2 |

(   )

12 교실에 남학생은 없고 여학생만 7명 있습니다. 교실에 있는 학생은 모두 몇 명일까요?

(   )

13 빵 5개 중에서 소은이가 4개를 먹었습니다. 남은 빵은 몇 개일까요?

(   )

14 그림을 보고 덧셈식과 뺄셈식을 써 보세요.

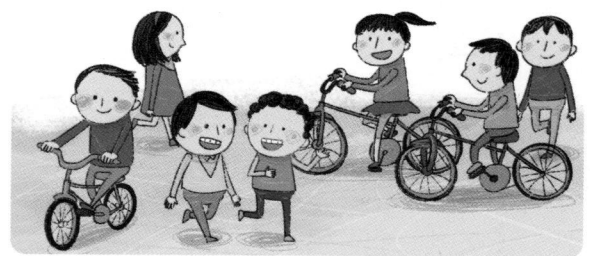

덧셈식 (   )

뺄셈식 (   )

15 민지와 수호가 도미노를 골라 나온 점의 수의 합이 더 큰 사람이 이기는 놀이를 하였습니다. 놀이에서 이긴 사람은 누구일까요?

민지   수호

(   )

16 뺄셈을 하고, 차가 같은 뺄셈식을 써 보세요.

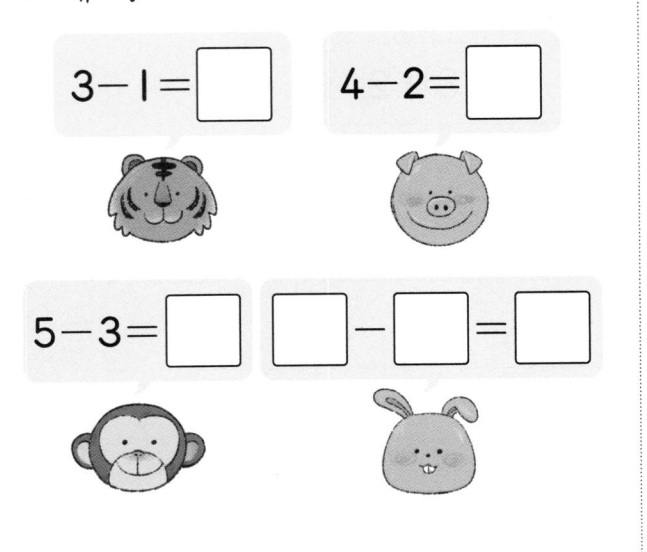

$3-1=\boxed{}$　　$4-2=\boxed{}$

$5-3=\boxed{}$　　$\boxed{}-\boxed{}=\boxed{}$

17 종국이는 장난감 자동차를 5대 가지고 있고, 재범이는 종국이보다 1대 더 적게 가지고 있습니다. 종국이와 재범이가 가지고 있는 장난감 자동차는 모두 몇 대일까요?

（　　　　　　　）

18 4장의 수 카드 중에서 2장을 뽑아 두 수의 차를 구하려고 합니다. 차가 가장 크게 되는 뺄셈식을 만들고 차를 구해 보세요.

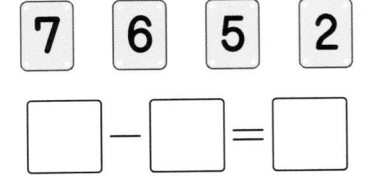

$\boxed{7}$　$\boxed{6}$　$\boxed{5}$　$\boxed{2}$

$\boxed{}-\boxed{}=\boxed{}$

● **서술형 문제**

19 꽃밭에 벌이 6마리 있었습니다. 벌이 2마리 날아갔다면 꽃밭에 남은 벌은 몇 마리인지 풀이 과정을 쓰고 답을 구해 보세요.

풀이 _____

_____

_____

_____

답 _____

20 서준이와 민하는 사탕 8개를 나누어 가지려고 합니다. 나누어 가지는 방법은 모두 몇 가지인지 풀이 과정을 쓰고 답을 구해 보세요.(단, 서준이와 민하는 사탕을 한 개씩은 가집니다.)

풀이 _____

_____

_____

_____

답 _____

서술형 평가

점수 | 확인

연습 1 모으기를 하여 5가 되는 두 수가 <u>아닌</u> 것을 찾아 기호를 쓰려고 합니다. 풀이 과정을 쓰고 답을 구해 보세요. |5점|

ㄱ 1과 4   ㄴ 2와 2   ㄷ 3과 2

❶ ㄱ, ㄴ, ㄷ의 두 수를 모으기하기

풀이

❷ 모으기를 하여 5가 되는 두 수가 아닌 것 찾기

풀이

답

연습 2 줄기에 오이가 5개 달려 있습니다. 그중에서 2개를 따서 먹었습니다. 줄기에 남은 오이는 몇 개인지 풀이 과정을 쓰고 답을 구해 보세요. |5점|

❶ 문제에 알맞은 식 만들기

풀이

❷ 줄기에 남은 오이의 수 구하기

풀이

답

실전 **3** 흰색 강아지 3마리와 검은색 강아지 5마리가 있습니다. 강아지는 모두 몇 마리인지 풀이 과정을 쓰고 답을 구해 보세요. ❙5점❙

풀이

답

실전 **4** 주희는 인형을 6개 가지고 있습니다. 이 인형을 주희와 동생이 나누어 가지려고 합니다. 인형을 동생이 4개를 가지면 주희는 몇 개를 가지게 되는지 풀이 과정을 쓰고 답을 구해 보세요. ❙5점❙

풀이

답

1 더 짧은 것에 △표 하세요.

(   )

(   )

2 더 무거운 것에 ◯표 하세요.

(   )   (   )

3 더 넓은 것에 ◯표 하세요.

(   )   (   )

● 시험에 **꼭** 나오는 문제

4 담을 수 있는 양이 더 많은 것에 ◯표 하세요.

(   )   (   )

5 병아리와 돼지의 무게를 비교해 보세요.

> 병아리는 돼지보다 더
> (무겁습니다 , 가볍습니다).

6 우산과 망치의 길이를 비교하려고 합니다. ☐ 안에 알맞은 말을 써넣으세요.

우산   망치

> ☐ 은/는 ☐ 보다
> 더 짧습니다.

7 ☐보다 더 넓은 색종이를 그려 보세요.

8 가장 긴 것에 ◯표 하세요.

(   )

(   )

(   )

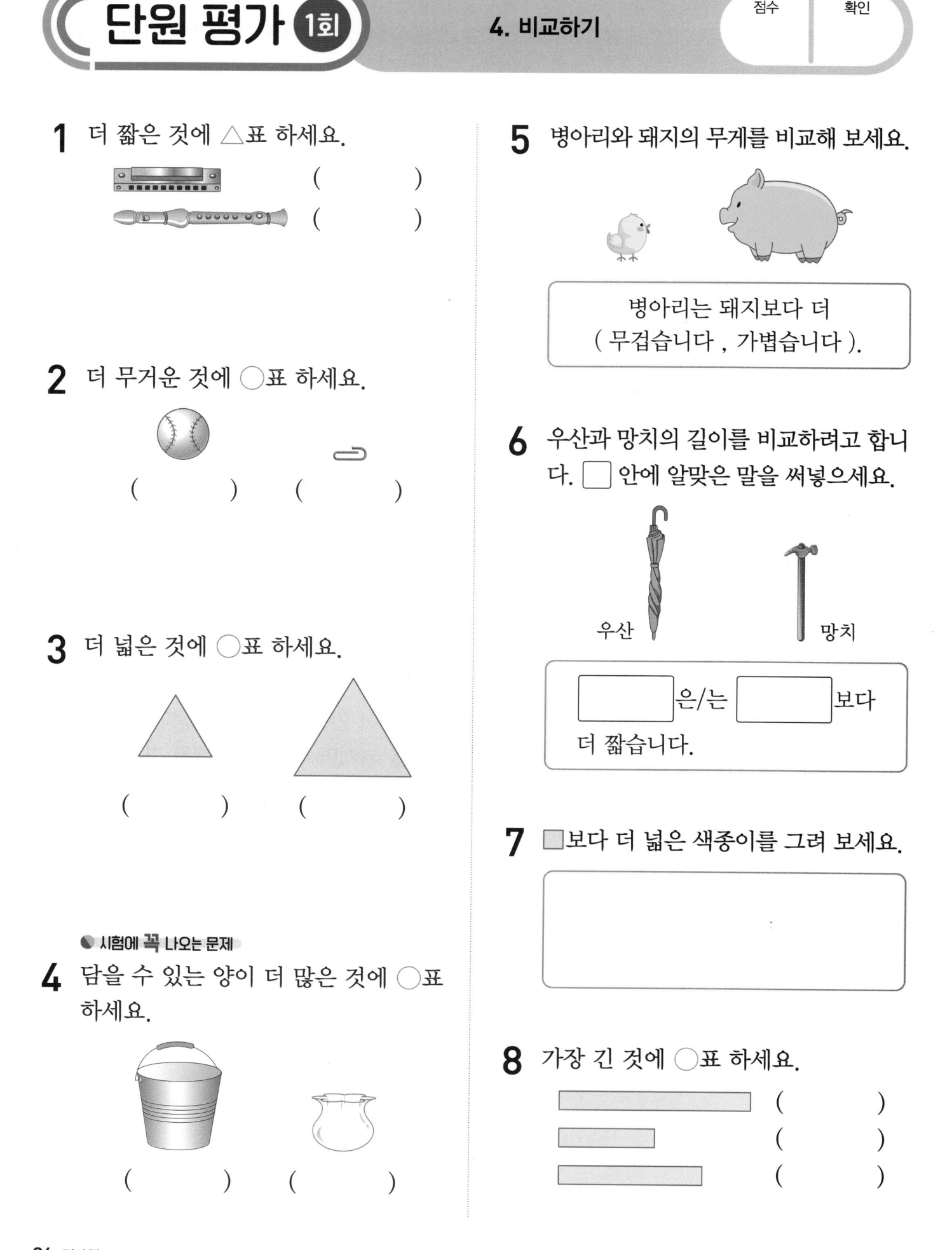

9 가장 좁은 것에 △표 하세요.

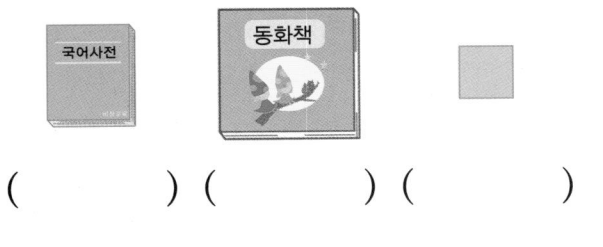

(   ) (   ) (   )

10 가장 가벼운 것은 무엇일까요?

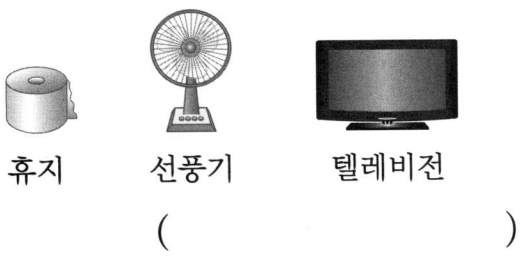

휴지   선풍기   텔레비전

(   )

● 시험에 꼭 나오는 문제

11 담을 수 있는 양이 가장 많은 것에
○표, 가장 적은 것에 △표 하세요.

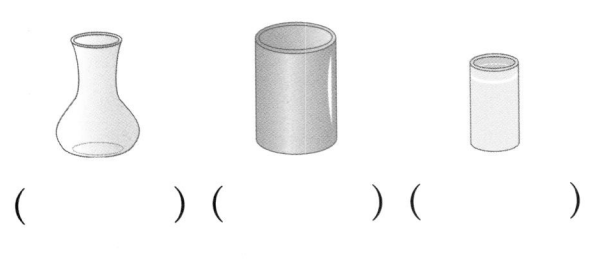

(   ) (   ) (   )

12 색연필보다 더 긴 것에 ○표 하세요.

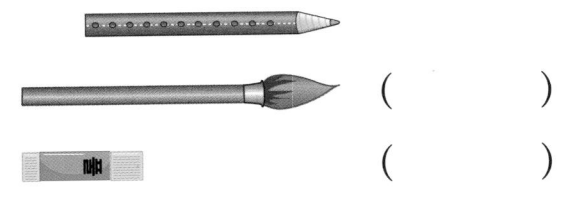

(   )

(   )

13 주전자보다 담을 수 있는
양이 더 많은 것에 ○표 하
세요.

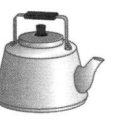

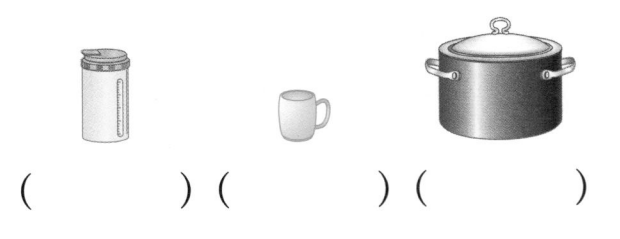

(   ) (   ) (   )

● 잘 틀리는 문제

14 똑같은 상자에 종이컵과 유리컵이 같
은 개수만큼 들어 있습니다. 더 가벼운
상자를 써 보세요.

가   나

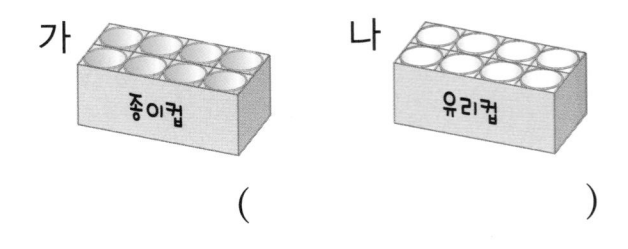

(   )

15 넓은 것부터 순서대로 1, 2, 3을 써 보
세요.

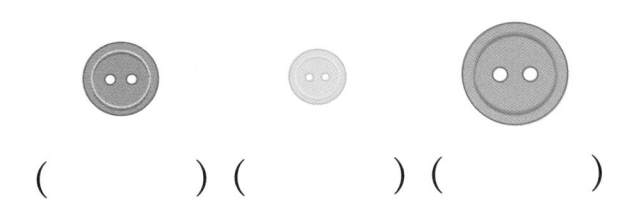

(   ) (   ) (   )

16 담긴 양이 많은 것부터 순서대로 1, 2, 3을 써 보세요.

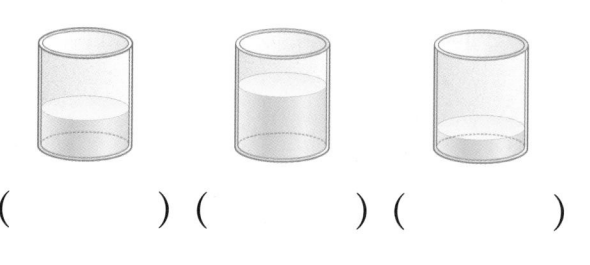

(   ) (   ) (   )

● **잘 틀리는 문제**

17 수첩, 동화책, 과학책의 넓이를 비교하였습니다. 가장 좁은 것은 무엇일까요?

> • 과학책은 수첩보다 더 넓습니다.
> • 동화책은 과학책보다 더 넓습니다.

(   )

18 가장 무거운 것은 무엇일까요?

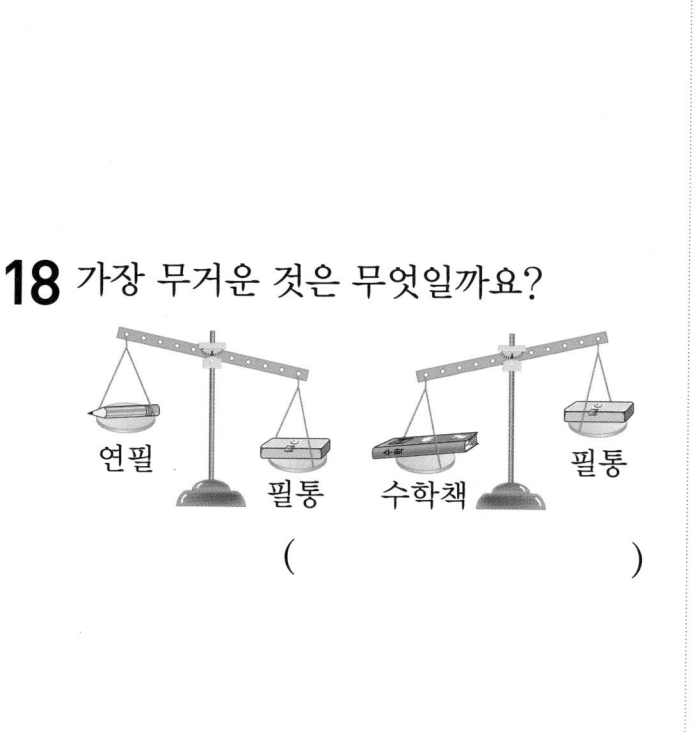

(   )

● **서술형 문제**

19 접은 종이 위에 지우개와 국어사전을 각각 올려놓았더니 그림과 같았습니다. 더 무거운 것은 무엇인지 풀이 과정을 쓰고 답을 구해 보세요.

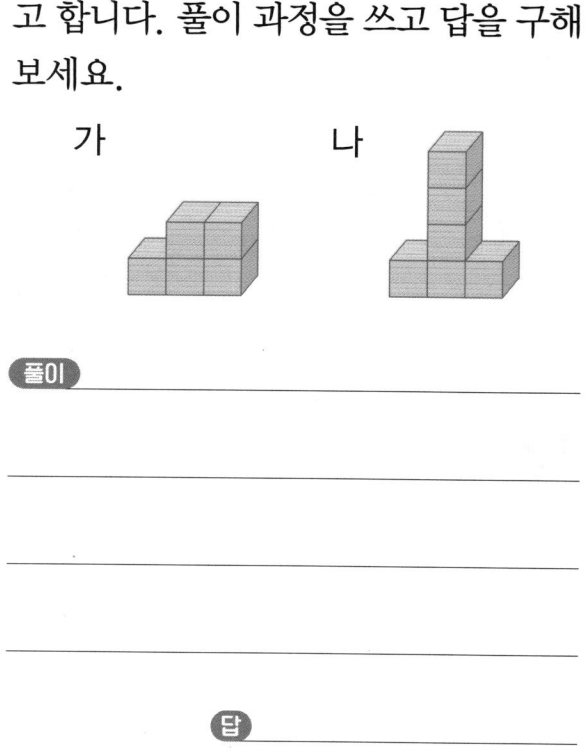

풀이

답

20 가와 나 중 더 낮게 쌓은 모양을 쓰려고 합니다. 풀이 과정을 쓰고 답을 구해 보세요.

가   나

풀이

답

4단원

1 더 가벼운 것에 △표 하세요.

(   )   (   )

2 더 좁은 것에 △표 하세요.

(   )   (   )

수 첩

3 담을 수 있는 양이 더 많은 것에 ◯표 하세요.

(   )   (   )

4 알맞게 선으로 이어 보세요.

・   ・ 더 길다.

・   ・ 더 짧다.

5 담을 수 있는 양이 가장 적은 것에 △표 하세요.

(   ) (   ) (   )

● 시험에 꼭 나오는 문제

6 가장 무거운 것은 무엇일까요?

수박   딸기   배

(   )

7 초록색, 노란색, 파란색 색종이의 한쪽 끝을 맞추어 겹쳐 놓았습니다. 가장 넓은 색종이는 무슨 색일까요?

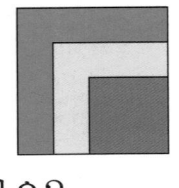

(   )

8 가장 긴 것에 ◯표, 가장 짧은 것에 △표 하세요.

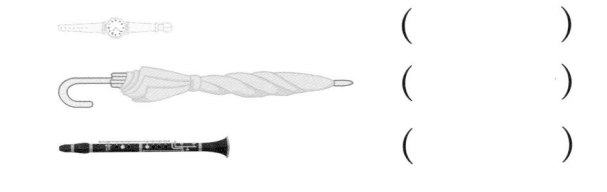

(   )

(   )

(   )

9 더 무거운 것은 무엇일까요?

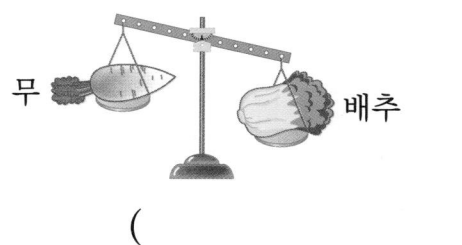

무   배추

(   )

10 ⬭보다 좁은 것에 모두 색칠해 보세요.

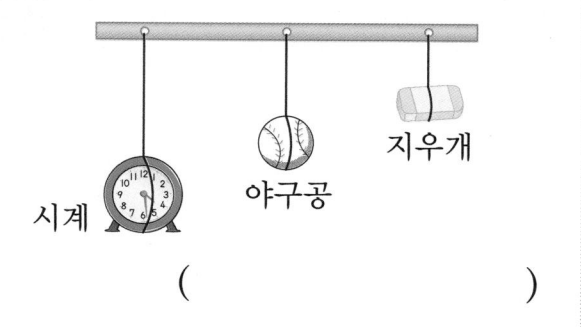

11 똑같은 고무줄에 시계, 야구공, 지우개를 매달았더니 그림과 같이 고무줄이 늘어났습니다. 가장 가벼운 것은 무엇일까요?

시계   야구공   지우개

(   )

12 운동장, 교실 중에서 ☐ 안에 알맞은 장소를 써넣으세요.

우리 학교 강당보다 더 좁은 곳은
☐ 입니다.

● 잘 틀리는 문제

13 병에 가득 담긴 물을 컵에 부었더니 물이 넘쳤습니다. 병과 컵 중 물을 더 많이 담을 수 있는 것은 어느 것일까요?

(   )

14 똑같은 병 속에 솜과 쌀을 각각 넣어 가득 채웠습니다. 가와 나 중에서 더 무거운 병은 어느 것일까요?

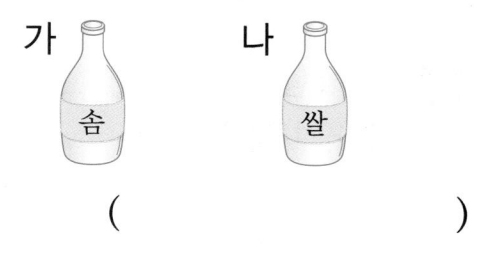

가   나

솜   쌀

(   )

● 시험에 꼭 나오는 문제

15 긴 것부터 순서대로 1, 2, 3을 써 보세요.

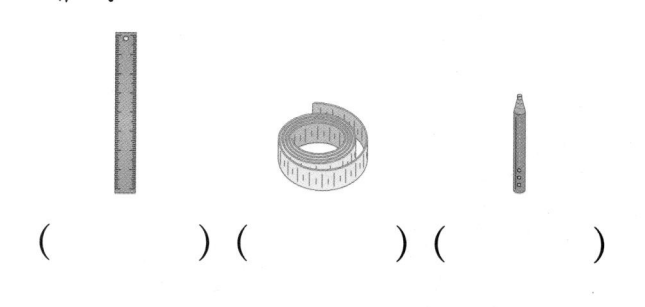

(   ) (   ) (   )

16 동화책보다 더 무거운 것은 모두 몇 개일까요?

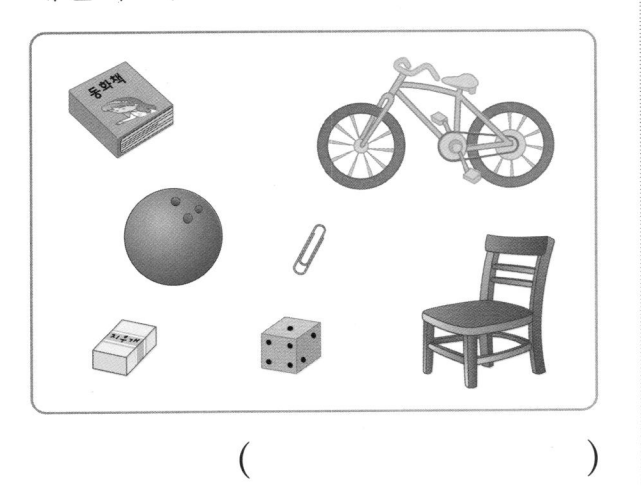

( )

17 세 사람은 같은 아파트에 살고 있습니다. 가장 높은 층에 살고 있는 사람은 누구일까요?

• 유미는 지우보다 더 높은 층에 살고 있습니다.
• 도진이는 지우보다 더 낮은 층에 살고 있습니다.

( )

● 잘 틀리는 문제

18 세 사람이 똑같은 피자를 각각 먹고 남은 것입니다. 피자를 가장 많이 먹은 사람은 누구일까요?

민서   영재   재우

( )

● 서술형 문제

19 가와 나 중 담긴 양이 더 적은 그릇을 쓰려고 합니다. 풀이 과정을 쓰고 답을 구해 보세요.

가   나

풀이

답

20 연필은 머리핀보다 더 길고, 붓은 연필보다 더 깁니다. 연필, 머리핀, 붓 중에서 가장 긴 것은 무엇인지 풀이 과정을 쓰고 답을 구해 보세요.

풀이

답

연습 1 다람쥐와 참새 중에서 더 가벼운 것은 무엇인지 풀이 과정을 쓰고 답을 구해 보세요. |5점|

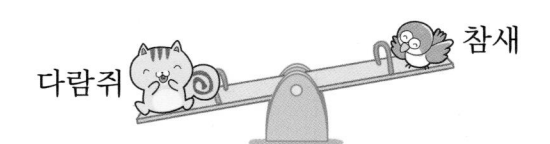

① 시소에서 무게를 비교하는 방법 알아보기

풀이 _____

② 더 가벼운 것 구하기

풀이 _____

답 _____

연습 2 알림장, 수학책, 달력 중에서 가장 넓은 것은 무엇인지 풀이 과정을 쓰고 답을 구해 보세요. |5점|

     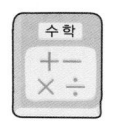   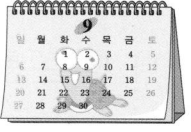

알림장   수학책   달력

① 세 물건의 넓이를 비교하는 방법 알아보기

풀이 _____

② 가장 넓은 것 구하기

풀이 _____

답 _____

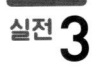

실전3 주전자와 컵 중에서 담을 수 있는 양이 더 많은 것은 무엇인지 풀이 과정을 쓰고 답을 구해 보세요. |5점|

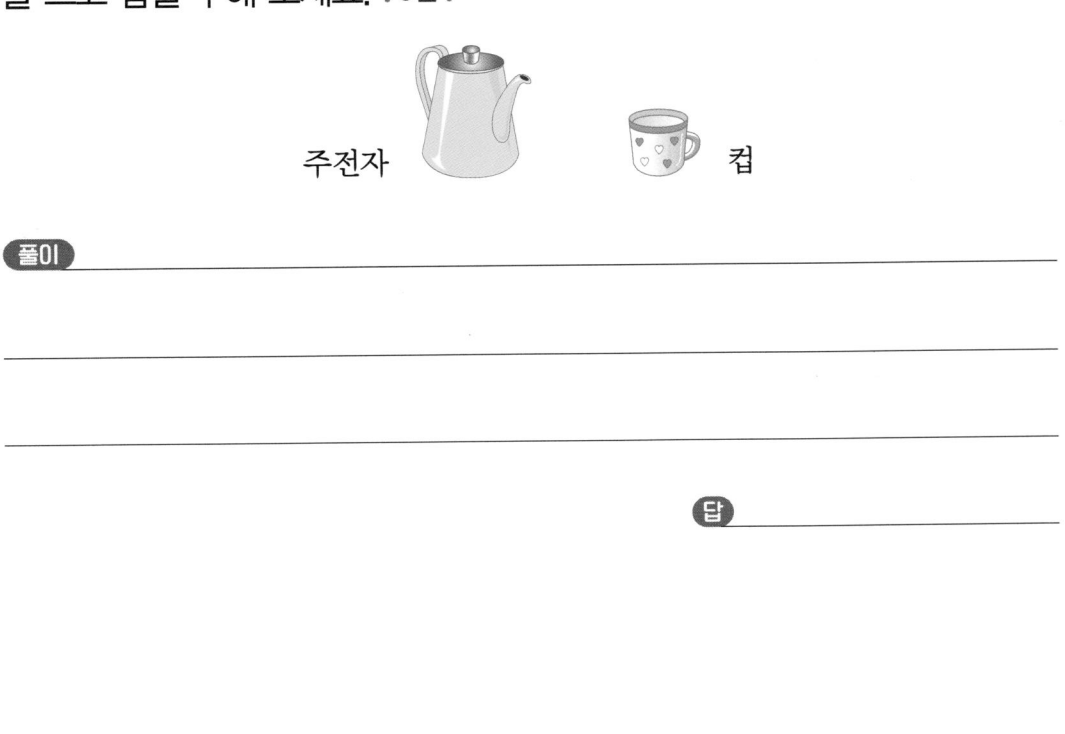

주전자   컵

풀이 _____

_____

_____

답 _____

실전4 사슴과 원숭이를 보고 비교하는 말을 사용하여 두 가지로 써 보세요. |5점|

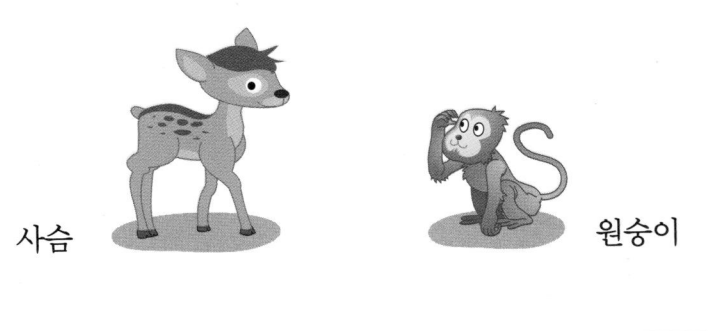

사슴   원숭이

답 _____

_____

_____

1 수를 세어 ☐ 안에 알맞은 수를 써넣으세요.

☐

2 그림을 보고 ☐ 안에 알맞은 수를 써넣으세요.

10개씩 묶음 1개와 낱개 ☐ 개는

☐ 입니다.

3 모으기를 해 보세요.

♡ ♡ ♡ ♡ ♡
♡ ♡ ♡ ♡ ♡

4   6

☐

● 시험에 꼭 나오는 문제

4 수를 바르게 읽은 것에 ◯표 하세요.

47   (사십칠 , 서른일곱)

5 가르기를 해 보세요.

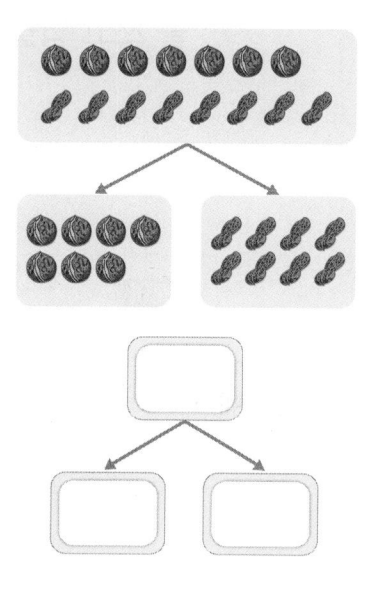

6 알맞게 선으로 이어 보세요.

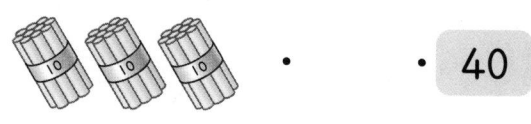
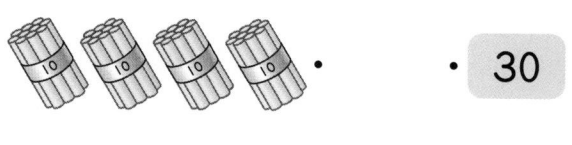

·   · 40

·   · 30

7 빈칸에 알맞은 수를 써넣으세요.

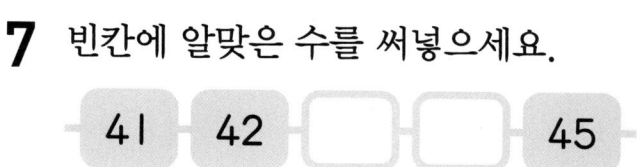

41   42   ☐   ☐   45

8 블록의 수를 써 보세요.

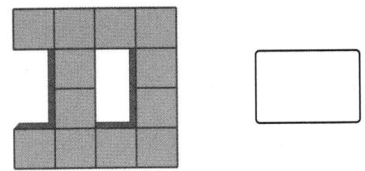

9 모으기를 해 보세요.

```
   [ 10 ]   [ 7 ]
       ↘   ↙
      [     ]
```

● 시험에 꼭 나오는 문제

10 더 작은 수에 △표 하세요.

| 27 | 32 |

11 빈칸에 알맞은 수를 써넣으세요.

24	25	26	27	
	30	31		33
34	35			38

12 10을 알맞게 읽은 것에 ○표 하세요.

> 형준이가 좋아하는 운동 선수는
> 10(열 , 십)명입니다. 그중에서
> 가장 좋아하는 선수의 등 번호는
> 10(열 , 십)번입니다.

● 잘 틀리는 문제

13 큰 수부터 순서대로 써 보세요.

| 40 | 29 | 31 |

(   )

14 초콜릿이 10개씩 묶음 2개와 낱개 3개가 있습니다. 초콜릿은 모두 몇 개일까요?

(   )

15 학생들이 번호 순서대로 앉아 있습니다. 준영이가 23번이라면 준영이 바로 앞에 앉아 있는 학생은 몇 번일까요?

(   )

16 주머니 한 개에 콩을 10개씩 담아 콩 주머니를 만들려고 합니다. 주어진 콩으로 콩 주머니를 몇 개 만들 수 있을까요?

( )

17 가장 큰 수는 어느 것인가요? ( )

① 스물하나 ② 열아홉
③ 서른여섯 ④ 삼십일
⑤ 마흔여섯

● 잘 **틀리는 문제**

18 수 카드 3장 중에서 2장을 뽑아 한 번씩 사용하여 가장 큰 수를 만들어 보세요.

1 3 4

( )

● **서술형 문제**

19 ㉠에 알맞은 수를 두 가지로 읽으려고 합니다. 풀이 과정을 쓰고 답을 구해 보세요.

28 29 ㉠ 31

풀이

답 ,

20 사탕을 동규는 21개 가지고 있고, 송화는 24개 가지고 있습니다. 사탕을 더 많이 가지고 있는 사람은 누구인지 풀이 과정을 쓰고 답을 구해 보세요.

풀이

답

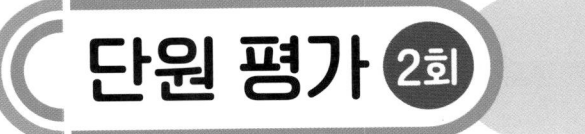

5. 50까지의 수

점수 | 확인

1 10이 되도록 ◯를 그려 보세요.

2 ☐ 안에 알맞은 수를 써넣으세요.

10은 ☐보다 1만큼 더 큰 수입니다.

3 10개씩 묶고, 빈칸에 알맞은 수를 써넣으세요.

10개씩 묶음	낱개

⇨ ☐

● 시험에 꼭 나오는 문제

4 가르기를 해 보세요.

10
↙ ↘
2   ☐

5 ☐ 안에 알맞은 수를 써넣으세요.

· 30은 10개씩 묶음 ☐개입니다.

· ☐은 10개씩 묶음 5개입니다.

6 알맞게 선으로 이어 보세요.

12 · · 십팔 · · 열다섯

15 · · 십오 · · 열둘

18 · · 십이 · · 열여덟

7 수를 세어 써 보세요.

(   )

8 모으기를 해 보세요.

7   4
↘ ↙
☐

9 더 큰 수에 색칠해 보세요.

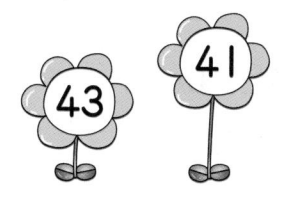

10 수를 잘못 읽은 것은 어느 것인가요?

( )

① 23 — 스물셋 ② 27 — 이십칠
③ 34 — 삼십사 ④ 42 — 사십둘
⑤ 49 — 마흔아홉

● 시험에 꼭 나오는 문제
11 가장 작은 수를 찾아 △표 하세요.

| 42 | 25 | 30 |

12 구슬이 30개가 되려면 10개씩 묶음
이 몇 개 더 있어야 할까요?

( )

● 잘 틀리는 문제
13 ●는 같은 수입니다. ●에 알맞은 수는
얼마일까요?

12

( )

14 잘못 설명한 사람은 누구일까요?

· 희재: 26보다 1만큼 더 작은 수는
25야.
· 유림: 19보다 1만큼 더 큰 수는
21이야.

( )

15 모으기를 하여 13이 되는 것끼리 같
은 색으로 칠해 보세요.

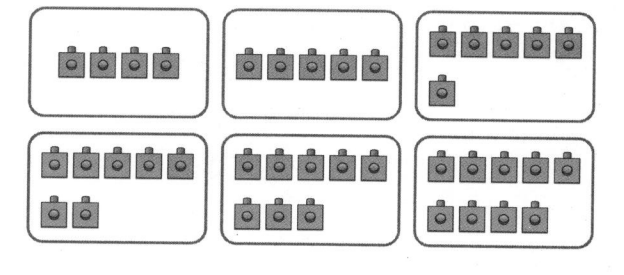

16 현진이의 자리 번호는 36번입니다. 강당에서 현진이의 자리에 ◯표 하세요.

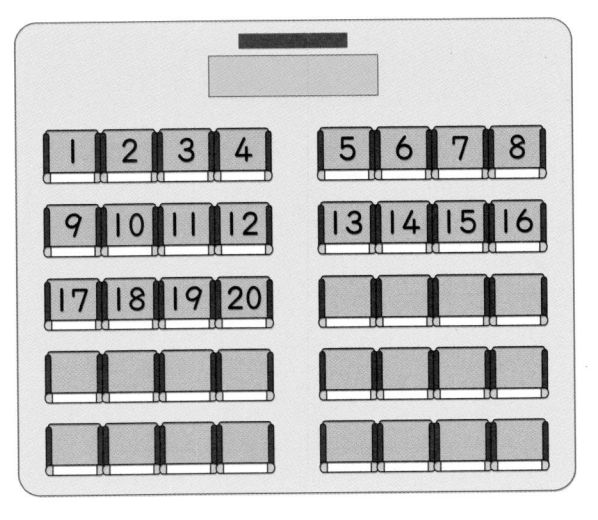

17 작은 수부터 순서대로 써 보세요.

| 16 | 44 | 13 | 38 |

( )

18 두 조건을 만족하는 수를 구해 보세요.

- 40보다 크고 50보다 작은 수입니다.
- 낱개의 수는 2입니다.

( )

● 서술형 문제

19 10개씩 묶음 2개와 낱개 9개인 수 ㉠이 있습니다. ㉠보다 1만큼 더 작은 수는 얼마인지 풀이 과정을 쓰고 답을 구해 보세요.

풀이 _____

_____

_____

답 _____

20 어린이 50명이 짝을 지어 놀이를 하였습니다. 한 모둠에 10명씩 짝을 지었다면 모둠을 몇 개 만들 수 있는지 풀이 과정을 쓰고 답을 구해 보세요.

풀이 _____

_____

_____

답 _____

연습 1 귤 13개를 두 접시에 나누어 담으려고 합니다. 귤을 한 접시에 5개 담으면 다른 접시에는 몇 개 담아야 하는지 풀이 과정을 쓰고 답을 구해 보세요. |5점|

① 13은 5와 몇으로 가르기할 수 있는지 알아보기

풀이 _____

_____

② 다른 접시에 담아야 하는 귤의 수 구하기

풀이 _____

_____

답 _____

연습 2 구슬을 은희는 40개, 준상이는 30개 가지고 있습니다. 구슬을 더 많이 가지고 있는 사람은 누구인지 풀이 과정을 쓰고 답을 구해 보세요. |5점|

① 두 수의 크기 비교하기

풀이 _____

_____

② 구슬을 더 많이 가지고 있는 사람 구하기

풀이 _____

_____

답 _____

실전3 서른둘보다 I만큼 더 큰 수를 수로 나타내려고 합니다. 풀이 과정을 쓰고 답을 구해 보세요. |5점|

풀이

답

실전4 탁구공이 I0개씩 묶음 3개와 낱개 I8개가 있습니다. 탁구공은 모두 몇 개인지 풀이 과정을 쓰고 답을 구해 보세요. |5점|

풀이

답

1. 9까지의 수

1 (보기)와 같이 수를 읽어 보세요.

(보기)
8 ⇨ (여덟, 팔)

6 ⇨ (　　　　,　　　　)

3. 덧셈과 뺄셈

2 그림을 보고 가르기를 해 보세요.

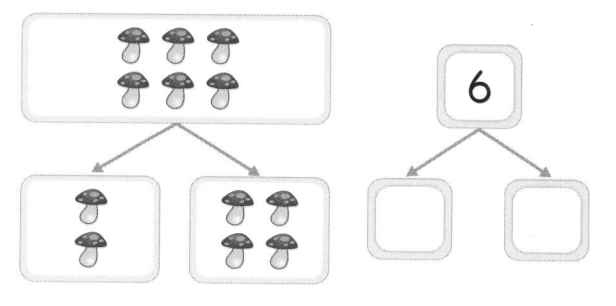

6

4. 비교하기

3 자전거와 자동차의 무게를 비교해 보세요.

자전거는 자동차보다 더
(가볍습니다 , 무겁습니다).

5. 50까지의 수

4 ☐ 안에 알맞은 수를 써넣으세요.

9보다 1만큼 더 큰 수는 ☐
입니다.

2. 여러 가지 모양

5 📦 모양을 찾아 ◯표 하세요.

(　　　) (　　　) (　　　)

1. 9까지의 수

6 순서를 거꾸로 하여 빈칸에 수를 써넣으세요.

◯ — 8 — 7 — ◯ — ◯ — 4

5. 50까지의 수

7 알맞게 선으로 이어 보세요.

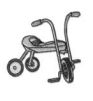　·　　·　40

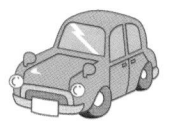　·　　·　20

4. 비교하기

8 담을 수 있는 양이 더 많은 것에 ◯표 하세요.

(　　　) (　　　)

2. 여러 가지 모양

9 모양은 모두 몇 개일까요?

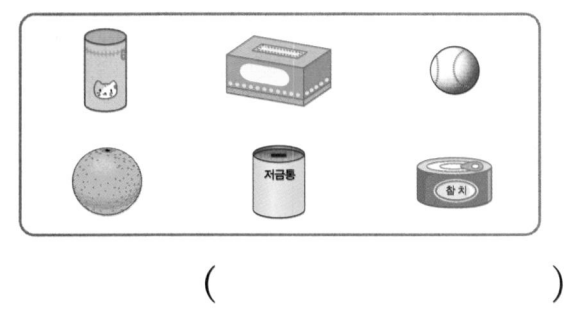

(   )

2. 여러 가지 모양

10 설명하는 모양을 찾아 ◯표 하세요.

세우면 잘 쌓을 수 있고, 눕히면 잘
굴러갑니다.

(▨ , ▥ , ⬤)

3. 덧셈과 뺄셈

11 바구니에 사과가 4개, 배가 5개 들어
있습니다. 바구니에 들어 있는 사과와
배는 모두 몇 개일까요?

(   )

4. 비교하기

12 가장 짧은 것에 △표 하세요.

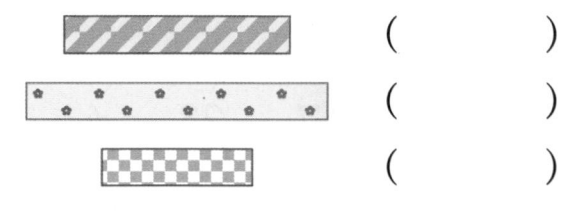

(   )

(   )

(   )

4. 비교하기

13 넓은 것부터 순서대로 1, 2, 3을 써
보세요.

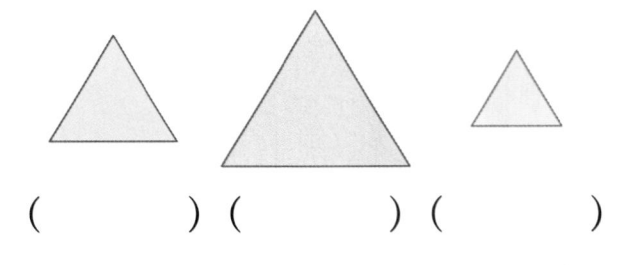

(   ) (   ) (   )

1. 9까지의 수

14 가장 큰 수를 찾아 ◯표 하세요.

| 7 | 4 | 9 |

2. 여러 가지 모양

15 ▨, ▥, ⬤ 모양을
각각 몇 개 사용했는지
세어 보세요.

▨ 모양 (   )

▥ 모양 (   )

⬤ 모양 (   )

서술형 문제

16 가장 큰 수에 ○표, 가장 작은 수에 △표 하세요.

5. 50까지의 수

| 17 | 28 | 41 |

19 구슬을 한 상자에 10개씩 담으니 2 상자가 되고 낱개 3개가 남았습니다. 구슬은 모두 몇 개인지 풀이 과정을 쓰고 답을 구해 보세요.

5. 50까지의 수

풀이

답

17 세 수를 모두 이용하여 뺄셈식을 2개 써 보세요.

3. 덧셈과 뺄셈

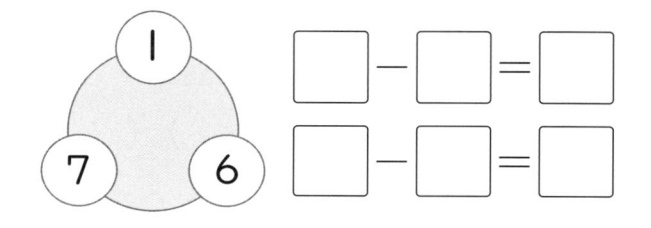

☐ − ☐ = ☐

☐ − ☐ = ☐

18 ⬛, 🟫, ⚫ 모양 중에서 두 모양을 만드는 데 공통으로 사용한 것은 어느 모양이고, 모두 몇 개일까요?

3. 덧셈과 뺄셈

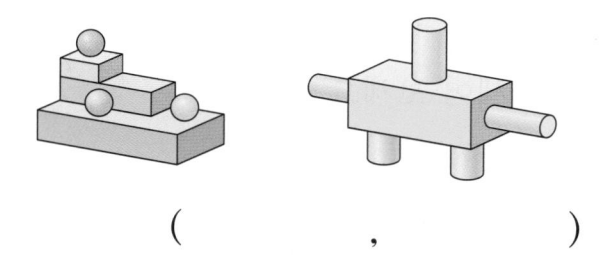

(,)

20 색종이를 연정이는 5장, 용재는 8장 가지고 있습니다. 색종이를 더 많이 가지고 있는 사람은 누구인지 풀이 과정을 쓰고 답을 구해 보세요.

1. 9까지의 수

풀이

답

1. 9까지의 수

1 수를 세어 빈칸에 알맞은 수를 써넣으세요.

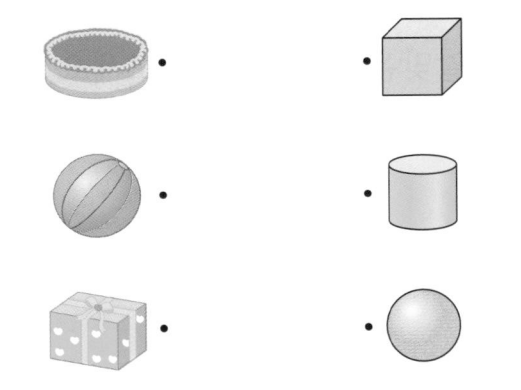

2. 여러 가지 모양

2 같은 모양끼리 선으로 이어 보세요.

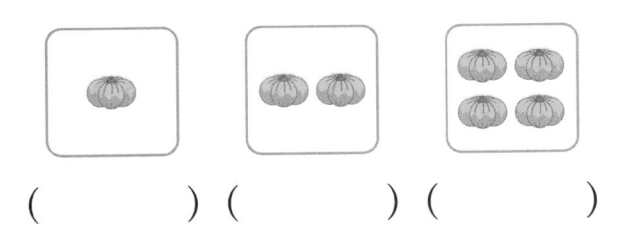

1. 9까지의 수

3 순서에 알맞게 빈칸에 수를 써넣으세요.

	2	3			6			9

1. 9까지의 수

4 3보다 1만큼 더 큰 수를 나타내는 것에 ◯표 하세요.

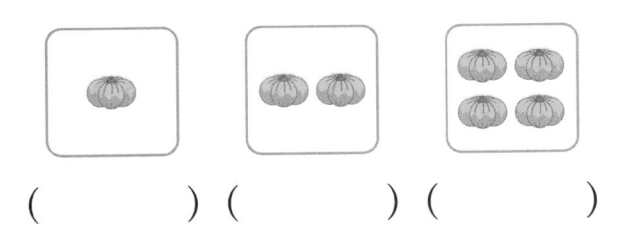

(   ) (   ) (   )

1. 9까지의 수

5 더 큰 수에 ◯표 하세요.

3	9

2. 여러 가지 모양

6 모양이 나머지와 <u>다른</u> 하나를 찾아 ◯표 하세요.

(   ) (   ) (   )

3. 덧셈과 뺄셈

7 뺄셈을 해 보세요.

$$6 - 4 = \boxed{}$$

4. 비교하기

8 더 긴 것에 ◯표 하세요.

(   )

(   )

9 사용한 모양을 모두 찾아 ○표 하세요.

2. 여러 가지 모양

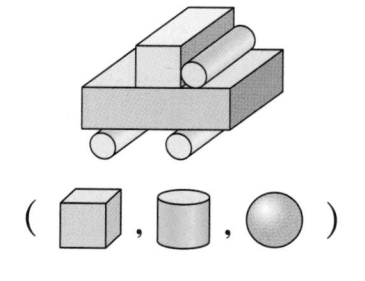

(□ , ⬭ , ⚫)

10 10이 되도록 ○를 그리고, □ 안에 알맞은 수를 써넣으세요.

5. 50까지의 수

● ● ●

3과 □ 을 모으기하면 10이 됩니다.

11 수를 잘못 읽은 것은 어느 것인가요?

5. 50까지의 수

( )

① 19 — 십구
② 24 — 스물넷
③ 35 — 삼십오
④ 38 — 서른팔
⑤ 41 — 마흔하나

12 ⬭보다 더 좁은 색종이를 그려 보세요.

4. 비교하기

13 알맞은 덧셈식을 써 보세요.

3. 덧셈과 뺄셈

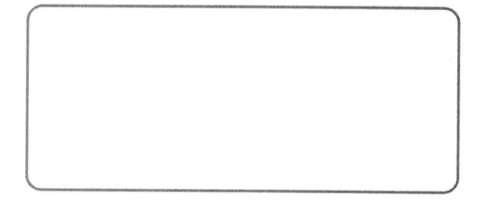

□ + □ = □

14 담을 수 있는 양이 많은 것부터 순서대로 1, 2, 3을 써 보세요.

4. 비교하기

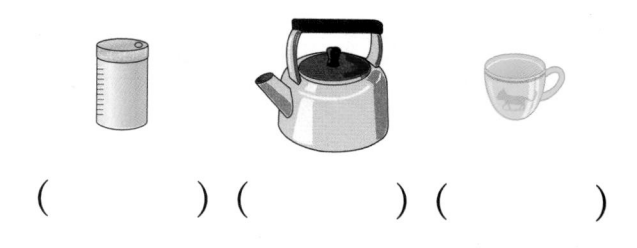

( ) ( ) ( )

15 학생들이 번호 순서대로 서 있습니다. 윤후가 21번이라면 윤후 바로 앞에 서 있는 학생은 몇 번일까요?

5. 50까지의 수

( )

16 계산 결과가 나머지와 <u>다른</u> 하나를 찾아 ◯표 하세요.

$$8-3 \qquad 4+1 \qquad 9-5$$

(   ) (   ) (   )

17 가장 무거운 것은 무엇일까요?

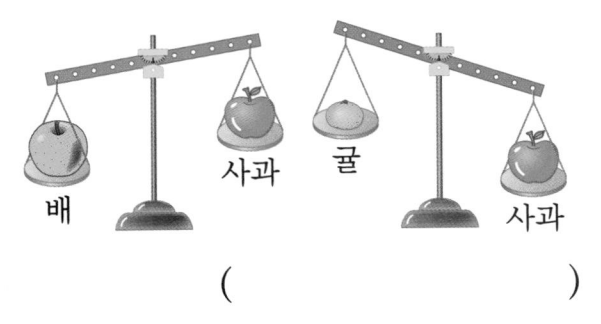

배   사과   귤   사과

(   )

18 ⟨보기⟩에 알맞은 수를 모두 찾아 ◯표 하세요.

⟨보기⟩
10개씩 묶음 4개와 낱개 4개인 수 보다 작은 수

| 41 | 42 | 43 | 44 | 45 | 46 |

● **서술형 문제**

19 장미가 30송이 있습니다. 한 묶음에 10송이씩 묶는다면 몇 묶음을 만들 수 있는지 풀이 과정을 쓰고 답을 구해 보세요.

풀이 _____

_____

_____

답 _____

20 ㉠과 ㉡에 알맞은 두 수의 차를 구하려고 합니다. 풀이 과정을 쓰고 답을 구해 보세요.

| 5 | | 5 | ㉡ |
| 1 | ㉠ | | 8 |

풀이 _____

_____

_____

답 _____

개발 김명숙, 김영희, 이하나, 장의건
디자인 정세연, 차민진

발행일 2023년 9월 1일
펴낸날 2024년 8월 1일
제조국 대한민국
펴낸곳 (주)비상교육
펴낸이 양태회
신고번호 제2002-000048호
출판사업총괄 최대찬
개발총괄 채진희
개발책임 최진형
디자인총괄 김재훈
디자인책임 안상현
영업책임 이지웅
품질책임 석진안
마케팅책임 이은진
대표전화 1544-0554
주소 경기도 과천시 과천대로2길 54(갈현동, 그라운드브이)

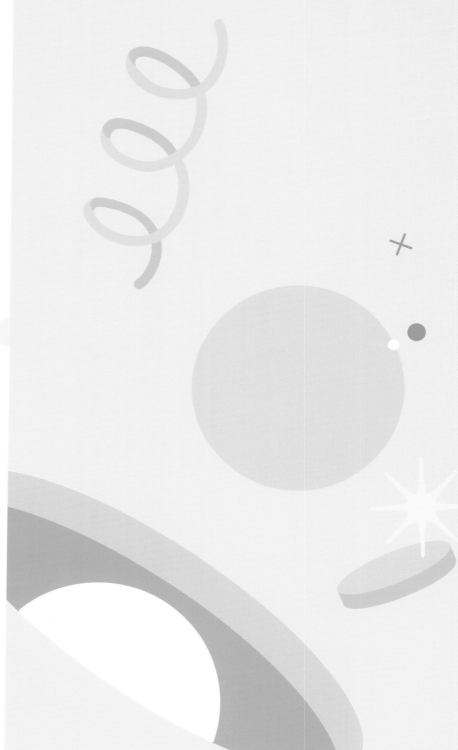

개념+유형
PLUS

개념책

- 한눈에 쉽게 이해하는 **개념학습**
- 수준별 다양한 **유형학습**
- 한 번 더 풀어 실력을 완성하는 **응용학습**

개념과 유형이 하나로

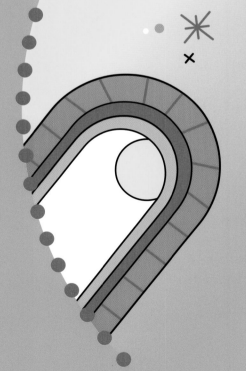

초등 수학

1·1

visang